# Ozeane

# Ozeane

EINE NATUR- UND KULTURGESCHICHTE

DK London / Delhi
**Lektorat**
Hugo Wilkinson, Ian Fitzgerald, Angeles Gavira,
Georgina Dee, Liz Gough
**Gestaltung und Bildredaktion**
Harish Aggarwal, Duncan Turner, Noor Ali, Laura Barwick,
Michael Duffy, Maxine Pedliham, Phil Ormerod,
Anjali Sachar
**Umschlaggestaltung**
Surabhi Wadhwa-Gandhi, Juhi Sheth, Priyanka Sharma Saddi
**Herstellung**
Andy Hilliard, Meskerem Berhane

Produced for DK by Dynamo Limited
**Lektorat** Claire Lister
**Gestaltung** Jeremy Marshall

Für die deutsche Ausgabe:
**Projektbetreuung** Manuela Stern
**Herstellungskoordination** Arnika Marx
**Herstellung** Sabine Hüttenkofer

Titel der englischen Originalausgabe:
The Ocean Book



**Übersetzung** Michael Kokoscha
**Lektorat** Andreas Held

ISBN 978-3-8310-5260-8
5902-342553-24221-01

**Druck und Bindung** TBB, a.s., Slowakei

**www.dk-verlag.de**

## Die Autoren

**Jason Hall-Spencer** (Berater) ist einer der weltweit führenden Experten in Bezug auf die wichtigsten Stressfaktoren, die die Gesundheit der Meere und ihrer Organismen im Rahmen des Klimawandels beeinträchtigen. Er ist Professor für Meeresbiologie an den Universitäten von Plymouth (Großbritannien) und Tsukuba (Japan).

**Dorrik Stow** ist Geologe und Ozeanograf und hat bahnbrechende Forschungen an Tiefseesedimenten und der Paläozirkulation durchgeführt, insbesondere im Hinblick auf das Klima und Umweltveränderungen in der Vergangenheit. Er hat zahlreiche Bücher und wissenschaftliche Veröffentlichungen verfasst und weltweit gearbeitet. Nun ist er emeritierter Professor der Heriot-Watt University in Edinburgh.

**Melissa Hobson** hat sich als Autorin auf Meereswissenschaften, Natur- und Umweltschutzthemen sowie Nachhaltigkeit spezialisiert. Als erfahrene Taucherin unterstützt sie NGOs sowie andere Organisationen dabei, ihre Kommunikationsziele in Bezug auf die Meere zu erreichen.

**Anna Claybourne** ist Wissenschaftsautorin mit einer Vorliebe für die Natur und ihre Lebewesen. Insgesamt hat sie über 300 Bücher zu verschiedenen Themen verfasst. Sie ist leidenschaftliche Schwimmerin im Meer, Camperin und Tierbeobachterin, liebt aber auch Sagen und Folklore. Daher schreibt sie genauso gern über Meerjungfrauen und Seeungeheuer wie über die Lebewesen der realen Welt.

**Bess Manley** ist studierte Zoologin und arbeitet schon über ein Jahrzehnt lang an tropischen Korallenriffen der Fidschi-Inseln und Australiens. Sie ist Autorin und Regisseurin von Dokumentarfilmen, die auf Channel 4, Discovery Channel und Nat Geo gezeigt wurden, sowie weiteren Materials von Meeresschutzorganisationen, NGOs und Regierungsorganisationen.

**Marianne Taylor** beobachtet schon ihr Leben lang Vögel und begeistert sich für Wildtiere. Seit 2007 arbeitet sie als freie Autorin, Lektorin, Illustratorin und Fotografin. Als ehemalige Lektorin von Bloomsbury Publishing hat sie über 30 naturgeschichtliche Bücher – vor allem über Vögel und Insekten – verfasst. Sie arbeitet regelmäßig mit der Royal Society for the Protection of Birds zusammen.

# Inhalt

KAPITEL 1

## Die Ozeane der Welt


Ozean, Meer und See 12
Entstehung und Geologie der Ozeane 16
Meerwasser 20
Oberflächenströmungen 22
Vernetzte Meere 24
Ozeane und Klima 26
Gezeiten 28
Küsten 30
Tiefenzonen 32
Tiere der Ozeane 34
Pflanzen und Algen 36


KAPITEL 2

## Küsten der Ozeane


Klippen 40
Lunde 42
Brandungstore und -pfeiler 44
Kormorane 48
Höhlen und Grotten 50
Meeresschnecken 52
Felsküsten 56
Hundsrobben 60
Fossilien der Küsten 62
Gezeitentümpel 64
Seeigel 66
Krebstiere 68
Kiesstrände 72
Gelber Hornmohn 74
Küstenlagunen 76
Flamingos 78
Chesil Beach 80
Halbinseln und Tombolos 82
Sandstrände 84
Meeresschildkröten 88
Brillenpelikan 94
Kokospalme 96
Wattwürmer 98
Strandhafer 99
Dünen 100
Seegräser 102
Skelettküste 104
Ohrenrobben 106
Ästuare und Deltas 108
Seekühe 112
Fjorde 114
Weißwal 116
Kelpwälder 118
Seeotter 120
Salzwiesen und Wattflächen 122
Watvögel, Reiher und Co. 126
Mangroven 128
Leistenkrokodil 130
Einsame Inseln 132
Galapagos 136

KAPITEL 3

## Wasseroberfläche


| | |
|---|---|
| Meereswinde | 140 |
| Albatrosse | 144 |
| Tropische Wirbelstürme | 146 |
| Wellen | 148 |
| Tsunamis | 154 |
| Möwen | 156 |
| Sargassosee | 158 |
| Segelqualle | 160 |
| Wasserwirbel | 162 |
| Dunst und Nebel | 164 |
| Seeschwalben | 166 |


KAPITEL 4

## Eisige Ozeane


| | |
|---|---|
| Schelfeis und Eisberge | 170 |
| Meereis | 172 |
| Eisbär | 174 |
| Narwal | 178 |
| Arktischer Ozean | 180 |
| Walross | 182 |
| Südlicher Ozean | 184 |
| Pinguine | 188 |
| Seeleopard | 192 |


KAPITEL 5

## Unter den Wellen


| | |
|---|---|
| Epipelagial | 196 |
| Plankton | 198 |
| Seetange | 202 |
| Korallenriffe | 204 |
| Seepferdchen | 208 |
| Great Barrier Reef | 210 |
| Großer Fetzenfisch | 212 |
| Aalartige | 214 |
| Quallen | 216 |
| Delfine | 220 |
| Schwertwal | 222 |
| Wale | 224 |
| Atlantischer Ozean | 230 |
| Stachelhäuter | 234 |
| Felsenriffe | 236 |
| Versunkene Städte | 238 |
| Haie | 240 |
| Stechrochen | 244 |
| Meeresboden | 248 |
| Mesopelagial | 250 |
| Riemenfisch | 252 |
| Kraken | 254 |
| Pazifischer Ozean | 258 |
| Hammerhaie | 262 |
| Seeschlangen | 264 |
| Speer- und Schwertfische | 268 |
| Muscheln | 270 |
| Thunfische | 274 |
| Kalmare | 278 |
| Indischer Ozean | 280 |
| Bathypelagial | 284 |
| Biolumineszenz | 286 |
| Seekatzen | 288 |
| Schwämme | 290 |
| Vulkane und Seeberge | 292 |
| Hydrothermalquellen | 294 |
| Tiefsee-Bartwurm | 296 |
| Seeschweine | 297 |
| Abysso- und Hadopelagial | 298 |
| Tiefseegräben | 300 |

| | |
|---|---|
| Glossar | 304 |
| Register | 308 |
| Dank und Bildnachweis | 318 |

ISLANDIA
MARE GLACIAL
A
B
FARE
AMBRA SPERMA CETI
ZIPHIUS
D
ORCAD ES XXXIII
HETLADIA
POMONA
MARE DEUCALIDONICUM
AMPLISSIMUM REGNU SCOTOR
HELGALAND TERRA NOBILIUM
FROSTEN
NORMORIA
IEMPIHIA
SCAND
E
NORVEGIA REGNUM
TILEMARCHIA
SOLOGIA
VERMELADIA
DALACARLIA MAGNA
VACCA MARINA
VERMIS·40·PE·LO·
SCUTENES
LINDESNES

### Kartierung der Meere

Die 1539 veröffentlichte *Carta marina et descriptio septemtrionalium terrarum* (Seekarte und Beschreibung der nordischen Länder) ist die erste bekannte detaillierte Karte der nördlichen Länder und ihrer Umgebung. Die dargestellten Meeresungeheuer spiegeln die Gefahren und Mysterien wider, die der Ozean für die Forschungsreisenden bereithält. Der schwedische Kartograf und Geistliche Olaf Månsson brauchte zwölf Jahre, um die riesige 125 cm × 170 cm große Karte zu erstellen, wobei er sich auf alte und zeitgenössische Quellen sowie die Erzählungen der Seeleute bezog.

KAPITEL 1

# Die Ozeane der Welt

Die Ozeane bilden ein komplexes, sich ständig wandelndes System, das jeden Aspekt des Lebens auf der Erde beeinflusst. Sie regulieren die Temperatur des Planeten, sein Wetter und seine Atmosphäre und bilden die Grundlage verschiedener außerordentlich vielfältiger Ökosysteme.

# Ozean, Meer und See

Weil etwa 71 Prozent ihrer Oberfläche mit Wasser bedeckt sind, wird die Erde oft als blauer Planet bezeichnet. Die Meere enthalten 96,5 Prozent ihres Wassers. Der Rest ist zum größten Teil als Eis gebunden oder befindet sich tief unter dem Festland.

**Etwa 80 Prozent** des **Sauerstoffs** der Erde werden durch die Fotosynthese des **winzigen Planktons** freigesetzt.

## Was ist ein Ozean?

Ein Ozean ist ein großer Salzwasserkörper. Die Erde besitzt ein globales Meer, das in fünf miteinander verbundene Ozeane unterteilt wird. Sie füllen Vertiefungen in der Erdoberfläche aus. Ihre sedimentbedeckten Böden werden von einer Kruste getragen, die vor allem aus Basalt, einem vulkanischen Gestein, besteht. Neue ozeanische Kruste wird ständig an den mittelozeanischen Rücken gebildet und in den Tiefseegräben (siehe S. 18–19) eingeschmolzen. Größe und Form der Ozeane ändern sich daher ständig. Das Leben entstand hier vor etwa vier Milliarden Jahren, und auch heute gibt es eine große Artenvielfalt, vom winzigen Plankton bis zum größten Tier des Planeten, dem Blauwal (*Balaenoptera musculus*). Die Ozeane sind auch die Triebfeder, die das Weltklima reguliert.

## Fünf Ozeane

Die fünf miteinander verbundenen Ozeane sind der Arktische, der Atlantische, der Indische, der Pazifische und der Südliche (auch Antarktischer genannt). Der Südliche Ozean ist erst 1999 benannt und von der National Geographic Society 2021 anerkannt worden. Wo der eine Ozean endet und ein anderer beginnt, ist nicht eindeutig definiert. Zusammen bedecken die Ozeane 81 Prozent der südlichen Hemisphäre und 61 Prozent der nördlichen.

| Name | Fläche | Mittlere Tiefe | Größte Tiefe | Älteste Kruste |
|---|---|---|---|---|
| Arktischer Ozean | 12 173 000 km² | 990 m | 5608 m (Molloytief) | 65 Millionen Jahre |
| Atlantischer Ozean | 82 000 000 km² | 3300 m | 8605 m (Milwaukeetief) | 175 Millionen Jahre |
| Indischer Ozean | 73 600 000 km² | 3740 m | 7450 m (Sundagraben) | 140 Millionen Jahre |
| Pazifischer Ozean | 166 000 000 km² | 4280 m | 10 924 m (Challengertief) | 165 Millionen Jahre |
| Südlicher Ozean | 35 000 000 km² | 3270 m | 7235 m (Süd-Sandwich-Graben) | 140 Millionen Jahre |

## Geografie des Meeresbodens

Tief unter dem Meeresspiegel ist der Boden der Ozeane keineswegs eben. Hier gibt es die längste Gebirgskette der Erde. Sie wird von tiefen, als Transformstörungen bezeichneten Abgründen zerschnitten, die wiederum langsam von Sedimenten bedeckt und geglättet werden. Wo der Ozean auf Kontinente trifft, gehen langsam abfallende Schelfe in steile Abhänge über, die sich in Canyons und Schuttfächer fortsetzen, bis sie auf Tiefsee-Ebenen oder gewaltige Schlammaufschüttungen treffen. Rippel, Dünen und riesige Wellen bewegen sich über die mit Sedimenten bedeckte Oberfläche, voranbewegt von Tiefseeströmungen. Zahllose Seamounts und Guyots – Tiefseeberge unter dem Wasserspiegel – ragen aus dem Sediment hervor und reichen bis in die oberen Zonen der Meere.

**Untersuchung der Silfra-Spalte**
Der Mittelatlantische Rücken teilt den Atlantikboden in nordsüdlicher Richtung. Wo er ans Licht kommt und Island durchquert, liegt sein zentraler Graben frei. Die Silfra-Spalte, heute ein isländischer See, entstand hier durch Erdbeben.

## Kartierung des Ozeans

Obwohl die gesamte Erdoberfläche kartiert worden ist, sind bislang nur etwa fünf Prozent der Meere gründlich erforscht. Zur Kartierung der Meeresböden werden Sonar (Sound Navigation and Ranging), Satellitenbilder sowie bemannte und unbemannte Tauchboote eingesetzt.

**Meeresgrund-Erforschung**
Dieses bemannte Tauchboot des Französischen Forschungsinstituts für die Nutzung der Meere (IFREMER) kann Tiefen von bis zu 6000 m erreichen.

## Extreme Tiefen

In den größten Meerestiefen (siehe S. 298–299) herrschen Kälte, extremer Druck und Dunkelheit. Ohne Fotosynthese ist die Nahrung knapp, aber trotzdem leben hier einige Tiere. Hydrothermalquellen (siehe S. 294–295) schaffen einzigartige Ökosysteme.

**Leben an der Quelle**
Das Champagne-Hydrothermalfeld auf dem Grund des westlichen Pazifiks ist die Heimat großer Muschel- und Krabbenpopulationen.

## Meer oder See?

Als Meer werden sowohl die großen Ozeane als auch kleinere, Salzwasser enthaltende und vom Land teils oder ganz umschlossene Nebenmeere (Rand- und Binnenmeere) bezeichnet. Ein Nebenmeer kann auch eine See (feminin) sein. Diese See ist jedoch nicht zu verwechseln mit einem Süß- oder Salzwasser führenden See (maskulin) im Binnenland, der keine Verbindung zum Meer hat. Die Sargassosee ist dagegen ein Teil des Atlantiks und wird nur von Meeresströmungen begrenzt (siehe S. 158–159).

Auf dieser Doppelseite werden einige Seen und Nebenmeere vorgestellt. Manche der als Bay oder Golf bezeichneten Gewässer sind eigentlich Seen, etwa der Golf von Mexiko, der von Mexiko und den USA umschlossen ist. Die größten Seen oder Meere sind die Philippinensee, das Arabische Meer und das australische Korallenmeer. Das kleinste Meer ist das Marmarameer, ein türkisches Binnenmeer zwischen dem Schwarzen Meer und der Ägäis.

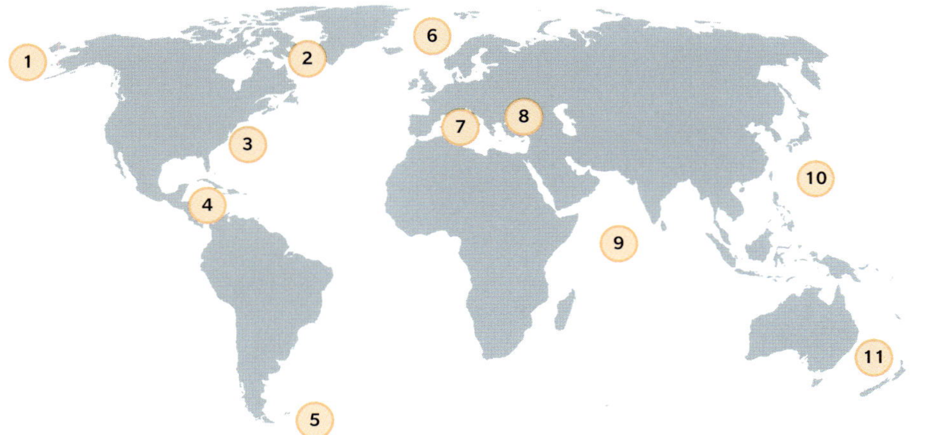

**1. BERINGSEE ODER -MEER**
Der nördliche Teil der über die Beringstraße mit der Arktis verbundenen Beringsee gefriert im Winter. Sie wird durch die Aleuten, eine Reihe vulkanischer Inseln, vom Pazifik getrennt.

**2. LABRADORSEE**
Diese See ist ein Arm des Nordatlantiks zwischen Grönland und Kanada. Sie ist im Winter mit Eis bedeckt und eine Hauptquelle des Nordatlantischen Tiefenwassers.

**3. SARGASSOSEE**
Dieser Bereich des Nordatlantiks ist von sich im Uhrzeigersinn drehenden Strömungen umgeben, die das Wasser aufwärts und zum Zentrum bewegen, wo der Spiegel 1 m über dem am Rand liegt.

**4. KARIBISCHES MEER**
Die für das tropische Klima, klares Wasser und weiße Sandstrände bekannte Karibik liegt zwischen Mittel- und Südamerika, Kuba, Jamaika und einer Reihe vulkanischer Inseln im Osten.

**5. SCOTIASEE**
Diese wilde und gefährliche See zwischen der Antarktischen Halbinsel und Kap Hoorn im Südlichen Ozean leitet den gewaltigen Antarktischen Zirkumpolarstrom durch die Drakestraße.

## MEERE DES PTOLEMÄUS

Diese Karte zeigt die Meere, wie die graecoromanische Welt sie kannte. Sie beruht auf einer Beschreibung in der um 150 n. Chr. geschriebenen *Geographike* des alexandrischen Mathematikers Ptolemäus. Die Karte zeigte als Erste Längen- und Breitengrade und wurde bis in das 15. Jahrhundert als Referenz benutzt. Hier gibt es zwei wichtige Meere, das *Mare Mediteranum* (Mittelmeer) und das *Mare Indicum* (Indischer Ozean), sowie kleinere Seen. Der Ozean im Westen blieb bis zu den Reisen im 14. Jahrhundert unentdeckt.

PTOLEMÄISCHE WELTKARTE

### 6. EUROPÄISCHES NORDMEER ODER NORWEGISCHE SEE

In diesem Meer trifft das wärmere, salzigere Atlantikwasser auf das arktische. Die Strömungen aus dem Süden halten es trotz seiner Lage eisfrei.

### 7. MITTELMEER

Das zwischen Europa, Afrika und dem Nahen Osten eingeschlossene Mittelmeer ist über drei Jahrtausende lang ein Schwerpunkt der Zivilisation, des Handels und von Kriegen gewesen.

### 8. SCHWARZES MEER

Dieses mit dem Mittelmeer verbundene Binnenmeer weist nur eine rund halb so hohe Salinität auf wie die Ozeane, mit nur 17 oder 18 Promille an der Wasseroberfläche.

### 9. ARABISCHES MEER

Dieses Meer ist ein Teil des Indischen Ozeans zwischen der Arabischen Halbinsel und Indien. Auf dieser wichtigen Ost-West-Handelsroute gab es einige der ersten Segelboote.

### 10. PHILIPPINENSEE ODER -MEER

Die Philippinensee ist das größte Nebenmeer der Welt. Sie wird von der gleichnamigen tektonischen Platte begrenzt und ist von Tiefseegräben, Inselketten und Vulkanen umgeben.

### 11. TASMANSEE

Die zwischen Australien und Neuseeland liegende See befindet sich im Gürtel der als »Roaring Forties« bekannten Westwinde. Die Tasmansee ist für ihre Stürme bekannt.

# Entstehung und Geologie der Ozeane

Die Erde ist der einzige Planet des Sonnensystems, der an seiner Oberfläche große Mengen Wasser aufweist – in flüssiger Form, als Eis oder Dampf. Vor Hunderten von Millionen Jahren bedeckte dieses Wasser fast den gesamten Planeten, doch langsam tauchte neues Festland auf und begann sich zu verschieben.

Das **Meer** und die **Atmosphäre** entstanden vor rund **vier Milliarden** Jahren.

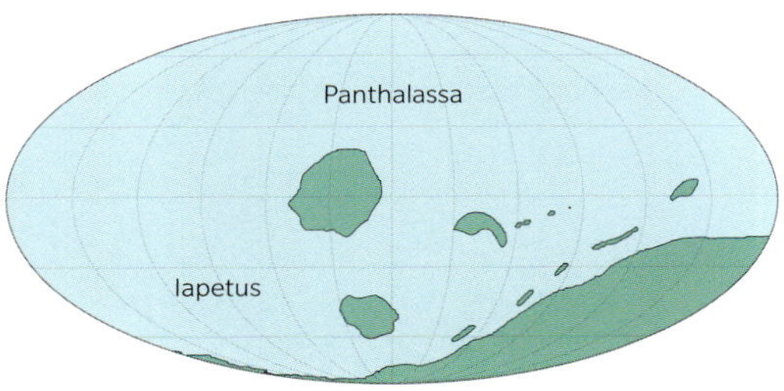


**KAMBRIUM (vor 500 Mio. Jahren)**

**Eine Wasserwelt**
Vor einer halben Milliarde Jahren bedeckten zwei Ozeane die Erdoberfläche. Das Festland war begrenzt und befand sich größtenteils auf der südlichen Hemisphäre. Keiner der heutigen Kontinente war zu erkennen.

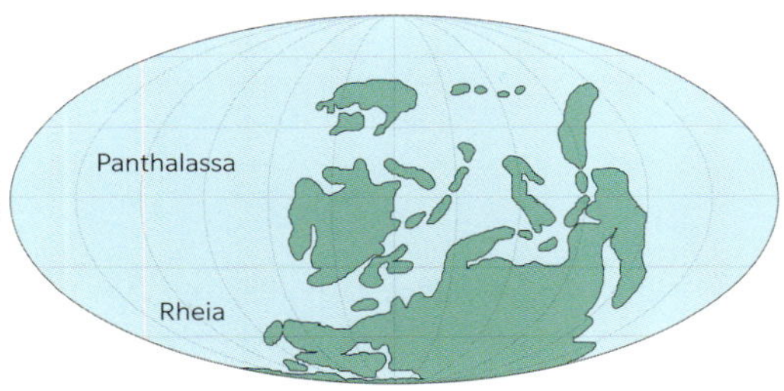


**DEVON (vor 400 Mio. Jahren)**

**Neues Land erscheint**
Rund 100 Millionen Jahre später bildete aus der Erdkruste hervortretendes Magma neues Land. Die Plattentektonik führte zur Bewegung der Festlandmassen und die Ozeane veränderten ihre Form und Größe.

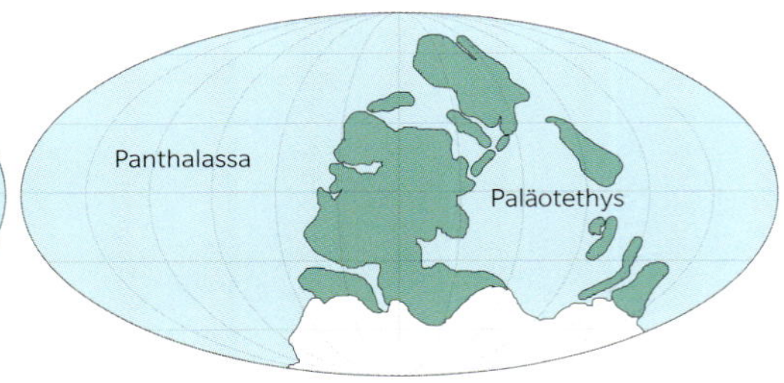


**KARBON (vor 300 Mio. Jahren)**

**Von Pol zu Pol**
Im Karbon reichten die Landmassen der Erde grob von Pol zu Pol. Auf Gondwana (der südlichen Landmasse) hatten sich Eiskappen gebildet. Pangäa (darüber) sollte schließlich nach Norden driften und sich im Uhrzeigersinn drehen.

## Entstehung des Meeres

Der wahrscheinlichste Grund für die Entstehung der Ozeane ist die Ausgasung, bei der in unterirdischem Gestein und im Magma enthaltener Dampf während zahlloser Vulkanausbrüche im Verlauf von Millionen von Jahren freigesetzt worden und zu Oberflächenwasser kondensiert ist. Man nimmt auch an, dass das Bombardement der Erde durch mit Eis beladene Kometen Wasser aus dem Weltall geliefert hat.

**Ausgasender Geysir**
Geysire wie dieser isländische zeigen eine kleinere Version des Ausgasens. Vulkanische Aktivität erhitzt unterirdisches Wasser, sodass es als Dampf oder flüssig an die Oberfläche schießt.

## Im Ozean entsteht Leben

Leben entstand in den Meeren vor rund vier Milliarden Jahren (siehe S. 34–37). Aus einzelligen Bakterien und Archäen entwickelten sich zwei Milliarden Jahre später die ersten Vielzeller. Meilensteine waren die Entstehung von als frühe Tiere interpretierten weichkörperigen Organismen während des Ediacariums vor 575 Mio. Jahren und die Entstehung von Wirbeltieren vor 540 Mio. Jahren. Größere Lebensformen erschienen in der Folgezeit, waren aber für weitere 100 Mio. Jahre an die Meere gebunden.

**Ein Ozean voller Ammoniten**

Die Ammoniten, Weichtiere mit typischen Spiralgehäusen und den Kalmaren und Kraken ähnlichen Körpern, lebten vor 450–66 Mio. Jahren im Meer.

**Die Ammonitenfossilien** bilden eine »Grabgemeinschaft«.

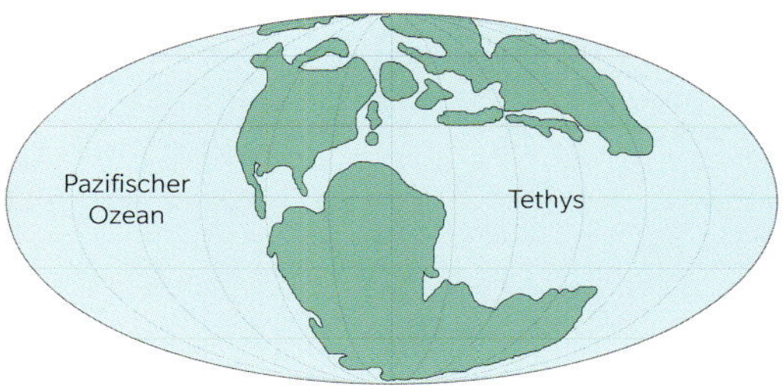


**JURA (vor 150 Mio. Jahren)**

**Die Kontinente nehmen Form an**

In diesem »Zeitalter der Dinosaurier« zeigten die Kontinente langsam ihre heutigen Umrisse. Auch der Pazifik nahm zum großen Teil die heutige Form an. Die übrigen Ozeane waren noch nicht zu erkennen.

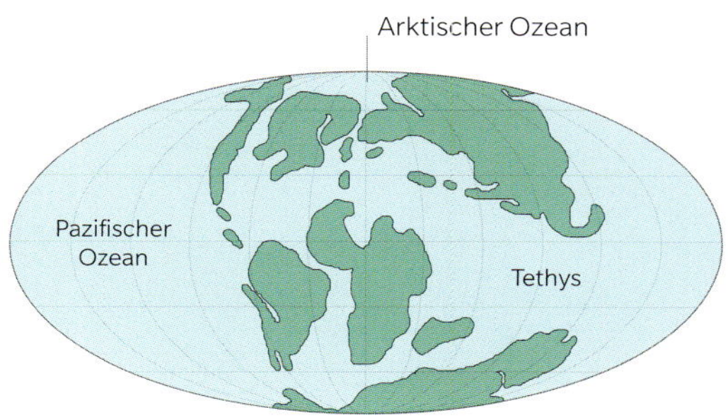


**KREIDE (vor 100 Mio. Jahren)**

**Einnahme der Position**

Tektonische Kräfte trennten Gondwana in Südamerika, Afrika, Indien, Australasien und Antarktika auf. Ein ähnlicher Prozess im Norden schuf Amerika, Europa und Asien. Das Becken der Tethys begann zu verschwinden.

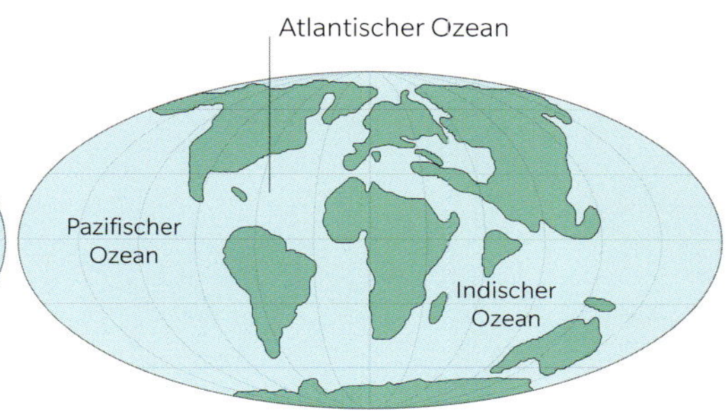


**EOZÄN (vor 50 Mio. Jahren)**

**Eine neue Welt**

Afrikas Bewegung nach Norden führte zum Kontakt mit Europa und schuf das Mittelmeer. Durch den Aufprall Indiens auf Asien entstanden Himalaja und Indischer Ozean, während im Westen der Atlantik erschien.

## Warum sich Kontinente bewegen

Die Erdkruste – die äußere Schicht der Erde – besteht vor allem aus magmatischem Gestein. Sie ist mit dem oberen Teil des Erdmantels verschmolzen, einer dicken Schicht größtenteils halbflüssigen Gesteins, und in große tektonische Platten (siehe S. 18) unterteilt. Diese Platten verschieben sich ständig auf dem unteren Mantel, sodass sich Landmassen bewegen und Ozeanbecken öffnen und schließen.

**Bewegungen in der Erde**

Im Erdkern erhitzt die Restwärme der Entstehung des Planeten den Mantel und erzeugt Konvektionsströmungen. Geschmolzenes Mantelmaterial steigt in Vulkanen zur Erdoberfläche auf und spreizt die mittelozeanischen Rücken auf dem Meeresgrund.

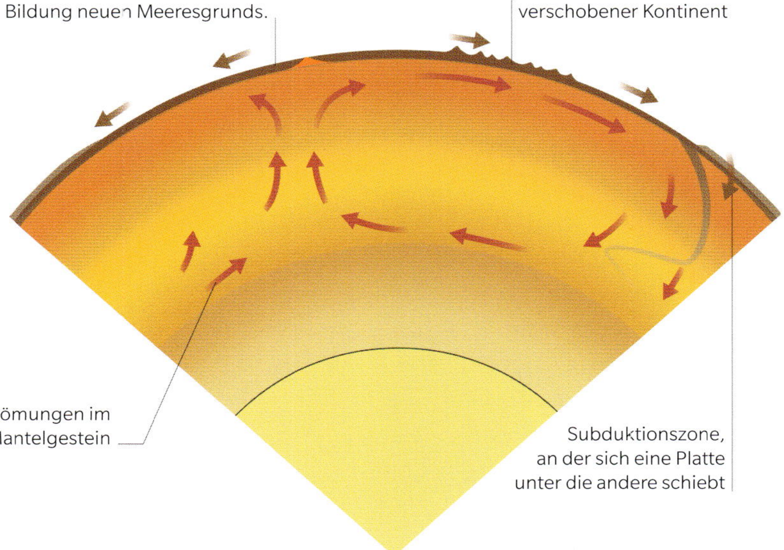

Die Plattenbewegung führt zur Bildung neuen Meeresgrunds.

Mit der tektonischen Platte verschobener Kontinent

Strömungen im Mantelgestein

Subduktionszone, an der sich eine Platte unter die andere schiebt

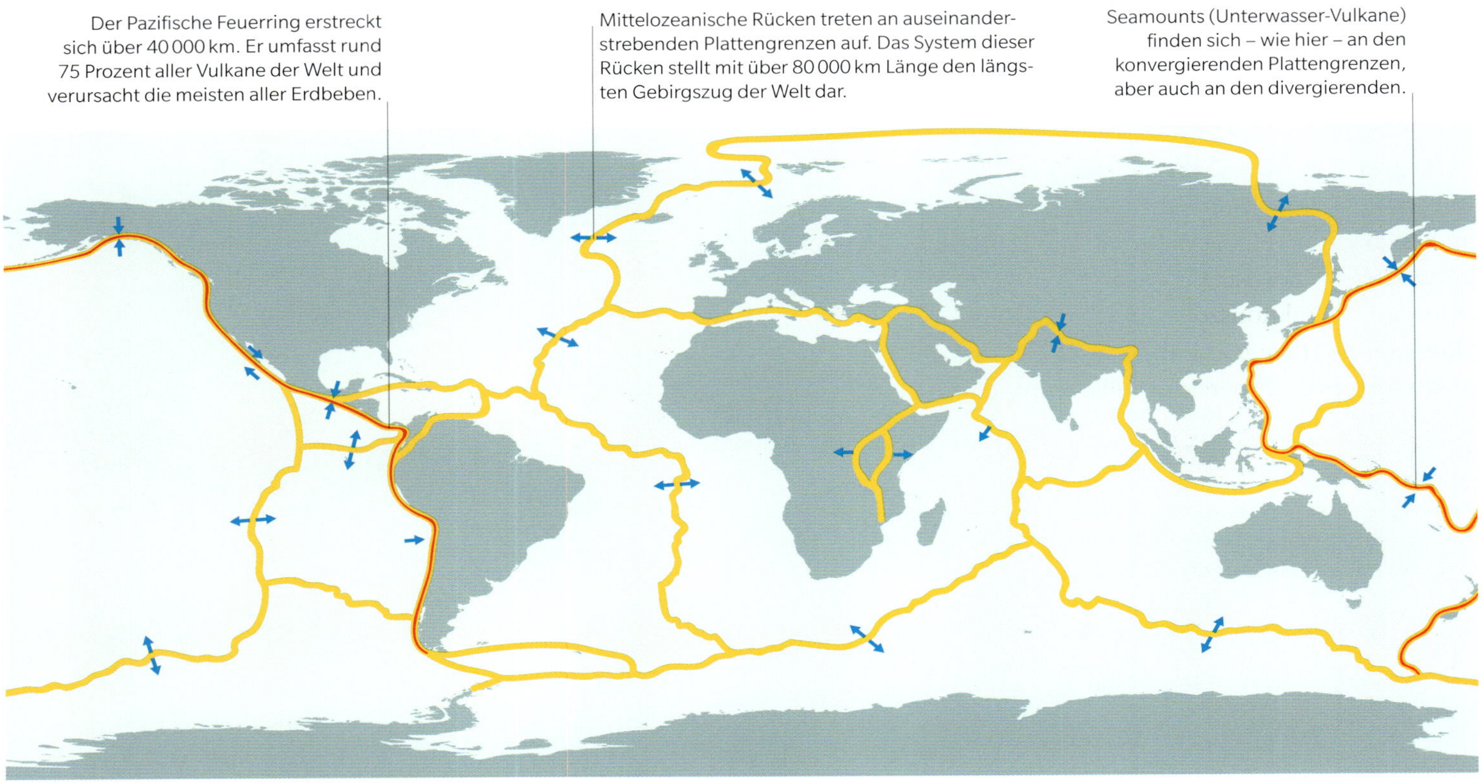


## Tektonische Platten

Die äußere Schicht der Erde ist etwa 120–180 km dick und besteht aus einer kalten, mit dem oberen Erdmantel verschmolzenen Kruste. Diese Lithosphäre ist in eine Reihe sehr großer und einige kleine, feste tektonische Platten unterteilt, die sich relativ zueinander bewegen. Die meisten Platten umfassen sowohl Meere als auch Kontinente, andere sind nur ozeanisch. Ihre Grenzen sind unregelmäßig und greifen ineinander. Sie bewegen sich mit Geschwindigkeiten von einigen Zentimetern pro Jahr. Ihre Größe und Form verändern sich ständig, da neues Material hinzugefügt und altes zerstört wird. Das findet an den Plattengrenzen statt und ist die Ursache für Erdbeben, Vulkane, heiße Quellen und Wärmeverluste aus dem Erdinneren. An divergierenden Plattengrenzen wird neue Kruste hinzugefügt (siehe unten), an konvergierenden ältere Kruste zerstört oder verformt (siehe nächste Seite). An Transformstörungen gleiten Platten aneinander vorbei oder kollidieren, wie an der San-Andreas-Verwerfung in der Nähe von San Francisco bei dem katastrophalen Erdbeben von 1906.

**Plattengrenzen**
Die Ränder der wichtigsten tektonischen Platten sind hier in Gelb eingezeichnet. Pfeile zeigen die Bewegungsrichtung der Platten. Der Pazifische Feuerring, ein Bereich intensiver vulkanischer und seismischer Aktivität, ist hier in Rot dargestellt.

## Entstehung des Meeresbodens

Neue ozeanische Kruste entsteht über divergierenden Plattengrenzen, an denen sich die Platten voneinander entfernen und sich das Magma auf den Meeresboden ergießt, über 2000 m unter dem Meeresspiegel. Magma enthält Eisenoxid, das die Polarität des Magnetfelds der Erde »aufzeichnet«. Da sich das Feld alle paar Millionen Jahre umpolt, kann man den Zeitpunkt, an dem ein neuer Abschnitt des Meeresbodens entstanden ist, anhand der nach Norden oder Süden weisenden Polarität berechnen.

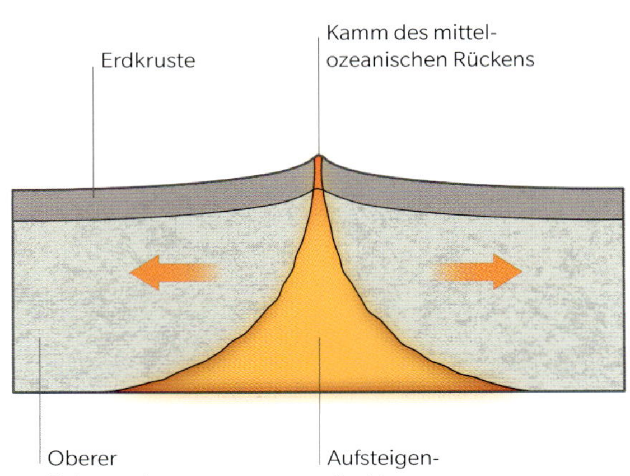


**Krusten und Rücken**
Geschmolzenes Magma steigt durch Risse in der Erdkruste auf und kühlt schnell ab. Vertikale dunkle Basaltplatten erhärten in den Rissen und drängen die Seiten des neuen Meeresbodens auseinander. Über dem Riss entsteht ein mittelozeanischer Rücken.

## Subduktionszonen und Zerstörungen der Erdkruste

Die Zerstörung der ozeanischen Erdkruste findet in den Subduktionszonen an den konvergenten Plattengrenzen statt, wo die tektonischen Platten kollidieren. Hier gleitet die ältere Kruste zurück in den Erdmantel – ebenso schnell, wie an den mittelozeanischen Rücken neuer Meeresboden entsteht. Subduktionszonen sind charakterisiert durch große Hitze und Druck, in großer Tiefe stattfindende Erdbeben und Vulkaneruptionen.

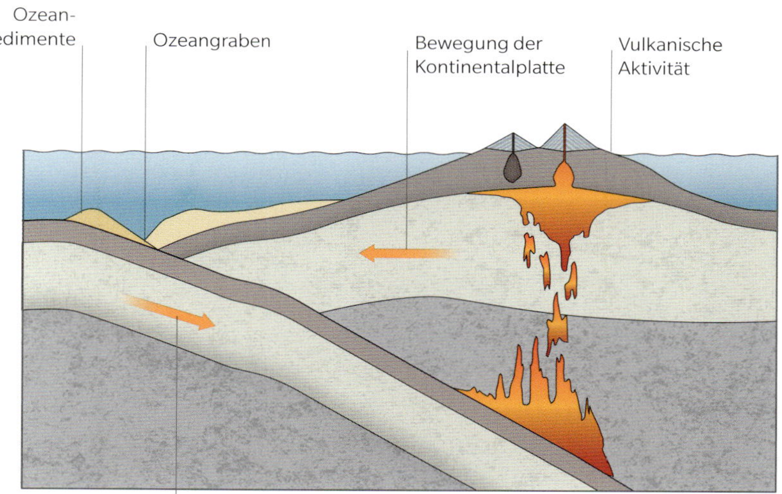


**Subduktionszone**
Eine ozeanische Platte wird ins Erdinnere geschoben. Mit einer Geschwindigkeit von 2–8 cm pro Jahr erzeugt sie Reibung, sodass Gestein schmilzt und Erdbeben ausgelöst werden.

> »Was geht in diesen entfernten Tiefen vor? … Es ist fast jenseits aller Vorstellungen.«
>
> JULES VERNE, *Vingt Mille Lieues sous les Mers,* 1869

**Höllenschlund**
Über 1000 °C heiße, rot glühende, geschmolzene Lava quillt aus einem mittelozeanischen Rücken und trifft auf eiskaltes Meerwasser, wo sie zu Felsformationen erstarrt.

# Meerwasser

Meerwasser besteht aus einer Mischung von Stoffen, darunter vor allem Salz. Seine chemische Zusammensetzung und Temperatur befinden sich in einem empfindlichen Gleichgewicht.

**WAS IST WASSER?**

Wasser ($H_2O$) ist eine Verbindung, die als Flüssigkeit, Feststoff oder Gas auftreten kann. Es besteht aus einem Sauerstoff- und zwei Wasserstoffatomen. Diese Kombination verleiht ihm bemerkenswerte Eigenschaften – vor allem die Fähigkeit, viele Substanzen zu lösen. Diese Eigenschaften sind für die physikalischen und chemischen Bedingungen in den Ozeanen der Welt und in der Atmosphäre von großer Bedeutung.

## Zusammenstellung und Austausch

Meerwasser ist eine Mischung aus nahezu 100 unterschiedlichen natürlich vorkommenden Elementen, darunter Chlor, Natrium, Schwefel, Magnesium, Kalzium, Kalium und Kohlenstoff – sowie geschätzten 18 Millionen Tonnen Gold.

In einem stetigen Austauschprozess nimmt Meerwasser Gase aus der Atmosphäre auf und reichert vom Land eingetragene Salze an. Etwa drei Milliarden Tonnen gelöster Chemikalien werden von den Flüssen jährlich in die Meere gespült und weitere gelangen durch vulkanische Aktivität und Quellen am Meeresboden hinein. Die Konzentration der Stoffe im Meerwasser bleibt relativ konstant, da sie ständig durch Prozesse wie die Absorption durch Sedimente und biologische Vorgänge wie die Aufnahme durch Meeresorganismen entfernt werden. Fotosynthetisch aktive Lebewesen geben außerdem Sauerstoff an das Wasser und die Atmosphäre ab.

**Austausch der Elemente**

Festland, Ozeane und Atmosphäre interagieren. Dabei werden verschiedene Gase, Salze und andere Mineralien in unterschiedlicher Geschwindigkeit umgesetzt.

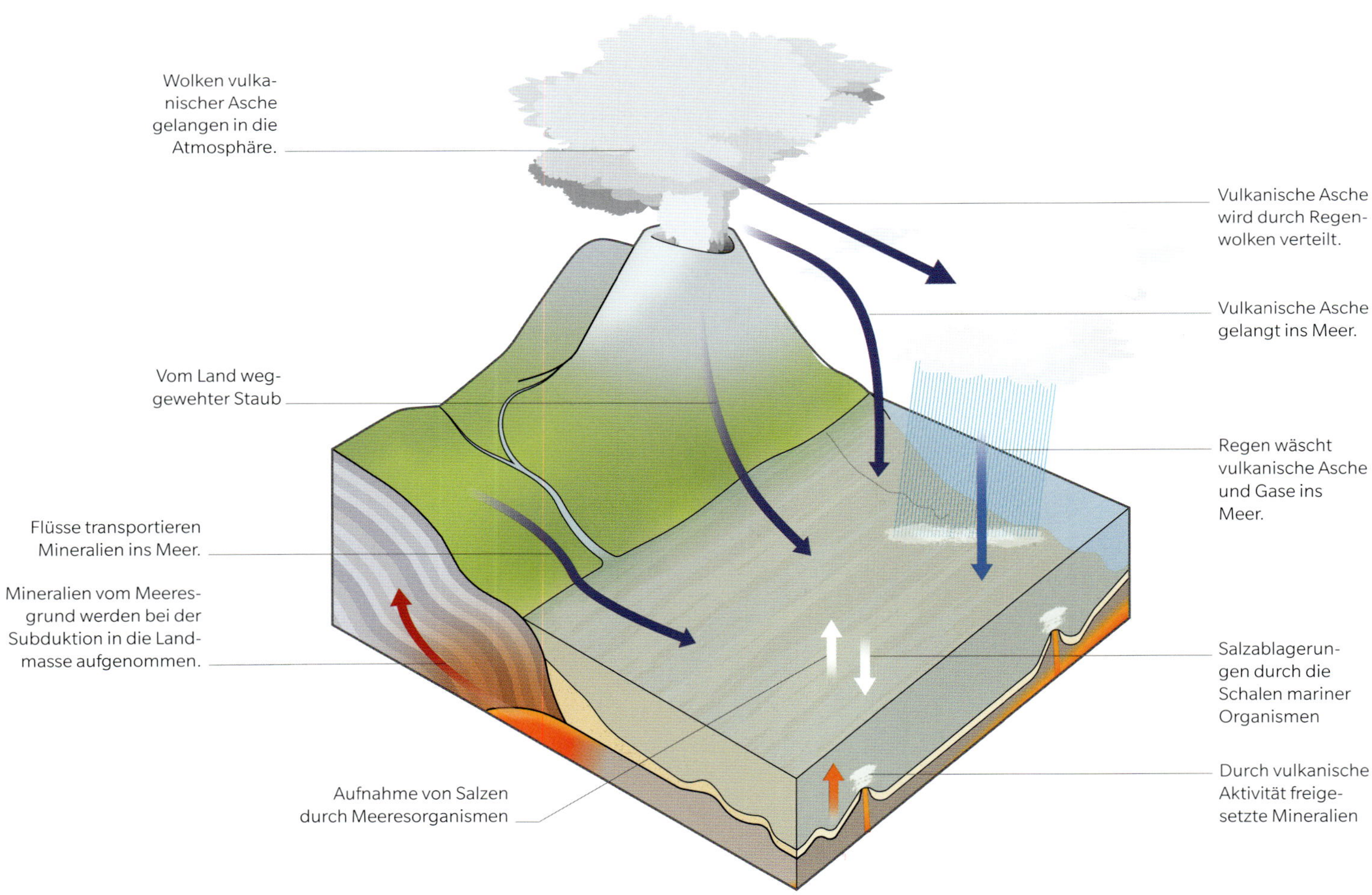

## Salz und Salinität

Die Ozeane enthalten über 50 000 Billionen Tonnen verschiedener Salze. Ihre Konzentration im Wasser wird als Salinität bezeichnet. Im Durchschnitt beträgt sie 3,5 Prozent für die offenen Meere (3,3 bis 3,7 Prozent). Die in den Ozeanen enthaltene Salzmenge würde die gesamte Erde mit einer über 150 m dicken Salzschicht bedecken.

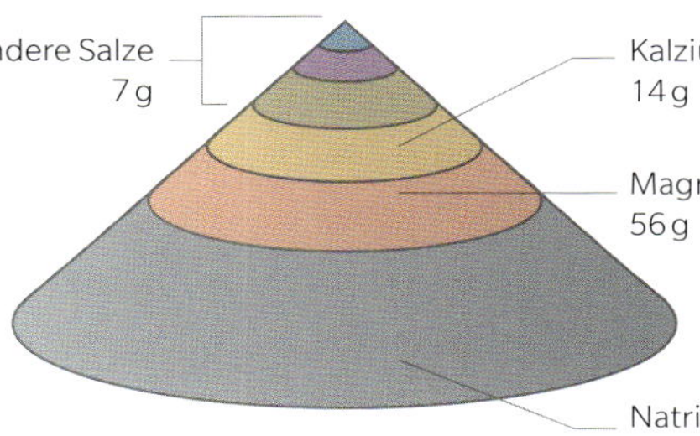


**Verschiedene Salze**
Im Meerwasser gibt es verschiedene Salze, wie hier anhand von 10 l Meerwasser dargestellt ist.

**Salzpfannen, Malta**
In flachen, aus dem Fels ausgehöhlten Pfannen sammelt sich Meerwasser. Wenn es verdunstet, wird das Salz geerntet.

## Dichte und Temperatur

Die Dichte des Meerwassers verändert sich abhängig von der Salinität und der Temperatur. Eine Zunahme des Salzgehalts erhöht die Dichte, ebenso eine Temperaturabnahme.

Veränderungen der Salinität werden meist durch eine Zugabe oder einen Entzug von Wasser hervorgerufen. Niederschläge, Flüsse oder schmelzendes Meereis liefern Süßwasser und senken die lokale Salinität. Verdunstet oder gefriert dagegen Wasser, erhöht sich der Salzgehalt. Die Oberflächensalinität ist daher in den Subtropen höher und in der Arktis niedriger. In großen Tiefen ist sie dagegen konstant. Dichteres Wasser sinkt unter leichtere Wasserschichten und trägt damit zu Wasserbewegungen bei, die Tiefenströmungen (siehe S. 24–25) verursachen.

**Rotes Meer**
Das Wasser des Roten Meers ist für seine hohe Salinität bekannt, sodass Bereiche großer Dichte entstehen. Korallenriffe haben sich in diesem Meer an die ungewöhnlichen Bedingungen angepasst.

# Oberflächenströmungen

Ein Netzwerk von Strömungen transportiert in den oberen Schichten der Ozeane große Wassermengen über weite Entfernungen und ermöglicht dabei einen lebenswichtigen Wärmeaustausch zwischen den Tropen und den kühleren Gewässern in der Nähe der Pole.

## Wie entstehen die Oberflächenströmungen?

Oberflächenströmungen entstehen durch globale Windsysteme, die durch die Sonne angetrieben werden. Über die Wasserfläche wehender Wind erzeugt Reibung und versetzt das Wasser in Bewegung. Durch die Reibung der Wasserschichten sowie den Coriolis-Effekt (siehe rechte Seite) bewegt sich die entstehende Strömung in einem Winkel von 45° zur Windrichtung. So entstehen große, kreisförmige Systeme, die man als Ozeanwirbel bezeichnet (siehe Grafik). Oberflächenströmungen können auch entstehen, wenn Wasser aus einem Bereich mit hohem in einen mit niedrigem Meeresspiegel fließt.

**Wichtige Oberflächenströmungen**
Warme Strömungen (rot) fließen entlang des Äquators und von ihm weg. Kalte (blau) fließen über oder um die Pole und in Richtung geringerer Breiten.

Der warme Golfstrom entspringt im Golf von Mexiko und transportiert warmes Wasser in den Nordatlantik.

Müll kann in Ozeanwirbeln gefangen werden.

Der Antarktische Zirkumpolarstrom ist der längste und stärkste Strom. Er transportiert kaltes Wasser von Westen nach Osten.

### OZEANWIRBEL

Es gibt fünf große Ozeanwirbel, zwei im Atlantik, zwei im Pazifik und einen im Indischen Ozean. Diese großen, kreisförmigen Wirbel sind das Resultat der vorherrschenden Winde und der Erdrotation. Das Wasser in den Wirbeln steigt in der Mitte an, sodass es hier einen Bereich höheren Wasserstands gibt. Die Wasserbewegung zieht Treibgut an, sodass hier »Müllstrudel« entstehen können.

IN EINEM WIRBEL GEFANGENER PLASTIKMÜLL

## Ozeanisches Up- und Downwelling

Das von den Oberflächenströmungen wegtransportierte Wasser kann durch von unten heraufgesogenes ersetzt werden. Diese vertikale Bewegung wird als Upwelling (Auftrieb) bezeichnet. Sie transportiert nährstoffreiches Wasser zur Oberfläche und fördert so das Planktonwachstum. Wichtige Upwelling-Zonen gibt es vor den Küsten von Peru, Namibia, Mauretanien, im Westen Nordamerikas sowie im äquatorialen Bereich und in den hohen Breiten des offenen Meers. Auch Unterschiede in Temperatur und Salinität lassen Strömungen entstehen. Das führt zum Downwelling (Abtrieb). Die vertikalen Bewegungen verbinden Oberflächen- mit Tiefenströmungen (siehe S. 24–25).

**Upwelling an der Küste**

Upwelling tritt an der Küste auf, wenn Oberflächenströmungen durch den Coriolis-Effekt (siehe unten) von der Küste weg ins offene Meer gelenkt werden. Dadurch wird kälteres Wasser von unten hochgesogen.

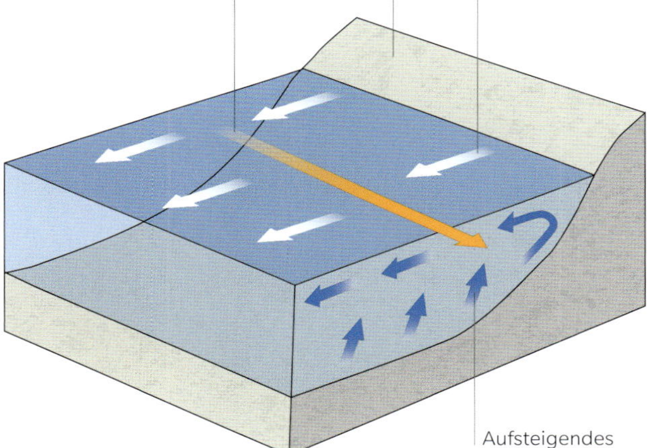

**Nahrungskette in Aktion**

Upwelling-Zonen sind mit ihren großen Plankton-Populationen wichtige Bestandteile der ozeanischen Ökosysteme. Zooplankton ernährt sich von Phytoplankton (und anderem Zooplankton). Es lockt wiederum Schwärme kleinerer Fische an, die ihrerseits für Haie attraktiv sind.

## Der Coriolis-Effekt

Alles, was nicht fest mit der Erdoberfläche verbunden ist – darunter Wasser, Wind, Vögel und Flugzeuge –, unterliegt dem Coriolis-Effekt. Er wird durch die Erdrotation verursacht, die auf bewegliche Dinge eine seitliche Kraft ausübt. Daher werden nach Norden oder Süden gerichtete Strömungen seitwärts von ihrer ursprünglichen Richtung abgelenkt – nach rechts auf der nördlichen, nach links auf der südlichen Hemisphäre.

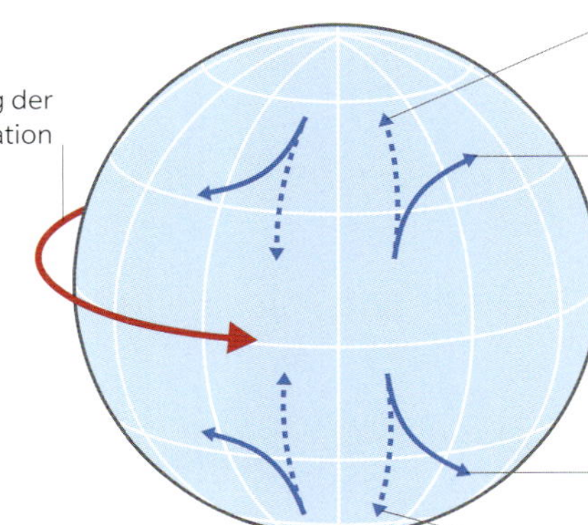


**Effekte auf Meeresströmungen**

Der Coriolis-Effekt lenkt die Bahnen der vertikalen Meeresströmungen (gepunktete Linien) in gekrümmte um (durchgezogene blaue Linien).

# Vernetzte Meere

In der Tiefe verborgene, langsame, starke Strömungen verbinden alle Teile der Ozeane der Welt, gelangen sogar durch die tiefsten Becken und beeinflussen schließlich die Wasserkörper aller Meere.

Erst nach **1000 Jahren** hat ein **Wassermolekül** die **thermohaline Zirkulation** vollständig durchlaufen.

## Tiefenströmungen

Die mit den Oberflächenströmungen (siehe S. 22–23) der Ozeane verbundenen Tiefenströmungen bilden ein gewaltiges Netzwerk zirkulierenden Tiefseewassers, das Energie, Nährstoffe und Sedimente rund um den Globus transportiert. Angetrieben werden sie von Dichtedifferenzen, beruhend auf unterschiedlichen Salinitäten und Temperaturen. Kaltes Tiefenwasser aus dem Nordatlantik und Südlichen Ozean fließt zum Äquator und warme tropische Oberflächenwässer kehren zurück. Zusammen bilden sie die thermohaline Zirkulation, auch globales Förderband genannt, die alle Ozeane vom Wasserspiegel bis zum Grund miteinander verbindet. Wegen dieses Systems ist auch vorgeschlagen worden, die Meere nicht als separate Wasserkörper, sondern als einen einzigen Ozean zu betrachten – ein System, in dem Wasser, Energie und Nährstoffe frei zirkulieren, das Klima regulieren und die Basis mariner Ökosysteme bilden.

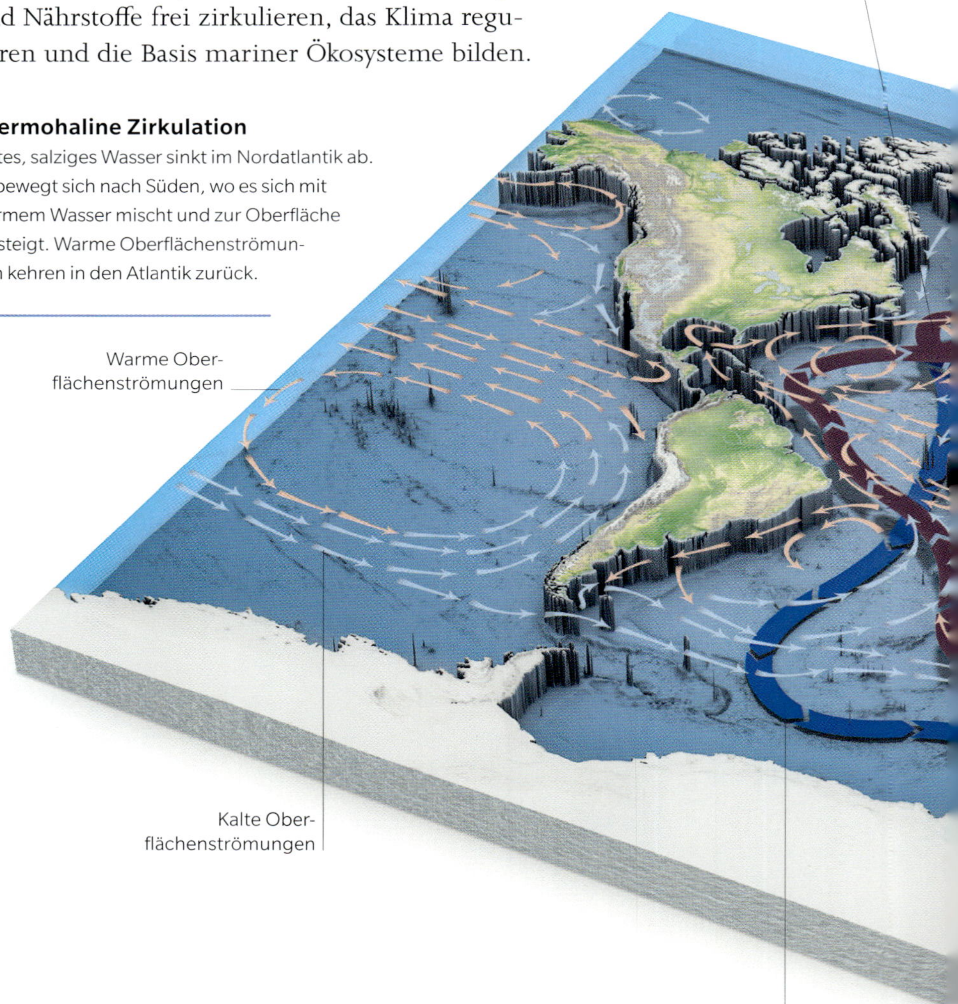


**Thermohaline Zirkulation**
Kaltes, salziges Wasser sinkt im Nordatlantik ab. Es bewegt sich nach Süden, wo es sich mit warmem Wasser mischt und zur Oberfläche aufsteigt. Warme Oberflächenströmungen kehren in den Atlantik zurück.

## Meereis und tiefes Wasser

In hohen Breitengraden gefriert die Meeresoberfläche, insbesondere während der dunklen polaren Winter. Das Salz wird jedoch nicht ins Eis aufgenommen, sodass das Wasser darunter salzhaltiger, dichter und schwerer wird. Es sinkt auf den Grund und wird von den Tiefenströmungen durch den Ozean transportiert.

**Eisige Meere**
Das eisige Meer um Grönland herum ist eine Quelle sehr kalten Wassers mit hoher Dichte. Etwa 90 Prozent des Ozeans bestehen aus Tiefenwasser.

## Antarktika und die globale Abkühlung

Die Öffnung zweier ozeanischer Gateways (siehe Kasten unten), der Drakestraße und des Tasmanischen Seewegs, isolierte Antarktika vor etwa 34 Millionen Jahren. Der Antarktische Zirkumpolarstrom entstand, der den Kontinent von wärmerem Wasser abschnitt und die Entstehung eines ersten Eisschilds ermöglichte. Das veränderte das Zirkulationsmuster des Ozeans und führte zu einer planetaren Abkühlung.

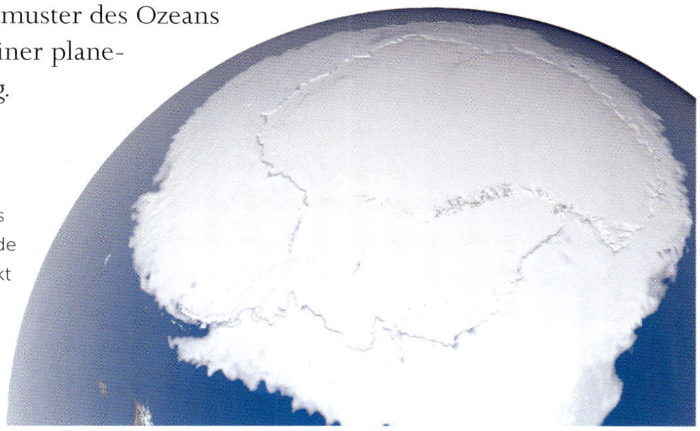

**Ein Meer aus Eis**
Im Winter gefriert das Antarktika umgebende Meer. Das Eis erstreckt sich 3000 km weit über die Küste hinaus und verdoppelt die Größe des Kontinents.

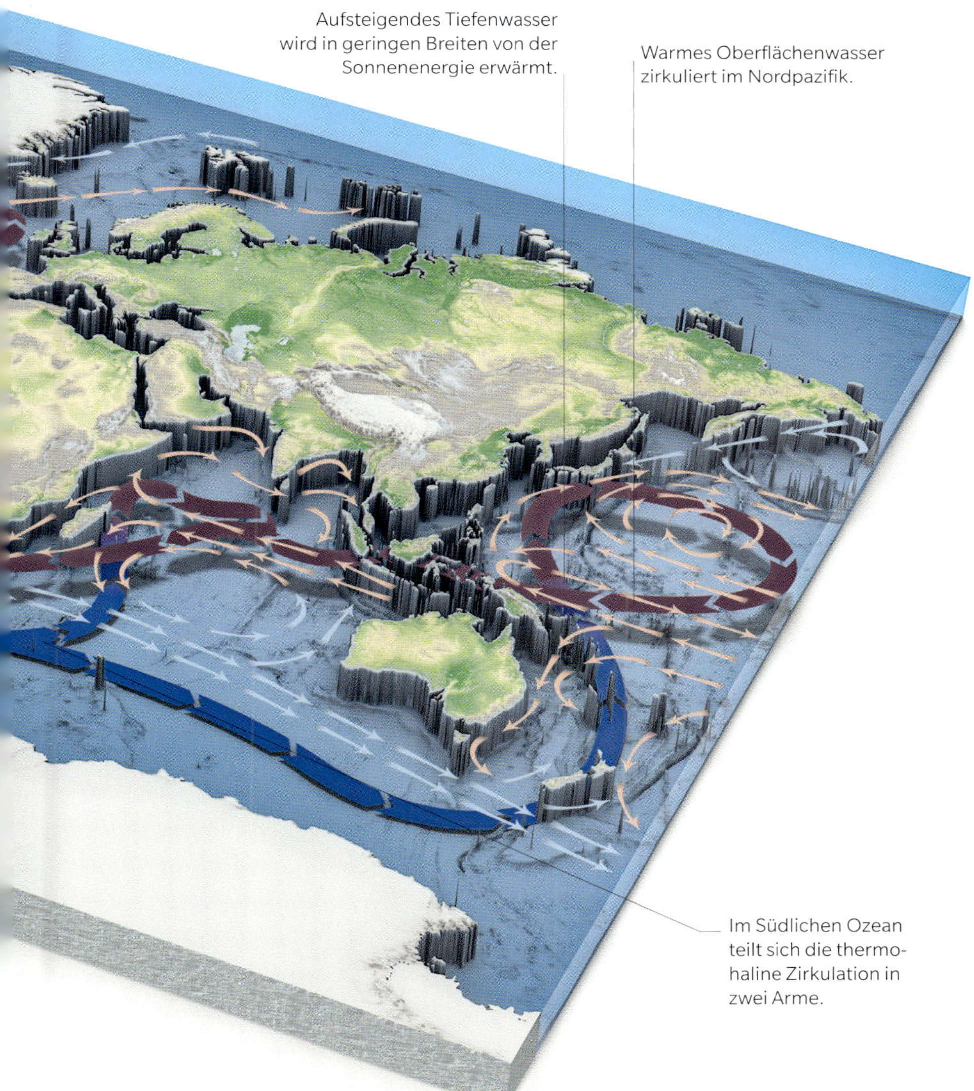


## Formung des Meeresbodens

Tiefenströmungen formen den Meeresboden durch Erosion, Transport und Deposition seines Materials. Durch Rutschungen entstehende Kontinentalhänge verbinden seichtere mit tiefen Bereichen. Mit Sedimenten befrachtete Strömungen lagern Material ab, sodass sich im Verlauf von Jahrmillionen Sedimentberge bilden. Strömungen erzeugen Terrassen und Kanäle.

**Ozeanischer Canyon**
Der von den Strömungen geformte Monterey Canyon (Mitte) vor der kalifornischen Küste schneidet sich über 1,6 km tief in den Kontinentalschelf hinein, bevor er sich 500 km weit in die Tiefsee erstreckt.

### OZEANISCHE GATEWAYS

**Der Ozean ist unterteilt in Tiefseebecken und Randmeere, die von unterseeischen Gebirgszügen und schmalen Straßen getrennt werden. Sowohl die Überlaufstellen dieser unter dem Wasserspiegel liegenden Barrieren als auch die Meerengen zwischen den Landmassen werden als ozeanische Gateways bezeichnet. Sie begrenzen den Wasserfluss zwischen den Becken, sodass die Tiefenströmungen schmal und schnell werden, Erosion verursachen und nicht nur lockere Sedimente, sondern sogar Gestein abtragen können. Die Straße von Gibraltar zwischen dem Atlantik und dem Mittelmeer weist eine der schnellsten Tiefenströmungen der Welt auf.**

**SATELLITENBILD DER STRASSE VON GIBRALTAR**

# Ozeane und Klima

**Die Meere und die Atmosphäre sind eng miteinander verbunden. Zusammen beeinflussen sie die täglichen Variationen des Wetters und die langfristigen Klimaveränderungen. Zudem dienen die Meere auch als Regulatoren von Temperaturextremen.**

**Die Meere** nehmen **über 30 Prozent** des von Menschen verursachten **$CO_2$** auf.

## Temperaturverteilung

Die Weltmeere nehmen Sonnenwärme auf und speichern sie. Verglichen mit den Polen erreicht den Äquator etwa das Zehnfache an Wärmestrahlung, sodass ein Gürtel wärmeren Wassers entsteht. Von den Winden angetriebene Oberflächenströmungen sorgen wiederum für eine Verteilung vom Äquator zu den Polen (siehe S. 22–23), die zur Übertragung von Wärme an die Atmosphäre beiträgt. Ohne diese Regulation würde die den Tropen zugeführte Wärme diese unbewohnbar machen und die Polarregionen wären ständig mit Eis bedeckt. Wasser kann große Mengen an Wärmeenergie aufnehmen und dabei seine Temperatur kaum verändern. Das puffert das Klima und bewirkt, dass im Zentrum von Landmassen eher Extremtemperaturen auftreten.

**Von kalt zu warm**
Diese Karte zeigt die Schwankungen der Temperaturen im offenen Meer im März. Der Indische Ozean (siehe S. 280–283) ist am wärmsten, der Arktische Ozean (siehe S. 180–181) am kältesten.

**LEGENDE**

Temperatur (angenähert)

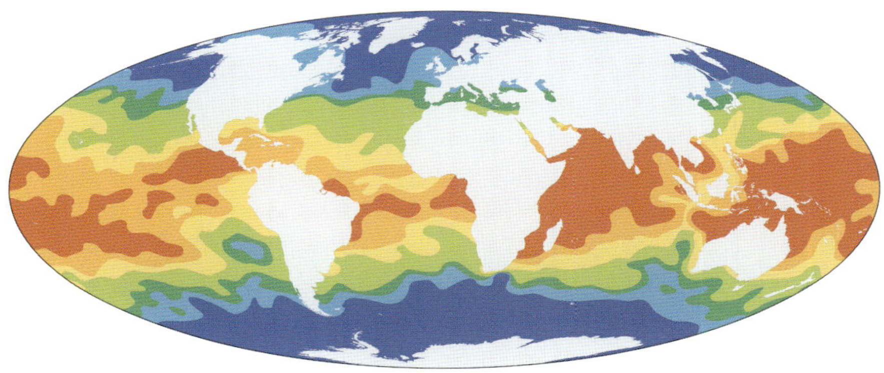

## El Niño

El Niño ist eine Störung im Gleichgewicht von Ozean und Atmosphäre, bei der die Oberflächentemperaturen ungewöhnlich hoch ansteigen. Er tritt alle zwei bis sieben Jahre auf und ist der größte einzelne Verursacher von Klimaveränderungen dieser Größenordnung. Die globalen Oberflächentemperaturen können sich in nur einem Jahr um fast 1 °C verändern. Warmes Wasser verteilt sich über den äquatorialen Pazifik von Indonesien bis Südamerika, wohingegen das Upwelling kalten, nährstoffreichen Wassers vor Peru gehemmt wird. Während starke Regen und Fluten die Küsten von Peru und Chile überschwemmen, herrschen in Australien, Indonesien, der Sahelzone und den USA Dürren, und der indische Monsum (siehe nächste Seite) wird schwächer oder bleibt aus. El Niño ist die warme Phase eines größeren Phänomens, der El Niño-Southern Oscillation (ENSO).

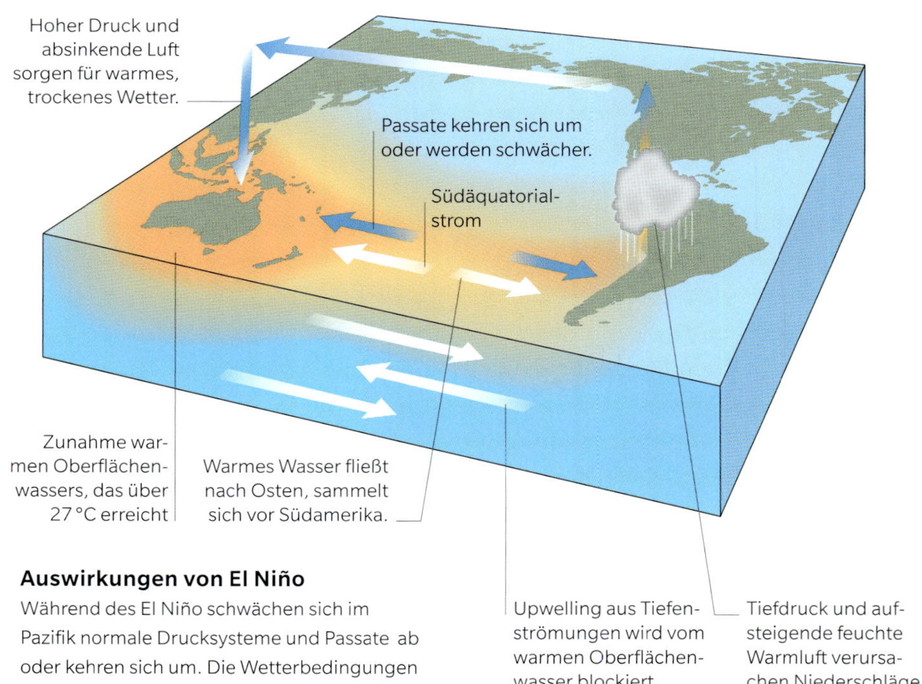


**Auswirkungen von El Niño**
Während des El Niño schwächen sich im Pazifik normale Drucksysteme und Passate ab oder kehren sich um. Die Wetterbedingungen über dem Festland werden auch umgekehrt.

**Gewitterbildung**
Über der Küste Queenslands, Australien, braut sich eine Superzelle (ein gewaltiges Gewitter) zusammen. Wie eine Studie 2024 ergab, erhöhen Gewitter nicht nur die Gasaufnahme, sondern können auch zur Abgabe von Gasen wie $CO_2$ aus den Meeren führen.

## Gasaustausch

Wie Wärme und Feuchtigkeit werden auch Gase zwischen den Meeren und der Atmosphäre ausgetauscht. Die Wasseroberfläche kann Gase aufnehmen oder abgeben. Die Meere enthalten 50-mal mehr Kohlenstoffdioxid ($CO_2$) als die Atmosphäre und sie nehmen mit jedem Jahr mehr auf. Das geschieht zum einen durch den Unterschied der Gaskonzentration von Luft und Wasser, der Richtung und Rate des Gasaustauschs bestimmt. Wichtig ist auch die durch Wind und Wellen verursachte Stärke der Wasserdurchmischung. Bei Sturm wird mehr Gas aufgenommen. Hat es sich einmal gelöst, wird es durch Wasserturbulenzen nach unten gemischt. Andere Faktoren sind die Temperatur – kaltes Wasser nimmt mehr $CO_2$ auf – und die biologische Aktivität, da Phytoplankton $CO_2$ zur Fotosynthese nutzt.

## Monsunklima

Beim Monsun kommt es zu einer Richtungsänderung der stärksten Winde einer Region, die saisonal Regen- und Trockenzeiten verursacht. Das Monsunklima beeinflusst viele tropische Regionen, darunter Süd-, Ost- und Südostasien, Nordaustralien, Südafrika und Südamerika. Die Windrichtungsänderungen resultieren aus einer ungleichmäßigen Erwärmung der Kontinente und der tropischen Meere. Im Winter kühlt das Festland schneller ab als das Meer, da es die Wärme schneller aufnimmt und abgibt. Die entstehenden Hochdruckgebiete lassen die Winde in Richtung Meer wehen und führen zu trockenem Wetter. Im Sommer ist es umgekehrt. Das Land erhitzt sich schneller als das Meer, sodass die Luft aufsteigt und Tiefdruckgebiete entstehen. Sie saugen feuchte Winde vom Meer heran und führen zu starken Niederschlägen.

**Wirbelsturmsaison**
Tropische Stürme können während der sommerlichen Monsunsaison auftreten. Sie entstehen durch die Erwärmung der Meere, wenn die Oberfläche über 27 °C erreicht.

Der Taifun Tip war mit einem Durchmesser von 2200 km der größte bekannte tropische Wirbelsturm.

# Gezeiten

**Als Gezeiten bezeichnet man die durch die Gravitation hervorgerufenen regelmäßigen Veränderungen des Meeresspiegels. Wasser sammelt sich auf den Seiten der Erde, die dem Mond am nächsten oder am weitesten entfernt sind, wobei die Sonne eine zusätzliche Kraft ausübt.**

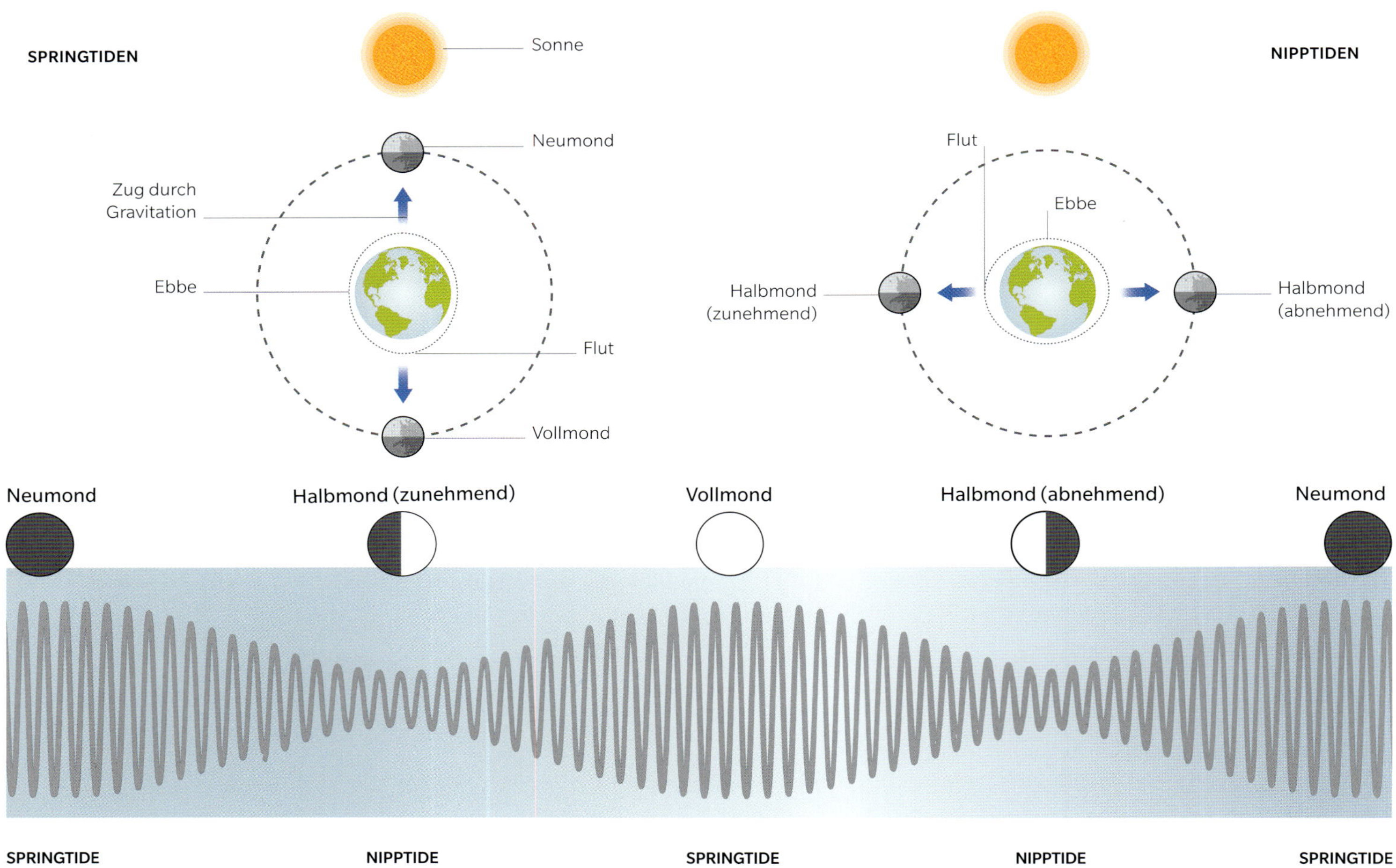


## Funktionsweise der Gezeiten

Bis zum Jahr 1687 war der Ursprung der Gezeiten unbekannt. Dann erklärte der englische Physiker und Mathematiker Isaac Newton, wie sie aufgrund der Anziehungskräfte des Monds und der Sonne sowie der Rotation von Erde und Mond zustande kommen.

Die Anziehungskraft des Monds ist der dominierende Faktor bei der Entstehung der Gezeiten, während die Anziehungskraft der Sonne nur 46 Prozent davon ausmacht. Das Meerwasser wird auf der dem Mond zugewandten Seite zu einem Wulst aufgetürmt, während die Zentrifugalkräfte einen entsprechenden Wulst auf der entgegengesetzten Seite der Erde bilden. Befinden sich Sonne und Mond auf einer Linie, ist der Wulst groß (Springtide), stehen sie rechtwinklig zueinander, ist der Wulst klein (Nipptide).

Die Größe und Form des Meers sowie die Position des Festlands beeinflussen die Zeiten von Ebbe und Flut sowie den Tidenhub (die Differenz zwischen Ebbe und Flut). Das können weniger als 1 m im Mittelmeer und bis zu etwas über 16 m in der kanadischen Bay of Fundy sein.

**Gezeitenmuster**
Hohe Spring- und niedrige Nipptiden treten auf, kurz nachdem Sonne und Mond in einer Linie stehen. Reibung und topografische Eigenheiten im Meer, um die das Wasser fließen muss, beeinflussen ebenfalls das Muster der Gezeiten.

## Wildtiere und Tiden

Angesichts von Ebbe und Flut müssen sich Tange und Tiere an sehr unterschiedliche Bedingungen anpassen. Die steigende Flut überschwemmt Sand und Schlick, sodass die darin stochernden Watvögel vertrieben werden und ihren Platz den Fischen überlassen müssen, die sich von Krabben, Garnelen und Algen ernähren. Die Tange und Tiere, die an Ort und Stelle bleiben, haben verschiedene Strategien und Anpassungen entwickelt. Seepocken und Napfschnecken ziehen sich bei Ebbe in ihre schützenden Schalen und Gehäuse zurück, während die Tange eine Schutzschicht entwickelt haben, die sie feucht hält.

## Gezeitenkraft

Der in den Gezeiten verborgene Energieumsatz pro Zeitspanne wird auf 3000 Gigawatt geschätzt. Allerdings kann sie nicht vollständig genutzt werden. Zurzeit glaubt man, dass 120 bis 400 Gigawatt durch Gezeitenkraftwerke generiert werden könnten. Das erste derartige Kraftwerk, das Gezeitenkraftwerk La Rance in Nordfrankreich, wurde 1966 eröffnet. Das größte ist nun mit einer Kapazität von 254 Megawatt das Gezeitenkraftwerk Sihwa-ho in Südkorea. Enge Einschnitte oder Ästuare mit einem großen Tidenhub können gute Standorte für Gezeitenkraftwerke sein, da die zu- und abfließenden Wässer in schnell fließende Kanäle geleitet werden.

**Nahrungssuche bei Ebbe**

Eine Pfuhlschnepfe (*Limosa lapponica*) sucht im Watt in Norfolk, Großbritannien, nach Würmern. Viele Watvögel suchen bei Ebbe nach Nahrung, da dann große Schlickflächen mit reichlich Würmern und Muscheln zugänglich sind.

**Die Kraft des Ozeans nutzbar machen**

Dieses Gezeitenkraftwerk liegt an der Insel Xiushan in der Hangzhou-Bucht in China. Der oberhalb gelegene Qiantang-Fluss weist die höchste Gezeitenwelle der Welt auf. Die bis zu 9 m hohe Wasserwand rast mit der Springflut den Fluss hinauf.

## Gezeiten auf der ganzen Welt

Die meisten Küsten sind durch ein halbtägiges Gezeitenmuster charakterisiert – mit zwei Fluten und zwei Ebben etwa der gleichen Stärke pro Mondtag. Unterscheiden sich die beiden Fluten und Ebben deutlich, spricht man von gemischten Gezeiten. In einigen Bereichen wie dem Golf von Mexiko und Teilen der australischen Küste gibt es tägliche Gezeiten, es finden pro Tag jeweils nur eine Ebbe und eine Flut statt.

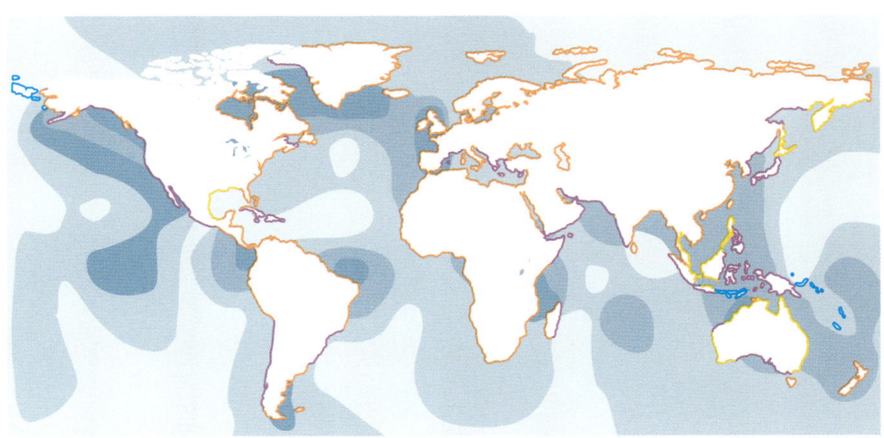

**Gezeitenmuster**

- Halbtägig
- Gemischt
- Täglich

**Mittlerer Tidenhub**

- 0,6 m
- 1,2 m
- 1,8 m
- 2,4 m

**Tidenhub**

An den Westküsten Nord- und Südamerikas gibt es halbtägige und gemischte Gezeiten. Der Tidenhub im Pazifik variiert von weniger als 1 m im Bereich von Hawaii bis zu 9 m in der Nähe von Anchorage, Alaska.

# Küsten

Küsten befinden sich in einem steten Wandel. Hier begegnen sich Land und Meer. Durch die ständige Einwirkung der Wellen, des Winds und sich verschiebende Sedimente entstehen unterschiedliche Formationen, von sanften Dünen bis zu hoch aufragenden Klippen.

## Küstentypen

Küsten werden grob in vier Kategorien eingeteilt. Hebungsküsten entstehen bei sich hebendem Land oder sinkendem Wasserspiegel. Durch Bewegungen der tektonischen Platten kann neues Land aus dem Meeresboden aufgeschoben werden (siehe S. 18–19), sodass sich Klippen (siehe S. 40–41) oder Brandungspfeiler (siehe S. 44–45) bilden. Senkungsküsten entstehen, wenn das Land absinkt oder der Meeresspiegel ansteigt. Viele von ihnen sind 115 000 bis 11 700 Jahre alt. Zu ihnen gehören überspülte Flusstäler (Rias) und Fjorde (siehe S. 114–115). Querküsten weisen senkrecht zum Wasserrand verlaufende Bänder verschiedener Gesteine auf, deren Härten zu unterschiedlichen Erosionsraten führen, sodass Buchten und Landzungen entstehen (siehe S. 47). Längsküsten bestehen aus verschiedenen, parallel zum Wasser verlaufenden Gesteinen, die kleine Höhlen bilden können.

**Pazifikküste**
Die Nā-Pali-Küste erstreckt sich über 25 km der Nordküste der Hawaii-Insel Kaua'i. Die typischen Klippen dieser Hebungsküste haben sich infolge der Erosion durch die Wellen des Pazifiks und sturzbachartige Niederschläge gebildet.

**STRÄNDE**

Ein Strand ist ein Landstreifen entlang einer Küste, vor allem zwischen der Niedrig- und der Hochwassermarke, der aus losen Sedimenten besteht. Das können Sand, Kies, Kiesel oder von der Erosion der Felsen stammendes Geröll sowie Fragmente von Muschelschalen und Korallen sein. Die Wellen, Strömungen und Stürme erodieren die Küste und zerkleinern das Material. Es wird dann entlang der Küste verteilt oder gelangt vor ihr in tieferes Wasser. Der Wind kann den Sand auch zu Dünen hinter dem Strand auftürmen.

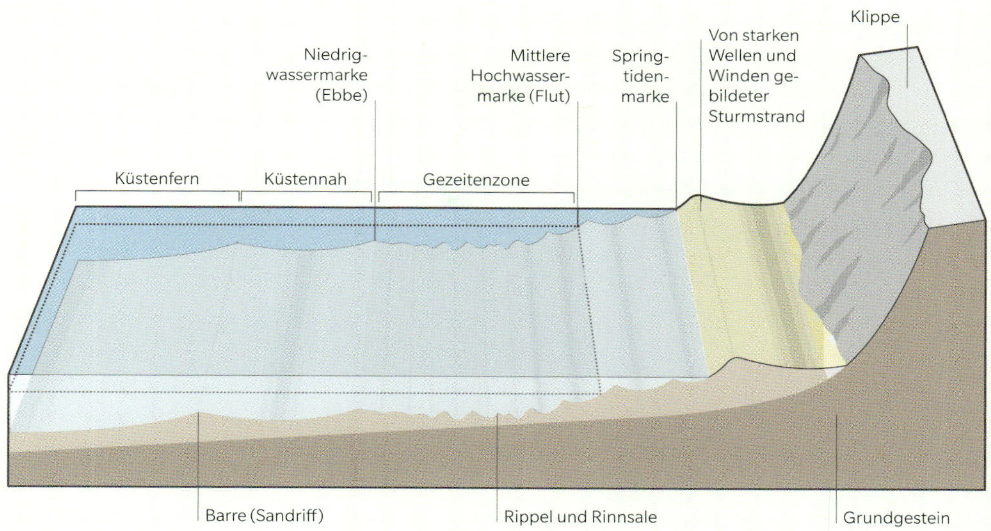


TEILE EINES STRANDS

## Erosion, Transport und Ablagerung

Küsten werden von drei miteinander verbundenen Prozessen geformt: Erosion, Transport und Ablagerung. Die Erosion trägt das Land durch die Bewegung des Meerwassers und die Abrasion des darin enthaltenen Sands ab. Beim Transport wird loses Material wie Sand, Silt und kleine Steine durch das Wasser von einer Gegend in eine andere verbracht. Zur Ablagerung kommt es, wenn die Wellen an Kraft verlieren und das Material absinkt, das nun Küstenformationen wie Strände, Deltas und Tombolos bildet (siehe S. 82–83).

**Abtragen und aufbauen**

Dieser Strand am James Price Point in der Nähe von Broome in der Kimberley-Region in Westaustralien zeigt die Ablagerung von Sand und die Erosion seiner weichen Klippen.

## Wo Flüsse auf das Meer treffen

Wenn ein Fluss das Meer erreicht (oder einen See, einen anderen Fluss oder Wasserkörper), kann er langsamer werden, sich verbreitern und seine Fähigkeit verlieren, Sediment zu befördern, sodass es abgelagert wird. Flache Kanäle können vom Hauptstrom abzweigen und ein Netzwerk bilden. Unter entsprechenden Bedingungen entsteht an der Mündung eine als Delta (siehe S. 108–111) bekannte trichterförmige Mündung. Teile des Deltas können unter dem Wasserspiegel liegen, andere darüber und Inseln bilden.

**Mississippi-Delta**

Mit Sedimenten beladenes Wasser fließt aus den Kanälen des Mississippi-Deltas in den Golf von Mexiko. Hier haben sich die Sedimente in einer klassischen Fächerform abgelagert.

# Tiefenzonen

Der Freiwasserbereich der Ozeane ist in Zonen unterteilt, die den unterschiedlichen Tiefen der Wassersäule entsprechen.

## Epipelagial

0–200 m

Ein großes Angebot von Sonnenlicht und Sauerstoff lässt in diesem Bereich Plankton, Tange und Seegräser sowie die größte Vielfalt marinen Lebens gedeihen (siehe S. 196–197).

**»LEUCHTALGE«**
*Pyrocystis lunula*
Dinoflagellaten wie diese 50–100 μm lange Art können das Sonnenlicht zur Fotosynthese nutzen.

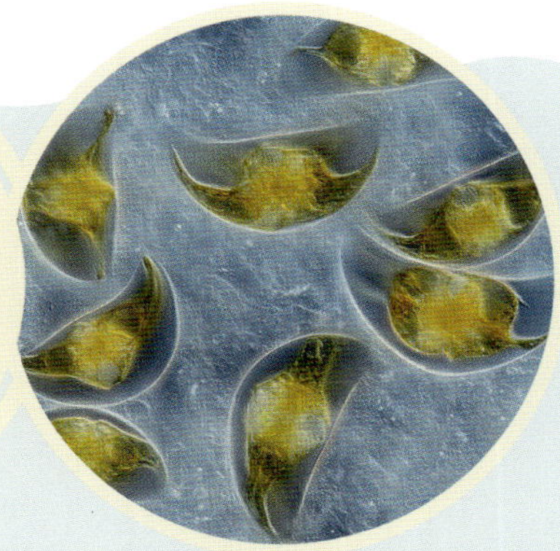

## Mesopelagial

200–1000 m

Nahrung produzierende Algen können in dieser Tiefe (siehe S. 250–251) nicht gedeihen, aber einige Tiere haben sich an das Leben im schwachen Licht angepasst. Viele von ihnen nutzen Biolumineszenz.

**LEUCHT-KALMAR**
*Watasenia scintillans*
Dieser kleine Prädator des oberen Mesopelagials erzeugt durch Biolumineszenz blaue Blitze.

## Bathypelagial

1000–4000 m

Pechschwarz, kalt und von starken Strömungen geprägt, beherbergen diese Tiefen nur wenige Tierarten – mit Ausnahme der einzigartigen Oasen des Lebens an hydrothermalen Quellen, Methanquellen und Tiefseecanyons (siehe S. 284–285).

**SCHWARZER SCHLINGER**
*Chiasmodon niger*
Dieser tropische Tiefseefisch verschlingt Beute, die größer als er selbst ist.

## Abysso- und Hadopelagial

4000–11 000 m

Mit ihren Tiefsee-Ebenen, -fächern und -gräben sind diese Tiefen die am wenigsten bekannten Gebiete des Planeten (siehe S. 298–299). Hier fristen seltene, langsam wachsende, langlebige Tiere ihr Dasein.

**GRENADIERE**
Macrourinae
Diese auch als Rattenschwänze bezeichneten schwarzbraunen Fische leben im Abyssopelagial.

## Von der Oberfläche zu den Tiefen

Die verschiedenen Zonen sind mit zunehmender Tiefe durch steigenden Wasserdruck und abnehmende Helligkeit gekennzeichnet. Das beeinflusst die Art und Menge der hier lebenden Organismen. Der Luftraum über dem Meer beherbergt ein vielfältiges Leben, darunter fast 350 Arten von Seevögeln.

**FLIEGENDER FISCH**
*Cheilopogon melanurus*
Diese Fische können auf 30 km/h beschleunigen und 12 m weit über das Wasser gleiten.

**MANTAS**
*Mobula*
Diese riesigen Filtrierer leben in warmen Meeren. Sie fressen vor allem das im Epipelagial vorhandene Zooplankton.

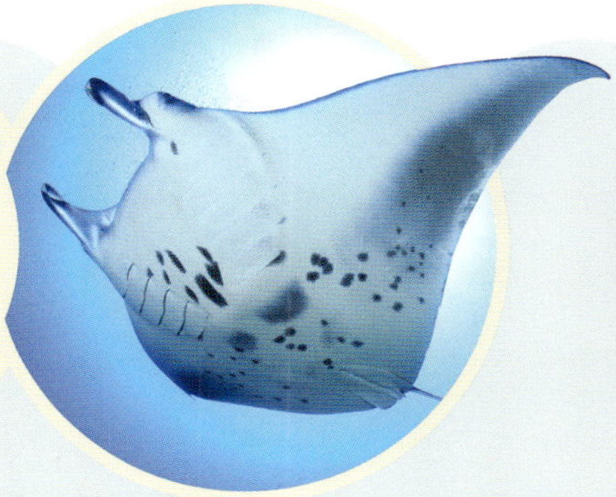

**GROSSER BARRAKUDA**
*Sphyraena barracuda*
Dieser schnell schwimmende Räuber lebt in Tiefen bis zu 100 m in den Subtropen.

**TIEFSEE-BEILFISCHE**
Sternoptychidae
Diese biolumineszenten Fische leben im Meso- und Bathypelagial, kommen aber nachts an die Oberfläche.

**VIPERFISCHE**
*Chauliodus*
Diese Fische tragen ihren Namen wegen des gelenkigen Unterkiefers. Auch sie steigen nachts zur Oberfläche auf.

**POTTWAL**
*Physeter macrocephalus*
Dieser größte Zähne tragende Prädator jagt Riesenkalmare in bis zu 3000 m Tiefe.

### ZUR OBERFLÄCHE UND ZURÜCK

Die Vertikalwanderung ist eine tägliche, synchronisierte Wanderung mariner Tiere zwischen der Oberfläche und den tieferen Zonen. Sie ist die weltweit größte Migration. Billionen von Tieren steigen in der Abenddämmerung auf und kehren in der Morgendämmerung zurück. Die Wanderung ist ein Kompromiss zwischen Feindvermeidung und Nahrungssuche.

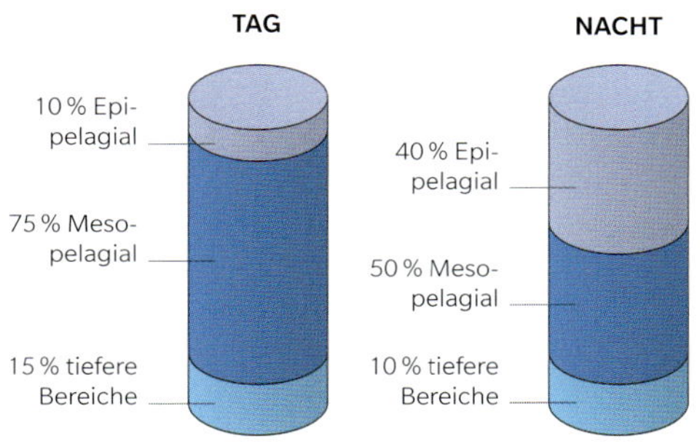


**POPULATIONSVERTEILUNG AM TAG UND IN DER NACHT**

»… die einzige andere mit diesen wunderbaren Tiefen vergleichbare Region ist sicher der leere Weltraum selbst … «

WILLIAM BEEBE,
*Half Mile Down*, 1934

# Tiere der Ozeane

Tiere leben schon seit etwa 560 Millionen Jahren im Meer. Von Menschen wird es seit Tausenden von Jahren auf der Suche nach Nahrung, Werkzeugen, Schmuck, Farbstoffen und anderen Dingen erforscht und genutzt. Auch heute noch entdecken Wissenschaftler in jedem Jahr rund 2000 neue Arten von Meerestieren.

**vor 50–40 Mio. Jahren**
Die Vorfahren der Wale lebten zu Beginn dieser Periode als vierbeinige Säugetiere an Land. Innerhalb von 10 Mio. Jahren kehrten sie ins Meer zurück und entwickelten sich zu den heutigen Walen.

Der weiße Bauch dient der Tarnung.

**MEGALODON**

**vor 3,6 Mio. Jahren**
Der wahrscheinlich größte Hai, der jemals gelebt hat – Megalodon (*Otodus megalodon*) –, starb aus, weil sich das Wasser abkühlte, Beutearten verschwanden und Nahrungskonkurrenten wie der Weiße Hai auftraten.

Löcher, um die Perlen aufzufädeln

**SCHMUCK AUS WEICHTIERSCHALEN**

**um 73 000 v. Chr.**
Der früheste Nachweis von Schmuck sind Perlen aus den Schalen von Kahnfüßern, die in der südafrikanischen Blombos-Höhle entdeckt wurden.

**um 1500 v. Chr.**
Die Phönizier begannen einen als Purpur bezeichneten Farbstoff aus den Schleimdrüsen mehrerer Arten von Meeresschnecken zu gewinnen.

**FARBSTOFFPRODUKTION**

**1964**
Das erste US-Tiefsee-U-Boot *Alvin* wurde in Auftrag gegeben. Es ermöglichte viele Entdeckungen, darunter die Erforschung des Lebens im Bereich der hydrothermalen Quellen.

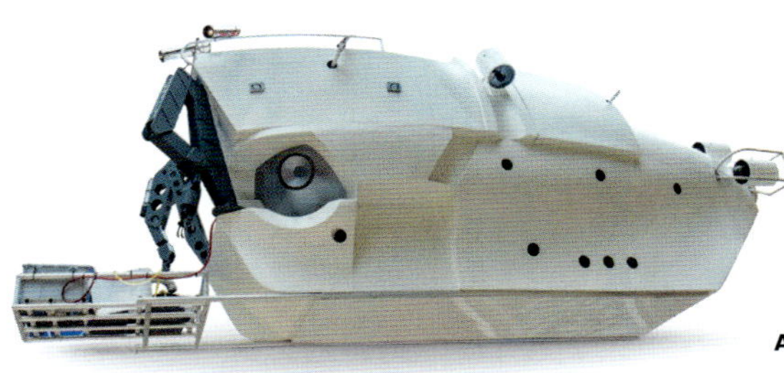

**ALVIN**

**1967**
Der Meeresbiologe Roger Payne entdeckte den Gesang der Buckelwale. Er veröffentlichte eine Reihe von Aufnahmen als *Songs of the Humpback Whale*, die zum Schutz der Wale anspornten.

**WALGESÄNGE**

**2005**
Forschende filmten zum ersten Mal einen lebenden Tiefseekalmar (*Architeuthis dux*). Das Tier griff ihren Köder in 900 m Tiefe vor den Ogasawara-Inseln im Nordpazifik an.

**RIESENKALMAR**

**2016**
In Tiefseeorganismen wie Einsiedlerkrebsen, Springkrebsen und Seegurken wurde von diesen aufgenommenes Mikroplastik nachgewiesen.

»Menschen mögen ein Leben lang zur See fahren und selten, wenn überhaupt,
**in Kontakt mit den albtraumhaften Monstern kommen,**
die die Höhlen und Klippen des Meeresbodens besiedeln.«

WILLIAM OUTERSON, *Monster Mix*, 1968

**FRÜHER WAL**

**vor etwa 2,6 Mrd. Jahren**
Einzellige Cyanobakterien erschienen im Meer. Sie konnten mittels Fotosynthese Sauerstoff produzieren und erschufen so die Basis allen späteren Lebens.

**CYANOBAKTERIEN**

**vor 542–488 Mio. Jahren**
Während der kambrischen Explosion erschienen viele neue Tierarten im Meer, darunter die Trilobiten (frühe Gliederfüßer), Stachelhäuter und Weichtiere.

**TRILOBITEN-FOSSIL**

**vor 530 Mio. Jahren**
Die kambrische Explosion führte zur Entstehung der ersten Fische. Sie waren nur 2,5 cm lang und hatten weder Kiefer noch seitliche Flossen.

**vor etwa 410 Mio. Jahren**
Die ersten Fossilien eines an Haie erinnernden Zahns stammen von *Doliodus problematicus*, einem Fisch, der im frühen Devon gelebt hat.

**FOSSILER HAIZAHN**

**1673**
Der niederländische Mikrobiologe Antoni van Leeuwenhoek entdeckte winzig kleines Leben im Wasser, darunter Bakterien und Protozoen. Dazu benutzte er ein einfaches Mikroskop. Er nannte seine Funde Animalcules (»Tierchen«).

**ANTONI PHILIPS VAN LEEUWENHOEK**

**1831–1836**
Während seiner Weltumrundung mit der HMS *Beagle* untersuchte Charles Darwin viele marine Organismen wie Korallen, Fische, Seepocken und Plankton.

**CHARLES DARWINS REISE**

**1938**
Ein Quastenflosser (*Latimeria chalumnae*) wurde gefangen. Bis dahin ging man davon aus, die Art sei vor 65 Millionen Jahren ausgestorben. Erst 1952 wurde ein weiteres Exemplar gefunden.

**QUASTENFLOSSER**

**1940–1990er**
Der französische Ozeanograf Jacques Cousteau revolutionierte die Erforschung der Meere mit der Erfindung des Atemreglers *Aqualung* im Jahr 1943 und machte den Schutz der Ozeane weltweit populär.

**JACQUES COUSTEAU**

**ab 2019**
Bei Schwertwalen wurde ein neues Jagdverhalten beobachtet, darunter die Jagd auf ausgewachsene Blauwale, das Töten von Haien zum Fressen der Leber und die Jagd auf Seeleoparden.

**SCHWERTWAL**

**2024**
Bei einer Expedition des Schmidt Ocean Institute zu Seamounts vor der Küste von Chile fanden Forschende Hunderte neuer Tiefseearten – darunter Korallen, Schwämme, Seeigel und Krebstiere.

**SEEIGEL**

# Pflanzen und Algen

Vom mikroskopisch kleinen Phytoplankton bis zu Seegraswiesen und Kelpwäldern liefern marine Pflanzen und Algen Nahrung und Lebensräume für die Tiere im Meer. Sie sind ein wichtiger Teil mariner Ökosysteme und für das Verständnis der Ozeane und der Entwicklung des Lebens unentbehrlich.

**ARISTOTELES**

**um 350 v. Chr.**
Aristoteles beschrieb – vermutlich anhand von Algen – die Biolumineszenz.

**SARGASSOSEE**

**1492**
Christoph Kolumbus erwähnte als Erster schriftlich die Sargassosee. Sie ist nach den hier wachsenden Golftangen (*Sargassum*) benannt.

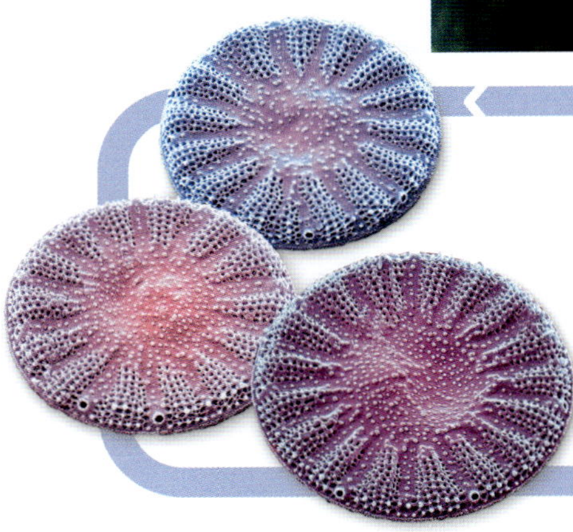

**KIESELALGEN**

**1703**
Ein »unbekannter Engländer« betrachtete die einzelligen Kieselalgen oder Diatomeen durch ein einfaches Mikroskop. Seine Beschreibung wurde von der Royal Society of London publiziert.

**1831–1836**
Während seiner Reise mit der HMS *Beagle* sammelte Charles Darwin verschiedene marine Pflanzen und Algen aus der ganzen Welt.

**VON CHARLES DARWIN GESAMMELTER TANG**

**1890**
Am 1888 gegründeten Marine Biological Laboratory (MBL) in Woods Hole, Massachusetts, USA, wurden erstmals Kurse in mariner Botanik angeboten.

**SYLVIA EARLE**

**1956**
Sylvia Earle erhielt ihren Master in mariner Botanik. Später wurde sie eine der führenden Ozeanografinnen der Welt und war bis in die späten 1980er-Jahre aktiv um den Schutz der Meere bemüht.

**SEEGRASWIESE**

**2012**
In einem wissenschaftlichen Artikel wurde erläutert, wie wichtig Seegräser als Kohlenstoffspeicher und damit als Schutz vor dem Klimawandel sind.

**2013**
Ein Seestern-Sterben führte dazu, dass der Bestand ihrer Beute, des Purpur-Seeigels, explodierte. Dadurch wurden die kalifornischen Kelpbestände vernichtet und viele andere Lebewesen bedroht.

**RIESENKELP**

»... eine perfekte Wiese, ein dichter Teppich von Seetang, Blasentang und tropischen Beeren, so dick und kompakt, dass der Bug eines Schiffes kaum seinen Weg hindurchwinden kann.«

JULES VERNE, *Vingt Mille Lieues sous les Mers*, 1869

**vor etwa 4,4 Mrd. Jahren**
Etwa 150 Millionen Jahre nach ihrer Entstehung war die Erde von einem Ozean bedeckt, der der zukünftige Lebensraum der ersten Lebensformen werden sollte.

**URSPRÜNGLICHER OZEAN**

**vor etwa 3,5 Mrd. Jahren**
Erste Lebensformen sind durch Stromatolithen belegt, die überwiegend aus Kalkstein bestehen und von Cyanobakterien, den ersten fotosynthetisch aktiven Organismen, geschaffen wurden.

**STROMATOLITHEN**

**vor etwa 3 Mrd. Jahren**
Fossile Algen zeigen, dass sie schon vor drei Milliarden Jahren im Präkambrium existiert haben.

**vor etwa 100 Mio. Jahren**
Seegräser – die einzigen Bedecktsamer, die dauerhaft untergetaucht im Meer leben können – begannen sich zu entwickeln. Heute gibt es rund 72 Arten.

**SEEGRAS**

**CYANOTYPIE EINER ALGE**

**1843**
Das Werk *Photographs of British Algae* der Botanikerin Anna Atkins war das erste vollständig fotografisch illustrierte Buch. Sie fertigte die als Cyanotypien bezeichneten Bilder an, indem sie feuchte Algen auf lichtempfindliches Papier legte.

**1844**
Die erste Aufzeichnung einer schädlichen »roten Tide« (*red tide*), einer Algenblüte, in den USA stammt aus Florida. Sie wurde von dem Dinoflagellaten *Karenia brevis* hervorgerufen.

**RED TIDE, USA**

**1848**
Die Phykologin (Algenforscherin) Isabella Gifford publizierte *The Marine Botanist*. Diese Einführung in britische Tange und Algen enthält Beschreibungen der wichtigsten Arten des Lands und ihrer Konservierung.

***THE MARINE BOTANIST***

**1887**
Der Meeresbiologe Victor Hensen prägte als Erster den Begriff Plankton für die winzigen Organismen – Algen (Phytoplankton) und Tiere (Zooplankton) –, die durch die Meere treiben.

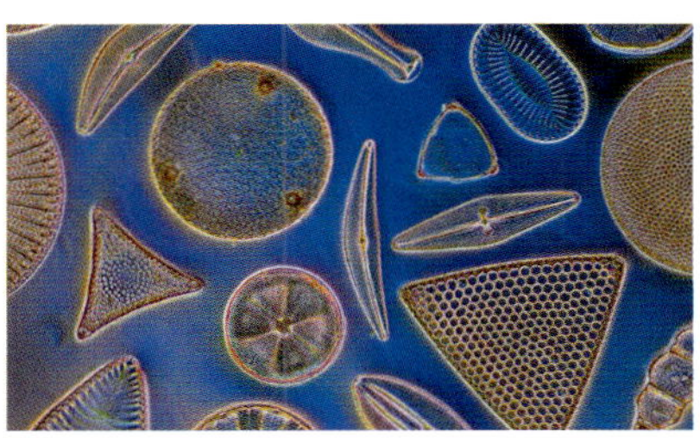

**PLANKTON**

**2016**
Forschende entdeckten vier neue Arten von Tiefsee-Algen, die von einem U-Boot in 60–120 m Tiefe vor Maui, Hawaii, gesammelt wurden.

**TIEFSEE-ALGEN**

**2020**
Eine Studie stellte eine neue Methode zur Lösung der Plastikkrise vor: die Erzeugung biologisch abbaubarer Kunststoffe aus Algen, die effektiv und umweltfreundlich sind.

**AUF ALGEN BASIERENDES PLASTIK**

KAPITEL 2

# Küsten der Ozeane

Die Bereiche, in denen die Meere auf das Land treffen, sind reichhaltige und vielgestaltige Lebensräume und eng mit der menschlichen Geschichte verbunden. Durch Ebbe und Flut verändern sich die Bedingungen für Organismen ständig. Brandung und Strömungen erschaffen dramatische Landformen.

# Klippen

Wo hohe Felslandschaften auf das Meer treffen, bieten Klippen den Seevögeln und anderen Tieren Lebensräume. Sie liefern auch Hinweise auf die menschliche Geschichte.

**Erodierte Schichten**
Die Steilklippen der Cliffs of Moher im County Clare, Irland, ragen mehr als 213 m hoch auf. Sie bestehen aus Sandstein und weicherem Schluffstein, deren Schichten gut zu erkennen sind.

**Die Symplegaden**
In den griechischen Sagen schlugen diese Klippen gegeneinander und ließen so Seeleute zu Tode kommen. Jason und die Argonauten ließen zunächst eine Taube hindurchfliegen. Als nur deren Schwanzfedern beschädigt wurden, wagten sie es hindurchzurudern.

# Die Klippen der Symplegaden waren dort, wo sich heute der Bosporus befindet.

**Klippenbewohner**
Der scheue Bartalk (*Aethia pygmaea*) nistet in den Spalten der Klippen auf den Aleuten, Alaska, USA, und bleibt dabei in Küstennähe.

**Gesichtsfedern** ragen von Stirn und Augen wie Schnurrhaare auf.

Klippen werden durch Verwitterung geformt, wobei sich der Fels auf natürliche Weise zersetzt, sowie durch Erosion, durch die Bruchstücke herabfallen und weggetragen werden. Diese Prozesse beruhen vor allem auf den Einwirkungen von Wind und Meer.

Der Prozess beginnt, wenn die Wellen die Basis des Felsens treffen. Sie komprimieren die Luft in seinen Spalten und lassen sie beim Zurückweichen explosiv expandieren, sodass Teile des Gesteins abgesprengt werden. Wenn die Wellen Steine gegen die Klippen schleudern, erzeugt das Abrieb, was als Korrasion bezeichnet wird. So entsteht eine Hohlkehle an der Klippenbasis. Vergrößert sie sich, wird der Fels darüber instabil und kann zusammenbrechen. Mit der Zeit weicht die Klippe zurück, wobei eine flache Brandungsplattform zurückbleibt.

Viele Seevögel, wie Tölpel, Lummen, Möwen und Lunde (siehe S. 42–43), nisten auf den Klippen, weil sie in der nahen See Nahrung finden, jedoch für Landraubtiere nicht erreichbar sind. Allerdings nistet ein Raubvogel, der Wanderfalke (*Falco peregrinus*), ebenfalls auf diesen Felsen.

Bestehen die Klippen aus Sedimentgesteinen, kann die Freilegung ihrer Schichten Fossilien von Tieren ans Licht bringen, die hier vor Millionen von Jahren gelebt haben. So fand ein Fossiliensammler im Jahr 2022 an den Klippen von Dorset, Großbritannien, den 2 m langen Schädel eines Pliosauriers (*Pliosaurus* spec.), der hier vor 150 Millionen Jahren im Meer schwamm.

## Mythische Klippen

Die Felsen am südlichsten Ende der irischen Cliffs of Moher nennt man nach einer Sage Hag's Head. Hier soll eine Hexe bei der Verfolgung eines Kriegers, der ihre Gefühle nicht erwiderte, in den Tod gestürzt sein. Nach einer isländischen Legende wurde die Klippe von Heiðnaberg oder Heidenklippe auf der Insel Drangey von einem Dämon bewohnt. Der isländische Schutzheilige Guðmundur begegnete ihm, wobei der Dämon flehte, dass »auch das Böse irgendwo wohnen müsse«. Darauf erlaubte der Heilige dem Dämon zu bleiben.

Papageitaucher hat man beim gleichzeitigen Transport von 60 kleinen Fischen beobachtet.

**Langlebig**
Junge und nicht brütende Papageitaucher haben im Vergleich kleinere Schnäbel und eher ein schmutzig graues als weißes Gesicht. Papageitaucher brüten frühestens im Alter von drei Jahren, können aber mehr als drei Jahrzehnte leben.

# Lunde

*Fratercula*

Die drei Arten der Lunde bilden eine eigene Gattung in der Familie der Alkenvögel (Alcidae). Sie leben vor allem im Nordatlantik und -pazifik. Beim Fischen im tiefen Wasser setzen sie ihre Flügel wie Flossen ein.

Von den über 20 Arten der Alkenvögel sind die Lunde mit ihrem aufrechten Gang, dem schönen Gefieder und den bunten Schnäbeln am besten zu erkennen. Der Schnabel des Papageitauchers (*Fratercula arctica*) leuchtet unter UV-Licht auf. Da diese Tiere UV-Licht sehen können, sind die Farben ein Signal für Artgenossen. Alle Lunde nisten in Kolonien, oft neben anderen Seevögeln. Wegen ihrer geringen Größe werden sie an Land oft von großen Möwen und Raubmöwen attackiert. Deshalb brüten sie in Spalten oder Erdbauen oberhalb der Klippen. Die meisten Kolonien befinden sich auf Inseln oder steilen Küstenklippen – sicher vor räuberischen Säugetieren.

Außerhalb der Brutzeit verlieren Lunde die farbigen Schnabelplatten und leben auf dem offenen Meer. Sie fangen Fische und

Der **12 mm lange** Fortsatz über dem Auge des Hornlunds verschwindet im Winter.

Kalmare in langen, bis zu 60 m tiefen Tauchgängen. Dabei fliegen sie mit ihren kurzen, kräftigen Flügeln geradezu unter Wasser. Lunde können auch gut in der Luft fliegen, obwohl dazu wegen ihrer relativ kleinen Flügel viel Energie nötig ist.

Oft nutzen Lunde alte Nistplätze erneut und brüten wieder mit dem gleichen Partner. Diese Partnerschaft kann sich über Jahrzehnte hinziehen und in jedem Jahr mit Ritualen wie Schnabelreiben oder Kopfnicken bekräftigt werden, wobei die Tiere tiefe, grollende Rufe abgeben. Die Paare teilen sich die Elternpflichten und können den Jungen viele Fische auf einmal anbieten, da ihre stachlige Zunge und die besondere Schnabelstruktur es ihnen erlauben, weitere Fische zu fangen, ohne die vorigen zu verlieren.

### Wetterbeobachter

Manchmal fliegen Hunderte von Lunden in einer Kolonie ohne erkennbaren Grund gleichzeitig auf, umrunden die Klippen in dichtem Schwarm oder fliegen auf das Meer hinaus. Dieses Verhalten hat die Küstenbewohner von Irland bis Alaska in dem Glauben bestärkt, dass Lunde eine besondere Fähigkeit haben, Veränderungen der Wetterbedingungen vorherzusagen. In Island gilt der Papageitaucher als Wetterprophet, wohingegen einige indigene Völker Alaskas annehmen, dass der Gelbschopflund (*Fratercula cirrhata*) den Kurs der vom Meer nahenden Stürme beeinflussen könne. Eine prosaischere Erklärung des Verhaltens ist, dass die Vögel ihre Brutplätze inspizieren oder ihren Gruppenzusammenhalt demonstrieren und zeigen, dass sie für alle Bedrohungen gewappnet sind.

**Arktische Schätze**
Die nördlichen Küsten Norwegens sind bekannt für das 24-stündige Tageslicht des Mittsommers sowie für die großen Papageitaucher-Kolonien, wie hier auf diesem amerikanischen Plakat aus den 1920er-Jahren zu sehen.

Die feierliche Art und das schwarz-weiße Gefieder der Papageitaucher erinnern an Mönche und Priester (der Gattungsname *Fratercula* bedeutet »kleiner Bruder«). Auf den Shetland-Inseln ist der Papageitaucher als »Tammie norrie« oder »Tommy norrie« bekannt, was nach den *Popular Rhymes of Scotland* (1870) auch der Spitzname eines jungen Manns ist, der zu scheu oder zu dumm ist, eine Frau zu grüßen.

**HORNLUND**
*Fratercula corniculata*
Dieser Lund brütet an Küsten und Inseln, die den Nordpazifik umgeben. Brütende Tiere haben sehr große gelb und orange gefärbte Schnäbel und ein schwarzes »Horn« über jedem Auge.

**GELBSCHOPFLUND**
*Fratercula cirrhata*
Sein schwarzes Gefieder und die langen gelben Büschel gedrehter Federn kennzeichnen diesen nordpazifischen Lund. Er ist die größte Art der Gattung.

**HERVORRAGENDE GRÄBER**
Der starke Schnabel und die kräftigen Füße von Papageitauchern eignen sich nicht nur zum Fischfang und Schwimmen – die Vögel setzen sie auch ein, um ihre 1–1,5 m langen Bruthöhlen zu graben. Sie nutzen auch alte Kaninchenbaue oder verscheuchen sogar Kaninchen aus ihren Bauen.

EIN PAPAGEITAUCHER IN SEINEM BAU

**Arktische Felsen**
Viele Forschungsreisende besuchten die Rudolf-Insel im russischen Franz-Josef-Land, um die raue arktische Landschaft mit ihren dramatischen Brandungspfeilern kennenzulernen, wie sie in diesem Bild dargestellt sind.

# Brandungstore und -pfeiler

## Wenn die Erosion die Klippen abträgt, entstehen Buchten und Landzungen. Aus Letzteren können Brandungstore und -pfeiler entstehen – von den Wellen geschaffene Felsformationen.

Die kanadischen **Hopewell Rocks** bestehen aus **über 20** durch extreme Tiden gebildeten **Brandungspfeilern.**

Brandungstore und -pfeiler sind Felsformationen, die an Querküsten entstehen, an denen Schichten weicherer und härterer Gesteine im rechten Winkel zur Küste liegen. Die Tätigkeit der Wellen (siehe S. 148–151) trägt weicheres Gestein wie Kalkstein leichter ab als härteres. Das weichere wird zu einer halbmondförmigen Bucht ausgehöhlt, während das härtere Landzungen bildet. Die Landzungen können die Bucht vor starken Winden und Wellen schützen. Das ruhigere Wasser der Bucht erlaubt es dem Sand, sich am Strand abzusetzen. Buchten waren für Menschen historisch gesehen von großer Bedeutung, da sie Schutz vor der See boten und sich gut gegen Feinde verteidigen ließen.

Landzungen sind gegenüber der Erosion widerstandsfähiger als Buchten, doch die Wellen richten auch hier Schaden an. Sie folgen der Form der Buchten und Landzungen, wenn sie sich der Küste nähern. Die Landzungen bremsen sie ab, sodass sich ihre Energie konzentriert. Da sie auf drei Seiten vom Meer umgeben sind, tragen die Wellen das Gestein auf den beiden längeren Seiten ab. Sie wirken auf Risse an der Felsbasis ein, erweitern sie allmählich, und das sie umgebende Gestein gibt nach, sodass eine Höhle entsteht (siehe S. 50–51).

**Rundes Fenster**
Auf der isländischen Halbinsel Snæfellsnes haben Wind und Wellen über Jahrhunderte hinweg die weiche Klippenfläche zwischen dem widerstandsfähigeren Basalt abgetragen und das runde Fenster des Gatklettur-Bogens geschaffen.

**Leben auf der Kante**
Vögel drängen sich auf schmalen Vorsprüngen dieses Brandungspfeilers vor der Bäreninsel, Spitzbergen, Norwegen.

Die Wellen werden größer und vertiefen die Höhle, bis sie zur anderen Seite der Landzunge durchbricht und ein Tor bildet. Mit der Zeit trägt weitere Erosion die Pfeiler ab, bis sie zu schwach werden und der Bogen einbricht, wobei seine Seiten als Brandungspfeiler stehenbleiben. Die Pfeiler erleiden weitere Erosion an der Basis, bis sie zusammenfallen. Die verbleibenden kurzen Brandungspfeilerstümpfe ragen bei Flut kaum aus dem Wasser heraus.

## Höhen und Tiefen

Weit von der Küste entfernt stehende Brandungspfeiler bieten Seevögeln sichere Nistplätze und leichten Zugang zum Wasser, um zu fischen. Die Pfeiler bei Bandon, Oregon, an der Pazifikküste der USA, bieten Tausenden von Meeresvögeln ein Rückzugsgebiet. Sie sind wichtige Nistplätze für Vögel wie die Trottellumme (*Uria aalge*) und die Meerscharbe (*Urile pelagicus*), die auf schmalen Vorsprüngen an den Seiten der Brandungspfeiler brüten.

Die rauen, groben Felsen unter der Wasseroberfläche um die Brandungspfeiler und -tore herum bilden Spalten und Pools, die eine große Vielfalt marinen Lebens beherbergen. Die neuseeländische Kelp-Art *Durvillaea willana* wächst dicht im Bereich der Nuggets, nadelförmiger Pfeiler vor der Küste der neuseeländischen Südinsel. Auf der Insel Gozo, Malta, brach das 28 m hohe Blaue Fenster während eines Sturms im Jahr 2017 ein. Seine Bestandteile liegen nun bis zu 40 m tief unter Wasser, werden aber von Algen und Meerestieren besiedelt. Kicker Rock ist ein

Paar von Brandungspfeilern auf den Galapagos-Inseln, zwischen denen sich ein Wasserkanal befindet. Der Kanal wird von Galapagos-Haien (*Carcharhinus galapagensis*), Galapagos-Seelöwen (*Zalophus wollebaeki*) und Meerechsen (*Amblyrhynchus cristatus*) besiedelt.

**Riesen, Hexen, Göttinnen und Trolle**

Nach einer isländischen Sage waren die Reynisdrangar-Pfeiler einmal Trolle, die nachts vorbeifahrende Schiffe überfielen und sie an Land zogen. Eines Nachts waren sie noch in der Morgendämmerung draußen. Als die ersten Sonnenstrahlen sie trafen, verwandelten sie sich in Stein. Auf den benachbarten Färöern sollen ein Riese und eine Hexe ebenfalls im Sonnenlicht zu Stein erstarrt sein, weil sie nicht auf die Zeit geachtet hatten, als sie die Inseln zurück nach Island ziehen wollten. Von ihnen sollen nur die als Risin og Kellingin bezeichneten Pfeiler übriggeblieben sein, was »der Riese und die Hexe« bedeutet.

**Sommerhabitat**
In den warmen Monaten bewohnen Tausende von nistenden Seevögeln die beeindruckenden isländischen Reynisdrangar-Basaltpfeiler.

»Auf Orcades Felsenstrand. Da steht ein Mann allein. Ein Fuß zwischen dem salzigen Tang. Der andere ist fort.«

JOHN MALCOLM OF FIRTH, *Orkney*, 19. JAHRHUNDERT

Vor der Küste von Paphos, Zypern, befindet sich der auch als Aphrodites Fels bezeichnete Petra tou Romiou. Nach den griechischen Sagen ist hier Aphrodite, die Göttin der Liebe, geboren worden. Nach einer anderen Legende soll es ewige Schönheit und wahre Liebe bringen, wenn man den Fels dreimal umschwimmt.

Khao Ta-Pu in Thailand ist ein sehr bekannter, 20 m hoher Kalkstein-Brandungspfeiler. Nach einem Mythos der Thai hat ein Fischer einen Nagel anstelle eines Fischs gefangen. Als er ihn wieder ins Wasser warf, kehrte er immer wieder zu ihm zurück. Schließlich halbierte er ihn, und als er ihn nun zurückwarf, verwandelte er sich in den Pfeiler, den man noch heute sehen kann.

**WIE LANDZUNGEN, BRANDUNGSTORE UND -PFEILER ENTSTEHEN**

Wo Bereiche härteren und weicheren Gesteins auf das Meer treffen, tragen die Wellen das weichere ab und bilden Buchten. Die härteren Bereiche verbleiben als Landzungen. Die Wellen tragen die Landzungen auf Meeresspiegelhöhe langsamer ab, sodass Höhlen entstehen. Mit der Zeit werden die Höhlen tiefer, das Wasser reißt die Wände ein und Tore entstehen. Wenn sie zusammenbrechen, bleiben Pfeiler übrig.

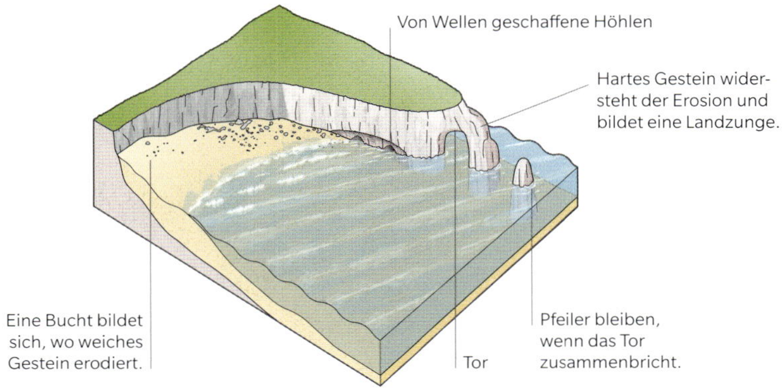

**Vornehmes Aussehen**
Die 1832 von John und Elizabeth Gould angefertigte Zeichnung zeigt zwei erwachsene Kormorane (*Phalacrocorax carbo*) im Brutgefieder mit den kleinen weißen Federn an Kopf und Hals, die wirken, als sei das Gefieder mit Raureif bedeckt.

# Kormorane

Phalacrocoracidae

**Diese schlanken, urzeitlich wirkenden Vögel können tauchend fischen und sind weltweit an den Küsten zu Hause.**

Es gibt rund 40 Arten von Kormoranen und Scharben. Diese unverwechselbaren Vögel können sehr schnell unter Wasser schwimmen. Die Schwimmhäute zwischen allen vier Zehen ermöglichen ihnen starken Vortrieb. Ihr Gefieder ist wasserdurchlässig, sodass die Tiere in geringeren Tiefen jagen können als andere Wasservögel, die Luft im Gefieder festhalten und tiefer tauchen müssen, um neutral tariert zu sein.

## Nur zur Brutzeit geschmückt

Die meisten Arten sind schwarz oder gescheckt, doch viele zeigen in der Brutzeit einen besonderen Schmuck, zum Beispiel einen Schopf und leuchtend gefärbte nackte Haut, die vielleicht für den wissenschaftlichen Namen *Phalacrocorax* (»kahler Rabe«) verantwortlich ist. Die Krähenscharbe trägt einen Schopf und hat einen leuchtend gelben Rand am Schnabel, den Brutpartner sich während der Balz gegenseitig präsentieren. Viele Kormoran-Arten sind sehr gesellig und leben in Kolonien. Sie

**Hetzjäger**
Eine Ohrenscharbe jagt Schwarzfleck-Grunzer. Manchmal kooperieren Kormorane, um Fische ins Flachwasser zu treiben, wo sie sie leichter fangen können.

**OHRENSCHARBE**
*Nannopterum auritum*
Die in Nordamerika weit verbreitete Art bekommt in der Brutsaison zwei weiße Federbüschel an den Seiten des Kopfes.

**KLEINSCHARBE**
*Microcarbo niger*
Diese südamerikanische Art ist einer der Kormorane, die im Inland wie auch an der Küste leben.

Als Nahrungskonkurrent verfolgt, war der Kormoran um 1900 in Deutschland fast ausgerottet. Aufgrund strenger Schutzmaßnahmen gibt es heute wieder um die 25 000 Brutpaare.

errichten große Nester aus Tangen und Guano auf Felsenklippen sowie gelegentlich auf dem Boden oder in Bäumen.

### Flügel trocknen

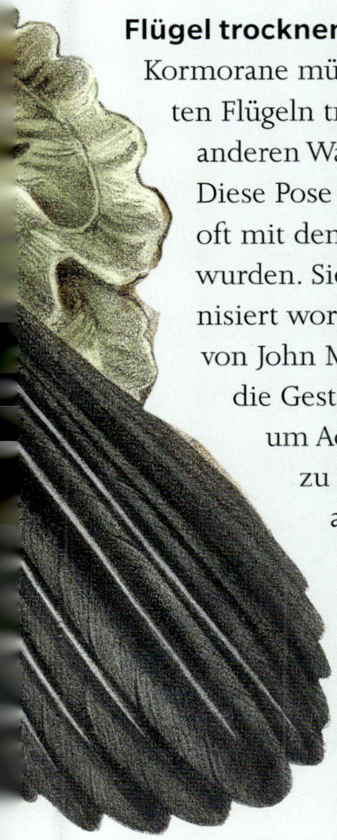

Kormorane müssen ihr Gefieder mit gespreizten Flügeln trocknen, da es nicht wie bei anderen Wasservögeln wasserabweisend ist. Diese Pose ist der Grund, warum sie früher oft mit dem Adel in Verbindung gebracht wurden. Sie sind allerdings auch dämonisiert worden wie in *Das verlorene Paradies* von John Milton (1667), wo der Teufel die Gestalt eines Kormorans annimmt, um Adam und Eva im Garten Eden zu überwachen. Kormorane gelten auch als gierig, da sie manchmal zu große Fische fangen, um sie hinunterschlucken zu können. Ihre Fähigkeiten werden allerdings in Fischergemeinschaften, etwa in Norwegen, als Glückszeichen gedeutet. Der gesammelte Guano einiger Arten wird in verschiedenen Kulturen seit Jahrhunderten als Dünger genutzt. Inka-Anführer schützten lokale Kolonien von Guano-Kormoranen (*Leucocarbo bougainvilliorum*). Diese peruanische Art ist mit einem Jahresumsatz von einer Milliarde Dollar immer noch der wichtigste Guanolieferant der Welt. Die Galapagos-Inseln (siehe S. 136–137) sind die Heimat der Galapagos-Scharbe (*Nannopterum harrisi*), einer flugunfähigen Art. Mit weniger als 2000 Exemplaren ist sie heute eine der seltensten Tierarten.

**Der schlanke Hals** ist für Kormoran-Arten charakteristisch.

**Eleganter Anhänger**
Dieser chinesische Anhänger zeigt vermutlich einen Kormoran und stammt aus der Zeit von etwa 1050–771 v. Chr. Kormorane wurden zum Fischen eingesetzt.

**Küstenpilger**
Dieser um 1850 von dem Künstler Utagawa Hiroshige erstellte Holzschnitt zeigt Pilger beim Besuch der Benzaiten-Statue und der Höhlen auf der Insel Enoshima während der japanischen Edo-Periode.

# Höhlen und Grotten

**Die Höhlen an den Küsten der Welt sind geologische Formationen, die schon vor Hunderttausenden von Jahren entstanden sind. Sie bieten Schutz für Tiere und Menschen sowie Inspiration für Mythen und Legenden.**

Meereshöhlen bilden sich, wenn eine Schwachstelle im Gestein von den Wellen abgetragen wird. Im Lauf der Jahre werden die Risse größer und Gestein fällt herab, bis eine Grotte entstanden ist. Höhlen können auch durch Regenwasser ausgehöhlt werden, das die schwache Kohlensäure enthält. Diese aus in Wasser gelöstem Kohlenstoffdioxid entstandene Säure löst Kalkstein. Weitere Erosion kann aus der Höhle ein Brandungstor (siehe S. 44–47) oder ein tief in den Fels reichendes Höhlensystem entstehen lassen.

Höhlen können auch durch vulkanische Aktivität entstehen. Unterirdisch mit dem Meer verbundene anchialine Höhlen bilden sich, wenn Lava unter bereits erstarrter Lava hindurchfließt. Im Lauf vieler Jahre können die Höhlen unglaubliche Ausmaße annehmen. Die Sea Lion Caves in Oregon, USA, die zu den größten der Welt zählen, weisen eine 400 m lange, von den Wellen erschaffene Passage auf, mit einer enormen, 95 m langen, 50 m breiten und 15 m hohen Halle. In Neuseeland gibt es die längste von Wellen erschaffene Meereshöhle, die Matainaka Cave. Sie ist 1,54 km lang und wächst immer noch.

Unabhängig von ihrer Größe können Meereshöhlen verschiedensten Tieren einen Lebensraum bieten. Ihre Dunkelheit schützt Fische und Wirbellose vor Verfolgung, während Seesterne, Korallen und Schwämme in ihrem ruhigen Wasser gut gedeihen. Höhlen bieten auch Robben und Vögeln Schutz vor menschlichen und tierischen Jägern. Menschen haben die Höhlen schon seit prähistorischen Zeiten genutzt.

Der **Eingang** zur berühmten **Blauen Grotte** auf **Capri** ist bei Ebbe lediglich **1 m** hoch.

Unterseeische Grotten
Die Saint John's Caves im Roten Meer, Ägypten, umfassen verschlungene Tunnel, Höhlen und Riffe, die von Tauchern erforscht werden können.

In der Torrs Cave in Schottland haben Archäologen Hinweise auf eine Nutzung von der Eisenzeit bis ins 18. Jahrhundert gefunden. Eine Ausgrabung in den 1930er-Jahren erbrachte aus Knochen hergestellte Werkzeuge – wahrscheinlich aus der Eisenzeit –, Waffen und Töpfereien aus der Zeit der Römer und aus dem 18. Jahrhundert. Die ebenfalls in Schottland gelegene Sculptor's Cave an der Küste des Moray Firth ist möglicherweise eine bronzezeitliche Begräbnisstätte.

### Geschichte und Mythologie

Piraten und Schmuggler haben Meereshöhlen zum Verstecken ihrer Schätze genutzt. Und in den 1940er-Jahren hat ein Insasse des Hochsicherheitsgefängnisses Alcatraz sich nach seiner Flucht zwei Tage lang in einer Höhle versteckt. Fingal's Cave auf der Isle of Staffa, Schottland, ist für seine sechseckigen Basaltsäulen bekannt, die denen des Giant's Causeway in Nordirland ähneln. Zwar sind sie beide durch den gleichen Lavafluss entstanden, der Legende nach sind sie jedoch zwei Enden einer Brücke, an denen je ein Riese lebte: Fionn mac Cumhaill in Nordirland und sein Feind Benandonner in Schottland.

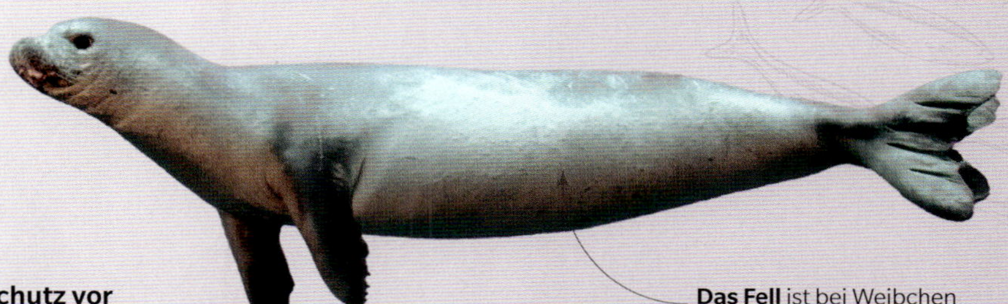

**Das Fell** ist bei Weibchen meist graubraun.

**Schutz vor Menschen**
Der Druck durch den Menschen hat die Mittelmeer-Mönchsrobbe (*Monachus monachus*) dazu gezwungen, in Meeresgrotten Schutz zu suchen und dort ihre Jungen zu gebären.

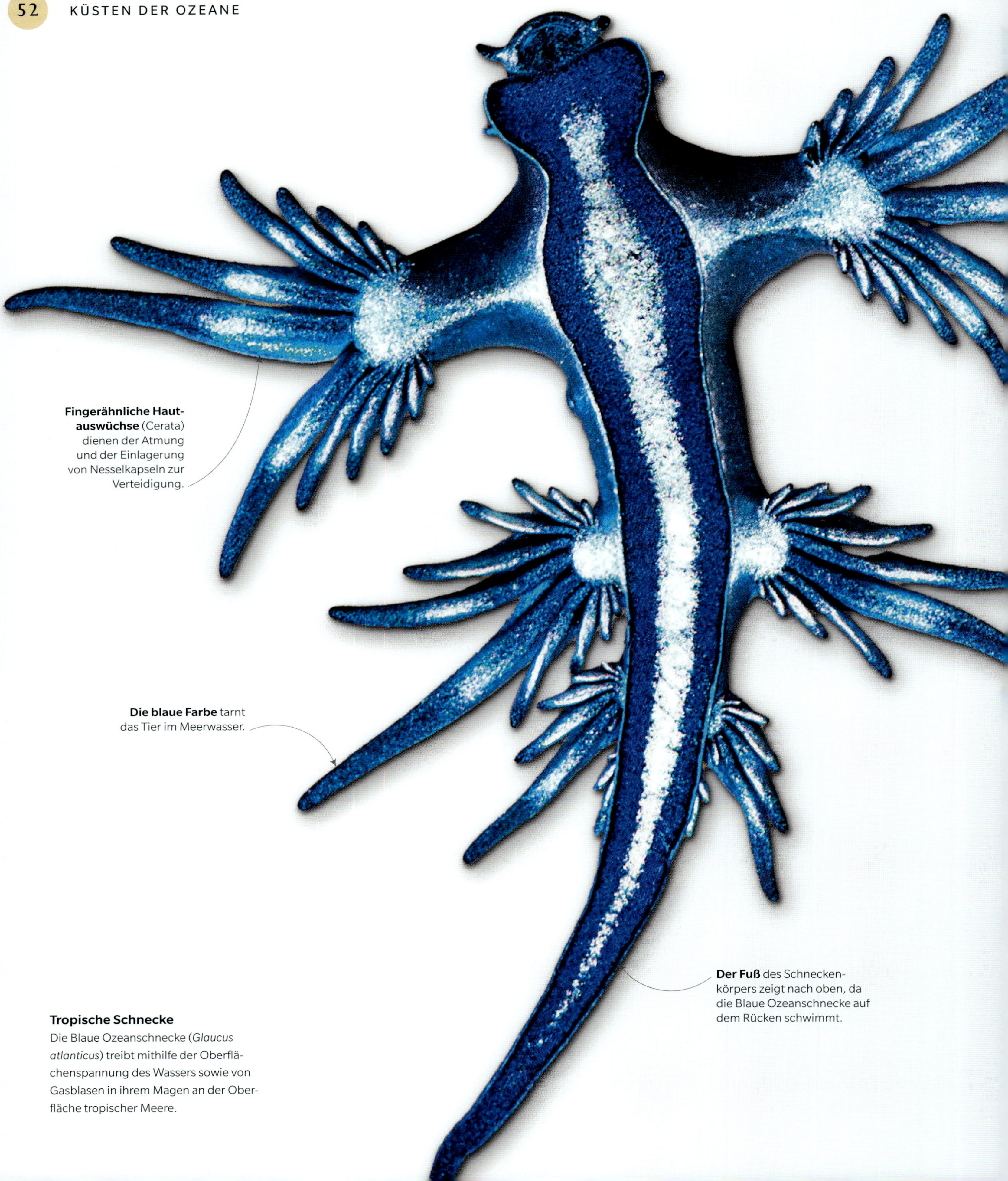


**Tropische Schnecke**

Die Blaue Ozeanschnecke (*Glaucus atlanticus*) treibt mithilfe der Oberflächenspannung des Wassers sowie von Gasblasen in ihrem Magen an der Oberfläche tropischer Meere.

**Schneckenschalen**
Diese 1876 entstandene Aquarellstudie des britischen Künstlers Joseph Smith veranschaulicht die Vielfalt der Schneckenschalen, von Spiralen bis zur eiförmigen Kauri (unten rechts).

# Meeresschnecken

Gastropoda

**Gastropoden oder Schnecken entwickelten sich vor über 500 Millionen Jahren. Heute existieren über 62 000 Arten auf der Welt, von denen die meisten in den Meeren leben.**

Gastropoden sind eine Klasse wirbelloser Tiere aus dem Stamm der Weichtiere (Mollusca). Alle Arten sind ähnlich aufgebaut und besitzen einen Kopf mit Fühlern sowie einen muskulösen Fuß, mit dem marine Arten schwimmen, über den Meeresboden kriechen oder sich an Oberflächen heften können. Die meisten Arten atmen über Kiemen. Einige an der Küste lebende Schnecken haben jedoch Lungen und einige Meeresschnecken fingerartige Hautfortsätze (Cerata), die ähnlich wie Kiemen die Atmung unterstützen. Die meisten marinen Gastropoden besitzen eine Schale, doch die Nacktkiemer haben sie im Lauf der Evolution verloren. Anders als bei Muscheln (siehe S. 270–273) ist die Schale einteilig und gewunden. Sie besteht aus drei Schichten: einer dünnen, farbigen oder gemusterten äußeren, einer dicken, kalziumreichen mittleren und einer glatten inneren, die mit Perlmutt überzogen sein kann.

**Seeohren-Kopfschmuck**
Die indigenen Völker des kanadischen Nordwestens nutzten Seeohren für diesen von den Anführern der Tsimshian getragenen Kopfschmuck.

**Leuchtender Mantel**
Die Farben der Flamingozunge (*Cyphoma gibbosum*) befinden sich im Mantel, dem Gewebe, das bei dieser Art die Schale bedeckt. Bei Angriffen auf die Schnecke wird es zurückgezogen.

Die Schalen können flache Spiralen sein, wie bei den Sonnenuhren (Fam. Architectonicidae), aber auch Kegel wie bei den Napfschnecken (Ordnung Patellogastropoda) oder stachlige Gebilde wie bei manchen Flügelschnecken (Fam. Strombidae). Einige Schalen besitzen wie die der Stachelschnecken der Gattung *Murex* Fortsätze. Manche Arten können ihre Schale auch zum Schutz mit einem Deckel (Operculum) verschließen.

»Wer auch immer mit einer Kauri Geduld hat, wird eines Tages Tausende haben.«

HAUSA-SPRICHWORT, Nigeria

Nacktkiemer haben keine Schale, doch viele warnen Fressfeinde mit leuchtenden Farben. Manche schmecken schlecht wie die Keulen-Neonsternschnecke (*Limacia clavigera*). Arten wie die Blaue Ozeanschnecke (*Glaucus atlanticus*) nehmen sogar die Nesselkapseln von Quallen auf, etwa der Portugiesischen Galeere (*Physalia physalis*), und setzen ihr Gift ein, um sich zu schützen.

**Verbreitung und Fortbewegung**

Marine Gastropoden finden sich in allen Salzwasserlebensräumen der Welt, von tropischen bis zu subpolaren Gebieten und von der Gezeitenzone bis in große Tiefen. Im Fall einiger noch nicht benannter Schneckenarten aus dem Kurilengraben im nordwestlichen Pazifik können diese 9000 m übersteigen. Einige Arten treiben frei im Wasser, fressen Plankton oder jagen Beute wie Quallen. Andere kriechen über den Meeresboden und verschaffen sich mit ihrer Raspelzunge (Radula) Nahrung. So schaben Seeohren (Gattung *Haliotis*) Algen von den Felsen. Räuberische Mond- oder Nabelschnecken (Fam. Naticidae) bohren die Schalen anderer Mollusken an und geben Toxine über ihre Radula ab. Napfschnecken – eine vielfältige Gruppe aquatischer Schnecken mit konischem Gehäuse – widerstehen am Fels festgeheftet starken Strömungen und schaben mit ihrer Radula Algen vom Untergrund ab. Auf diese Weise können große Napfschnecken-Kolonien Sedimentgesteine abtragen. An der Küste Südenglands geht man davon aus, dass die Erosion des dortigen Kalkgesteins zu 35 Prozent auf die Gemeine Napfschnecke (*Patella vulgata*) zurückzuführen ist.

### Schnecken und Menschen

Menschen essen Schnecken gern als Seafood. Napf-, Wellhorn- und Strandschnecken werden von den Felsen der nordatlantischen Küsten abgesammelt. Arten wie die Seeohren werden zum Beispiel in Ostasien gefischt oder gezüchtet, während die Große Fechterschnecke (*Aliger gigas*) in der Karibik als Delikatesse gilt.

Schneckenschalen dienen in vielen Kulturen als Schmuck. Die indigenen Völker des Golfs von Mexiko benutzten die Schalen der Blitzschnecke (*Sinistrofulgur perversum*) als Schüsseln oder Trinkgefäße und ihre zentrale Spindel (Columella), um Hämmer, Meißel und Ahlen anzufertigen. Die mittelamerikanischen Maya, die indigenen Völker Neuguineas und die indischen Hindupriester benutzten Flügelschnecken als Hörner, um zum Kampf zu rufen oder böse Geister abzuwehren.

Häufiger werden schöne oder mit Perlmutt beschichtete Schalen zur Dekoration verwendet, etwa die Schalen der Seeohren. Bei den indigenen Völkern der kanadischen Pazifikküste dienten sie als Währung und Prestigesymbol, etwa für den Kopfschmuck des Häuptlings. Die ersten Australier und die Maori betrachteten Seeohrenschalen als Symbol des Schutzes und der Heilung, während unter den Apachen der südwestlichen USA Mädchen bei der Sonnenaufgangszeremonie, die den Übergang zur erwachsenen Frau markierte, Seeohren im Haar trugen.

In Korea gehören zur Handwerkskunst *Najeonchilgi* Einlagearbeiten mit Seeohren und anderen Perlmutt enthaltenden Schalen. In westlichen Ländern wurden aus Seeohren Schmuck und Knöpfe hergestellt, auch Einlagearbeiten an Möbeln und Musikinstrumenten wie Gitarren.

Im östlichen Mittelmeerraum verwendete man ab etwa 1570 v. Chr. bestimmte Schnecken zur Herstellung von Purpur. Die Farbe stammt aus einem Sekret, das die Schnecken abgeben, um ihre Beute zu betäuben oder sich zu verteidigen. Die Schnecken werden »gemolken« oder getötet und zerdrückt, um die Farbe zu gewinnen, und es sind bis zu 12 000 Schnecken nötig, um 1 g zu erhalten. Daher war Purpur selten und wertvoll, sodass ihn sich nur Herrscher, Adel und Klerus leisten konnten.

**FEDER-KEGELSCHNECKE**
*Conus pennaceus*
Die an den Küsten des tropischen Ostafrikas und des Persischen Golfs lebende giftige Schnecke kann für Menschen tödlich sein.

**KEULEN-NEONSTERNSCHNECKE**
*Limacia clavigera*
Diese Schnecke lebt auf Rotalgen oder Kelp entlang der Küsten des westlichen Europas.

**GROSSE TONNENSCHNECKE**
*Tonna galea*
Diese große, fleischfressende Schnecke lebt am Grund subtropischer Meere und gibt bei Störungen einen säurehaltigen Speichel ab.

Die australische **Große Rüsselschnecke** kann bis zu **18 kg schwer** werden.

**Seafood**
Die an den Küsten des Westpazifiks lebende aasfressende Orangepunkt-Schnecke (*Babylonia lutosa*) wird in China als Seafood gezüchtet.

# Felsküsten

Die von der Brandung geformten Felsküsten bilden die Heimat verschiedenster Tiere, die sich an diese raue und lebensfeindliche Umgebung anpassen konnten.

**Frühe Überreste**
Man nimmt an, dass die Jäger und Sammler des späten Mesolithikums und des frühen Neolithikums Felsküsten besuchten, wie man an den Schalen auf zurückgelassenen Abfallhaufen sehen kann.

Felsküsten werden von der Erosion geformt. Viele Jahre lang bearbeiten starke Wellen die Klippen und verursachen Risse. Teile der Klippen brechen ab und die Wellen verteilen den Schutt entlang der Küste. Die Bedingungen in diesem Küstenlebensraum können rau und unerbittlich sein. An den Felsküsten lebende Wasserbewohner müssen das regelmäßige Trockenfallen bei Ebbe und starke Temperaturschwankungen aushalten. Sie müssen brechende Wellen, die sie hinwegspülen können, und hohe Salzkonzentrationen ertragen. Trotz all dieser Herausforderungen wimmeln Felsküsten regelmäßig von Leben. Hier wachsen oft Tange und Flechten, da sie salztolerant sind. Viele Tange haben Rhizoide – wurzelähnliche Strukturen, mit denen sie sich am felsigen Untergrund verankern können. Diese pflanzenartigen Algen bilden die Nahrung von Tieren wie Schnecken und anderen Weichtieren, die zur Nahrungsaufnahme über die Felsen kriechen.

**Felsbewohner**
Muscheln der Ordnung Mytilida, wie Miesmuscheln, halten sich mithilfe ihrer Byssusfäden an den Felsen fest. Diese wirken wie Anker und schützen sie davor, von Wellen oder Gezeiten fortgespült zu werden.

Muscheln können täglich mehr als 25 Liter Wasser durch ihren Körper filtern.

Die Lücken zwischen den Felsen bieten kleineren Organismen Platz, um sich vor Prädatoren wie Seevögeln zu verstecken, die von der potenziellen Beute angelockt werden.

## Küstenbereiche

Küsten werden in Zonen eingeteilt: in die Landzone (Epilitoral), die Spritzwasserzone (Supralitoral), die Gezeitenzone (Eulitoral) und den Schelf (Sublitoral). Im Supra- und Eulitoral leben Tiere wie die Gemeine Strandschnecke (*Littorina littorea*) und Rankenfußkrebse (Cirripedia) wie Seepocken, die sowohl im als auch außerhalb des Wassers leben können, sowie pflanzenähnliche Organismen wie Algen. Tiere, die länger untergetaucht bleiben müssen, etwa Seeigel (Echinoidea) und Seeanemonen (Actiniaria), leben im unteren Bereich des Eulitorals. Die tieferen Bereiche werden von Tieren wie Krabben und Algen wie Seetang (Kelp) besiedelt.

**Vogelleben**
Tüpfelscharben (*Phalacrocorax punctatus*) nisten in großen Kolonien an den Felsküsten Neuseelands. Ihre Nester polstern sie oft mit Tangen aus.

**Maritime Inspiration**

Die Inspiration für das Gemälde *Miranda* von John William Waterhouse aus dem Jahr 1916 lieferte William Shakespeares Werk *The Tempest* (*Der Sturm*). Hier beobachtet Miranda, wie das Schiff, auf dem sich Ferdinand befindet, in den sie sich später verlieben wird, von einem von ihrem Vater Prospero mit Magie erzeugten Sturm gegen die Klippen geschleudert wird. Den Anstoß für die Einleitung des Stücks lieferte möglicherweise der Untergang der *Sea Venture* vor den Bermuda-Inseln auf dem Weg zur nordamerikanischen Siedlung Jamestown im Jahr 1609.

# Hundsrobben

Phocidae

**Hundsrobben sind eine Gruppe aquatischer Säugetiere mit Fell, Flossen und empfindlichen Tasthaaren. Sie sind hervorragende Schwimmer und können aus der Entfernung fast menschlich aussehen. Robben sind mit den Landraubtieren verwandt.**

Anders als die Wale können sich Hundsrobben an Land bewegen und die Küste und das Meereis aufsuchen, um sich auszuruhen, ihre Jungen zu gebären oder Fressfeinden wie Schwertwalen und Haien zu entgehen. Auf dem Trockenen bewegen sie sich etwas unbeholfen mittels ihrer Vorderbeine. Im Wasser sind sie dagegen unglaublich agil. Ihre ausgestreckten Hinterbeine fungieren wie die Schwanzflosse eines Fischs zum Antrieb. Alle Hundsrobben ernähren sich abhängig von Art und Lebensraum von Fischen, Kopffüßern, Krabben, Muscheln oder Krill.

Es gibt 18 rezente Arten der ohrmuschellosen Hundsrobben (die Ohrenrobben bilden eine eigene Familie). Hundsrobben leben in allen Meeren, meist jedoch näher an den Polen, etwa die Kegel- (*Halichoerus grypus*) und die Ringelrobbe (*Pusa hispida*) im Norden sowie die Weddellrobbe (*Leptonychotes weddellii*) und der Krabbenfresser (*Lobodon carcinophaga*) im Süden. In der Größe reichen sie von der nur 1–1,3 m langen Baikalrobbe (*Pusa sibirica*) bis zum Südlichen See-Elefanten (*Mirounga leonina*), der 5,8 m Länge und das Gewicht eines Flusspferds erreichen kann.

### In Mythen und Legenden

Vielleicht wegen ihrer menschenähnlichen Gestalt und Größe ranken sich viele Sagen um Robben, die zu Menschen werden können oder umgekehrt. Die griechische Nereide Psamathe verwandelte sich in eine Robbe, wohingegen die schottischen Selkies ihre Robbenhaut ablegen konnten, wenn sie sich unter Menschen begaben. In den Legenden der Inuit wurden die Finger der Seegöttin Sedna abgeschnitten und verwandelten sich in Hundsrobben und Walrosse.

**Robbenskulptur**
Diese aus Speckstein geschnitzte Figur eines Kinds mit einer Robbe stammt vermutlich von dem Inuit-Künstler Peter Pitseolak (1902–1973), der das Leben der Inuit dokumentiert hat.

»Ein Seehund lag am Meeresstrand,
putzt seine Nase im weißen Sand,
oh, möge doch dein Herz so rein
wie diese Seehundschnauze sein!«

**UNBEKANNT**, POESIEALBUM-SPRUCH

**BANDROBBE**
*Histriophoca fasciata*
Die an ihrer hellen Bänderzeichnung leicht zu erkennende Robbe lebt in der Arktis und im nördlichen Pazifik.

**HAWAII-MÖNCHSROBBE**
*Neomonachus schauinslandi*
Von dieser nur auf Hawaii lebenden Hundsrobbenart gibt es keine 2000 Exemplare mehr.

**Elegante Schwimmer**
Trotz ihrer plumpen Bewegungen an Land sind Hundsrobben elegante Schwimmer. Diese neugierige junge Kegelrobbe schwimmt vor der Küste der Insel Lundy, Großbritannien.

**EMPFINDLICHE HAARE**
Alle Hundsrobben besitzen Vibrissen (Tasthaare), mit denen sie die Bewegung ihrer Beute wahrnehmen. Dadurch vermögen sie sogar im Dunkeln zu jagen. Wellen versetzen die Vibrissen in Bewegung, und Nerven an ihren Wurzeln sammeln die Information, in welche Richtung die Beute schwimmt.

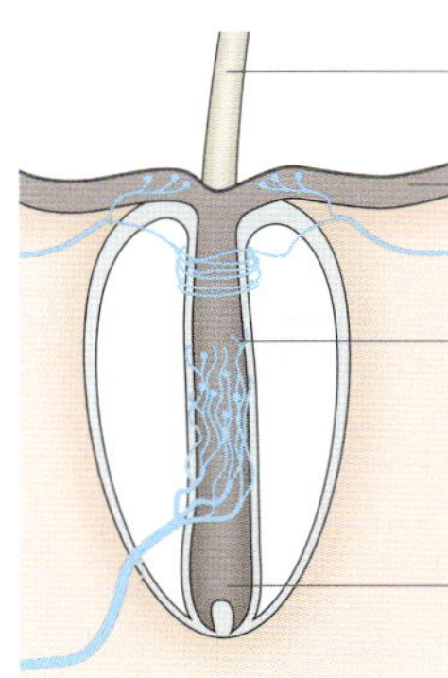


QUERSCHNITT EINER ROBBEN-VIBRISSE

# Fossilien der Küsten

An Stellen wie dem Kreidefelsen Møns Klint (Dänemark), den Calvert-Klippen (Maryland, USA) und der Jura-Küste (Dorset, Großbritannien) finden sich viele Fossilien – Millionen von Jahren alte Reste von Tieren und Pflanzen. Sie reichen von Ammoniten und kalmarähnlichen Belemniten bis zu den Skeletten riesiger Meerestiere.

Obwohl man auch die Überreste einiger Landlebewesen an Küsten finden kann, sind die meisten Fossilien dort entstanden, wo sich einst Meer befand. Im Verlauf von Millionen von Jahren lagerten sich Schichten von Sand und Schlick sowie die zerbrochenen Schalen und Skelette von Meerestieren auf dem Grund ab. Als weitere Schichten hinzukamen, wurde das Sediment zu Sedimentgesteinen wie Sandstein, Kalkstein und Schiefer komprimiert. Am wahrscheinlichsten fossilisierten tote Tiere, die auf den Grund sanken und schnell vom Sediment bedeckt wurden. Nachdem das Weichgewebe sich zersetzt hatte oder gefressen wurde, wurden harte Teile wie Schalen, Knochen und Schnäbel zwischen den Schlick- und Abfallschichten begraben.

Die häufigste Form der Fossilisation ist die Versteinerung. Mineralien wie Kalziumkarbonat oder Siliziumdioxid sickern mit dem Wasser in die Überreste ein und ersetzen das organische Material. Andere Fossilien – oft Pflanzen wie *Coniopteris*, ein Farn aus dem Jura – sind zwischen Sedimentschichten zusammengepresst erhalten geblieben. Weichkörper wie die von Mollusken lösen sich auf und hinterlassen eine Höhlung, die später mit Sediment aufgefüllt

***Duria Antiquior*** **– urzeitliches Dorset**
Dieses 1830 entstandene Aquarell des Geologen De la Beche basiert auf an der Jura-Küste bei Lyme Regis (Dorset, Großbritannien) gefundenen Fossilien.

> »... von den Fossilien allein hängt die Geburt der Theorie der Erde ab ...«
>
> GEORGES CUVIER, *Discours sur les Révolutions du Globe,* 1822

wird, sodass ein Abdruck des Körpers entsteht. Fossilien werden oft freigelegt, wenn Stücke aus Steilklippen herausbrechen und das Innere der Sedimentschichten ans Tageslicht kommt. An Küsten kann das durch Welleneinwirkung, Steigen oder Fallen des Meeresspiegels, die Bewegung tektonischer Platten, den Rückzug von Eisschilden oder den Bergbau geschehen.

## Enthüllung der Vergangenheit

Das Alter eines Fossils lässt sich ermitteln, indem man die Konzentration bestimmter radioaktiver Elemente im umgebenden Gestein misst. Umgekehrt kann man anhand von Fossilien, deren Alter bekannt ist, auch das umliegende Gestein datieren. Ammoniten sind dafür sehr gut geeignet, da sie sich während der 140 Millionen Jahre ihrer Existenz sehr schnell entwickelt haben. Sie können als Anhaltspunkt zur Datierung von Gesteinen oder anderen Fossilien mit einer Genauigkeit von 200 000 Jahren dienen. Fossilien können auch das Voranschreiten der Kontinentaldrift dokumentieren. So sind etwa 470 Millionen Jahre alte Fossilien auf dem Gipfel des Mount Everest gefunden worden. Er befand sich also auf dem Meeresboden, bevor der indische Subkontinent mit Asien kollidierte und den Himalaja auffaltete.

**Jura-Fossilien, 1908**
Die Zeichnungen dieser Fossilien stammen aus einer deutschen Enzyklopädie und umfassen einen Ammoniten (oben rechts) und eine Moostierchen-Kolonie (unten Mitte).

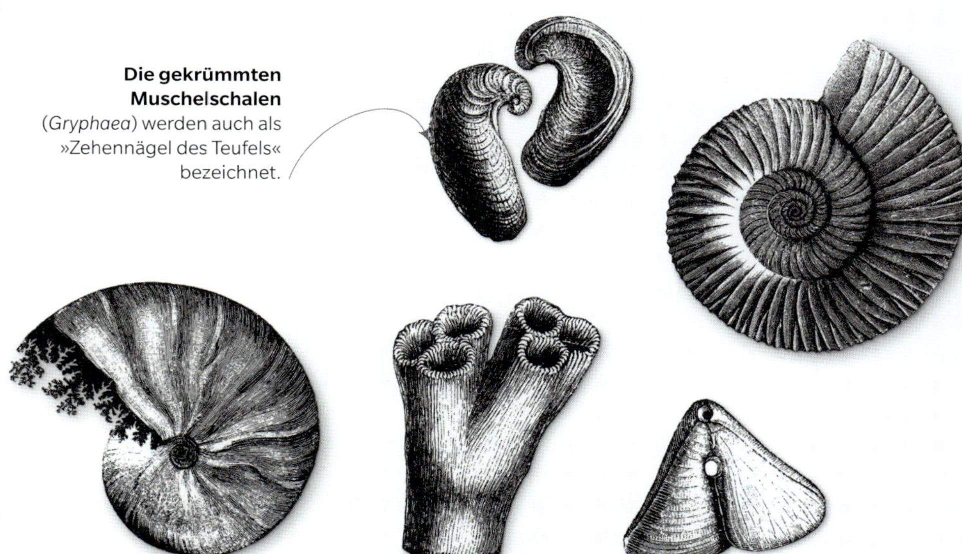

**Die gekrümmten Muschelschalen** (*Gryphaea*) werden auch als »Zehennägel des Teufels« bezeichnet.

**Nachtaktiv**
Nachts können Gezeitentümpel ruhig und friedlich wirken. Allerdings sind viele der hier lebenden Tiere nachtaktiv. Unter der Wasseroberfläche können Krabben, Seesterne und Schnecken auf der Suche nach Nahrung sein.

**Erkundung von Gezeitentümpeln**
Der amerikanische Maler William James Glackens schuf 1906 das Ölgemälde *Beach at Dieppe*, das Menschen beim Rockpooling an der französischen Küste zeigt.

Rockpooling wurde im 19. Jahrhundert beliebt, als die Eisenbahn Reisen zur Küste ermöglichte.

# Gezeitentümpel

**Gezeitentümpel sind von Ebbe und Flut gebildete Küstenlebensräume. Ihre sich ständig ändernde Umwelt ist rau, doch viele Arten haben sich an diese Umgebung angepasst.**

Gezeitentümpel sind weltweit an Küsten verbreitete marine Lebensräume. Allerdings ist es nicht leicht, in ihnen zu überleben. Bei Flut werden sie von kühlem Meerwasser überspült, das Sauerstoff und Nährstoffe mitführt. Bei Ebbe fließt das Wasser ab und die Tiere müssen um den Platz in den kleinen Tümpeln konkurrieren. An heißen Tagen verdunstet das Wasser, sodass Salzgehalt und Temperatur steigen. Durch die Brandung können Tiere auch hinaus ins Meer befördert werden.

Um hier zu überleben, haben Tiere verschiedene Anpassungen entwickelt. So befindet sich der Schan (*Lipophrys pholis*) bei Ebbe manchmal auf dem Trockenen. Dieser bemerkenswerte Fisch kann stundenlang zwischen Tangen oder in feuchten Felsspalten überleben und Luft atmen, bis die Flut zurückkehrt. Viele Krabbenarten besitzen spezielle Kiemen, mit denen sie sich an verschiedene Salzkonzentrationen anpassen können. Gemeine Napfschnecken (*Patella vulgata*) saugen sich am Fels an, sodass sie nicht von den Wellen fortgespült werden. Bei Flut kriechen sie umher und weiden Algen ab.

**Rockpooling**
Rockpooling ist eine traditionelle Freizeitbeschäftigung am Meer – bei Ebbe in Gezeitentümpeln (Rockpools) nach Organismen Ausschau zu halten. Seesterne, Seeanemonen, Fische, Krabben, Schnecken und manchmal sogar die Eikapseln von Haien kann man hier finden. Bei Voll- oder Neumond ermöglicht die stärkere Springtide den Zugang zu tiefer liegenden Tümpeln und einer größeren Artenzahl. Viele Tierarten richten sich nach dem Mondzyklus. Einige Seeigel laichen eher bei Vollmond ab, während Austern ihre Schalen bei Neumond weiter öffnen.

**Tümpelbewohner**
Der Gemeine Einsiedlerkrebs (*Pagurus bernhardus*) ist oft in Gezeitentümpeln zu finden, kann aber auch in 150 m Tiefe überleben.

# Seeigel

Echinoidea

Der **Rote Seeigel** kann mehr als **100 Jahre** alt werden.

**Seeigel sind Stachelhäuter – eine Tiergruppe, zu der auch Seegurken und Seesterne gehören. Der Name leitet sich von den griechischen Worten *ekhinos* (Igel) und *derma* (Haut) ab, da der stachlige Körper der Seeigel an einen Igel erinnert (daher auch der deutsche Name).**

Es gibt über 900 Seeigel-Arten. Die rundlichen Tiere sind vollständig mit Stacheln bedeckt. Seeigel haben ein komplexes Nervensystem, aber kein Gehirn. Ihre radiärsymmetrischen Körper bestehen aus fünf einen Mittelpunkt umgebenden Segmenten. Mithilfe ihrer beweglichen Stacheln und Ambulakralfüßchen können sie sich fortbewegen und nach Nahrung suchen. In den Füßchen befinden sich lichtempfindliche Zellen, mit denen Seeigel Licht wahrnehmen, ohne Augen zu besitzen. Sie bewohnen Korallenriffe, Gezeitenzonen, Kelpwälder und Seegraswiesen. Mit ihrem fünfteiligen Kieferapparat, der sogenannten Laterne des Aristoteles, fressen sie Seegräser, Kelp und Algen. Frühe Zoologen führten diesen Begriff auf der Basis von Aristoteles' Seeigel-Studien im 4. Jahrhundert v. Chr. ein.

**Regeneration**
Wenn ein Seeigel einen Stachel verliert, kann er ihn regenerieren. Er regeneriert auch seine Ambulakralfüßchen und andere Organe.

Da zu starker Algenbewuchs Ökosysteme aus dem Gleichgewicht bringen kann, können Seeigel durch den Algenverzehr Riffe schützen. Sie selbst werden von Fischen, Seesternen und Seeottern gefressen.

### Folklore und Geschichte

Jahrhundertelang haben Menschen vor einem Sturm fossile Seeigel ans Fenster gestellt. Sie glaubten, dass sie vom Blitz erschaffene »Donnersteine« seien. Und da ein Blitz nicht zweimal an der gleichen Stelle einschlägt, sollten sie Schutz gewähren. Eine andere Sage dreht sich um die Sanddollars, eine Gruppe der Seeigel. Wenn ein intakter Sanddollar aufgebrochen wird, sieht sein Kauapparat wie fünf kleine »Friedenstauben« aus, sodass sie Frieden in die Welt bringen sollen.

Einige der Hunderte von Seeigel-Arten sind essbar – allerdings nicht alle. Im 20. Jahrhundert wurden sie in Japan zu einer Sushi-Zutat, und die Praxis, sie zu essen, dehnte sich über den Pazifik und den Atlantik aus. Die orangefarbenen Keimdrüsen (Gonaden,) die als *Uni* bezeichnet werden, gelten in Japan als Delikatesse.

In Nordkalifornien, USA, explodierte die Population des hier heimischen Purpur-Seeigels (*Strongylocentrotus purpuratus*) nach dem Rückgang der ihn fressenden Seesterne. Im Verlauf von fünf Jahren nahm die Seeigel-Population in manchen Gegenden um bis zu 10 000 Prozent zu. Die gefräßigen Tiere verzehrten die Kelpwälder in alarmierendem Tempo und verursachten große Schäden. Das Rote Seeohr kämpft nun wie viele andere Meeresbewohner ohne den Kelp als Nahrung und Unterschlupf ums Überleben.

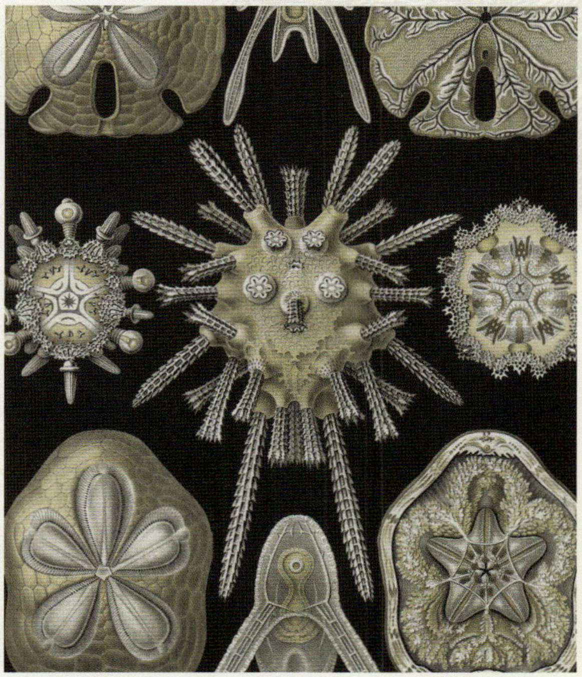

**Seeigel und Sanddollars**
Als Sanddollars werden einige grabende Seeigel-Arten bezeichnet, die flach sind und kurze Stacheln haben – anders als die langstachligen Arten –, wie in dieser Lithografie aus Ernst Haeckels 1904 erschienenem Buch *Kunstformen der Natur* zu sehen.

**ESSBARER SEEIGEL**
*Echinus esculentus*
Dieser bis zu 15 cm im Durchmesser große Seeigel besiedelt die Küsten Westeuropas. Er frisst Tange und Seepocken.

**STEINSEEIGEL**
*Paracentrotus lividus*
Diese Art gräbt mithilfe ihrer Zähne schützende Vertiefungen in den Fels. Das abgebildete Tier trägt eine Napfschneckenschale.

**SCHWARZER SEEIGEL**
*Arbacia lixula*
Der Schwarze Seeigel kommt im Mittelmeer vor und ernährt sich von Kalkrotalgen.

> Einige Seeigel sind beobachtet worden, wie sie sich mit Muschelschalen schmücken und sie wie einen Hut tragen.

**REINIGEN UND STECHEN**

Seeigel und Seesterne besitzen Greiforgane, sogenannte Pedicellarien: kleine flexible Stiele mit zwei- oder dreiteiligen Greifern am Ende. Sie benutzen sie, um sich zu säubern, kleine Beute aus dem Wasser zu ergreifen und sich gegen Fressfeinde zu verteidigen. Manche Pedicellarien enthalten Giftdrüsen und können stechen.

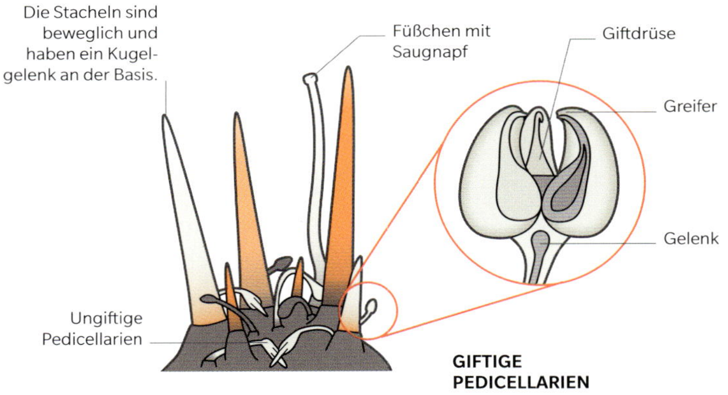


STACHELN UND PEDICELLARIEN

### ANATOMIE DER KRABBEN

Die meisten Krabben haben einen harten Carapax und lange Scheren, die sie vor Fressfeinden schützen. Alle besitzen einschließlich ihrer Scheren fünf Beinpaare. Die letzten beiden Beinpaare der Einsiedlerkrebse sind viel kleiner, da sie zum Halten des Gehäuses benutzt werden, eines aufgesammelten Objekts. Das letzte Segment des Einsiedlerkrebses wird als Telson bezeichnet und seine Anhänge als Uropoden. Zusammen ermöglichen sie es, die geborgte Schale festzuhalten.

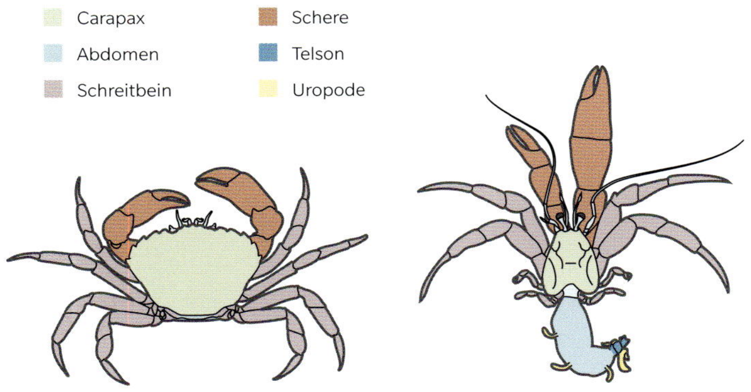


**STRANDKRABBE (*CARCINUS MAENAS*)** **EINSIEDLERKREBS (PAGUROIDEA)**

**Europäischer Hummer**
Die als Europäischer Hummer (*Homarus gammarus*) bekannte Art lebt im Ostatlantik, im Mittelmeer und im Schwarzen Meer. Sie hat große Scheren und kann ungefähr 1 m lang werden.

> »Kein Weich- oder Krebstier verfügt über eine natürliche Stimme oder Tonerzeugung.«
>
> **ARISTOTELES**, *Historia animalium*, **um 350 v. Chr.**

# Krebstiere

Crustacea

**Von großen Krabben und Hummern bis zu kleinen, zum Zooplankton gehörenden Organismen findet man Krebstiere in allen Meeren. Diese markanten Tiere stehen im Mittelpunkt vieler Sagen und Geschichten in Kulturen aus aller Welt.**

Krebstiere sind Gliederfüßer mit einem harten Exoskelett, das Chitin enthält, einem gegliederten Körper, mindestens vier Paaren gegliederter Beine und zwei Paar Antennen. Es gibt über 65 000 aquatische Arten. 90 Prozent von ihnen leben in marinen Lebensräumen, der Rest im Süßwasser. Landasseln (Unterordnung Oniscidea) wie die Roll- und Kellerasseln sind die einzigen ausschließlich an Land lebenden Arten.

Es gibt einige unterschiedliche Gruppen von Krebstieren. Zehnfußkrebse (Decapoda) wie Krabben, Hummer, Flusskrebse und Garnelen haben zehn Beine und ein komplexeres Nervensystem als andere Krebstiere. Bei Fangschreckenkrebsen (Stomatopoda) sind der hintere Teil des Thorax (Brust), die Kiemen und die Seiten des Abdomens (Hinterleibs) nicht vom Carapax bedeckt. Sie haben spezialisierte Scheren, mit denen sie ihre Beute speeren oder erschlagen. Asseln (Isopoda) haben einen flachen Körper und sieben Beinpaare, während Flohkrebse (Amphipoda) wie kleine Garnelen aussehen. Krill (Euphausiacea) gehört zum Plankton. Zu den Krebstieren zählen auch Seepocken, die sessil, also fest an einem Platz verankert sind.

### Klein und groß

Krebstiere haben ein enormes Größenspektrum. Die größte Art ist die Japanische Riesenkrabbe (*Macrocheira kaempferi*), mit einer Beinspannweite von bis zu 3,8 m, wobei ihr Körper etwa 40 cm misst. Die Tiere können 19 kg schwer werden. Der Amerikanische Hummer (*Homarus americanus*) ist mit etwa 20 kg Gewicht nicht nur das schwerste Krebstier der Welt, sondern auch der schwerste Gliederfüßer. Am anderen Ende der Skala befindet sich die winzige Art *Stygotantulus stocki*, mit 0,1 mm Länge vermutlich das kleinste Krebstier. Einige der kleinsten Krebse sind für die Unterwasserwelt unverzichtbar. Krill spielt eine wichtige Rolle als Nahrungsquelle für größere Meerestiere, etwa für Wale.

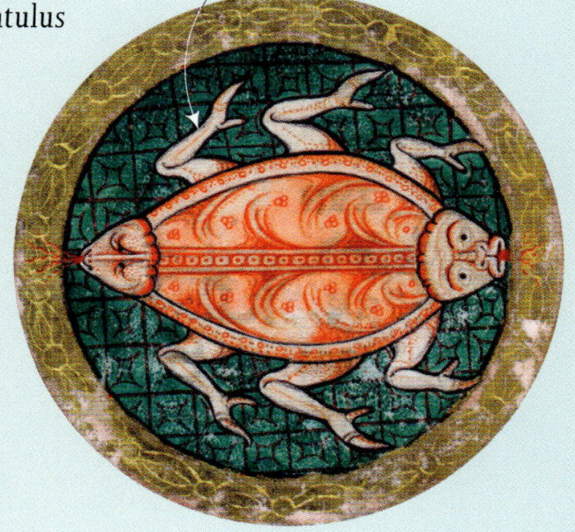


**Sternkreiszeichen**
Diese romanische Darstellung des Sternzeichens Krebs – eine Krabbe – im Werk *The Hunterian Psalter* entstand um 1170.

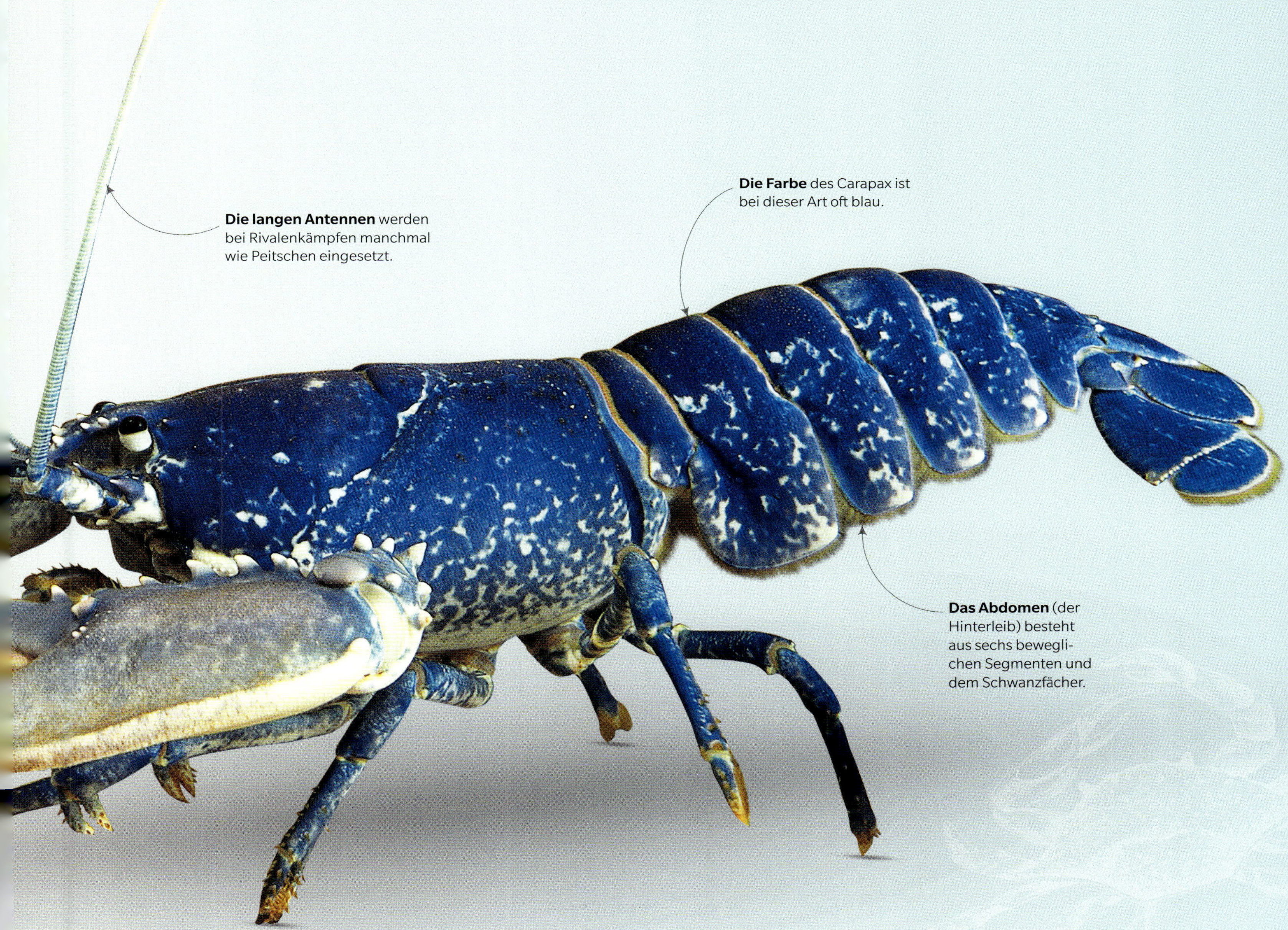

**Geflügelter Betrüger**
In der indischen Sage *Der Reiher und die Krabbe* legt ein Reiher einen Schwarm Fische herein, die er zu einem anderen Teich trägt – nur um sie dort zu fressen. Die Krabbe schneidet wiederum den Kopf des Reihers ab, um sich selbst zu retten, wie in diesem arabischen Bild aus dem 8. Jahrhundert zu sehen ist.

## Verteidigung und Schutz

Das robuste Exoskelett eines Krebstiers schützt seinen weichen Körper vor Fressfeinden, doch dieser Panzer kann nicht mit dem Tier wachsen. Stattdessen häutet es sich. Die Phase der Häutung ist gefährlich, denn der Krebs ist ungeschützt, bis das neue Exoskelett ausgehärtet ist. Bei Palmendieben (*Birgus latro*) kann das etwa einen Monat dauern. Hummerartige (Nephropidae) können wie viele andere Krebstiere verlorene Körperteile regenerieren. Werden sie angegriffen, können sie ein Bein oder eine Schere opfern, um zu fliehen, und sie später nachwachsen lassen. Anders als andere Krebse besitzen Einsiedlerkrebse (Paguroidea) kein hartes Exoskelett. Stattdessen suchen sie sich leere Schneckengehäuse als Schutz. Benötigt ein Tier eine neue Schale, findet aber keine in der richtigen Größe, wartet es, bis Artgenossen auftauchen. Irgendwann sind es genug Krebse, um die Schalen zu tauschen, sodass jeder eine passende abbekommt. Boxerkrabben (*Lybia tessellata*) haben eine ungewöhnliche Verteidigungs- und Jagdmethode entwickelt. Sie halten kleine Seeanemonen wie Pompons in den Scheren und fischen mit ihnen kleine, essbare Partikel aus dem Wasser. Da die Seeanemonen auch nesseln, können die Krebse sie sogar zur Verteidigung nutzen.

## Götter, Geister und Monster

In den griechischen Sagen war Carcinos eine von der Göttin Hera gesandte Riesenkrabbe, die Herakles (oder Herkules in römischen Sagen)

**Sternförmige Löcher** in der Karte lassen das Licht hindurchscheinen.

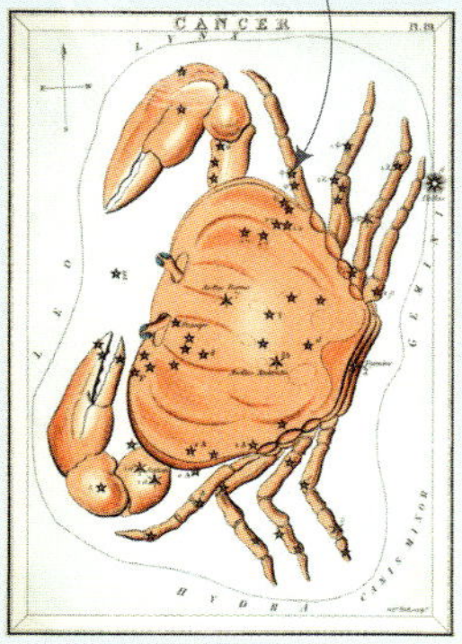


**Sternbild Krebs**
Diese Zeichnung ist als Teil von *Uranias Spiegel oder ein Blick auf den Himmel*, einem Set von 32 Sternkarten, 1824 erschienen.

während seines Kampfs gegen die Hydra, ein Monster mit vielen Schlangenköpfen und tödlichem Atem, ablenken sollte. Die Krabbe konnte Herakles in den Fuß kneifen, richtete jedoch keinen großen Schaden an, bevor er sie zertrat. Hera ehrte Carcinos dadurch, dass sie ihn als Sternbild des Krebses an den Himmel versetzte.

In der Folklore von Hawaii versuchte ein hungriger Gott eine Blutflecken-Krabbe (*Carpilius maculatus*) zu essen. Die Krabbe verteidigte sich und kniff den Gott, sodass er blutete. Trotzdem versuchte er, sie zu fangen, und hinterließ blutige Fingerabdrücke auf ihrem Panzer. So soll diese Krabbe ihre Flecken bekommen haben.

Das Exoskelett der in japanischen Gewässern lebenden Heikegani (*Heikeopsis japonica*) trägt das Bild eines menschlichen Gesichts auf dem Rücken. Der Legende nach sollen diese Krabben die Reinkarnationen von in einer Seeschlacht ertrunkenen Samurai-Kriegern sein.

## Technologie und Nahrung

Krebstiere haben zu Durchbrüchen in den Ingenieurwissenschaften inspiriert. Schwimmende Roboter wurden dem Krill nachempfunden, grabende den Sandkrabben. Krebstiere dienen auch dazu, das Problem des »Biofouling« zu lösen: Das aus den chitinhaltigen Exoskeletten hergestellte Produkt Chitosan stoppt die Ansiedlung von Mikroben, die Seepocken anziehen, sodass man es als Anti-Fouling-Beschichtung an Schiffsrümpfen einsetzen kann.

Millionen Tonnen Krebstiere werden jährlich von Menschen verzehrt, vor allem Krabben, Hummer und Garnelen. Im Nordamerika des 19. Jahrhunderts waren Hummer billig, sodass sie vor allem von Arbeitern, Dienstboten und Gefangenen gegessen wurden. Auch als Dünger und Fischköder wurden sie genutzt. Im späten 19. Jahrhundert stiegen durch die Einführung von Konserven und der Eisenbahn Nachfrage und Preise, sodass der Verzehr zum Luxus wurde.

**Perfekte Partner**
Verschiedene Arten der Putzergarnelen leben zum beiderseitigen Vorteil in einer Partnerschaft mit Fischen. Der Fisch wird seine Parasiten los, der Garnele dienen diese als Nahrung.

»Der Einsiedlerkrebs entsteht spontan aus Erde und Schleim und findet seinen Weg in unbewohnte Schalen.«

ARISTOTELES, *Historia animalium*, um 350 v. Chr.

**AMERIKANISCHER HUMMER**
*Homarus americanus*
Dieser Hummer ist das schwerste Krebstier der Welt. Das größte bekannte Exemplar war über 1 m lang und wog mehr als 20 kg.

**FANGSCHRECKENKREBS**
Stomatopoda
Manche Fangschreckenkrebse können beim Zuschlagen Glasscheiben zerbrechen. So überwältigen sie auch hartschalige Beute.

**ANTARKTISCHER KRILL**
*Euphausia superba*
Von dieser Art gibt es im Südlichen Ozean über 700 Billionen Exemplare – zusammen über 400 Millionen Tonnen –, eine wichtige Nahrungsquelle für viele andere Arten.

**Steine und Kiesel**
Der Kiesstrand bei Ribeira da Janela, Madeira, Portugal, besteht aus den Fragmenten des für diese Region typischen Vulkangesteins.

**Glatte, abgerundete Kanten** entstehen durch den von den Wellen verursachten Abrieb.

# Kiesstrände

## Kiesstrände sind in Europa verbreitet, finden sich aber auf der ganzen Welt, von den Küsten der USA bis zu Birdlings Flat auf Neuseeland.

Wie Sandstrände werden auch Kiesstrände von »konstruktiven« Wellen aufgeschüttet, die mehr Material an der Küstenlinie abladen, als sie wegnehmen. Wellen, die Steine und Kiesel transportieren können, sind kraftvoller als die, die Sand aufschütten. Die Wellen verwenden ihre Kraft darauf, Steine auf den Strand zu werfen, doch die Steine nehmen die Energie des Rückflusses auf, sodass er sie nicht mit sich nehmen kann. Im Ergebnis sind Kiesstrände schmaler und steiler als Sandstrände.

> »Der Strand war eine Wüste von Meereswellen und Steinen, die wild übereinander kollerten …«
>
> CHARLES DICKENS, *Zwei Städte*, 1859

### Raue Umgebung

Die Steine stammen von verwitternden Klippen und werden von der Küstenlängsdrift die Küste entlang transportiert. Die Bewegung durch das Meer rundet die Bruchstücke ab. Bei Stürmen kann ein »Sturmstrand« entstehen, wenn starke Wellen große Steine bis zur Hochwasserlinie transportieren. Obwohl es eine trockene Umgebung ist, da es keine Erde gibt und das Wasser zwischen den Steinen abfließt, bieten die Strände einen Lebensraum für Echten Meerkohl (*Crambe maritima*) und Wirbellose wie die Atlantische Küstengrille (*Pseudomogoplistes vicentae*). Vögel wie der Sandregenpfeifer (*Charadrius hiaticula*) nisten am Kiesstrand, wo ihre Eier gut getarnt sind.

**Verschiedene Größen**
Die Kiesel der Strände variieren in ihrer Größe. Starke Wellen werfen die größten Steine hinten auf den Strand. Kleinere landen näher an der Wasserlinie.

**Unter den Kieseln**
Steinwälzer (*Arenaria interpres*) drehen die Kiesel um und suchen darunter nach Nahrung. Die erstaunlich kräftigen Vögel können Steine anheben, die so schwer wie sie selbst sind.

**Botanische Studie**
Dieses unvollendete Aquarell eines Gelben Hornmohns schuf der österreichische Maler Moritz Michael Daffinger um 1840.

»Die Blätter sind blaugrün und bereift, die Blütenblätter gelb und zart.«

ROBERT BRIDGES,
*The Sea-Poppy,* um 1904

**Der geneigte Kopf** suggeriert Schlaf.

# Gelber Hornmohn

*Glaucium flavum*

**Diese leuchtend gelbe ausdauernde Pflanze findet man an den Küsten von Europa und Nordafrika. Sie ist bestens an raue, trockene Umgebungen wie Kiesstrände angepasst.**

Dieser für Küsten typische Mohn wächst oft in kleinen Gruppen und ist meist an Dünen, Kiesstränden oder Klippen zu finden. Er ist an trockene und salzige Bedingungen angepasst und kommt nicht im Inland vor. Die wachsbeschichteten Blätter der rund 1 m hohen Pflanze begrenzen den Wasserverlust. Ihre kurze Behaarung dient zum Schutz vor dem Salz. Der Mohn hat auch lange Wurzeln.

### Leuchtende Farben

Die Pflanzen sind das ganze Jahr über an den haarigen, blaugrauen Blättern zu erkennen. Im Sommer erscheinen die leuchtend gelben Blüten, die Bienen, Schmetterlinge und andere Bestäuber anziehen. Obwohl die Pflanzen den ganzen Sommer über blühen, hält die einzelne Blüte nur etwa einen Tag lang. Die danach entstehenden hornartigen Samenkapseln werden bis zu 30 cm lang. Wenn sie aufplatzen, werden Hunderte winziger Samen verbreitet.

Wie andere Mohnarten ist *Glaucium flavum* bei Verzehr giftig. In der traditionellen Medizin wird die Art seit Jahrhunderten zur Behandlung von Schmerzen, Husten und Atemwegserkrankungen genutzt. Samen dieser Pflanze und des Schlafmohns werden gegen Schlaflosigkeit eingesetzt. Schlafmohn wird mit Morpheus, dem griechischen Gott der Träume, assoziiert.

**Der Träumer**
Diese Skulptur von Fjodor Tolstoi (1783–1873) zeigt den griechischen Gott Morpheus. Seine Verbindung zum Mohn führte zur Benennung der Droge Morphium, die aus dem Schlafmohn gewonnen wird.

**Blaugraue Blätter** mit winzigen Haaren

**Weit gereiste Art**
Der Gelbe Hornmohn wurde in die USA eingeführt und gedeiht dort seit dem 17. Jahrhundert. Thomas Jefferson pflanzte ihn 1807 in seinem Garten.

**Fingerhüte**
Die Fingerhut-Qualle (*Linuche unguiculata*) lebt in tropischen und subtropischen Lagunen. Hier schwebt eine Gruppe dieser Art über einem Riff in den Philippinen.

Die geschützte Lagune von Venedig, Norditalien, hat den Aufstieg der mächtigen Republik Venedig vom 7. Jahrhundert an ermöglicht.

**Bora Bora**
Die Inseln von Bora Bora im Südpazifik sind fast vollständig von einem Korallenriff umgeben, das eine Lagune einschließt und nur eine Öffnung zum Meer aufweist.

# Küstenlagunen

Eine Küstenlagune ist ein seichter Wasserkörper, der zum Teil von einer Landbarriere vom offenen Meer abgetrennt ist. Diese geschützten Bereiche können Lebensräume für verschiedene Arten von Meerestieren sein, insbesondere für Jungtiere.

Küstenlagunen prägen über ein Zehntel der Küsten der Welt. Sie entwickeln sich an flachen, leicht ansteigenden Küsten, die von einer Barriere, etwa einem Korallenriff, einer Sandbank, einer Landzunge oder einer Insel (siehe nächste Seite), vom Meer getrennt werden.

Die Bedingungen in Lagunen variieren erheblich. Das Wasser in einer weitgehend vom Meer abgeschnittenen seichten Lagune kann sehr salzig sein, während von Flüssen oder vom Land ablaufendem Wasser gespeiste Lagunen eher Brackwasser enthalten. Lagunen mit mehreren Einlässen zwischen vorgelagerten Inseln können regelmäßig frisches Meerwasser erhalten. Seichte Lagunen können sumpfige Feuchtgebiete bilden, während tiefe eher Seen oder Buchten ähneln.

Lagunen verändern sich ständig und können auch im Lauf der Zeit verschwinden, weil sie mit Sedimenten verfüllt werden oder sich in eine Bucht verwandeln, wenn ihre Barriere erodiert.

## Geschützte Umgebung

Die Landbarrieren, die Lagunen vom offenen Meer trennen, bieten Tieren eine geschützte Umgebung. Daher gibt es hier viele angepasste Arten. Der Schwarzkehl-Maulbrüter (*Sarotherodon melanotheron*) im Nokoué-See, einer Lagune an der Küste von Benin, toleriert beispielsweise sehr unterschiedliche Salzkonzentrationen. Die von starken Strömungen und vielen Prädatoren geschützten, warmen Lagunen sind auch eine ideale Kinderstube für Fische und Krebstiere.

Das reiche marine Leben liefert wiederum vielen anderen Arten Nahrung, darunter Vögeln auf dem Vogelzug, aber auch Menschen.

### Lagunen und Menschen

Menschen schätzen Lagunen als natürliche Häfen und Fischgründe. Berühmt ist die italienische Stadt Venedig, erbaut auf den Inseln, welche die Barriere einer Lagune bilden. Das empfindliche Ökosystem von Lagunen kann jedoch durch Verschmutzung (auch durch Tourismus), Landgewinnung und Lärm (durch die Schifffahrt) geschädigt werden. Tief liegende Bereiche sind zudem durch den Klimawandel gefährdet, der die Höhe des Meeresspiegels und die Wasserzusammensetzung beeinflussen kann.

### BILDUNG EINER LAGUNE

Eine Küstenlagune bildet sich entlang einer flachen Küstenebene mit mäßigen Gezeiten und einer vorgelagerten Inselkette, einem Riff oder einer Sandbank. Sie entsteht, wenn der Meeresspiegel relativ zum Land ansteigt oder die Küste absinkt. Meerwasser fließt hinein und wird in einem nur durch einen schmalen Durchlass mit dem Meer verbundenen Becken festgehalten. Lagunen verändern sich ständig – durch die Ablagerung von Sedimenten, Veränderungen des Meeresspiegels und die Erosion der Barriere zum Meer.

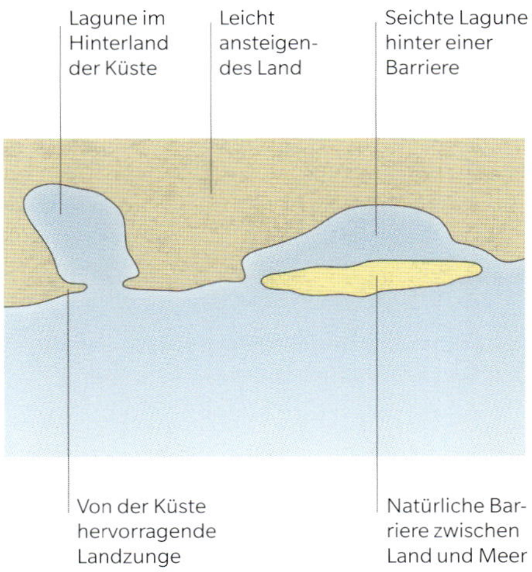


STRUKTUR EINER LAGUNE

# Flamingos

Phoenicopteridae

**Die zwischen 0,8 m und 1,5 m großen, durch ihr typisches Gefieder auffallenden Vögel sind für ihre Schönheit und Eleganz bekannt. Sie sind auch Überlebenskünstler.**

**Der lange Hals** des Flamingos sorgt für eine typische Silhouette.

**Spielt jemand Krocket?** In *Alice im Wunderland* (Lewis Carroll, 1865) spielt Alice ein seltsames Krocketspiel, bei dem sie als Schläger einen lebenden Flamingo benutzt.

Küstenlagunen und Marschland mit seichtem Wasser voller Algen und Wirbelloser sind reiche Nahrungsquellen für die verschiedensten Vögel. In manchen Gegenden suchen Flamingos nach der Brutzeit derartige Gebiete auf und mischen sich unter die Watvögel. Im Allgemeinen sind sie jedoch an lebensfeindlichere Lebensräume angepasst. In Afrika werden die Zwergflamingos als »Feuervögel« bezeichnet, da die Kolonien fast über Nacht phönixartig erscheinen, um an den heißen Sodaseen zu brüten. Flamingos nisten an Salzseen, die zu salzhaltig für die meisten Lebewesen sind. Sie sind extremophil, also in der Lage, Bedingungen zu ertragen, die für andere Arten zu unwirtlich sind. Allerdings ist die Brutzeit kurz, für den Fall, dass die Bedingungen selbst für sie zu anspruchsvoll werden.

Flamingos fressen mit kopfüber gehaltenem Schnabel. Mit diesem einzigartigen, mit faserartigen Lamellen versehenen Schnabel filtern sie Fressbares, vor allem Salinenkrebschen und Algen, aus dem Wasser. Die Farbstoffe der Nahrung finden sich in ihren Federn wieder (siehe Kasten). Ein Schwarm läuft meist synchron durch das Wasser, und auch die Schlammnester werden gleichzeitig gebaut und die Eier zugleich gelegt. Die Kolonien sind durch Überflutungen gefährdet, doch die Küken können schon im Alter von einer Woche das Nest verlassen und zu sichereren Plätzen geführt werden.

> »Die Zunge des Flamingos ist bemerkenswert wegen ihrer Textur, Größe und seltsamen Beschaffenheit.«
>
> *Natural History, Or, Second Division of »The English Encyclopedia«, Volume 2,* 1866

**URSPRUNG DER FARBEN**

Einige der Pigmente im Gefieder der Vögel stammen aus ihrer Nahrung, darunter das Betacarotin, das die Federn rosa färbt. Viele Jahrzehnte lang waren die in Zoos gehaltenen Flamingos weiß, bis Ornithologen entdeckten, dass man ihnen Nahrung mit diesem Carotin anbieten muss. Da die Gefiederfärbung von der Nahrung abhängt, zeigen wild lebende Flamingos zu verschiedenen Jahreszeiten und je nach Gesundheitszustand deutliche Unterschiede in der Farbintensität.

INSEL FLOREANA, GALAPAGOS

**Amerikanische Vögel** Der Rote Flamingo wird auch als Kubaflamingo bezeichnet. Der Naturkundler John James Audubon malte diese Szene, nachdem er die Art im Jahr 1832 bei der Insel Indian Key, Florida, beobachtet hatte.

**ROSAFLAMINGO**

*Phoenicopterus roseus*

Diese in Afrika, Asien und Europa lebende Art ist die größte der Familie. Sie brütet an Salzseen und Küstenlagunen.

**KUBAFLAMINGO**

*Phoenicopterus ruber*

Diese am kräftigsten gefärbte, große Art lebt vor allem in Küstengebieten von Mexiko bis zum nördlichen Südamerika.

**ANDENFLAMINGO**

*Phoenicoparrus andinus*

Diese Art lebt hoch oben an den Salzseen der Anden. Ihr Lebensraum ist durch den Abbau von Borax bedroht.

# Chesil Beach

Diese geologische Besonderheit an der englischen Südküste ist für ihre ungewöhnlichen Eigenschaften, ihre Vielzahl an Fossilien und ihre Geschichte bekannt geworden.

Am Südende könnte **Chesil Beach** sich mit einer Geschwindigkeit von **15 cm pro Jahr** ostwärts bewegen.

Chesil Beach in Dorset, Großbritannien, ist ein Tombolo, der mit einer Halbinsel (siehe S. 82–83) verbunden ist. Für einen Tombolo ist es ungewöhnlich, dass er parallel zur Küste verläuft und nicht in das Meer hinausragt. Er erstreckt sich 29 km lang entlang der Jura-Küste (Jurassic Coast), die reich an 185 Millionen Jahre alten Fossilien und im Schnitt 160 m breit ist. Dort bildet er eine Barriere zwischen dem Meer und einer großen Küstenlagune und ist am südöstlichen Ende mit der Halbinsel Portland verbunden. Man nimmt an, dass der Tombolo sich gebildet hat, als das Meer nach der letzten Kaltzeit die Form der Küste veränderte, indem es das Land überflutete und große Mengen an Sand und Kies zurückließ. Wellen und Strömungen trugen die Kiesel ab und lagerten sie als Strand an.

**Maritimes Erbe**
Die Seefahrt und die Fischerei sind ein integraler Teil der Geschichte der Menschen von Chesil Beach, wie hier in einer Zeitschriftenillustration von 1899 abgebildet.

### Steine und Schmuggler

Chesil Beach ist bekannt für seine geschätzt etwa 180 Milliarden Kiesel, die von den Tiden nach ihrer Größe sortiert werden. Erbsengroße befinden sich am nordwestlichen Ende. In Richtung Portland im Südosten werden sie immer größer, bis sie etwa faustgroß sind. Im 17. und 18. Jahrhundert, als am Chesil Beach nachts Schmuggler anlandeten, hieß es, dass diese anhand der Kieselgröße genau wussten, an welcher Stelle sie sich befanden.

Bei starken Stürmen können drei Millionen Tonnen Kiesel vom Strand abgetragen werden. Zwar werden viele von ihnen später von den Gezeiten zurückgebracht, aber sie werden nie vollständig ersetzt. Die Erosion der Klippen hat Chesil Beach früher mit Nachschub versorgt, doch menschliche Aktivitäten haben das unterbunden und der Strand wird nicht länger auf natürliche Weise erneuert.

**Lagunengrenze**
Chesil Beach bildet eine natürliche Grenze zur Fleet Lagoon, Englands größter Küstenlagune (siehe S. 76–77), Lebensraum für Seegräser, Pierwürmer, Fische und Seevögel.

### Wracks und Geschichten

Chesil Beach ist auch für seine Wracks bekannt. Starke Strömungen und Winde haben die Schiffe an die Küste gedrückt, wo sie im felsigen Grund schlecht ankern konnten. Der steile Strand verhinderte ein sicheres Anlanden. Hunderte von Wracks sind hier vom 16. bis zum 20. Jahrhundert angetrieben worden, darunter Schiffe aus Spanien, Schweden und Nordamerika.

Seit dem 15. Jahrhundert haben Menschen von Sichtungen des mythischen Seemonsters von Chesil Beach namens Veasta berichtet. Es ist als großer Hahn, als Chimäre aus Mensch und Schwein oder riesige Kreatur, halb Fisch, halb Seepferdchen, beschrieben worden.

**Sternförmige** Seelilien in einem Stein vom Chesil Beach

**Fossilienfunde**
Chesil Beach ist eine Fundgrube von Fossilien aus dem Jura, darunter Seelilien, Ammoniten und Belemniten (siehe S. 62–63).

Da Chesil Beach Teil der berühmten Fossilienfundstätte Jurassic Coast ist, gehört er zum UNESCO-Weltnaturerbe.

# Halbinseln und Tombolos

**Estländische Inseln**
Diese Halbinsel ist über einen Tombolo mit der Nordküste von Hiiumaa in der Ostsee verbunden, Estlands zweitgrößter Insel.

Halbinseln sind mit dem Festland verbundene Inseln, beispielsweise über einen schmalen Tombolo. Diese ungewöhnlichen Küstenformen sind durch den Einfluss der Wellen entstanden.

Mindestens die Hälfte der Meeresinseln befindet sich in der Nähe der Festlandküsten. Sie sind Teile des Kontinents, die vom Land abgetrennt wurden. In manchen Fällen haben sich Gesteinsblöcke aufgefaltet und sind später durch Erosion zu Inseln geworden. In anderen Fällen bestehen die Inseln aus widerstandsfähigem Gestein wie Granit oder Basalt, das nach Abtragung der weicheren Sedimente des Festlands übrig blieb. Viele Inseln sind entstanden, als am Ende des letzten glazialen Maximums vor etwa 18 000 bis 8000 Jahren der Meeresspiegel anstieg.

Die Inseln sind Wellen, Gezeiten und Küstenströmungen ausgesetzt, die das Land abtragen und Sedimente transportieren. Sie lenken diese Strömungen ab oder teilen sie, sodass sich Sand oder Kies zwischen ihnen und dem Festland oder zwischen zwei Inseln anlagern kann. Dieser schmale Streifen neuen Lands ist ein Tombolo. Er macht aus der Insel eine Halbinsel. Wo er gerade über den Meeresspiegel hinausragt, kann er von den Gezeiten überflutet und wieder freigelegt werden und so

Der Tidenhub beträgt bei **Mont-Saint-Michel,** Frankreich, bis zu **14 m.**

eine Gezeiteninsel bilden. Es gibt Tausende von Halbinseln auf der Welt. St. Ninian's Tombolo, Teil der Shetlandinseln, ist ein 500 m langer Sandstreifen, der St. Ninian's Isle mit der Hauptinsel verbindet. Die Inseln Miquelon und Langlade – Teil des französischen Überseedepartments von Saint Pierre und Miquelon vor der Küste Neufundlands, Kanada – sind durch einen 12 km langen Tombolo verbunden.

### Glaube, Nutzen und Inspiration

Wegen ihrer geheimnisvollen Wirkung haben bei Flut isolierte Inseln manchmal religiöse Bedeutung, wie etwa Lindisfarne, Northumberland, Großbritannien, und Mont-Saint-Michel in der Normandie, Frankreich. Andere sind von strategischer Bedeutung: Die japanische Stadt Hakodate wurde auf einem Tombolo gebaut, der den Berg Hakodate mit der Hauptinsel Hokkaido verbindet. Sie war einer der ersten dem internationalen Handel offenen japanischen Häfen. Der Fels von Gibraltar ist ein großer Kalksteinberg, von dem aus Tausende von Jahren der westliche Eingang des Mittelmeers bewacht wurde. Er ist mit dem spanischen Festland über einen 9 km langen Tombolo verbunden, der nun eine Landebahn trägt.

Burgh Island in Süddevon, Großbritannien, ist der Schauplatz zweier Agatha-Christie-Romane – *Das Böse unter der Sonne* und *Und dann gab's keines mehr*. Im zweiten ist eine Gruppe von Menschen, aus der ein Mörder seine Opfer auswählt, von der Flut auf der Insel eingeschlossen worden.

Der Riese Cormoran kommt in einer Erzählung von Joseph Jacobs vor, die von Jack, dem Riesentöter, handelt.

Jack tötet Cormoran, nachdem er ihn in eine bei St. Michael's Mount gegrabene Grube gelockt hat.

**Riese aus Cornwall**
Nach einer Legende aus Cornwall wurde St. Michael's Mount in Cornwall von einem 5,5 m großen Riesen namens Cormoran errichtet, der mithilfe seiner Frau Steine vom Festland herholte. Von seinem neuen Wohnsitz aus stahl er Vieh. Letztlich wurde er von einem einheimischen Jungen getötet.

# Sandstrände

**Sandstrände sind eine auf der ganzen Welt verbreitete Küstenform. Hier werden von schwachen Wellen Sedimente an den Küsten abgelagert. Meist findet man sie in seichten, geschützten Buchten.**

Mit einem Strandprofil kann man den theoretischen Querschnitt eines Strands beschreiben. Sandstrände zeigen in der Regel ein leicht abfallendes Profil, an dem man die Flut- und Sturmflutgrenzen erkennen kann. Der Sand bestand ursprünglich aus Felsen, Schalen oder Korallen, die im Lauf der Zeit in kleinere Stücke und schließlich zu Sandkörnern zerkleinert worden sind. Wie bei den meisten Stränden ist das wassernahe Material das feinste, da es die stärkste Erosion erfährt. Je kleiner und runder die Körnchen sind, desto weicher fühlt sich der Sand an.

Abhängig von seiner Zusammensetzung kann der Sand verschiedene Farben aufweisen. Der Sand roter Strände wie der auf Rábida, Galapagos-Inseln, hat einen hohen Eisenanteil.

Der erste **öffentliche Strand** der USA, **Revere Beach,** Massachusetts, öffnete **1896.**

Goldfarbener Sand ist reich an verwittertem Eisen (Eisenoxid) und grüner Sand enthält große Mengen des Minerals Olivin. Der rosafarbene Sand vom Pink Sands Beach der Bahamas hat seine Farbe und seinen Namen von den Schalen winziger Foraminiferen erhalten. Der auffällige schwarze Sand von Reynisfjara auf Island bestand dagegen ursprünglich aus Lava.

Rein weißer Sand besteht aus Quarz oder Korallenskeletten, die in Tausenden von Jahren zerkleinert worden sind. Korallen werden auch zu Sand, wenn ihre Skelette von Papageifischen gefressen, verdaut und ausgeschieden werden (siehe S. 87). Der weißeste Sand der Welt, den Forschende als nur 1,4 Punkte vom weißesten Weiß entfernt einstufen, ist in Tulum in Mexiko zu finden. Darauf folgen knapp dahinter Anse Source d'Argent auf den Seychellen und der Strand von Marmari in Griechenland. Nur zwei Strände auf der Welt – Shell Beach und L'Haridon Bight, beide in Australien – bestehen vollständig aus Schalen und nicht aus Gesteinssand.

**Leben am Strand**

Viele Tiere haben sich an das Leben auf dem Strand oder in Strandnähe angepasst. Arten wie die Wattwürmer (*Arenicola*), verschiedene Schwertmuscheln und Krabben graben Gänge, in denen sie sich vor Fressfeinden verstecken. Meeresschildkröten (Chelonioidea) und Bodenbrüter wie Seeschwalben (Sternidae) und Regenpfeifer (Charadriidae) legen ihre Eier in den Sand, wo auch die Jungen schlüpfen. Die besonders durch Fressfeinde gefährdeten Meeresschildkröten-Babys schlüpfen in großer Zahl nahezu gleichzeitig. Dieser Schutzmechanismus soll Verluste der Jungen auf dem Weg in die relative Sicherheit des Meers verringern (siehe S. 88–91). Tiere wie Robben kommen an die Strände, um zu ruhen, zu verdauen oder ihre Jungen zu gebären.

**Menschliche Besucher**

Sandstrände werden auch gern von Menschen zur Freizeitgestaltung genutzt. Im Jahr 2023 war der Küsten- und Meerestourismus geschätzt für mehr

»... die Wellen brechen sich an der Küste, schäumen und glitzern wie vor Freude außer sich.«

ANNE BRONTË, *Agnes Grey,* 1847

**Regenbogensand**
Am Rainbow Beach in Queensland, Australien, gibt es mehr als 70 unterschiedliche Sandfarben. Die unterschiedlichen Töne werden von verschiedenen Mineralien verursacht.

**Sandflecke** auf dem eckigen Panzer tarnen die Krabben vor Fressfeinden.

**Strandreinigung**
Pazifische Reiterkrabben (*Ocypode gaudichaudii*) suchen im Sand nach Nahrung, säubern den Strand und hinterlassen kleine Sandkügelchen.

als 50 Prozent der globalen Tourismusindustrie verantwortlich. Entsprechende Orte finden sich weltweit. Der längste Strand der Welt ist die 253 km lange Praia do Cassino in Brasilien, der kürzeste die 40 m lange Playa de Gulpiyuri in Nordspanien. In Indien wird Chandipur Beach oft als Versteckspiel-Strand bezeichnet, da sich der Ozean bei Ebbe so weit zurückzieht – 5 km –, dass es den Anschein macht, als sei das Meer vollständig verschwunden.

**In Gefahr**

Während Größe, Form und Ausmaß der Sandstrände sich abhängig von Gezeiten, Wellen und Wind ständig verändern, werden sie zunehmend auch von menschlichen Aktivitäten beeinflusst. Der Klimawandel hat zum Anstieg des Meeresspiegels und damit zum Verlust von Stränden geführt. Verschmutzungen durch Haushalt- und Industrieabwässer sowie das Schmutzwasser der Schiffe und der Kanalisation beeinträchtigen den Zustand und die Biodiversität der Sandstrände, ebenso der anthropogene Müll, der an die Küste gespült wird. Untersuchungen zufolge sind die Küsten Australiens und Afrikas am meisten davon betroffen. Es handelt sich allerdings um ein globales Phänomen. Bei Freeport in Texas, USA, verschwindet der Strand auf einer Länge von 17 km mit einer jährlichen Rate von 15 m. Der Schutzstatus von Stränden wird in den letzten beiden Jahrhunderten auch durch die Nutzung zur Freizeitgestaltung beeinträchtigt.

**Küstengeschichten**

Kōkī Beach auf der Hawaii-Insel Maui zeichnet sich durch dunklen, eisenreichen roten Sand aus einem nahegelegenen Vulkankegel namens Ka Iwi o Pele aus. Der Name bedeutet »Knochen der Pele« und stammt von einer Sage, nach der die Vulkangöttin Pele von ihrer Schwester Namakaokaha'i an diesem Ort ermordet worden sein soll.

Nach australischen Sagen sind die vielfarbigen Sande des Rainbow Beach in Queensland entstanden, nachdem eine Frau namens Murrawar sich in den Regenbogen verliebt hatte, aber von ihrer Familie entführt und mit einem gewalttätigen Mann namens Burwilla aus einer

»Oh! Ich möchte so gern an der Küste sein! Ich möchte an der See sein!«

JOHN A. GLOVER-KIND, *Music Hall Song*, 1907

**Schwarzes Gefieder** an Rücken, Hals und Kopf

**Lange orangerote Schnäbel** zum Öffnen von Schalen

**Dunkler Watvogel**
Austernfischer (*Haematopus ostralegus*) kann man oft an Sandstränden beobachten. Wenn sie mit dem Schnabel nach Nahrung stochern, hinterlassen sie typische Spuren im Sand.

**Lowestoft, Sussex, Großbritannien**
Im 20. Jahrhundert wurden Sandstrände ein Symbol der Freizeit, wie hier auf diesem Eisenbahn-Werbeplakat.

rivalisierenden Gemeinschaft verheiratet worden war. Als Murrawar zu fliehen versuchte, kam ihr der Regenbogen zu Hilfe. Burwilla griff ihn jedoch mit seinem Bumerang an, sodass der Regenbogen in Tausende von Stücken zerbrach und die vielfarbigen Sande erschuf, die man noch heute sehen kann.

### Tödliche Begegnung

Ein Sandstrand, an dem es spuken soll, ist Ocracoke Island vor der Küste von North Carolina, USA. Hier soll im 18. Jahrhundert der als Blackbeard bekannte Pirat Edward Teach geankert haben und von einer vom Gouverneur von Virginia geschickten Truppe an einem Ort namens Teach's Hole überfallen worden sein. Nachdem sie rund fünf Mal auf ihn geschossen hatten, erstachen und enthaupteten ihn die Soldaten und warfen den Körper ins Meer. Sein Geist soll noch heute auf der Insel und in ihrer Umgebung spuken. Es soll ein seltsames Licht im Wasser gesehen worden sein, und man hörte, wie der Kopf des Piraten nach seinem verlorenen Körper rief.

### PAPAGEIFISCHE UND SAND

Sand kann von Papageifischen geschaffen werden. Sie zerkleinern Steinkorallen zwischen ihren robusten Zahnplatten. Im Verdauungstrakt werden die Korallen weiter zerrieben und als feiner Sand ausgeschieden. Etwa 450 kg Sand kann ein Papageifisch pro Jahr erzeugen.

PAPAGEIFISCH-ZÄHNE

Die **Grüne Meeresschildkröte** wurde früher als **Suppenschildkröte** bezeichnet.

# Meeresschildkröten

Cheloniidae, Dermochelyidae

**Die mit Ausnahme der Polarmeere in allen Ozeanen lebenden Meeresschildkröten haben verschiedene Anpassungen an ihren Lebensraum entwickelt, von ihrem Panzer bis zu ihren Navigationsfähigkeiten.**

Meeresschildkröten gibt es schon seit über 100 Millionen Jahren. Viele Arten sind ausgestorben, doch sieben haben überlebt. In der Größe reichen sie von der etwa 60 cm langen Atlantik-Bastardschildkröte (*Lepidochelys kempii*) bis zur Lederschildkröte (*Dermochelys coriacea*), die 1,8 m lang werden kann. Sechs der sieben Arten gehören zur Familie Cheloniidae. Sie besitzen einen harten Panzer, der sie schützt und ihnen stromlinienförmige Gestalt verleiht. Der Panzer besteht aus Keratinplatten oder -schilden, die bei jeder Art auf besondere Weise angeordnet sind. Der Panzer der Lederschildkröte, der einzigen heutigen Art der Familie Dermochelyidae, besteht aus Tausenden von Knochenplatten, die in eine Schicht aus Fett und Öl eingebettet und von einer ledrigen Haut bedeckt sind. Lederschildkröten können kälteres Wasser als andere Meeresschildkröten vertragen, daher etwa 1000 m tief tauchen und auch näher an den Polen überleben.

### Ungewöhnliche Nahrung

Anders als andere Meeresschildkröten sind Grüne Meeresschildkröten (*Chelonia mydas*) Vegetarier und verzehren vor allem Seegras und Tange. Auf diese Weise erhält ihr Fett wohl die grüne Tönung, durch die die Tiere an ihren Namen gekommen sind.

Als Reptilien müssen Meeresschildkröten zum Atmen an die Wasseroberfläche kommen. Unabhängig davon verbringen sie den größten Teil ihres Lebens unter Wasser. Da ihr Blut große Mengen Sauerstoff aufnehmen kann und die Tiere ihren Herzschlag auf einen Schlag alle neun Minuten reduzieren können, vermögen sie bis zu sieben Stunden lang zu tauchen.

Meeresschildkröten sind überwiegend karnivor (Fleischfresser) und trinken Salzwasser. Das überschüssige Salz können sie über Drüsen an den Augen ausscheiden. An Land scheinen sie daher oft zu weinen. Lederschildkröten haben besonders große Salzdrüsen – doppelt so groß wie ihr Gehirn –, da sie Quallen fressen, die zu 95 Prozent aus Meerwasser bestehen.

### Navigation und Brutpflege

Meeresschildkröten wachsen langsam und es dauert viele Jahre, oft sogar Jahrzehnte, bis die Weibchen geschlechtsreif geworden sind. Dann reisen viele von ihnen Tausende von Kilometern von ihren Nahrungsquellen zu ihren Bruträndern. Bei dieser langen Reise kehren sie zur Eiablage an genau den Strand zurück, an dem sie einst selbst geschlüpft sind, ein als Philopatrie bekanntes Verhalten. Die am weitesten reisende Art ist die Lederschildkröte: Sie legt pro Jahr bis zu 19 000 km zurück.

Wie weibliche Meeresschildkröten ihre eigenen Brutplätze nach vielen Jahrzehnten wiederfinden, hat die Wissenschaftler lange fasziniert. Vermutlich sind zwei wichtige Komponenten daran beteiligt. Erstens die Fähigkeit der Schildkröten, das Erdmagnetfeld wahrzunehmen und sich daran zu orientieren. Und zweitens der hoch entwickelte Geruchssinn, der es ihnen ermöglicht, den Geruch ihres Geburtsstrands wahrzunehmen.

Am Heimatstrand angekommen wartet das Weibchen bis zur Dunkelheit. Erst dann verlässt es das Wasser, indem es den Körper mit

**Die menschliche Figur** ist triumphal auf einer Schildkröte stehend dargestellt.

**Maya-Figur**
Die mittelamerikanischen Maya glaubten, dass die Erde eine auf einem endlosen Meer treibende Schildkröte sei.

In vielen alten Kulturen werden **Meeresschildkröten übernatürliche Kräfte zugeschrieben.**

**Hindu-Gottheit**
Kurma (»Schildkröte« in Sanskrit) ist ein Avatar oder eine Manifestation des Hindugotts Vishnu, einer der Hauptgottheiten der Hindus. Dieser Avatar von Vishnu wird oft als menschliche Figur dargestellt, deren unterer Teil eine Schildkröte ist.

**Schlüpfende Schildkröte**
Ein Baby einer Unechten Karettschildkröte (*Caretta caretta*) schlüpft aus dem Ei. Die Schale öffnen die kleinen Meeresschildkröten mithilfe einer Eischwiele am Unterkiefer.

**Die Eischalen** sind weich und nicht brüchig.

den Vorderbeinen auf den Strand zieht. Hat es die Hochwassermarke überschritten, wählt es eine geeignete Stelle aus und beginnt zu graben. Dazu scharrt es zuerst mit den Vorderbeinen eine Mulde für den Körper und gräbt dann mit den Hinterbeinen ein tiefes, schmales Loch. In dieses Loch legt es dann etwa 100 weiße, tischtennisballgroße Eier, bevor es das Nest wieder verfüllt und zur Tarnung losen Sand darüberwischt. Erst dann kehrt es ins Meer zurück. Während der Brutsaison wird das Weibchen diesen Vorgang mehrmals wiederholen.

### Neues Leben

Etwa zwei Monate später, meist nachts, schlüpfen die jungen Schildkröten und verlassen das Nest. Kaum an der Oberfläche laufen sie zum Wasser, wobei sie sich an der hellsten Lichtquelle orientieren – gewöhnlich der Spiegelung des Mondlichts.

Die nur wenige Zentimeter langen Jungen haben viele Feinde. Vögel, Krabben, Hunde und Waschbären warten bereits darauf, dass ihre Beute auftaucht. Auch die Schildkröten, die es bis zum Wasser geschafft haben, sind noch nicht in Sicherheit. Haie und andere Fische jagen die Jungen im Flachwasser. Man schätzt, dass in den ersten Tagen nur ein Zehntel den Fressfeinden entkommt. Im offenen Meer angelangt versuchen

> »Die weibliche Meeresschildkröte legt Eier gleich denen der Vögel, einhundert an der Zahl.«
>
> PLINIUS DER ÄLTERE, *Naturalis historia*, 77 n. Chr.

**LEDER-SCHILDKRÖTE**
*Dermochelys coriacea*
Diese größte heutige Art der Meeresschildkröten kann ausgewachsen ein Gewicht von etwa 900 kg erreichen.

**WALLRIFF-SCHILDKRÖTE**
*Natator depressus*
Verglichen mit dem der übrigen Meeresschildkröten ist der Panzer dieser Art recht flach. Die Tiere erreichen ein Gewicht von bis zu 90 kg.

**ECHTE KARETTSCHILDKRÖTE**
*Eretmochelys imbricata*
Diese Art wiegt bis zu 80 kg. Mit ihrem spitzen, schnabelartigen Maul kann sie Schwämme aus schmalen Spalten ziehen.

die Jungtiere der meisten Arten, Ozeanwirbel zu erreichen. Sie bleiben nun fünf bis zehn Jahre lang auf hoher See, bevor sie wieder in die Küstengewässer zurückkehren.

### Kulturelle Verbindung

Von vielen Völkern auf der ganzen Welt werden Meeresschildkröten schon seit Tausenden von Jahren verehrt, etwa von den nordamerikanischen Irokesen, den peruanischen Moche und den am Golf von Kalifornien lebenden Seri, die glauben, dass die Welt auf dem Panzer einer riesigen Meeresschildkröte geschaffen worden sei.

Leider reicht die kulturelle Bedeutung der Schildkröten nicht aus, um sie vor menschlichen Einflüssen zu schützen. Sie sind von Menschen schon seit Jahrtausenden gejagt worden: Archäologen haben Schildkrötenknochen und -panzer in 7000 Jahre alten Abfallhaufen gefunden. Einen wirklich verheerenden Einfluss haben die Menschen in den letzten 200 Jahren ausgeübt.

Meeresschildkröten sind nicht nur wegen ihres Fleischs, der Eier, des Schildpatts und Öls überfischt worden, sie werden auch versehentlich beim Fischfang erfasst, von Motorbooten verletzt und durch Umweltverschmutzung, Lebensraumvernichtung und Klimawandel beeinträchtigt. Dank heutiger Schutzbemühungen nehmen die Populationen einiger Arten jedoch wieder zu.

**Flutkontrolle**
Eine alte chinesische Legende berichtet von Yu dem Großen, der die furchtbaren Fluten in der Region mit der Hilfe eines gelben Drachens und einer starken schwarzen Meeresschildkröte kontrolliert hat.

### TEMPERATUR UND GESCHLECHT

Bei den meisten Tierarten wird das Geschlecht bei der Befruchtung festgelegt, doch bei Meeresschildkröten hängt es von der Temperatur des Sands ab, in dem die Eier vergraben sind. Werden die Eier bei weniger als 27,7 °C inkubiert, schlüpfen Männchen, bei Temperaturen von über 31 °C Weibchen. Bei Temperaturen zwischen diesen Werten schlüpfen sowohl Männchen als auch Weibchen. Studien deuten darauf hin, dass die Klimaerwärmung die Verhältnisse verschiebt, sodass es künftig weniger Männchen als Weibchen geben wird. Ab einem bestimmten Schwellenwert kann die Überlebensrate sinken und ganze Gelege können absterben.

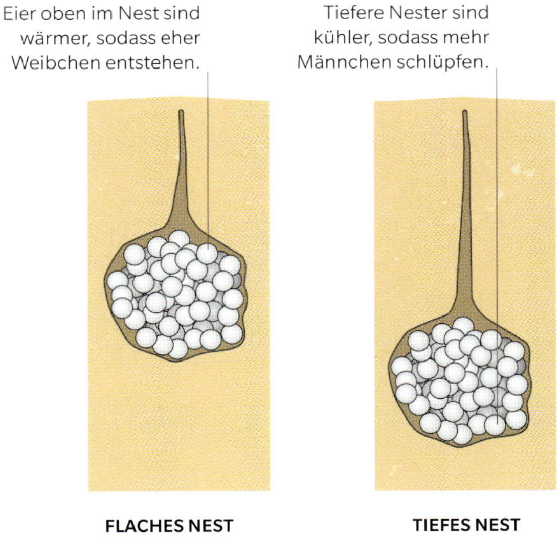


FOLGEN DER NESTTIEFE

**Symbiotisches Verhalten**

Eine Oliv-Bastardschildkröte (*Lepidochelys olivacea*) wird vor der mexikanischen Küste von einer Gruppe von Fischen geputzt, darunter Gelbschwanz-Doktorfische (*Prionurus punctatus*), Mexikanische Schweinslippfische (*Bodianus diplotaenia*) und Kalifornische Engelfische (*Holacanthus passer*). Verschiedene Fischarten entfernen Parasiten von Meeresschildkrötenpanzern – ein symbiotisches Verhalten, das die Fische mit Nahrung versorgt. Tausende von Oliv-Bastardschildkröten kehren immer zu den gleichen Stränden zurück und legen dort gleichzeitig ihre Eier ab. Die einzelnen, etwa 45 cm tiefen Nester graben sie mit ihren Hinterbeinen.

# Brillenpelikan

*Pelecanus conspicillatus*

**Pelikane** gehören zu den **schwersten flugfähigen Vögeln** der Welt. Einige Arten erreichen **15 kg Gewicht.**

Als Vogel, der seinen eigenen Kescher bei sich trägt, ist der Brillenpelikan ein hervorragender Jäger in seinem marinen Ökosystem. Er kommt in Australien, auf Neuguinea und im östlichen Indonesien vor.

Mit ihrem schweren Körper, dem langen Schnabel und auffälligen Kehlsack sind Pelikane einzigartige Wasservögel. Manche Arten leben im Binnenland, andere, wie der Brillenpelikan, bewohnen eher Küsten und fischen im Meer. Eine weitere Art der Küsten, der amerikanische Braune Pelikan (*Pelecanus occidentalis*), ist ein Stoßtaucher. Wie Kormorane kooperieren Brillenpelikane und treiben Fischschwärme in seichteres Wasser, wo die Fische leichter zu fangen sind.

Obwohl der Brillenpelikan nicht die größte Art ist, hat er den längsten Schnabel – nicht nur unter den Pelikanen, sondern unter allen Vögeln. Der längste gemessene war 50 cm lang. Die Gesamtlänge kann bei diesem Pelikan von Schnabel- bis Schwanzspitze fast 2 m betragen. Er ist in Wasserlebensräumen weit verbreitet und nistet als Bodenbrüter in Kolonien auf Inseln. Außerhalb der Brutzeit suchen die Vögel oft Häfen auf. Weil sie so auffällig sind, sind sie oft Gegenstand lokaler Legenden und Sagen.

### Ein wunderbarer Schnabel

Der Hautsack des Brillenpelikans ist so dehnbar, dass er rund 13 l Wasser aufnehmen kann. Dieses wird zu den Seiten herausgedrückt, sodass die darin verbliebenen Fische geschluckt

**Peruanisches Gefäß**
Dieses Gefäß aus der peruanischen Nazca-Kultur aus dem 7. Jahrhundert (oder früher) trägt das Bild eines Chilepelikans (*Pelecanus thagus*).

**_Pelikan in seiner Frömmigkeit_**
Das 1880 entstandene Gemälde eines Pelikans von Edward Burne-Jones zeigt den Vogel als Repräsentanten von Christus, der seine »Kinder« mit seinem eigenen Blut rettet. Pelikane würgen zerkleinerte und daher blutige Fische für ihre Küken hervor.

»Und die Chance zu verpassen … einen Pelikanschwarm heimwärts fliegen zu sehen durch die purpurne Abendröte … ist wie der Verlust einer Galerie von Meisterwerken von Künstlern alter Zeit.«

THEODORE ROOSEVELT,
*A Book-Lover's Holidays in the Open*, 1916

werden können. Es ist nicht bekannt, ob diese Fangmethode menschliche Fischer dazu angeregt hat, Netze zu knüpfen. Allerdings erzählt eine Geschichte australischer Indigener, wie der Pelikan Goolay-Yali das Netz erfand und die Menschen der Küstengemeinschaften lehrte, eigene Netze zu weben. Ein anderer legendärer Pelikan versorgte Menschen mit seinem Schnabel mit Feuer, indem er auf farbige Opale pickte und so Funken erzeugte.

Nach der frühchristlichen griechischen Naturlehre *Physiologus* aus dem 2. Jahrhundert pickt eine Pelikanmutter ihre Brust wund, um ihre Küken mit ihrem eigenen Blut zu füttern. Sie soll sogar ihr Blut nutzen, um Küken im Fall ihres Todes wiederzubeleben. Dieses Verhalten ist in verschiedenen Kunstwerken festgehalten worden, doch in der Realität sind Brillenpelikane nicht so fürsorglich. Obwohl sie pro Brut zwei Küken produzieren, verhungert das jüngere oder wird von dem größeren getötet. Die überlebenden Tiere bilden im Alter von etwa 25 Tagen Gruppen. Sie werden nun immer aktiver und lernen im Alter von rund drei Monaten das Fliegen.

# Kokospalme

*Cocos nucifera*

**Die Kokospalme stammt wohl von den Inseln des westlichen Pazifiks. Sie ist gut an das Leben auf tropischen Inseln angepasst, da sie Sandboden und Salzwasser gut verträgt und ihre Samen vom Meer verbreitet werden.**

**Geschnitzte Dekoration**
Diese antike chinesische Tasse aus der Qing-Dynastie (1644–1912) ist aus einer Kokosnuss-Schale geschnitzt und mit Zinn ausgekleidet.

Kokospalmen sind große, mehrjährige Bedecktsamer der Familie Palmengewächse (Arecaceae) und kommen in tropischen Gebieten weltweit vor. Sie können bis zu 30 m hoch und ihre Früchte 1 kg schwer werden. Durch ihr hohles Inneres und die faserige Mittelschicht (Mesocarp) sind Kokosnüsse leicht und können im Meer treiben. Zudem ist die Außenschicht wasserabweisend. Experimente haben gezeigt, dass die Früchte 110 Tage lang schwimmfähig bleiben, in dieser Zeit theoretisch bis zu 5000 km weit treiben und immer noch keimen können. Allerdings treiben sie natürlich meist nur bis zur nächsten Insel.

### Kokosnüsse und Menschen

Die Verbreitung über lange Distanzen erfolgte durch den Menschen. Von etwa 3000 v. Chr. an brachten Völker wie die Austronesier Südostasiens Kokosnüsse über den Indischen Ozean nach Ostafrika und über den Pazifik nach Südamerika. Die Kokospalme wird auch als »Lebensbaum« bezeichnet, da sie so vielseitig ist. Kokosnüsse und Kokoswasser liefern Nahrung und Flüssigkeit. Das Holz kann zum Bauen verwendet werden, die Blätter zum Decken von Dächern oder Flechten von Körben. Kokosfasern können zur Isolation dienen sowie zur Herstellung von Seilen oder Netzen. Die Palme kann als Brennstoff fungieren. Die Wurzeln werden von traditionellen Heilkundigen in Kamerun für Mundspülungen und in Kambodscha gegen Durchfall eingesetzt. Daher waren Kokosnüsse für Reisende und erste Besiedler von Inseln sehr nützlich. Auch in Legenden kommen Kokosnüsse vor. Die philippinischen Tagalog glaubten, dass die Palme dem Körper eines der ersten Wesen entsprang, die die Welt besiedelten.

»*E le falala fua le niu, ae falala ona o le matagi*«
(Die Kokospalme schwingt nicht von selbst, sie schwingt wegen des Windes.)

TRADITIONELLES SAMOANISCHES SPRICHWORT

### KOKOSNUSSRÄUBER

Palmendiebe (*Birgus latro*) sind die größten und schwersten Landeinsiedlerkrebse. Sie leben auf indopazifischen Tropeninseln und bewohnen dort Felsspalten und Baue. Erwachsene Tiere können nicht schwimmen. Die Weibchen geben jedoch die Eier ins Meer ab. Die Larven leben auf Treibholz und kehren als kleine Krebse an die Küste zurück. Sie fressen Früchte, Samen und Kokosnüsse, die sie mit ihren Scheren öffnen.

PALMENDIEB AUF EINER KOKOSNUSS

**Medizinischer Nutzen**
Diese Illustration aus *Köhler's Medizinal-Pflanzen* (1883) des deutschen Arztes Hermann Adolph Köhler zeigt die Form der Kokospalme, die Schale der Frucht und ihr Fleisch.

Palmae
(Cocoineae)

Taf. II. Cocos nucifera L.

**Wurmhäufchen**
Gewöhnliche Wattwürmer hinterlassen die abgebildeten unordentlichen Häufchen. Die der Schwarzen Wattwürmer sind kleiner und ordentlich aufgerollt.

**Die verzweigten roten Borsten** an den Seiten der Wattwürmer sind mit Hämoglobin gefüllte Kiemen, die den Körper mit Sauerstoff versorgen.

**Verzweigte Kiemen**
Diese Abbildung aus der im 19. Jahrhundert erschienenen *Iconographia Zoologica* zeigt den Unterschied zwischen dem dicken Vorder- und dem dünnen Hinterende des Wurms.

# Wattwürmer

*Arenicola*

Die spiralförmigen Häufchen beweisen, dass Wattwürmer den Strand besiedeln. Möglicherweise können die Tiere in Zukunft für die Medizin von Nutzen sein.

Verliert ein **Wattwurm** einen Teil des **Hinterendes**, kann er dieses **ersetzen.**

Wattwürmer leben an sandigen oder schlickbedeckten Stränden und auf Meeresböden der ganzen Welt. Sie bewohnen Baue in Form eines U oder J im Sand und fressen winzige darin enthaltene Organismen. Ihre Ausscheidungen finden sich dann als Häufchen an der Oberfläche.

Die beiden am besten untersuchten Arten leben in der europäischen Gezeitenzone. Der Gewöhnliche Wattwurm (*Arenicola marina*) lebt weiter oben am Strand als der Schwarze Wattwurm (*Arenicola defodiens*). Letzterer ist ein beliebter Angelköder, ist aber nur bei Ebbe zu finden. Erst im Jahr 1993 wurden die beiden als genetisch unterschiedliche Arten erkannt.

## Spezielles Blut

Wattwürmer leben in einer sauerstoffarmen Umgebung. Daher hat ihr Hämoglobin (das Protein, das den Sauerstoff im Körper transportiert) in Bezug auf den Sauerstofftransport besondere Eigenschaften entwickelt. Möglicherweise lässt sich diese Eigenschaft in der Medizin nutzen.

# Strandhafer

*Ammophila*

Der Strandhafer ist an den Sanddünen der nordatlantischen Küsten ein gewohnter Anblick. Er spielt bei der Sicherung der Dünen gegen die starken Winde eine wichtige Rolle. Auf ihn können auch andere Pflanzen folgen.

Die beiden schmalblättrigen, oft auf Dünen wachsenden Strandhafer-Arten – der Gewöhnliche (*Ammophila arenaria*) und der Amerikanische Strandhafer (*Ammophila breviligulata*) – können etwa 1 m hoch werden.

**Windwiderstand**

Ihre langen, verflochtenen Wurzeln unter der Oberfläche stabilisieren die Dünen und verhindern, dass der Sand fortgeweht wird. Anders als die meisten anderen Pflanzen gedeiht Strandhafer bei trockenen, windigen und salzigen Bedingungen und Nährstoffarmut. Jedes Blatt rollt sich zusammen, um feuchte Luft einzuschließen und der Pflanze Feuchtigkeit zu liefern. Die zusammengerollten Blätter schützen auch die Spaltöffnungen – winzige Öffnungen, die den Austausch von Gasen und Wasser zwischen der Pflanze und ihrer Umwelt zulassen – vor kräftigen Windstößen. Strandhafer nützt auch den lokalen Gemeinschaften. Schon lange stellen die Menschen aus ihm Dachbedeckungen, Seile, Netze, Papier und Schuhe sowie Viehfutter her.

**Goldene Blüten**
Strandhafer sieht man das ganze Jahr über, doch er blüht nur im Juli und August. Seine Samen verstreut er im August und September.

***Amongst the Bents***
Das ist der Titel eines 1872 entstandenen Ölgemäldes des schottischen Künstlers William McTaggart. Es zeigt eine Gruppe von Kindern, die im Strandhafer spielen.

# Dünen

Vom Wind aufgetürmte Dünen sind an den Küsten der Meere ein gewohnter Anblick. Nur die anspruchslosesten Arten können in dieser unwirtlichen, sich ständig verändernden Umgebung überleben.

**Kurzlebige Lagunen**
Im brasilianischen Nationalpark Lençóis Maranhenses erzeugen Gewitter in der Regenzeit temporäre Süßwasserlagunen zwischen den weißen Sanddünen.

Dünen entstehen, wenn der Wind Sand transportiert und zu kleinen Hügeln aufschüttet. Im Lauf der Jahre häuft sich immer mehr Sand an und es können große Sandberge entstehen, wie man sie oft an sandigen Küsten sieht. Einige Dünen sind Tausende von Jahren alt und haben große Höhen erreicht. Mount Tempest auf der australischen Moreton-Insel gilt mit einer Höhe von 285 m über dem Meeresspiegel als höchste Küstendüne der Welt.

Jede Düne hat eine windzugewandte Seite, an der der Wind immer mehr Sand anhäuft. Die vom Wind abgewandte Seite ist steiler. Da Dünen aus Sand bestehen, können sie auch plötzlich kollabieren. Der mittelalterliche Händler und Forscher Marco Polo beschrieb einen seltsamen »singenden« Klang, der an den Dünen zu hören sei. Er entstand durch Lawinen. Wenn die Sandkörner die Düne herabrutschen und aneinander reiben, entsteht ein kilometerweit zu hörendes Rumpeln.

**Tupfen und Sand**
Der Maler Piet Mondrian fing die Dünen, die sich an den Küsten Zeelands in den Niederlanden auftürmen, in diesem 1909 entstandenen pointillistischen Ölgemälde ein.

»... gleichwie die früheren Sandhügel verdeckt werden, sobald neuer Sand über sie hingetrieben wird, so wird auch im Leben das Frühere vom Späteren bald bedeckt.«

**MARCUS AURELIUS**, *Selbstbetrachtungen*, **etwa 121–180 n. Chr.**

### Schutz und Grabstätte

Sich aufhäufende Dünen schützen die Küsten vor den Elementen, schwächen starke Winde ab und bieten Schutz vor Überflutung. Bestehen sie einmal, können auf ihnen Pflanzen wie Strandhafer (*Ammophila arenaria*, siehe S. 99), Klee, Salzmiere (*Honckenya peploides*) und Strand-Wolfsmilch (*Euphorbia paralias*) wachsen. Da der Sand kaum Wasser zurückhält, haben diese Pflanzen lange Wurzeln und eine robuste Oberfläche, die ihnen das Überleben in der trockenen Umwelt ermöglichen. Sie schaffen einen Lebensraum für Insekten, die wiederum kleine Säugetiere anlocken. Diese können die Beute von Vögeln wie von Falken und Eulen werden. Bodenbrüter wie Sandregenpfeifer (*Charadrius hiaticula*) und Seeschwalben (siehe S. 166–167) können ebenfalls in den Dünen leben.

Australische Indigene bestatteten früher ihre Toten in den Küstendünen. Heute sind die Dünen und ihre Bewohner durch Umweltverschmutzung, Vegetationsverlust, Erosion und invasive Arten bedroht.

**Die dicken Blätter** speichern Feuchtigkeit, sodass die Strand-Wolfsmilch in trockener Umgebung gedeiht.

**Die Blüten** besitzen weder Kron- noch Kelchblätter. Stattdessen sind sie von gelbgrünen Hochblättern umgeben.

**Dünenblüten**
Die Strand- oder Dünen-Wolfsmilch wächst an den Küstendünen Europas, Westasiens und Nordafrikas. In Australien ist sie eine invasive Art.

# Seegräser

Posidoniaceae, Zosteraceae, Hydrocharitaceae, Cymodoceaceae

**Die in klaren, seichten Meeren wachsenden Seegräser bilden die Basis eines gesamten Ökosystems, lassen eine vielfältige Fauna gedeihen und stabilisieren ihre Umwelt.**

**Aus Seegräsern** geflochtene Griffe sind stabil genug für schwere Lasten.

**Nachhaltiges Seegras**
Seegräser werden schon lange zum Flechten genutzt. Sie wachsen schnell und können zu Körben, Teppichen und Seilen verarbeitet werden.

Es gibt etwa 70 Seegrasarten, die in den meisten Meeren der Welt wachsen, vor allem in Küstennähe, wo das Sonnenlicht den Grund erreichen kann. Seegräser sind wie die Landgräser Bedecktsamer. Sie haben sich vor etwa 100 Millionen Jahren aus Landpflanzen entwickelt, die marine Lebensräume eroberten. Wie Landgräser betreiben sie Fotosynthese. Oft bilden sie Wiesen, die große Flächen des Meeresgrunds bedecken. Eine Seegraswiese ist ein Lebensraum, auf dem ein ganzes Ökosystem fußt.

### Held der Umwelt

Seegräser nützen ihrer Umwelt. Ihre Wurzeln stabilisieren den Meeresgrund, während die Blätter die Energie der Wellen absorbieren und die Küste vor der Erosion schützen. Sie nehmen pro Fläche mehr Kohlenstoff als ein Regenwald auf. Außerdem bringen sie Sauerstoff ins Wasser ein.

**GEWÖHNLICHES SEEGRAS**
*Zostera marina*
Dieses Seegras ist im Nordatlantik und im Nordpazifik weit verbreitet.

**SURFGRAS**
*Phyllospadix*
Diese Seegras-Gattung wächst in der Gezeitenzone und ist bei Ebbe der Luft ausgesetzt.

»Allzuoft werden das Meer und das Leben unter seiner Oberfläche übersehen, doch marine Arten wie die Seegräser können die Welt retten.«

SANDY LUK, Marine Conservation Society

Viele Tiere fressen Seegräser, darunter Fische, Meeresschildkröten, Seekühe, Krabben und Garnelen. Schnecken weiden winzige Algen von den Blättern ab. Die Gräser bieten vielen Tieren Schutz, Versteckplätze und Kinderstuben. Verschiedene Fischarten, darunter Kabeljau und Scholle, laichen im Seegras, wo ihre Larven nach dem Schlupf geschützt sind. Seepferdchen, Seenadeln und Wirbellose wie Seeanemonen und Meeresschnecken verbringen hier ihr ganzes Leben. Würmer und Weichtiere befinden sich an den Seegraswurzeln in Sicherheit, und abbrechende Blätter zersetzen sich und werden zur Nahrung für Organismen auf dem Meeresgrund.

**Muränenversteck**
Eine Muräne versteckt sich in einer Seegraswiese vor der Küste der italienischen Insel Capri im Mittelmeer.

### DAS ÄLTESTE LEBEWESEN

Neptungras (*Posidonia oceanica*) ist ein im Mittelmeer endemisches Seegras. Ein Bestand in der Nähe der Baleareninsel Formentera ist Forschenden zufolge rund 80 000 bis 200 000 Jahre alt und damit der wohl älteste lebende Organismus der Welt. Alle Blätter des im Durchmesser etwa 15 km großen Bestands weisen dieselbe DNA auf. Sie sind also alle aus der gleichen Pflanze entstanden. Ihr Alter wurde ermittelt, indem man die Größe der Fläche mit der Wachstumsrate der Pflanze verrechnete.

# Skelettküste

**Das Meer und die Wüste**
An diesem typischen Abschnitt der nördlichen Skelettküste treffen die sich brechenden Wellen auf endlose Dünen. Oft ist das einzige hier für Lebewesen zur Verfügung stehende Wasser der Seenebel, der an Land kriecht.

Entlang der Atlantikküste im Norden Namibias liegt die Ödnis der Skelettküste. Sie ist eines der lebensfeindlichsten Gebiete der Welt und entsprechend ihres Namens mit Skeletten verschiedener Herkunft übersät.

Die südwestafrikanische Namibwüste ist eine der ältesten Wüsten der Welt. Sie entstand wohl vor mindestens 55 Millionen Jahren. Vor über 20 000 Jahren siedelten sich hier die indigenen San an. Sie sollen die Skelettküste wegen des harschen Klimas und der öden Landschaft »das von Gott im Zorn geschaffene Land« genannt haben. Der Wind weht an der Küste hauptsächlich auf das Meer hinaus, sodass es nur wenige Regenwolken über dem Festland gibt. Es ist trocken und windig, weshalb kaum Pflanzen wachsen. Wegen des aus dem kühleren Süden kommenden Benguelastroms, der Auftriebswasser aus den Tiefen der Meere mitbringt, ist das Wasser kalt. Dieser raue und tückische Bereich des Atlantiks ist für seine Stürme, Wellen, gefährliche Sand-

**IM SAND VERGRABEN**

Die Skelettküste ist für ihre vielen Schiffswracks berühmt, die heute Touristenattraktionen sind. Viele liegen nun ein Stück weit im Inland, da die Dünen die Küstenlinie verändert haben. Schiffe wie die *Eduard Bohlen*, die 1909 auf Grund lief, sind halb im Sand vergraben. Bevor es dem Verrosten überlassen wurde, diente dieses Schiff als Unterkunft für in der Nähe arbeitende Bergleute der Diamantenminen.

WRACK DER *EDUARD BOHLEN*

Manchmal werden an der **Küste** vom **Orange River** transportierte **Rohdiamanten** gefunden.

bänke und versteckte Felsen bekannt. Oft verschlechtern dichte Nebel die Sicht.

Das kalte Auftriebswasser bringt Nährstoffe mit sich, die eine reiche Nahrungsquelle für das Plankton bilden, das wiederum von anderen Meerestieren gefressen wird. Es zieht Fische, Wale, Delfine, Meeresschildkröten und Vögel wie die Kapscharbe und den Rosaflamingo an.

Das Reservat Kreuzkap am südlichen Ende der Skelettküste ist die Heimat einer der weltgrößten Kolonien des Südafrikanischen Seebären mit über 100 000 Exemplaren. Weiter nördlich im Bereich der Torra Bay gibt es eine an der Küste viel seltenere Art – den Löwen. Die Löwinnen jagen manchmal Robben und Seevögel an den Stränden, insbesondere, wenn infolge von Dürren die Nahrung im Inland knapp wird. Über den ganze Strand sind Tierknochen verstreut. Überreste von Oryx-Antilopen und anderen von Löwen getöteten Wildtieren finden sich neben denen von Robben und Walen aus der Zeit des Walfangs.

### Skelettfriedhof

Menschliche Skelette – Überreste schiffbrüchiger Seeleute – sind ebenfalls an der Küste gefunden worden, und die Wracks der gestrandeten Schiffe bilden weitere Gerippe. Seit portugiesische Handelsfahrer die Küste im 15. Jahrhundert zu erkunden begannen, haben die Gewässer und das Wetter Hunderte von Schiffen versenkt und noch viel mehr Leben gekostet. Das älteste dokumentierte Wrack ist das der *Bom Jesus*, einer 1533 gesunkenen portugiesischen Galeone. Selbst Seeleute, die einen Schiffbruch überlebt hatten und an Land gelangt waren, waren jedoch trotzdem dem Tod geweiht, da sie zwischen der lebensfeindlichen Wüste und den gewaltigen Wellen des Meeres gefangen waren.

Eine Geschichte aus den 1940er-Jahren handelt von zwölf menschlichen, kopflosen Skeletten, bei denen eine auf 1860 datierte Tafel gefunden wurde. Sie stammte von einem Überlebenden und wies darauf hin, dass jemand im Norden nach Hilfe gesucht hatte. Die Identität der Skelette ist jedoch nie geklärt worden.

**Kreuzkap-Robben**

Das Robbenreservat Kreuzkap an der Küste Namibias ist die Heimat Tausender Südafrikanischer Seebären, die sich von den reichlichen Fischbeständen des südatlantischen Benguelastroms ernähren.

**Gute Schwimmer**
Ohrenrobben können große Distanzen zurücklegen, 20 Minuten lang unter Wasser bleiben und auf der Suche nach Fischen, Kalmaren und gelegentlich auch jungen Robben bis in mehr als 400 m Tiefe abtauchen.

# Ohrenrobben

Otariidae

**Wie die mit ihnen verwandten Hundsrobben und Walrosse sind die Ohrenrobben Säugetiere, die die meiste Zeit ihres Lebens im Meer verbringen. An Land ruhen sie, wärmen sich auf, gebären und weichen Fressfeinden aus.**

Sie mögen an Land unbeholfen wirken, doch im Wasser sind Ohrenrobben sehr agil. Mit den Vorderbeinen treiben sie ihren torpedoförmigen Körper an, die Hinterbeine setzen sie zum Steuern ein. Dabei erreichen sie fast 50 km/h. Wegen der Gestalt der Beine werden Ohrenrobben, Hundsrobben und Walrosse auch als Pinnipedia (lat. »Flossenfüßer«) zusammengefasst.

Ohrenrobben leben mit Ausnahme des Nordatlantiks in subarktischen bis tropischen Gewässern. Ihre wichtigsten Fressfeinde sind Schwertwale und Haie, doch sind sie auch selbst hervorragende Jäger. Ihre spezialisierten Augen konzentrieren das Licht und ermöglichen eine gute Sicht in der Tiefe. Kommen sie näher an die Oberfläche, verkleinern sich ihre Pupillen, um die Netzhaut vor starkem Licht zu schützen. Mit ihren empfindlichen, als Vibrissen bezeichneten Schnurrhaaren nehmen sie kleinste Bewegungen im Wasser wahr. Das hilft beim Fang ihrer Beutetiere, die sie meist am Stück verschlingen.

**Ohren- oder Hundsrobben?**

Ohren- und Hundsrobben werden oft miteinander verwechselt. Sie sind an der Stimme

**Die Hinterbeine** können unter den Körper gedreht werden, sodass das Tier auf allen Vieren laufen kann.

**MÄHNENROBBE**
*Otaria byronia*
Diese auch als Südamerikanischer Seelöwe bezeichnete Ohrenrobbe ist in Südamerika weit verbreitet. Männchen können dreimal so viel wie die Weibchen wiegen.

**NEUSEELÄNDISCHER SEELÖWE**
*Phocarctos hookeri*
Mit etwa 12 000 Tieren ist diese nur auf Neuseeland vorkommende Art einer der seltensten Seelöwen. Männchen können 3,5 m Länge erreichen.

(Ohrenrobben sind lauter, Hundsrobben grunzen eher) und an den äußeren Ohrmuscheln der Ohrenrobben zu unterscheiden. Auf Letzteres bezieht sich der Familienname Otariidae.

Seelöwen sind sowohl unter als auch über Wasser recht laut. Sie versammeln sich an Sand- oder Felsküsten in bis zu 1500 Tiere großen Gruppen, grunzen, knurren, bellen und röhren. Insbesondere zur Paarungszeit können sie recht grob werden, da die Männchen nun um Reviere und Weibchen konkurrieren. Jungtiere können sofort nach der Geburt schwimmen und bereits 30 Minuten später laufen. Auch nach der Entwöhnung bleiben sie bisweilen noch ein Jahr lang bei ihrer Mutter.

Noch vor Kurzem wurden Ohrenrobben wegen ihres Fleischs und Öls gejagt – und sogar wegen ihrer Schnurrhaare, die als Pfeifenreiniger benutzt wurden. Heute sind sie geschützt, verfangen sich aber oft in Fischernetzen.

**Kleine Ohrmuscheln** mit nach unten gerichteter Öffnung

**Leben an Land**
Anders als die auf dem Bauch rutschenden Hundsrobben können Ohrenrobben wie dieser Seelöwe an Land laufen und sogar klettern. Ihre starken Vorderbeine tragen ihr Gewicht und die Hinterbeine unterstützen das Laufen.

**Eine dicke Blubberschicht** unter der Haut hält den Körper warm und ist eine wichtige Energiereserve.

**Eindrucksvolle Mähne**
Dieser Kupferstich zeigt einen Bullen mit der an Löwen erinnernden Mähne, die zum Namen Seelöwe geführt hat.

**Den Schlamm erkunden**
Ein Nasenaffe (*Nasalis larvatus*) erkundet bei Ebbe die Wattfläche eines Ästuars im Nationalpark Bako in Malaysia.

**Inseln in einem Delta**
Gezeitenkanäle, Bäche und Rinnsale trennen die Inseln der Salzwiesen (siehe S. 122–123) in der Bucht von Cádiz im südwestlichen Spanien voneinander.

# Ästuare und Deltas

**Wenn große Flüsse das Meer erreichen, bilden sie oft eine dieser beiden Landschaftsformen. Ästuare sind große Wasserkörper, die oft von starken Gezeitenströmen und Strudeln gekennzeichnet sind. Deltas sind mit zahlreichen langsam fließenden Kanälen etwas ruhiger.**

Ästuare bilden sich eher da, wo sowohl der Fluss als auch das Meer tief sind oder wo es einen großen Tidenhub gibt, sodass das Wasser schnell zu- und abläuft. Bei Flut fließt es flussaufwärts. Bei Ebbe fallen manche Ästuare fast trocken und eine Sand- oder Schlickfläche wird freigelegt.

Ein Delta ist im Gegensatz dazu eine aus Siltinseln bestehende Küstenform, die von einem langsamen, sedimentreichen Fluss aufgeschüttet wird, der oft von flachem Land in eine seichte Bucht mündet. Die Gezeiten fließen in die Kanäle zwischen den Inseln hinein und wieder heraus.

In beiden Mündungsformen entstehen durch die Gezeiten Wattflächen, Salzmarschen, seichte Bereiche sowie Inseln oder Sandbänke mit verschiedenen Tiere wie Austern (Ostreida), Bullenhaien (*Carcharhinus leucas*), Schlammspringern (Oxudercinae) und verschiedenen Krokodilen. Vögel wie Reiher (Ardeidae), Seeschwalben (siehe S. 166–167) und einige Storchenarten sind in Ästuaren und Deltas ebenfalls zu Hause.

Bei Flut fließt das Meerwasser flussaufwärts in ein Ästuar oder überflutet den Bereich zwischen den Inseln eines Deltas. So entsteht Brack-

**Wellen für Surfer**
Surfer lieben die Mascaret – eine Gezeitenwelle im Ästuar der Gironde in Frankreich. Sie tritt zwischen Juni und Oktober auf den Flüssen Dordogne und Garonne auf.

Mit einer Geschwindigkeit von bis zu 40 km/h kann die Gezeitenwelle die Flussufer überfluten und unvorsichtige Beobachter hinwegspülen.

### Menschliche Ansiedlungen

Für Menschen sind Deltas und Ästuare schon seit prähistorischen Zeiten von großer Bedeutung. Sie bieten einen sicheren Hafen für Schiffe, einen geschützten Ort zum Fischen sowie eine Reise- und Handelsroute ins Binnenland. Viele der größten Städte der Welt sind an Ästuaren gegründet worden, darunter Tokio, New York, San Francisco, London und Kolkata (Kalkutta). Die tief liegenden und durch Überflutung bedrohten Deltas sind dagegen riskante Orte zum Städtebau. Dennoch sind Konurbationen wie Alexandria in Ägypten, New Orleans in den USA sowie Guangzhou und Hongkong in China um den Nil, den Mississippi und den Perlfluss entstanden. Das liegt zum Teil daran, dass der abgelagerte mineralreiche Silt sehr fruchtbar ist. Die Inseln des Gangesdeltas in Indien und Bangladesch sind mit Reisfeldern übersät, und in künstlich angelegten Teichen werden Garnelen gezüchtet. Im Fall einer größeren Flut unterliegen die menschlichen Ansiedlungen in diesen Gegenden wegen der Form der Deltas einem

## Im Amazonas lässt sich der Flutstrom noch rund 870 km von der Küste entfernt nachweisen.

wasser, ein Gemisch aus Süß- und Salzwasser, an das einige Fisch- und sonstige Meerestierarten angepasst sind. Zu ihnen gehören der Tulebarsch (*Hysterocarpus traskii*), der Regenwasser-Killifisch (*Lucania parva*) und bestimmte Asseln. Schalentiere, kleine Fische und Schildkröten verstecken sich in engen Spalten. Im siltreichen Schlamm der Ästuare leben unzählige grabende Würmer, die von Watvögeln gefressen werden.

### Gezeitenwellen

In manchen Ästuaren entsteht bei ungewöhnlich hohen Tiden eine Welle oder eine Reihe von Wellen, die als Gezeitenwelle den Fluss hinaufrollt. In einem Ästuar konzentriert der sich verengende Kanal die Energie der Welle. Die Gezeitenwelle am Qiantang-Fluss in Hangzhou, China, ist die höchste der Welt. Ihre Wogen können über eine 3 km breite Wasserfläche 9 m Höhe erreichen.

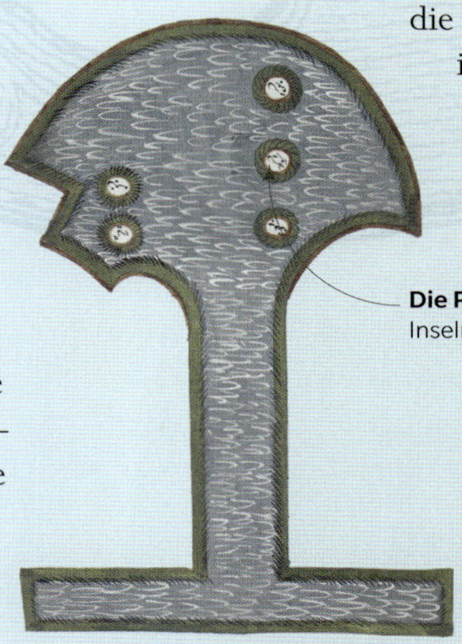

**Die Punkte** repräsentieren Inseln im Delta.

**Mittelalterliche Karte**
Dieses Bild ist eine spätere Kopie einer Karte des Nildeltas, die von dem muslimischen Entdecker Al-Istachrī im 10. Jahrhundert geschaffen wurde.

zusätzlichen Risiko. Ihre Inseln, kleine Rinnsale und Kanäle, Feuchtgebiete und die Vegetation, etwa die Mangrovensümpfe, fungieren unter normalen Umständen als natürliche Barrieren: Sie nehmen die Energie der Wellen auf und schützen die Ansiedlungen und Ökosysteme im Binnenland. Sind sie jedoch einer größeren Überflutung ausgesetzt, wie im Mississippidelta während des Hurrikans Katrina im Jahr 2005, kann das katastrophale Folgen haben.

## ENTSTEHUNG EINES DELTAS

Ein Flussdelta bildet sich, wenn das Wasser beim Erreichen des Meers langsamer fließt und Steine, Schlamm und Silt ablagert. Schwerere Sedimente bilden die Deltaebene knapp oberhalb des Wasserspiegels, die von Kanälen durchzogen wird. Leichtere Sedimente werden ins Meer gespült und sammeln sich am seichten Grund.

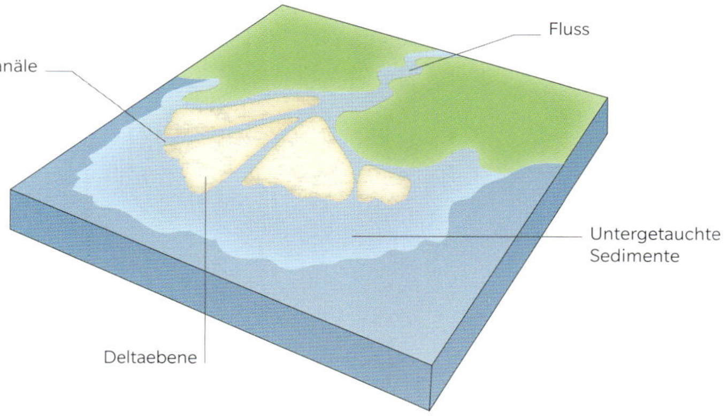


**Neues Land erschaffen**
Dieses Satellitenbild eines Teils des Yukondeltas im Westen von Alaska, USA, zeigt, wie sich der Silt ablagert und neues Land im Meer schafft.

# Seekühe

Sirenia

Die Manatis und der Dugong bilden zusammen eine zwar kleine, aber faszinierende Säugetierordnung – die Seekühe. Sie sind weniger bekannt als andere Meeressäuger und ihre nächsten Verwandten sind weder Wale noch Robben, sondern Elefanten und Klippschliefer.

**Zeichen der Zuneigung**
Seekühe wie diese Karibik-Manatis (*Trichechus manatus*) hat man dabei beobachtet, wie sie sich aneinander schmiegen und sogar umarmen.

**Der sehr dicke Blubber** erschwerte Stellers Seekuh lange Tauchgänge.

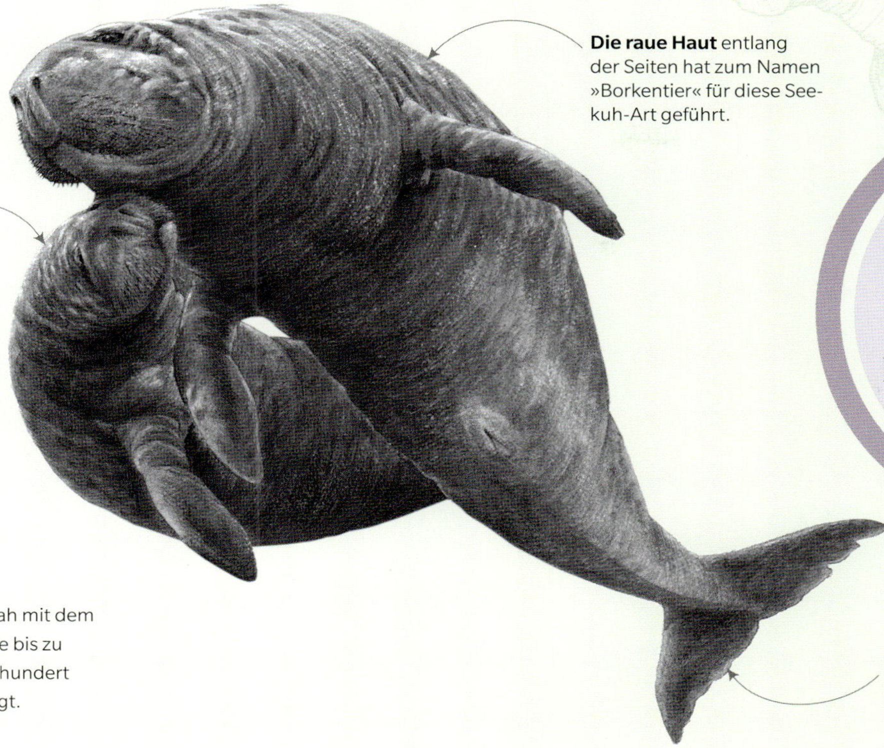

**Die raue Haut** entlang der Seiten hat zum Namen »Borkentier« für diese Seekuh-Art geführt.

**Walartiger,** gegabelter Schwanz wie beim Dugong

**Ausgestorbene Art**
Stellers Seekuh war eine große, nah mit dem Dugong verwandte Art. Sie konnte bis zu 10 m Länge erreichen. Im 18. Jahrhundert wurde sie bis zur Ausrottung bejagt.

**Christoph Kolumbus** sprach von **Meerjungfrauen,** doch es handelte sich wohl um **Manatis.**

Es gibt vier Arten von Seekühen: den großen Karibik-Manati, den Afrikanischen und den Amazonas-Manati sowie den im Indischen Ozean, vor Australien und im Westpazifik lebenden, etwas kleineren Dugong. Während der Dugong warme, seichte Küstenmeere bevorzugt, schwimmen die Manatis auch die Flüsse hinauf. Der Amazonas-Manati lebt sogar überwiegend im Amazonasbecken.

Seekühe haben keine Hinterbeine und bewegen sich gemächlich mit dem Schwanz vorwärts. Bei Manatis ist er fächerförmig, während der Dugong eine gegabelte Schwanzflosse hat. Mit ihrer flach endenden Schnauze grasen Dugongs am Meeresgrund. Die Männchen besitzen zwei kleine Stoßzähne. Manatis haben ein runderes, hundsrobbenähnlicheres Gesicht, sodass sie auch Pflanzen von der Wasseroberfläche fressen können. Bei beiden Gattungen sitzen die großen Nasenlöcher oben auf der Schnauze und können unter Wasser geschlossen werden.

Alle Seekühe sind schwere, bedächtige Pflanzenfresser, auch wenn sie ab und an vielleicht eine Garnele oder einen Fisch verschlucken. Die meiste Zeit weiden sie vor allem Seegraswiesen ab, was zum Namen »Seekuh« geführt hat.

## Geschöpfe der Mythologie

Manchmal richten sich Seekühe senkrecht im Wasser auf und strecken den Kopf heraus. Daher sind sie wohl gelegentlich für Meerjungfrauen gehalten worden, vor allem die Manatis, die ein menschenähnlicheres Gesicht als der Dugong besitzen. Der Name der Ordnung Sirenia geht auf die Sirenen der griechischen Sagen zurück.

**Manatis und Meerjungfrauen**
Diese 1889 erschienene Zeitungsillustration, die Manati und Meerjungfrau darstellt, war mit »Real und ideal« unterschrieben und verglich das Fantasiebild mit dem realen Lebewesen.

**AFRIKANISCHER MANATI**
*Trichechus senegalensis*
Die nachtaktiven Tiere können bis zu 4,5 m lang werden. Sie leben in Westafrika.

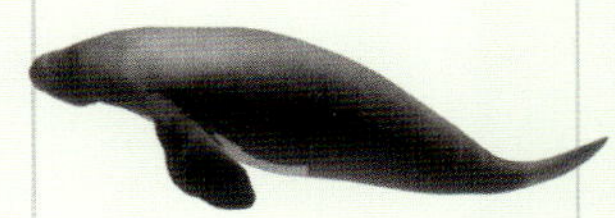

**AMAZONAS-MANATI**
*Trichechus inunguis*
Diese kleinste Seekuh wird 2,8 m lang, lebt in brasilianischen Gewässern und trägt keine Nägel an den Flossen.

**DUGONG**
*Dugong dugon*
Der Dugong ist bis zu 2,4–4 m lang und lebt im Indischen und Pazifischen Ozean. Er hat einen gegabelten Schwanz.

**Nordische Kreuzfahrt**
Norwegens Fjorde sind seit über einem Jahrhundert ein beliebtes Kreuzfahrtziel. Dieses Plakat aus dem Jahr 1935 stammt vom deutschen Künstler Albert Fuss.

# Fjorde

Ein Fjord ist ein langer, schmaler Meeresarm. Fjorde können weit ins Inland reichen und gebogen oder gegabelt sein. Sie wurden von sich langsam bewegenden Gletschern eingekerbt und durch Schmelzwasser oder den steigenden Meeresspiegel mit Wasser gefüllt.

**Auffälliger Alkenvogel**
Die Taubenteiste (*Cepphus columba*) lebt in Küstennähe in den Kenai-Fjords südlich von Anchorage in Alaska, USA.

»Fjord« ist ein norwegisches Wort, und in Norwegen gibt es auch die bekanntesten Fjorde der Welt – über 1700, vor allem an der Westküste. Fjorde finden sich auch in anderen Gegenden, die in den Kaltzeiten von Gletschern bedeckt waren, darunter Teilen von Neuseeland, Schottland, Chile, Grönland, Island und Kanada. Einer der längsten Fjorde der Welt ist der grönländische Kangertittivaq, ein verzweigtes Fjordsystem, das über 320 km weit ins Binnenland reicht.

Meist haben Fjorde hohe, steile, oft fast vertikale Wände und sind sehr tief. Menschen und anderen Tieren bieten sie Schutz vor den Stürmen und Wellen des Meers und bilden natürliche Häfen. Wanderfische wie Heringe, Lachse und Makrelen können in Fjorden zu unterschiedlichen Jahreszeiten nachgewiesen werden.

### Tiefe Täler

Wenn Gletscher bergab fließen, schneiden sie durch ihre Kraft und ihr Gewicht tiefe Täler in den Untergrund und schieben Schutt vor sich her. Dieser bildet im Mündungsbereich des Fjords eine Untiefe. Ein typischer Fjord ist daher im Binnenland tiefer als an der Mündung. In diesen Binnenbereichen sind vom Meer isolierte Korallenriff-Ökosysteme entdeckt worden. Anders als tropische Riffe sind sie an ein Leben in der Kälte bei wenig Licht angepasst.

> »Gudrun ging zum Meer und sprang ins Wasser ... sie wurde über den Fjord getragen und kam zum Land von König Jonakr.«
>
> SNORRI STURLUSON, *Snorra-Edda*, 1220

**TAMATEA**

Dieser Fjord liegt an der Südwestspitze der neuseeländischen Südinsel. Mit 40 km Länge ist er Neuseelands längster Fjord. In dem reichhaltigen Ökosystem gibt es Schwarze Korallen und Kelpwälder sowie Robben, Wale, Delfine und den Dickschnabelpinguin (*Eudyptes pachyrhynchus*). Der Fjord wurde von europäischen Entdeckern des 18. und 19. Jahrhunderts als Hafen benutzt.

DIE HYDROZOEN-ART *ERRINA DENDYI* IM TAMATEA

# Weißwal

*Delphinapterus leucas*

Der an den Rändern des Arktischen Ozeans vorkommende gesellige und intelligente Wal wird auch Belugawal genannt. Mitunter werden die Tiere auch als »Seekanarien« bezeichnet.

Für einen Wal ist der Weißwal mit rund 4 m Länge klein, eher so lang wie ein großer Delfin. Wie andere Wale und Delfine leben Weißwale oft in Schulen von etwa zehn bis 20 Tieren, die sich manchmal zu Hunderten oder sogar Tausenden von Tieren zusammenschließen. Die Schulen können aus Familienmitgliedern oder Einzeltieren mit enger Beziehung bestehen.

Die Tiere jagen als Team und treiben Fische ins seichte Wasser, wo sie leichter zu fangen sind. Sie spielen auch miteinander, jagen sich, springen und tauchen gemeinsam, umarmen sich sogar oder erzeugen spielerisch Luftblasen. Weißwale wurden auch dabei beobachtet, wie sie gefundene Objekte aufnahmen und mit sich herumtrugen und die Rufe von Artgenossen kopierten.

**Arktische Art**
Ein Weißwal schwimmt in der Nähe des Polarkreises in Westrussland unter dem Eis. Die Art ist auch vor Alaska, Kanada und Grönland zu finden.

**Weißwale in der Kunst**
Dieser handkolorierte Stahlstich von William Lizars erschien in *The Naturalist's Library*, einer von dem schottischen Naturforscher Sir William Jardine herausgegebenen Serie von 40 Bänden.

Den Spitznamen »Seekanarien« erhielten Weißwale, weil sie zur Kommunikation untereinander die verschiedensten Töne erzeugen – Quietschen, Muhen, Zwitschern, Trillern und Pfeifen. Wie Forschende herausfanden, nutzen die Wale die verschiedenen Laute in unterschiedlichen Situationen und haben in verschiedenen Gegenden und Gruppen jeweils eigene Dialekte. Ihre Beute und Atemlöcher finden Weißwale mittels Echoortung. Mithilfe des als Melone bezeichneten fetthaltigen Organs auf der Stirn bündeln sie eine Reihe von Klicklauten, die von Objekten reflektiert und von den Walen zur Ortung ihrer Beute verwendet werden. Da sie keine schnellen Schwimmer sind, bevorzugen Weißwale es, auf dem Meeresgrund oder im seichten Wasser nach Fischen, Kalmaren, Kraken, Garnelen und Würmern zu suchen.

## »Sie sind meist nicht scheu, folgen aber oft den Schiffen und tollen in Schulen von 30 oder 40 um die Boote herum, verzieren die Oberfläche mit ihrem leuchtenden Weiß.«

**WILLIAM JARDINE,** *The Naturalist's Library, Vol. VI: On the Ordinary Cetacea or Whales,* 1837

### Überleben im Eis

Der Weißwal ist eine der am weitesten nördlich vorkommenden Walarten. Nur selten ist er südlich des Polarkreises zu finden. Zur Isolation haben die Tiere eine dicke Unterhaut-Fettschicht, die 40 Prozent ihres Gesamtgewichts ausmachen kann. Dass sie keine Rückenflosse haben, ist ebenfalls eine Anpassung an den Lebensraum, da sie so problemlos unter dem Eis schwimmen können. Allerdings verbringen manche Schulen nur einen Teil des Jahres in der Kälte. Im Sommer, wenn das Meereis zurückgeht, ziehen sie zu den Küsten und Ästuaren Kanadas, Europas und Russlands, um sich fortzupflanzen. Manchmal schwimmen sie auch Flüsse hinauf. In den USA und in Russland sind sie von der Marine trainiert worden, Geräte zu tragen. Sie können auch als Rettungstaucher dienen, von Booten verlorene Gegenstände finden und sogar menschliche Sprache imitieren.

**Soziale Tiere**
Von oben fotografierte große Schule von Weißwalen, die sich in der kanadischen Arktis versammelt hat.

# Kelpwälder

**Im Meer wachsen dichte, üppige Wälder. Die in seichten Küstengewässern zu findenden marinen Wälder bestehen aber nicht aus Bäumen, sondern aus verschiedenen großen, dichten Kelptangen.**

Obwohl der Kelp grün (oder bräunlich) aussieht und Fotosynthese betreibt, ist er keine höhere Pflanze, sondern eine vielzellige Alge. Es gibt Dutzende von Arten, von denen die größte, der Riesentang (*Macrocystis pyrifera*), über 50 m hoch werden kann – höher als mancher Baum.

### Verankert im Grund

Um im sich ständig bewegenden Ozean zu überleben, verankert sich der Kelp mit kräftigen Rhizoiden am steinigen Meeresgrund. Die »Stängel« oder Cauloide sowie die flachen »Blätter« (Phylloide) nehmen die Energie der Wellen auf und beruhigen das Küstenwasser. Manche Arten wie der Riesentang besitzen Gasblasen, mit denen sie sich zur Oberfläche ausrichten und auf diese Weise Sonnenlicht aufnehmen können.

Kelp ist ein wichtiger Bestandteil des Ökosystems der Meere. Er wächst schneller als die Wälder an Land – Riesentang über 50 cm pro Tag – und nimmt große Mengen Kohlenstoff aus der Atmosphäre auf. Kelpwälder sind auch wichtige Produzenten des Ökosystems und bilden die Basis des marinen Nahrungsnetzes an Küsten.

**Riesentang**
An der Basis jedes Phylloids des Riesentangs wachsen Gasblasen oder Pneumatocysten. Der Tang füllt sie mit überschüssigen Gasen.

**Sicherheit zwischen den Phylloiden**
Ein Schwarm von Riffbarschen der Art *Chromis punctipinnis* und der kleine Sägebarsch *Paralabrax clathratus* schwimmen zwischen den Phylloiden des Riesentangs der kalifornischen Kanalinseln in den USA hindurch.

»Die Zahl der Lebewesen aller Ordnungen, deren Existenz eng mit dem Kelp zusammenhängt, ist erstaunlich.«

CHARLES DARWIN, *The Voyage of the Beagle*, 1839

Sie ernähren Seeigel, Schnecken wie Seeohren, Krabben und Fische. Im Gegenzug fressen größere Fische, Hummer, Kraken, Seesterne, Seelöwen und Seeotter die Kelpkonsumenten. Kelp liefert Verstecke vor Feinden und Schutz bei rauer See und Stürmen. Der essbare Kelp ist eine reiche Quelle von Vitaminen, Spurenelementen und Rohfasern. Er kann zu Nudeln oder Sushi verarbeitet werden und in der Zukunft eine wichtige Nahrungsquelle für den Menschen werden.

**Ökosystem im Gleichgewicht**
Seesterne wie der Riesen-Dornenseestern (*Pisaster giganteus*) fressen Seeigel und andere tangfressende Wirbellose. So wird das Ökosystem ausbalanciert und der Kelp geschützt.

**Schwimmende Flöße**
Eine Gruppe von Seeottern treibt zusammen auf dem Meer, fast wie ein Floß. Manchmal halten sich die Tiere sogar gegenseitig an den Pfoten fest.

# Seeotter

*Enhydra lutris*

Der Seeotter lebt als einzige Art der Otter vollständig im Meer. Er ist nur im nördlichen Pazifik zu finden, von Japan und Russland bis nach Nordamerika und im Süden bis Mexiko.

Seeotter haben zwar vier Beine und können laufen, verbringen aber dennoch ihr ganzes Leben im Meer. Obwohl in kalten nördlichen Gewässern lebend, sind sie die einzigen Meeressäuger ohne Blubber, der dicken Fettschicht unter der Haut, die zum Beispiel Robben warmhält. Stattdessen besitzen Seeotter mit bis zu 150 000 Haaren pro Quadratzentimeter das dichteste Fell unter allen Tieren. Langes Deckhaar weist das Wasser ab, während die weiche Unterwolle ein warmes Luftpolster über der Haut ermöglicht. Wegen dieses Polsters und ihrer großen Lungen haben Seeotter einen starken Auftrieb. Daher können sie einen Großteil des Tages auf dem Rücken liegend an der Wasseroberfläche treiben, wenn sie nicht nach Krabben, Seeigeln und Muscheln tauchen. Ihre Beute halten Seeotter auf dem Bauch und benutzen einen Stein als Werkzeug, um Schalen aufzubrechen und an das Fleisch zu gelangen. Den Rest des Tages ruhen sie oder pflegen ihr Fell. Nachts schlafen sie an der Wasseroberfläche, oft in Gruppen von bis zu 100 Tieren.

### Mutter und Jungtier

Seeotterweibchen sind hingebungsvolle Mütter und verbringen Stunden damit, ihr einzelnes Junges zu säubern und zu säugen. Dabei halten sie es auf ihrem Bauch, geschützt vor dem kalten Wasser. Wird das Junge größer, lässt die Mutter es an der Oberfläche zurück, manchmal in Tange gewickelt, sodass es nicht davontreiben kann. Sie bringt ihm bei, nach Nahrung zu tauchen und Kiesel und Seesterne zu sammeln, bevor es lernt, Muscheln, Seeohren und andere Beute zu fangen.

**Elfenbeinschnitzerei**
Diese Hutklammer wurde um 1800 auf den Aleuten hergestellt. Sie hat die Form eines weiblichen Seeotters, dessen Jungtier auf seinem Bauch ausruht.

**Fellfarbe**
Das Fell der Seeotter ist dunkelbraun, doch Kopf und Gesicht sind heller, von rötlich braun bis cremeweiß.

Seeotter besitzen Fellfalten unter den Vorderbeinen, die als Taschen für Nahrung oder Steine dienen können.

**Hungrige Besucher**
Nashornpelikane (*Pelecanus erythrorhynchos*) und Alpenstrandläufer (*Calidris alpina*) haben sich auf einer Salzwiese bei Morro Bay, Kalifornien, USA, versammelt. Sie suchen dort nach Fischen, Insekten und Würmern.

# Salzwiesen und Wattflächen

**In Ästuaren, Buchten oder entlang geschützter Küsten entstehen unter dem Einfluss der Gezeiten Wattflächen, die im Lauf der Zeit zu Salzwiesen werden können. Diese wichtigen Feuchtgebiete bilden die Heimat verschiedenster Tierarten.**

Das Ökosystem des Watts und der Salzwiesen verändert sich im Lauf der Zeit. In vor starken Wellen geschützten Gebieten sammelt sich nach und nach eine Schlammschicht aus an die Küste gespülten oder von Flüssen deponierten Sedimenten an. Eine typische Wattfläche ist bei Flut vom Meer bedeckt und fällt bei Ebbe, also zweimal täglich, trocken.

Wenn sich mehr Schlick ansammelt, entstehen Bereiche, die auch bei Flut noch über den Wasserspiegel hinausragen. Speziell angepasste, salztolerante Gräser und andere Pflanzen, etwa der Europäische Queller (*Salicornia europaea*) und Schlickgräser (*Spartina*), können diese Bereiche besiedeln. Sie bilden ein Netzwerk von Wurzeln, welches das Substrat zusammenhält und zunehmend Sedimente festhält, sodass dauerhafte Marschinseln entstehen. Wenn Pflanzen absterben und sich zersetzen, bringen sie organisches Material in den Boden ein und schaffen eine kohlenstoffreiche Torfschicht über dem Schlick. Anders als manche Delta-Inseln (siehe S. 108–111) sind Salzwiesen Feuchtgebiete. Auch wenn die Oberfläche der Salzwiese und ihre Pflanzen über die Hochwassermarke ragen, ist die Wiese trotzdem mit Meerwasser geflutet, das durch ein Netzwerk kleiner Bäche und Gräben fließt,

**Salzwiesen** zählen zu den **biologisch reichsten Lebensräumen** der Erde.

**Die fleischigen Blätter** schmecken nach Salz.

**Frühbesiedler**
Der Europäische Queller ist eine der ersten Pflanzen auf Wattflächen. Er ist sogar essbar.

in denen sich Krabben, Sumpfschildkröten und Fische wie Aale verstecken können. Obwohl sie effektive Kohlenstoffsenken sind, können der nasse Schlamm und der Torf schwefelhaltige Gase abgeben, die manchen Wattflächen und Salzwiesen einen typischen Geruch verleihen.

### Einzigartiges Ökosystem

Der Schlamm, Silt und der nasse Boden sind reich an Nährstoffen und Bakterien, die im Schlamm grabenden Würmern, Garnelen, Schnecken und Herzmuscheln einen Lebensraum bieten. Auf den Salzwiesen leben Insekten und andere Gliederfüßer. Sie locken Hunderte von Vogelarten an, darunter Reiher, Pelikane, Strandläufer, Austernfischer und – nur an der nordamerikanischen Atlantikküste – die Spitzschwanzammer (*Ammospiza caudacuta*). Einige fressen bei Ebbe im Watt, während andere auf den Salzwiesen Wirbellose sammeln oder bei Flut von diesen Wiesen aus fischen.

Salzwiesen werden von verschiedenen Pflanzen besiedelt, die unterschiedlich salztolerant sind, verschieden groß werden und unterschiedliche Standorte bevorzugen, von Queller und Meerportulak bis zur helllila Strand-Aster (*Tripolium pannonicum*) und dem rosaviolett blühenden Gewöhnlichen Strandflieder (*Limonium vulgare*). Die Pflanzen locken wiederum Insekten an. Mancherorts werden Schafe und Rinder zum Grasen auf die Salzwiesen gelassen und profitieren so von dem nährstoffreichen Gras.

**Salzwiesengeschichte**
Eine Illustration des 1917 erschienenen Gedichts *Overheard on a Saltmarsh* bildet die Bewohner ab – einen Kobold und eine Nymphe.

**Salzwasser-Feuchtgebiete**
Die Feuchtgebiete von Tiaozini in der Provinz Jiangsu, China, sind ein Teil des Weltnaturerbes »Zugvogelschutzgebiete entlang der Küste des Gelben Meeres – Golf von Bohai«. Im Herbst ändert sich die Farbe der Schutzgebiete dramatisch, wenn sich der in dieser Gegend weit verbreitete Strauch *Artemisia halodendron* rot färbt. Jeden Winter versammeln sich hier Zehntausende von Wasservögeln auf dem Vogelzug, um Nahrung zu finden und sich auszuruhen. Darunter sind vom Aussterben bedrohte Arten wie der Löffelstrandläufer (*Calidris pygmaea*) und der stark gefährdete Tüpfelgrünschenkel (*Tringa guttifer*).

## VERSCHIEDENE WERKZEUGE

Watvögel unterscheiden sich durch die Größe und Form ihres Schnabels und damit die bevorzugte Nahrung und Art der Nahrungsaufnahme. Dies ist ein Beispiel für Nischentrennung, die es vielen verschiedenen Arten ermöglicht, ohne zu konkurrieren in der gleichen Gegend Nahrung zu finden. Sie profitieren vom Leben in gemischten Schwärmen, da viele Augen besser Gefahren erkennen und das gemeinsame Auffliegen einen Greifvogel verwirren kann.

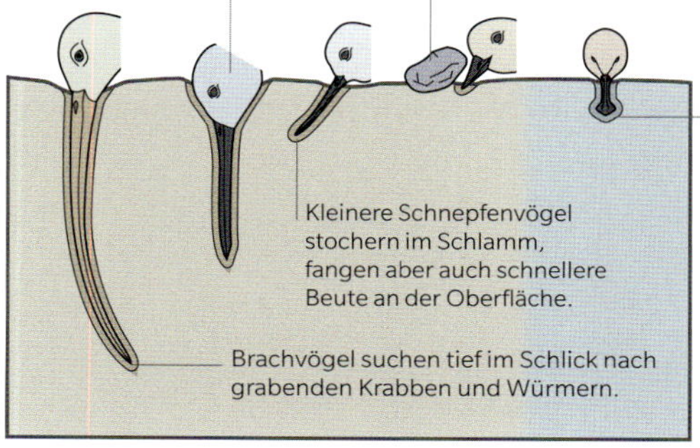


**WATVOGELSCHNÄBEL**

**Sumpfjäger**

Der Dreifarbenreiher (*Egretta tricolor*), hier von John James Audubon 1834 für sein berühmtes Werk *The Birds of America* gemalt, lebt vor allem in dicht bewachsenen Küstenbereichen, wo er sich von Fischen und anderen Wassertieren ernährt.

**Nonstop-Flug**
Pfuhlschnepfen (*Limosa lapponica*) brüten in Alaska und unternehmen eine rekordverdächtige Reise über das offene Meer nach Australasien. Ein mit einem Sender versehenes Tier legte in elf Tagen ohne eine einzige Pause mehr als 13 500 km zurück.

**Die Brustmuskulatur** vergrößert sich im Vorfeld des Zugs und die Vögel speichern zusätzliches Fett, wohingegen der Darm schrumpft.

# Watvögel, Reiher und Co.

Charadrii, Scolopaci, Ardeidae, Threskiornithidae

**Watvögel** können meist **schwimmen,** doch **nur Säbelschnäbler** haben **Schwimmhäute.**

**Es gibt viele Arten von Nahrung im seichten Meerwasser und im weichen Schlick der Küste. Viele verschiedene Vogelgruppen haben sich an die Nutzung dieser reichhaltigen Ressourcen angepasst.**

Watvögel, Reiher und Löffler haben lange Beine, mit denen sie auf der Nahrungssuche durch das Wasser laufen können. Sie zeichnen sich durch gemeinsame Merkmale, nicht jedoch durch eine nahe evolutionäre Verwandtschaft aus.

## Watvögel

Die Watvögel gehören wie die Möwen und Seeschwalben zu den Regenpfeiferartigen (Charadriiformes). Zu ihnen zählen Austernfischer (Haematopodidae), Säbelschnäbler (Recurvirostridae) und Regenpfeifer (Charadriidae) sowie die zahlreichen Schnepfenvögel (Scolopacidae). Viele Arten brüten weit im Inland. Der europäische Goldregenpfeifer (*Pluvialis apricaria*) ist beispielsweise ein Frühlingsbote der isländischen Moore. Die meisten Watvögel suchen im Winter jedoch die Küsten auf, wo sie Schnecken, Würmer, Muscheln und andere Wirbellose fressen, die im nährstoffreichen Schlick der Ästuare und Buchten leben. Einige legen weite Entfernungen zu guten Nahrungsgründen zurück. Wenn die Flut den Schlick bedeckt, fliegen sie in Schwärmen zu guten Ruheplätzen. Watvögel sammeln sich auch in brackigen Küstenlagunen, und manche besuchen Felsküsten, wo sie Muscheln und Napfschnecken von den Steinen lösen und Aas und Fliegen fressen. Sie sind sehr aufmerksam und warnen mit durchdringenden Rufen vor Gefahren. So gilt der Rotschenkel (*Tringa totanus*) als »Wächter des Marschlands«, und auch die durchdringenden Rufe des Austernfischers (*Haematopus ostralegus*) sind kaum zu überhören.

## Reiher und Löffler

Größer als Watvögel sind die Reiher (Ardeidae) sowie Ibisse und Löffler (Threskiornithidae). Einige Arten bevorzugen Binnengewässer oder trockenere, grasbewachsene Lebensräume, doch viele besuchen die Küste. Sie lauern ihrer Beute auf, treiben aber auch Fische im seichten Wasser vor sich her. Löffler schließen sich in Küstenlagunen und Salzwiesen oft den Reihern an. Ihre langen, löffelförmigen Schnäbel schwenken sie durch das Flachwasser und erbeuten so Krebschen und andere Kleintiere.

**SICHELSTRANDLÄUFER**
*Calidris ferruginea*
Dieser Schnepfenvogel brütet in der Arktis und rastet auf dem Zug nach Afrika südlich der Sahara an den Atlantikküsten.

**KIEBITZREGENPFEIFER**
*Pluvialis squatarola*
Dieser Vogel läuft zur Nahrungssuche schnell umher, bleibt unvermittelt stehen und fängt an zu picken, vor allem nach Wirbellosen.

**Hai-Kinderstuben**
Mangrovenwälder schützen Tiere wie diesen jungen Zitronenhai (*Negaprion brevirostris*) an der Insel Eleuthera, die zu den Bahamas gehört.

»Du durchquerst keine Mangrove.
Du spießt dich auf den Wurzeln
der Mangrovenbäume auf.«

MARYSE CONDÉ, *Traversée de la mangrove*, 1989

# Mangroven

**Die weltweit in den Tropen und Subtropen wachsenden Mangrovenwälder bestehen aus Bäumen und Büschen, die auf salzigen, von den Gezeiten beeinflussten Böden mit geringem Sauerstoffgehalt wachsen.**

Nur wenige Pflanzen können auf salzigem, schlammigem Boden mit geringem Sauerstoffgehalt gedeihen. Daher sind Mangrovenwälder wichtige Küstenlebensräume. Ihre Wurzeln bieten Meerestieren Unterschlupf, reduzieren die Erosion und schützen die Küste vor Stürmen. Bäume und Büsche, meist aus den Familien Acanthaceae, Rhizophoraceae, Combretaceae, Lythraceae und Arecaceae, haben sich an die aquatischen Bedingungen angepasst. Ihre Samen werden durch das Wasser verbreitet. Auch verschiedene Tiere leben hier, darunter Fische, Frösche, Krebstiere, Seevögel, Krokodile und sogar Haie. Mangroven sind bedroht durch den Klimawandel, Umweltverschmutzung und menschliche Bautätigkeit. Für die lokalen Bewohner sind Mangrovenwälder sehr wertvoll. Die Fische liefern Nahrung, die Pflanzen können als Feuer- und Bauholz sowie als traditionelle Medizin verwendet werden. Manche Kommunen nutzen Mangrovensysteme zur Klärung von Abwässern.

Mangroven haben auch spirituelle Funktionen. In den Sundarbans – die zu den größten Mangrovenwäldern der Welt zählen und von Bangladesch bis Indien reichen – beten Menschen eine Göttin namens Bonbibi an, die den Wald schützt und für ihre Sicherheit sorgt, wenn sie Nahrung suchen oder Feuerholz sammeln.

**Darüber und darunter**
Fische schwimmen durch Korallen, die an einen Mangrovensumpf auf Raja Ampat, Indonesien, wachsen. Das Land ist die Heimat eines Fünftels aller Mangroven der Welt.

**ATEMWURZELN**

Der schlammige Grund ist arm an Sauerstoff, sodass die Wurzeln diesen aus der Luft beziehen müssen. Zur Überbrückung des Raums zwischen Wasser und Luft sind unterschiedliche Wurzelformen entstanden.

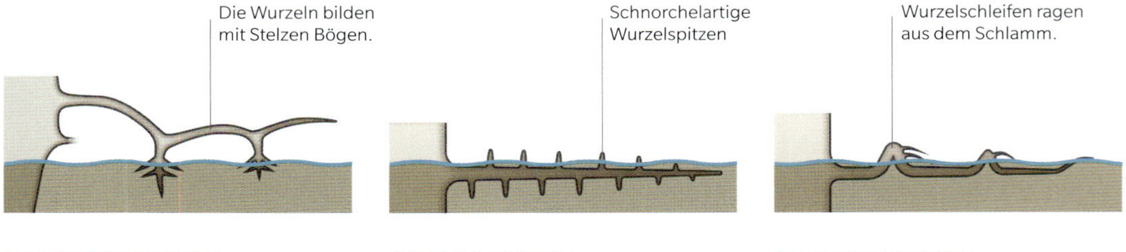


VERSCHIEDENE MANGROVENWURZELN BEI EBBE

*RHIZOPHORA*-WURZELN

*AVICENNIA*-WURZELN

*BRUGUIERA*-WURZELN

# Leistenkrokodil

*Crocodylus porosus*

Die einzige Krokodilart, die regelmäßig auf das Meer hinausschwimmt, ist das Leistenkrokodil. Es sucht auch Ästuare, Flüsse und Sümpfe auf. Verbreitet ist es in Küstengebieten im östlichen Indischen Ozean, im westlichen Pazifik und in Australien.

Leistenkrokodile können unter Wasser **über eine Stunde** lang **den Atem anhalten.**

Das Leistenkrokodil ist das größte heute lebende Reptil. Ausgewachsene Männchen können 7 m lang werden und 1200 kg wiegen. Weibchen sind kleiner. Leistenkrokodile haben auch die größte Beißkraft aller heute lebenden Tiere. Sie können weit auf das Meer hinausschwimmen, wobei sie den Strömungen folgen. Öfter bleiben sie allerdings in Küstennähe, schwimmen Ästuare und Flüsse hinauf und halten sich in Mangrovenwäldern auf. Da sie in den unterschiedlichsten Lebensräumen jagen, haben sie ein großes Beutespektrum, von kleineren Fischen, Fröschen und Krabben bis zu größeren Säugetieren und Vögeln, die ans Ufer der Gewässer kommen. Aus dem Wasser hervorschnellend packen sie sogar Vögel oder Fledermäuse aus der Luft oder einen Affen von einem Ast. Die größten Männchen haben nachweislich schon Kängurus, Büffel und sogar Tiger erbeutet. Das Leistenkrokodil ist äußerst territorial und manchmal aggressiv. Angriffe auf Menschen können tödlich ausgehen, obwohl die Tiere eher scheu sind und Menschen meiden.

## Heiliges Tier

Um Leistenkrokodile ranken sich viele Sagen und Legenden. Auf Timor sind sie heilig und werden *abo* (»Großvater«) genannt. Eine alte Geschichte beschreibt, wie aus dem Körper eines auf das Meer hinausgeschwommenen Krokodils die Insel Timor entstand. Nach den Schöpfungsgeschichten der Iatmul, einem Volk von Papua-Neuguinea, wurden die ersten Menschen von einem riesigen Krokodil geboren. Daher wurde traditionell der Bug der großen Kanus dieses Volks in Krokodilform gestaltet. In alten Hindu-Legenden reitet der Meeresgott Varuna auf einem krokodilähnlichen Wesen.

**Getarnter Prädator**
Das grünliche Auge des Leistenkrokodils verschmilzt mit dem Rest seines großen, graugrünen Kopfs, sodass es wie ein harmloses Stück Treibholz an der Wasseroberfläche wirkt.

**Krokodil als Reittier**
Diese Gravur aus dem 19. Jahrhundert zeigt Varuna, den Hindu-Gott der Meere, auf seinem Vahana (Reittier), dem krokodilähnlichen Makara.

### ATMUNGSSYSTEM

Krokodile können die Luftzufuhr über das Maul und die Nasenlöcher separat regeln. Die Nasenlöcher können sie mithilfe von Muskeln beim Abtauchen verschließen. Das Gaumensegel hinten im Rachen schließt den Zugang vom Maul zur Luftröhre, sodass die Tiere das Maul unter Wasser öffnen und Beute fangen können.

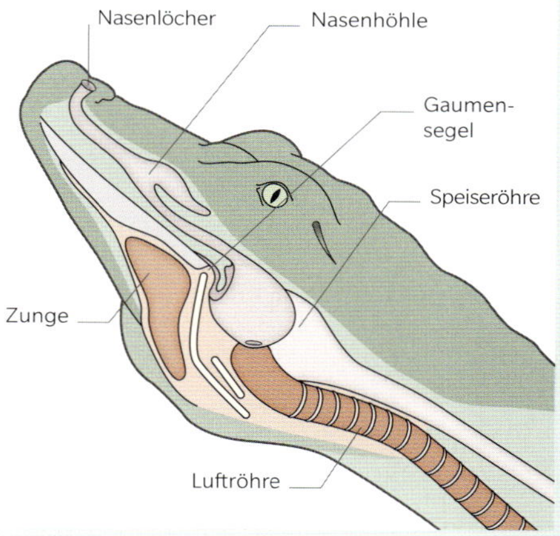


**ANATOMIE VON NASE UND RACHENRAUM EINES KROKODILS**

## Das Gelege eines Leistenkrokodil-Weibchens umfasst bis zu 90 Eier.

# Einsame Inseln

**Von Menschen nicht bewohnte oder verlassene Inseln rufen Assoziationen zu alten Geschichten und Sagen hervor. Dabei ist es gar nicht so selten, dass Inseln unbewohnt sind. Es gibt insgesamt etwa 660 000 Inseln auf der Welt, von denen die überwiegende Zahl nicht von Menschen besiedelt ist.**

Einige der abgelegensten Inseln der Welt sind als Kette von Vulkanen entstanden, deren Ursprung am Meeresgrund liegt und die schließlich den Wasserspiegel durchbrachen. Sie bilden sich an den Rändern der tektonischen Platten, aus denen die Erdkruste besteht. Einige Ketten, wie die Ryukyu-Inseln vor Japan, sind Inselbögen, die entstehen, wo sich eine Platte unter die andere schiebt. Andere, wie Hawaii und die Galapagos-Inseln im Pazifik sowie die Azoren im Atlantik, entstanden, als die Platten sich über einen Hotspot schoben: Stellen im Erdmantel (der geschmolzenen Schicht unterhalb der Erdkruste), die heißer als ihre Umgebung sind. Die 1963 im Nordatlantik vor Island aufgetauchte Insel Surtsey ist über dem isländischen Hotspot entstanden, liegt aber auch

**Inselnation**
Palau ist eine der kleinsten Inselnationen. Es besteht aus über 300 westpazifischen Koralleninseln, die üppigen tropischen Regenwald tragen.

**Piratenköniginnen**
In der Inselwelt der Karibik blühte die Piraterie und erreichte ihren Höhepunkt zwischen den 1650er- und den 1730er-Jahren. Berühmte Namen waren Anne Bonny (rechts im Bild mit der Muskete) und Mary Read (links, mit dem Schwert). Bei Streitigkeiten setzten Piraten gelegentlich einen der Ihren zur Bestrafung auf einer unbewohnten Insel aus.

## »Ich erinnere mich, dass mein armer Mr. Budd von einsamen Inseln als furchtbaren Orten sprach, … die jeder meiden sollte.«

JAMES FENIMORE COOPER,
*Jack Tier, or The Florida Reef,* 1848

in dem Bereich, in dem sich die nordamerikanische und eurasische Platte voneinander entfernen. Im Oktober 2023 entstand eine der neuesten Vulkaninseln im Südwestpazifik vor der Küste von Iwojima, etwa 1200 km vor den Hauptinseln Japans. Die nur 100 m breite Insel könnte allerdings auch wieder verschwinden. Viele kleine Inseln werden von den Wellen überspült, sinken ab und werden zu Guyots oder Seamounts – unter dem Wasserspiegel liegenden Bergen.

Eine andere Form von Inseln entsteht in tropischen oder subtropischen Gewässern, wenn unter Wasser um einen vulkanischen Seamount herum ein Korallenriff wächst. Wenn der Vulkan erlischt und erodiert wird, bleibt ein ringförmiges Atoll zurück, das eine Lagune (siehe S. 76–77) umschließt. Das Atoll kann schließlich mit Sedimenten und organischen Überresten verfüllt werden und eine Insel bilden. Eine dritte Inselform sind Barriereinseln. Sie entstehen, wenn die Wellen Sedimente parallel zur Küste ablagern und so Inselketten oder lange einzelne Inseln bilden, etwa die 182 km lange Padre-Insel vor der Küste von Texas, USA.

### Ungestörte Lebensräume

Pflanzen und ihre Samen können durch die Luft oder im Wasser auf abgelegene Inseln verfrachtet werden, etwa die Früchte der Kokospalme (*Cocos nucifera*), deren Hülle schwimmfähig und wasserdicht ist. Vögel, Fledertiere und Insekten können Samen mit den Füßen oder mit ihrem Kot übertragen. Insekten, Spinnen, Schildkröten und andere Reptilien können auf pflanzlichem Treibgut transportiert werden.

**Wichtige Reptilien**
Schildkröten wie die Grüne Meeresschildkröte (*Chelonia mydas*) sind für marine Ökosysteme von großer Bedeutung, da sie Seegraswiesen und Korallenriffe gesund erhalten.

**Große Flossen** ermöglichen unter Wasser Geschwindigkeiten von 35 km/h.

**Nonstop-Vulkan**
Te Puia o Whakaari (»der dramatische Vulkan« in Maori) ist einer der aktivsten Vulkane Neuseelands. Deswegen ist die Vulkaninsel unbewohnt, doch seit 1953 ein »privates Schutzgebiet«.

Auf abgelegenen Inseln gibt es oft keine Prädatoren und wenig Konkurrenz zwischen den Arten. Manchmal entstehen so einzigartige Varianten oder endemische (nur hier vorkommende) Arten. Alternativ kann eine Art auf einer abgelegenen Insel überleben, die anderswo bereits ausgestorben ist. Ein Beispiel ist die Aldabra-Riesenschildkröte (*Aldabrachelys gigantea*), eine endemische Art der Seychellen. Die Inseln können auch Nistplätze für Vögel oder Rastplätze auf dem Vogelzug sein. Geschätzte 15 Prozent der Meeresvögel nisten auf Koralleninseln.

### Menschen und unbewohnte Inseln

In prähistorischen Zeiten nutzten Menschen Inseln als Trittsteine bei der Überquerung der Ozeane. So drangen frühe Menschen aus Ostasien über den indonesischen Archipel bis nach Australien vor, das sie vor etwa 60 000 Jahren erreichten. Die Polynesier kolonisierten mehr als 10 000 über 26 Millionen Quadratkilometer des Pazifiks verstreute Inseln. Einige Inseln sind jedoch nie besiedelt oder wieder verlassen worden, oft wegen Wassermangels oder der großen Entfernung zu besiedeltem Land.

Heute sind viele der Inseln wegen ihrer besonderen Lebensräume, Tier- und Pflanzenarten von wissenschaftlichem Interesse. Manche sind durch invasive Arten wie Ratten, Verschmutzung und Störungen durch Menschen oder steigende Meeresspiegel infolge des Klimawandels bedroht. Nationale und internationale Organisationen haben ihre Bedeutung erkannt. So haben die Vereinten Nationen die zu Kiribati im Südpazifik zählenden Phoenixinseln zum Meeresschutzgebiet erklärt.

## Die unbewohnte Insel Devon Island in Nordkanada steht an Platz 27 der größten Inseln der Welt.

### EINSAME EILANDE

Die Juan-Fernández-Inseln sind über einem vulkanischen Hotspot im Südpazifik entstanden. Santa Clara ist 5,8 Mio. Jahre alt, Robinson Crusoe 3,8–4,2 Mio. Jahre und Alejandro Selkirk 1,0–2,4 Mio. Jahre. Die beiden Letzteren sind nach dem Helden einer Novelle von Daniel Defoe und seinem realen Vorbild Alexander Selkirk benannt.

DIE JUAN-FERNÁNDEZ-INSELN IN EINEM FRANZÖSISCHEN STICH VON 1842

Mehr als **zwei Drittel** aller **Inseln der Welt** sind unbewohnt.

**Tindhólmur**
Diese unbewohnte Insel gehört zu den Färöern im Nordatlantik und ist für ihren zackigen Gipfel bekannt. Hier gibt es auch ein sehenswertes Brandungstor (siehe S. 44–47) und steile Basaltklippen.

# Galapagos

**Der Galapagos-Archipel im Pazifik ist für seine Tierwelt bekannt. Die Vulkaninselgruppe erstreckt sich 1000 km weit von Südamerika entfernt über den Äquator.**

Insgesamt 127 Inseln bilden diesen abgelegenen Außenposten von Ecuador. Sie sind vor etwa 4,5 Millionen Jahren über einem vulkanischen Hotspot entstanden. Während ältere Inseln im Meer versunken sind, als die Nazca-Platte sie vom Hotspot wegzog, wachsen die jüngsten – Isabela und Fernandina – immer noch. Der Vulkan Wolf auf Isabela ist der aktivste der Galapagos-Vulkane und erhebt sich 1710 m über den Meeresspiegel. Tief auf dem Meeresboden pumpen Schwarze Raucher (siehe S. 294–295) heißes, metallhaltiges Wasser in das Meer.

**Riesenschildkröten**
Es gibt rund ein Dutzend Arten von Riesenschildkröten auf den Galapagos-Inseln, hier in einem Stich von 1878. Ihre Vorfahren stammen vermutlich ursprünglich aus Südamerika.

Die Galapagos-Riesenschildkröten gehören zu den größten heute lebenden Landschildkröten.

**Meerechsen**
Das durch die Sonne erhitzte Vulkangestein ist für die Echsen ideal, um sich nach der Nahrungssuche im Meer aufzuwärmen.

Europäer entdeckten die Inseln im Jahr 1535, als ein von Panama nach Peru segelndes spanisches Schiff aufs Meer hinausgetrieben wurde. Ihr Name ist von einem spanischen Wort für »Sattel« abgeleitet, das die Form mancher Riesenschildkrötenpanzer beschreibt. Im 17. Jahrhundert lebten hier Piraten, die spanischen Galeonen auflauerten. Charles Darwins Besuch mit der HMS *Beagle* im Jahr 1835 ebnete den Weg für seine Theorie der Evolution durch natürliche Auslese.

### Einzigartige Flora und Fauna

Als eine von mindestens 2000 für die Galapagos-Inseln endemischen Arten sind die Meerechsen (*Amblyrhynchus cristatus*) gut an dieses Land der Vulkanausbrüche und Felsküsten angepasst. Da an Land die Konkurrenz um Nahrung groß ist, haben diese stachligen Echsen mit dem stumpfen Kopf es gelernt, sich von Algen zu ernähren. Ihre Kiefer sitzen voller dreispitziger Zähne, mit denen sie unter Wasser Algen von Felsen im Wasser abweiden. Die an Land lebenden Drusenköpfe (*Conolophus subcristatus*) sind doppelt so groß wie ihre marinen Gegenstücke. Die größten hier vorkommenden und zugleich langlebigsten Reptilien sind die Riesenschildkröten, mit bis zu 250 kg Gewicht. Die Natter *Pseudalsophis biserialis* gehört zu den schnellsten Reptilien. Endemische Vögel sind der Galapagos-Pinguin (*Spheniscus mendiculus*), der Lavareiher (*Butorides sundevalli*) und der Galapagos-Bussard (*Buteo galapagoensis*).

Die Inseln liegen an den Schnittpunkten dreier großer Meeresströmungen, die für den Auftrieb nährstoffreichen Wassers sorgen. Große Schwärme von Sardellen, Sardinen und Schwarzstreifen-Grunzern (*Xenocys jessiae*) stellen eine wichtige Nahrung für Haie und Wale dar.

**Handgeschriebene Etiketten** nennen Artname und Datum.

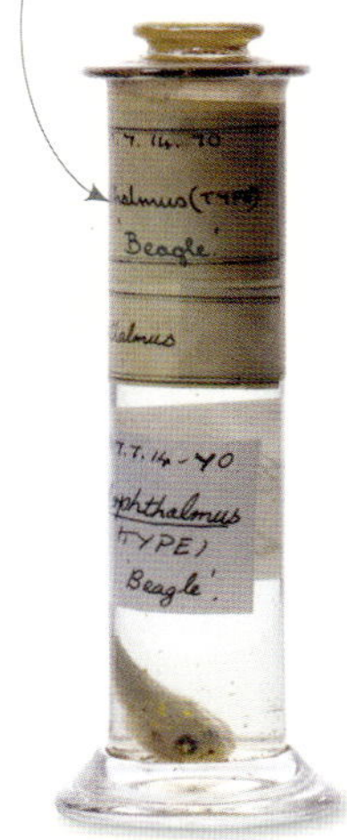

**Präparate**
Während seiner Reise mit der HMS *Beagle* sammelte Charles Darwin eine große Menge von Arten, darunter diesen Galapagos-Schildfisch (*Arcos poecilophthalmos*).

»Dieser Archipel ist sehr bemerkenswert: Er scheint eine … eigene Welt zu sein.«

CHARLES DARWIN,
*Notes from HMS Beagle*, 1835

KAPITEL 3

# Wasseroberfläche

Als Heimat von Winden, Wellen und Nebel ist die Meeresoberfläche ein Lebensraum für eine Vielzahl von Lebewesen, von einfachen Algen bis zu Delfinen und Seevögeln. Auf ihr sind auch zahllose Reisende um den Globus gereist, von in den Oberflächenströmungen treibenden Quallen bis zu menschlichen Händlern und Siedlern.

**Gott der Winde**
Dieser um 1850 entstandene Holzschnitt des japanischen Künstlers Utagawa Kuniyoshi zeigt einen Windgott und repräsentiert das Symbol *Xun* (Wind) in der chinesischen Weissagung.

**Ein Rennen unter dem Wind**
Zwei Yachten unter vollen Segeln im Jahr 1937 beim America's Cup vor Rhode Island, USA. Dieses Rennen zwischen zwei Segelyachten findet alle paar Jahre an unterschiedlichen Orten der Welt statt.

**Die Flügel** können an der Schulter einrasten, sodass der Vogel ohne Flügelschlag mit dem Wind gleiten kann.

**Die röhrenförmigen Schnabelaufsätze** dienen dazu, mit dem Meerwasser aufgenommenes Salz auszuscheiden.

**Segeln mit dem Wind**
Albatrosse (siehe S. 144–145) machen sich den Wind für ihre Langstreckenflüge zunutze. Ein Albatros kann 16 000 km ohne Unterbrechung fliegen und dabei ein Jahr lang in der Luft bleiben.

# Meereswinde

Winde existieren schon, seit das Meer und das Land sich vor über vier Milliarden Jahren getrennt haben. Sie beeinflussen das tägliche Wetter, puffern Klimaextreme ab und treiben Meeresströmungen an, die Wärme vom Äquator zu den Polen verteilen.

Winde treten auf, wenn sich Luftmassen von Hoch- zu Tiefdruckgebieten bewegen. Derartige Druckunterschiede entstehen durch die Sonneneinstrahlung. Bedingt durch die Form des Planeten konzentriert sich die Wärme auf den Äquator, an dem die Sonne direkt von oben scheint. Dagegen verteilt sich die Sonnenstrahlung in höheren Breitengraden – also weiter im Norden oder Süden – über eine weitere Fläche und die Schicht der Atmosphäre ist dicker. Daher verliert die Atmosphäre besonders im Winter an den Polen mehr Wärme, als sie von der Sonne erhält, sodass sie die kältesten Bereiche der Erde sind. Die Temperaturunterschiede versetzen die Luft in Bewegung. Wärmere Luft ist weniger dicht und steigt auf. Sie erzeugt darunter ein Tiefdruckgebiet, in das dichtere kalte Luft strömt.

Zusätzlich lenken die Erdrotation und die Coriolis-Kraft (siehe S. 22–23) die Luft seitwärts ab, sodass Ost- oder Westwinde entstehen (benannt nach der Richtung, aus der sie kommen). Diese Luftbewegungen bilden als Zellen

國芳画

**Offshore-Windfarm**
Wind ist eine nicht erschöpfbare Quelle erneuerbarer Energie. Offshore-Windfarmen wie diese vor der Küste der Niederlande können wegen der höheren Windgeschwindigkeiten über dem Meer mehr Energie liefern als ihre Gegenstücke an Land.

bezeichnete horizontale Bänder. Nord- und Südhemisphäre weisen jeweils drei dieser Zellen auf. Die größten, die Hadley-Zellen, erstrecken sich vom Äquator bis etwa zu den 30. Breitengraden. Die kleinsten sind die Polarzellen über den Polen. Zwischen ihnen erstrecken sich von 30° bis 60° Breite die Ferrel-Zellen. In den Hadley-Zellen steigt warme Luft am Äquator auf und fließt zu den Polen. Sie kühlt sich an der Zellengrenze ab und sinkt ab. In der Nordhemisphäre bewegt die Coriolis-Kraft die höheren Luftschichten nach Osten. In geringerer Höhe bewegt sich die Luft von Ost nach West und erzeugt die als Passate bekannten Ostwinde.

Warme Luft enthält viel Feuchtigkeit. Wenn sie aufsteigt, bilden sich Wolken und es gibt Niederschläge. Die Passate treffen sich am Äquator in einem Tiefdruckgebiet, der intertropischen Konvergenzzone (ITCZ), historisch die Doldrums.

Die Polarzellen erstrecken sich von den Polen bis zu 60° Breite. Kalte, dichte Luft sinkt an den Polen ab und fließt zum 60. Breitengrad, wo sie sich erwärmt und aufsteigt. In den oberen Bereichen bewegt sie sich wegen des Coriolis-Effekts nach Osten und in den unteren nach Westen, sodass die polaren Ostwinde entstehen. Zwischen diesen Zellen befinden sich die Ferrel-Zellen, in denen ein Teil der beim 60. Breitengrad aufsteigenden Luft zum Äquator fließt. Beim 30. Breitengrad trifft sie auf die Luft der Hadley-Zellen und sinkt ab. Die Luftbewegung in den Ferrel-Zellen wird eher durch den Kontakt mit den anderen Zellen beeinflusst als durch eine direkte Erwärmung. Die Oberflächenwinde in diesen mittleren Breiten kommen von Westen und bringen oft Regen mit.

### Nutzung der Meereswinde

Menschen haben ihre ersten Meeresreisen vor über 50 000 Jahren unternommen. Sie segelten auf Flößen von Südostasien über den Südwestpazifik nach Neuguinea und Australien. Die ersten Segelschiffe gab es in Ägypten um 3500 v. Chr. Stürme machten die Reisen gefährlich, doch der Wind lieferte auch ihren Antrieb. In vielen Kulturen wurden die Winde zu Gottheiten. So stammt das Wort »Hurrikan« von Huracán, dem Maya-Gott der Stürme und Überschwemmungen, der zur Erschaffung der Menschheit beigetragen hat. Heute liefern die Meereswinde auch Energie. Über 290 Offshore-Windkraftwerke sorgen weltweit für einen wachsenden Anteil an erneuerbaren Energien.

**Wasserhose**
Dieser von James Monteith stammende Stich in *Barnes's Complete Geography* wurde 1886 veröffentlicht. Eine Wasserhose ist eine schnell rotierende Luftsäule, die eine trichterförmige Wolke über dem Wasser bildet.

> »Und lachten, wenn vom üppgen Spiel des Windes
> Der Segel schwangrer Leib zu schwellen schien.«
>
> WILLIAM SHAKESPEARE,
> *Ein Sommernachtstraum,* um 1594

Der **stärkste Wind** in einem **tropischen Zyklon** war **345 km/h** schnell.

### KÜSTENWINDE

Geringere Luftströmungen werden von den Küsten erzeugt. Das Land erwärmt sich tagsüber schneller als das Meer. Steigt warme Luft auf, zieht sie kühle vom Meer an. So entsteht ein auflandiger Wind. Nachts kühlt das Land schneller ab und kehrt die Luftbewegung um, sodass es ablandigen Wind gibt.

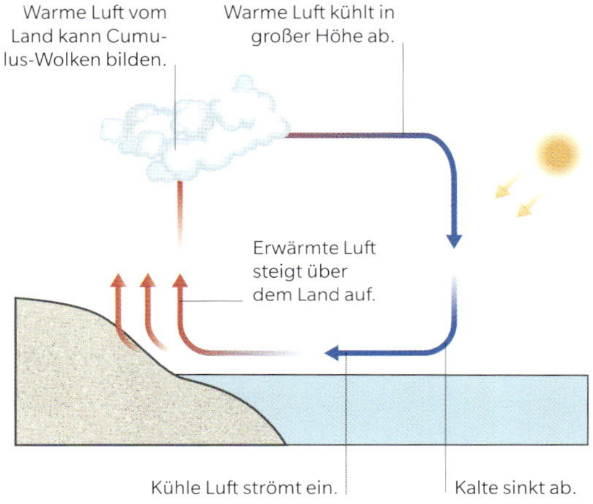


LUFTBEWEGUNGEN

**Albatros-Gesellschaft**
Schwarzbrauen-Albatrosse (*Thalassarche melanophrys*) leben oft einzeln, doch an lohnenden Nahrungsquellen können sich große Gruppen versammeln.

# Albatrosse

Diomedeidae

**Kaum ein Vogel kann die Albatrosse in ihrer mühelosen Beherrschung der marinen Lebensräume übertreffen. Die langlebigen und ausdauernden Tiere sind außergewöhnliche Reisende der Ozeane.**

Albatrosse gehören wie rund 100 andere Vogelarten zur Ordnung der Röhrennasen (Procellariiformes). Diese Vögel sind echte Seefahrer, die sich nur auf den Wellen oder im Wind wohlfühlen. Albatrosse haben einige ungewöhnliche Eigenschaften: Sie gehören zu den Vögeln, die am langsamsten zur Geschlechtsreife heranwachsen, die längsten Flügel haben und am längsten leben. Zum Brüten kommen sie vor allem auf kleine Inseln an verschiedenen Orten der südlichen Hemisphäre. Dort treffen sich die Paare nach langer Trennung mit intensivem Balzzeremoniell wieder, produzieren jährlich ein Ei und bebrüten es. In den folgenden Monaten kümmern sich beide Eltern um das Küken. Die größeren Arten brüten oft nur alle zwei Jahre. Da an ihren Brutplätzen keine natürlichen

Die **Spannweite** eines **Wanderalbatrosses** erreicht 3,7 m und ist die **größte** unter den Vögeln.

Fressfeinde leben, versuchen die Eltern nicht, Nest oder Küken zu verstecken. Sie zeigen auch keine Scheu vor menschlichen Besuchern.

An Land wirken die zum Fliegen geschaffenen Vögel unbeholfen. Frühe Seefahrer nutzten sie als Reiseproviant. Später begrüßten es die Seeleute, wenn sie nach langer Reise auf Albatrosse trafen. Begleitete ein Albatros das Schiff, bedeutete das Glück, und die Tiere wurden gefüttert, damit sie länger blieben. In *Die Ballade vom alten Seemann*, einem 1798 veröffentlichten Gedicht von Samuel Taylor Coleridge, wird ein Seemann beschrieben, der einen Albatros erschossen hat und ihn zur Strafe um den Hals tragen muss. Daraus ist ein englisches Sprichwort entstanden, das einen Fehler beschreibt, der das Leben eines Menschen noch lange nach dem ursprünglichen Vorfall beeinträchtigt.

## Mühelose Ausdauer

Über das Meer zu fliegen unterscheidet sich vom Fliegen über Land. Über hügeligen Landschaften bildet sich Thermik (aufsteigende warme Luft) und lässt breitflügelige Vögel wie Adler mühelos segeln. Auf dem Meer entstehen Luftströmungen zwischen den Wellenkämmen, und die Albatrosse steuern hindurch und nutzen den Auftrieb, um ohne einen Flügelschlag in der Luft zu bleiben. Die Details dieses dynamischen Segelns sind im Jahr 2017 mithilfe eines Computermodells enthüllt worden. Es ermöglicht Albatrossen, in der Luft ohne Pause große Entfernungen zurückzulegen. Doch sie können sich jederzeit auf der Meeresoberfläche ausruhen.

## Gefährdete Populationen

Da Albatrosse ihre Nahrung zum größten Teil von der Wasseroberfläche aus erbeuten, können sie leicht Plastik und Köder der Langleinenfischerei verschlucken. Die Leinen ziehen sie unter Wasser, sodass sie ertrinken. Auch die Einschleppung invasiver Fressfeinde auf ihre Brutinseln hat verheerende Folgen. Mit verschiedenen Schutzmaßnahmen versucht man, die Albatros-Populationen zu schützen. An Laysan-Albatrossen auf dem Midway-Atoll, Hawaii, forschende Ornithologen warten jedes Jahr auf die Rückkehr eines bestimmten Weibchens. Zur Zeit der Entstehung dieser Zeilen ist es mindestens 74 Jahre alt. »Wisdom«, wie es genannt wird, ist schon sechsmal neu beringt worden und hat in seinem Leben über 30 Küken aufgezogen. Wahrscheinlich hat es schon mindestens 4,8 Millionen Kilometer zurückgelegt.

**GALAPAGOS-ALBATROS**
*Phoebastria irrorata*
Fast 35 000 Paare dieser großen, auffällig langschnäbligen Albatros-Art brüten auf der Galapagos-Insel Española.

**SCHWARZFUSS-ALBATROS**
*Phoebastria nigripes*
Manchmal brütet ein Schwarzfuß-Albatros über einen Monat lang, bevor sein Partner zurückkehrt und ihn ablöst.

**Die dunkle »Augenbraue«** dient als Blendschutz vor den gleißenden Spiegelungen des Sonnenlichts auf der Wasseroberfläche.

**Buller-Albatros (*Thalassarche bulleri*)**
Diese Art brütet nur auf Inseln in der Umgebung von Neuseeland, fliegt aber außerhalb der Brutzeit bis nach Südamerika. Die größten Kolonien befinden sich auf dem Chatham-Archipel vor der Ostküste der Südinsel.

**Im Auge des Sturms**
Dieses Bild des Taifuns Trami, eines tropischen Zyklons im Westpazifik, wurde im September 2018 von der International Space Station aufgenommen. Die spiralförmige Bewegung der Wolken um das Auge herum ist deutlich zu erkennen.

# Tropische Wirbelstürme

**Die größten Stürme der Meere sind unter vielen Namen bekannt – wie Zyklon, Taifun oder Hurrikan –, haben aber die gleiche Kraft, das gleiche Zerstörungsvermögen und eine tödliche Unvorhersehbarkeit. Diese extremen Wetterereignisse nehmen an Größe und Häufigkeit zu.**

Die größten, gewaltigsten Stürme haben verschiedene Namen: Zyklon (»aufgerollte Schlangen«) im Indischen Ozean und Südpazifik, Taifun (nach dem chinesischen *tai fung* oder »großer Wind«) im Nordwestpazifik und Hurrikan (nach dem mittelamerikanischen Sturmgott Huracán) im Atlantik und Nordostpazifik. Letztendlich sind sie aber alle tropische Wirbelstürme. Sie entstehen durch eine hohe Erwärmung der Ozeane, vor allem, wenn die Wassertemperaturen in den oberen 45 m des Meeres 27 °C übertreffen. Wenn das Wasser verdunstet, steigt die meiste Luft auf und kondensiert bei der Abkühlung zu sich aufbauschenden Cumulonimbus-Wolken. Die Luft dringt über die Wasseroberfläche nach innen ein, lässt dabei mehr Wasser verdunsten und bewegt sich um das ruhige Auge des Sturms spiralförmig nach oben.

Die Windgeschwindigkeit nahe der Wand des Auges kann 350 km/h überschreiten. Wenn der Sturm zunimmt, trägt er sich selbst, zieht Wärme aus dem Meer ab und treibt die sich drehenden Winde immer stärker an. Spiralförmige Bänder

**Tláloc-Gefäß**
Dieses zwischen dem 14. und 16. Jahrhundert in Mexiko entstandene Steingefäß zeigt Tláloc, den Aztekengott des Regens und Donners, der Hurrikane, aber auch Leben und Fruchtbarkeit bringen kann.

Es gibt etwa **80 tropische Zyklone** pro Jahr. In sehr **warmen Jahren** können es doppelt so viele sein.

### IM INNEREN DES HURRIKANS

Eine Zunahme der Wassertemperaturen an der Meeresoberfläche lässt große Wassermengen verdunsten und führt durch Konvektion zur Auftürmung von Cumulonimbus-Wolken in bis zu 16 km Höhe. Beim Aufsteigen der warmen Luft wird mehr Luft über das Meer herangesogen, um die Leere zu füllen. Die Coriolis-Kraft führt zur Drehung der Winde, die sich in Spiralen nach oben bewegen.

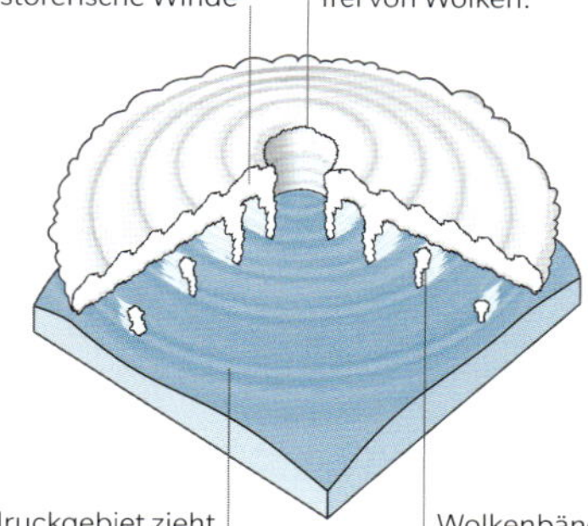


**SCHNITTBILD EINES HURRIKANS**

**Der Sturmgott**
Dieser um 1880 entstandene Holzschnitt von Yoshitoshi Taiso zeigt Susanoo-no-Mikoto, den Shinto-Gott des Meers. Er wird oft als temperamentvoll und Chaos säend porträtiert.

der Gewitter beginnen sich um das Zentrum zu drehen, wegen des Coriolis-Effekts (siehe S. 23) gegen den Uhrzeigersinn in der nördlichen Hemisphäre und im Uhrzeigersinn in der südlichen. Das Auge kann 25–40 km durchmessen. Die zerstörerischsten Winde sind auf einen Radius von 100 km beschränkt, der ganze Komplex kann über 1500 km groß sein. Der Sturm schreitet langsam und unberechenbar voran, sodass kaum vorherzusagen ist, wo er auf Land treffen wird. Im Binnenland verliert er an Kraft, kann aber immer noch sehr zerstörerisch sein.

### Kraft und Veränderung

Die an einem einzigen Tag durch Wind, Gewitter und Blitze freigesetzte Energie würde ausreichen, um die Industrie der USA ein Jahr lang zu versorgen. Der verursachte Schaden ist extrem und wird von Küstengemeinden wie von Seeleuten gefürchtet. Während die Menschen früher die Götter als Herrscher über die Naturkräfte beschworen, spielen heute die Menschen selbst eine immer größere Rolle. Wärmere Meere verstärken tropische Stürme. Im Jahr 2024 sorgten die Wassertemperaturen des Atlantiks gemeinsam mit sich verändernden Wettermustern in der zweiten Jahreshälfte für eine intensive Hurrikansaison mit elf verzeichneten Hurrikanen – vier mehr als im Durchschnitt.

# Wellen

Wellen sind Formen der Energie, die sich über die Meere ausbreiten. Die meisten werden vom Wind verursacht, der die Wasseroberfläche stört, sowie von der Gravitation der Sonne und des Monds, die Gezeiten hervorruft.

Wellen entstehen durch die Reibung des Winds, der über die Wasseroberfläche streicht. Die Störung lässt Wassermoleküle vor und zurück, auf und ab sowie leicht nach vorn kreisen, sodass sich Rippel bilden. Je stärker der Wind ist, desto größer werden die Wellen und desto mehr Energie wird freigesetzt, wenn sie brechen. Die Geschwindigkeit, die Dauer und die als »Fetch«

**Geisterkrieger**
Dieses hölzerne Triptychon (etwa 1849–1852) von Utagawa Kuniyoshi zeigt eine Seeschlacht zwischen dem Taira- und dem Minamoto-Clan, in der die Geister der ertrunkenen Taira das Schiff von Minamoto-General Yoshitsune während eines Sturms angreifen.

bezeichnete Streichlänge, über die der Wind auf das Wasser einwirkt, beeinflussen die Höhe der Wellen. Die kleinsten, von leichten Windstößen erzeugten Wellen sind rautenförmige Rippel, die als »Katzenpfötchen« bezeichnet werden. Nur einige Wellenformen entwickeln sich vollständig. Sie durchlaufen drei Stadien. Das Stadium zufälliger Unruhe bis zum Aufbau größerer, kabbeliger Wellen ist die erste Phase. Wenn die Wellen die Region ihrer Entstehung verlassen, überholen die längeren, schnelleren die kürzeren und gleichen sich denen mit ähnlicher Geschwindigkeit an. So entsteht ein regelmäßiges Muster, die Dünung, die gleich bleibt, auch wenn sie sich Hunderte oder Tausende von Kilometern über das Meer fortsetzt. Wenn die Wellen an der Küste auf seichteres Wasser treffen, beeinflusst ihre Energie das Wasser in der Nähe des Grunds und seine Kreisbewegung wird durch Reibung gestört. So entstehen Spitzen, die nun als Brecher an die Küste gelangen (siehe S. 150).

**Longships Lighthouse**
Auf Felsen gebaute Leuchttürme müssen dem Ansturm der Wellen standhalten können. Hier, bei Longships, 1875 auf der Insel Carn Bras vor Land's End, Großbritannien, gebaut, umspülen die Wellen den Turm fast bis zu seiner Höhe von 35 m.

Nach den Angaben des Lighthouse Directory gibt es über 24 500 Leuchttürme auf der Welt.

**Kraft der Neun**
Das Gemälde *Die neunte Woge* von Iwan Aiwasowski (1850) hat seinen Namen von einem Begriff für eine hohe Welle, die auf eine Reihe von immer größer werdenden Wellen folgt.

Eine Sturmflut ist ein Anstieg des Meeresspiegels über die übliche Höhe bei Flut hinaus. Starke Winde übertragen mehr Energie an die Wasseroberfläche. Wenn der Fetch (die Strecke, über die der Wind bläst) lang ist oder der Sturm lange einwirkt, können hohe Sturmwellen entstehen.

Im Südlichen Ozean erzeugte Sturmwellen können fast eine Woche benötigen, um den Pazifik zu durchqueren. Dann können sie an den Küsten Hawaiis brechen oder noch ein paar Tage unterwegs sein, um an den Stränden Alaskas auszulaufen. Das ursprüngliche Muster der Dünung, die den Südlichen Ozean verlassen hat, bleibt intakt.

Einige Gegenden sind für ihre hohen Wellen berühmt. Im Golf von Biskaya vor Westfrankreich und Nordspanien sorgen vom offenen Atlantik kommende Tiefdruckgebiete für starke Stürme. Die Neufundlandbank umfasst nur 51–100 m tiefe Gewässer in einer oft von tropischen Stürmen heimgesuchten Gegend. Am gefährlichsten ist der Südliche Ozean, der von starken Westwinden und vom Antarktischen Zirkumpolarstrom aufgewühlt wird.

Es gibt auch riesige einzelne Monsterwellen oder »Kaventsmänner«, die unerwartet zuschlagen und wieder verschwinden. Wenn zwei oder mehr Sturmwellen sich vereinigen oder auf eine entgegengesetzte schnelle Strömung treffen, etwa den starken Agulhasstrom vor dem östlichen Südafrika oder den Kuroshio-Strom vor der japanischen Küste, können die Wellen plötzlich das

**Eine spiralige Schneckenschale** ziert den Flakon.

**Duft des Meers**
Der Stopfen dieses Jugendstil-Parfümflakons zeigt Amphitrite, die Frau des Poseidon, des griechischen Gotts des Meers. Als Nereide oder Meernymphe kann sie die Wellen beruhigen.

## »Wellen sind die Praxis des Wassers … Wasser und Wellen sind eins.«

SHUNRYŪ SUZUKI, *Zen Mind, Beginner's Mind (50. Auflage)*, 1970

### DAS MEER TRIFFT DIE KÜSTE

Wenn eine Reihe von Wellen ins Flachwasser übergeht, wird die kreisförmige Bewegung der Wassermoleküle von der vom Meeresboden verursachten Reibung gestört. Die Bewegung wird elliptisch und der obere Teil der Welle bewegt sich schneller als die Basis. So wird der vordere Teil der Welle schneller als der hintere und die instabile Struktur bricht schließlich als Brandung.

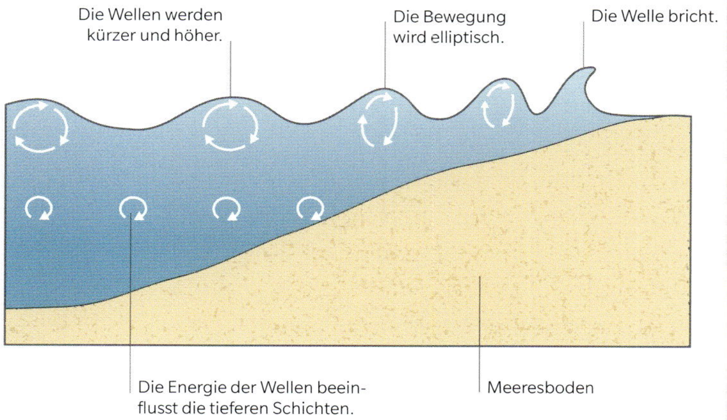


AN DER KÜSTE BRECHENDE WELLEN

Vierfache ihrer ursprünglichen Höhe erreichen und bereits auf See wegen ihrer Instabilität brechen. Selbst große Schiffe können unter diesen Bedingungen kentern.

### Wellen in Mythen und Legenden

Für Tausende von Jahren haben Menschen die Kraft der Wellen bewundert und gefürchtet. Sie haben sie als Instrumente der Götter oder selbst als Gottheiten betrachtet. Ein Teil der Jahrhunderte alten Folklore beruht auf wahren Begebenheiten. In der nordischen Mythologie wird das Meer von dem *Jötunn* (Riesen) Ægir und der Seegöttin Rán beherrscht. Ihre neun Töchter verkörpern verschiedene Aspekte der Wellen, mit Namen wie Bára (Woge) und Himinglæva (strahlend wie der Himmel). Irischen Sagen zufolge treten Wellen in Neunergruppen auf. Die neunte Welle – die letzte und stärkste – bildet die Grenze zwischen der menschlichen Welt und dem Jenseits und soll die Seelen der Toten davontragen. Im *Mahābhārata*, dem von den Hindus verehrten Sanskrit-Epos, lebte der Gott Krishna in der wunderschönen Stadt Dvārakā. Als er in die spirituelle Welt überging, wurde die Stadt von den Wellen verzehrt. Die Geschichte galt als Legende, doch in den 1980er-Jahren wurden bei Ausgrabungen durch Indiens National Institute of Oceanography in der Nähe der Küstenstadt Dwarka im heutigen Gujarat die Überreste einer überschwemmten befestigten Stadt gefunden, die mindestens aus dem Jahr 1500 v. Chr. stammen.

Im Winter 2013–2014 hoben **Sturmwellen** vor der irischen Westküste einen **620 Tonnen** schweren **Felsblock** an.

**Surfer auf Hawaii, 1960**
Das Surfen erfanden die Polynesier, doch von den 1960er-Jahren an wurde es auch bei westlichen Menschen populär, wie hier auf Hawaii.

**Im Rachen des Ozeans**
Ein Surfer reitet bei Praia do Norte in Nazaré, Portugal, auf einer großen Welle. Die Küste ist dafür bekannt, dass hier mit die größten Wellen der Welt entstehen. Das liegt an dem Einfluss des unter Wasser befindlichen Nazaré Canyons, der vor der Küste beginnt, sich 230 km weit in den Atlantik erstreckt und Tiefen von bis zu 5000 m erreicht. Die Gräben des Canyons kanalisieren und verstärken die Wellen, sodass sie im Zeitraum von Oktober bis März bis zu 30 m hoch werden können.

# Tsunamis

**Ein Tsunami ist eine große, sich schnell bewegende Welle oder eine Reihe von Wellen, die durch eine plötzliche Störung wie etwa ein Meeresbeben hervorgerufen werden. Erreicht er die Küste, kann er verheerende Zerstörungen verursachen.**

Der 2004 im **Indischen Ozean** entstandene Tsunami verursachte **30 m** hohe Wellen.

Tsunamis sind nicht vergleichbar mit normalen Meereswellen, die vom Wind über lange Strecken aufgebaut werden und sich nur an der Wasseroberfläche fortsetzen. Stattdessen verdrängt ein Meeresbeben oder eine andere Störung wie ein großer Landrutsch oder ein Vulkanausbruch plötzlich eine große Menge Wasser. Dadurch verbreiten sich Schockwellen in alle Richtungen und setzen sich durch die gesamte Wassersäule fort, vom Grund bis zur Oberfläche. An der Oberfläche entstehen große Tsunami-Wellen, die sich mit hoher Geschwindigkeit fortbewegen, bis sie sich zerstreuen oder das Land erreichen. Wenn Letzteres geschieht, bilden die meisten Tsunamis keine einzelne, sich brechende Riesenwelle, sondern eine Serie von Wellen, die die Küste schnell überspülen, oder einen plötzlichen, dramatischen Anstieg des Meeresspiegels. Das Wasser kann Menschen, Bäume und Fahrzeuge hinwegspülen, Gebäude einreißen sowie Boote und Trümmer weit ins Inland verfrachten.

## GESCHWINDIGKEIT UND GRÖSSE

Ausgelöst durch seismische Aktivität verbreiten sich die Wellen eines Tsunamis im tiefen Wasser mit bis zu 800 km/h. An der Oberfläche sind sie mitunter nur etwa 1 m hoch, aber oft Hunderte von Kilometern breit. Erreichen sie seichtes Wasser, verlangsamen sie sich und türmen sich zu großen Höhen auf.

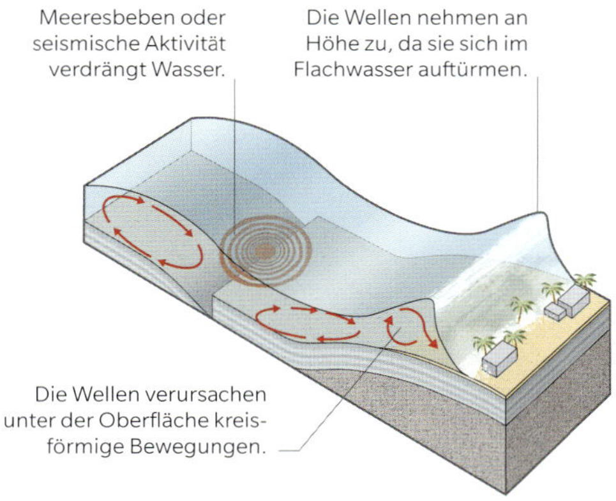


**Der Meiji-Sanriku-Tsunami**
Dieser Holzschnitt von Utagawa Kokunimasa veranschaulicht die Folgen eines Tsunamis, der Nordjapan im Juni 1896 traf und rund 22 000 Menschen das Leben kostete. Er zeigt, wie eine Frau in ihrem Badezuber davongespült wird und auf einem Hügel landet.

Diese Trümmer können mitgerissene Menschen verletzen oder unter Wasser drücken. Das zurückweichende Wasser kann Menschen mit aufs offene Meer ziehen.

### Menschliche Opfer

Tsunamis sind für einige der schlimmsten Naturkatastrophen der Welt verantwortlich. Der tödlichste bekannte ereignete sich 2004 im Indischen Ozean, ausgelöst durch ein Meeresbeben in der Nähe von Banda Aceh in Indonesien. Dieser Tsunami kostete 230 000 Menschen das Leben. Die auf Inseln in Thailand und Myanmar lebenden Moken erkannten jedoch die Warnzeichen wegen der Legende von Laboon – einer von zornigen Ahnen gesandten gewaltigen Welle – und zogen sich zeitig auf höheres Gelände zurück.

> »Ich machte mich auf, eines dieser im Tsunami versenkten Pianos zu sehen … es war völlig verstimmt … Ich dachte, ›die Natur hat es gestimmt‹.«
>
> RYUICHI SAKAMOTO, japanischer Pianist und Komponist

**Überspülte Küstenbefestigung**
Nachdem ein großes Beben einen Tsunami ausgelöst hat, überspült das Meerwasser im Jahr 2011 einen Damm bei Miyako, Japan.

**AZTEKENMÖWE**
*Leucophaeus atricilla*

Diese weit verbreiteten, dunkelrückigen Möwen brüten vor allem an der nordamerikanischen Atlantikküste. Einige von ihnen ziehen dann nach Süden und überqueren den Äquator. Im Winter verschwindet die schwarze Kopffärbung weitgehend.

**SILBERKOPFMÖWE**
*Chroicocephalus novaehollandiae*

Die an allen australischen Küsten verbreitete Möwe sucht als Opportunist oft in urbanem Umfeld nach Nahrung. Sie brütet vor allem auf ungestörten Inseln vor der Küste.

**ELFENBEINMÖWE**
*Pagophila eburnea*

Die in der hohen Arktis lebende kleine Möwe ruht sich oft auf Eisbergen aus. Ihr weißes Gefieder ist oft von Wal-Aas oder den Resten anderer toter Tiere befleckt.

**Anpassungsfähige Möwen**
Die Dominikanermöwe (*Larus dominicanus*), eine große Art der Küsten der südlichen Hemisphäre, ist in Bezug auf die Nahrung anpassungsfähig. Sie frisst sogar Blubber von lebenden Walen.

»O Mensch,
du wirst nie nebenbei
der Möwe Flug erreichen.«

CHRISTIAN MORGENSTERN, *Möwenlied*, um 1900

# Möwen

Laridae

**Als die anpassungsfähigsten aller Seevögel sind Möwen weltweit entlang der Küsten und auf den Meeren zu beobachten. Ihre Fähigkeit, in Menschennähe zu leben, macht sie zum gewohnten Anblick.**

Der Staatsvogel von **Utah,** die **Kalifornienmöwe,** soll der Legende nach eine **Ernte gerettet** haben.

Es gibt etwa 50 Möwenarten, von der nur 29 cm kleinen insektenfressenden Zwergmöwe (*Hydrocoloeus minutus*) bis zur 75 cm großen Mantelmöwe (*Larus marinus*). Einige, wie die Dreizehen- und die Klippenmöwe (*Rissa tridactyla* bzw. *R. brevirostris*), leben überwiegend auf dem Meer, während andere das Binnenland bevorzugen – der Begriff »Seemöwe« trifft oft nicht zu. Die meisten Möwen verbringen zumindest die Zeit, in der sie nicht brüten, damit, an Küsten und Binnengewässern Fische und andere Wassertiere sowie Landtiere, Aas und Abfälle zu suchen.

### Schlau und aufmerksam

Möwen sind gesellig, nisten in Kolonien und suchen in Schwärmen Beute, doch sie gehen auch dauerhafte Paarbindungen ein. Sie verteidigen ihre Eier und Küken vehement und greifen Eindringlinge im Sturzflug an. Größere Möwen plündern auch die Nester der kleineren Arten.

Möwen sind intelligente Vögel. Obwohl sie natürliche Nahrung bevorzugen, stehlen sie in Küstenstädten regelmäßig Lebensmittel von Menschen. Es gibt Untersuchungen, nach denen sie mit Vorliebe Menschen ihr Essen klauen. Oft stürzen sie sich von hinten darauf, doch Blickkontakt entmutigt sie. Möwen lernen es schnell, bestimmte Menschen zu erkennen.

Die am meisten spezialisierte Art ist die Gabelschwanzmöwe (*Creagrus furcatus*), die auf den Galapagos-Inseln und benachbarten Inseln lebt. Die nachtaktive Möwe jagt Fische und Kalmare, die nachts zur Wasseroberfläche aufsteigen. Von den Galapagos-Inseln stammt auch die seltenste Möwenart – die Lavamöwe (*Leucophaeus fuliginosus*). Sie hat ein dunkles Gefieder und ist eher Einzelgänger. Die nächsten Verwandten der Möwen sind die Seeschwalben (siehe S. 166–167) und Scherenschnäbel, die vor allem aus der Luft jagen.

### Aberglaube

An Küsten kursieren Geschichten, Möwen seien die Geister verschollener Seeleute und dürften nicht verletzt werden. Der walisische Heilige Cenydd (Kenneth) aus dem 6. Jahrhundert soll als Baby von Lachmöwen gerettet worden sein, nachdem er in einem Korb weggetrieben war. Sein Feiertag wird durch die Aufstellung einer Möwenstatue auf dem Kirchturm der von ihm gegründeten Kirche von Llangennith begangen.

**Den Booten folgen**
Möwen verschiedener Arten umkreisen Fischerboote, um etwas vom Beifang abzubekommen. Sie streiten sich lautstark um die Beute, wobei sich in der Regel die größeren Arten durchsetzen.

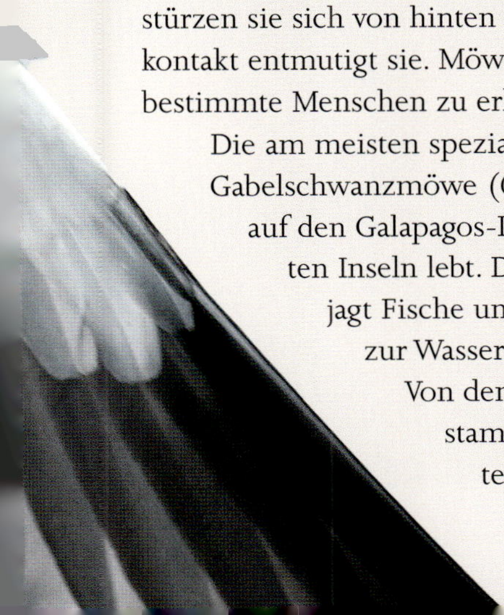

# Sargassosee

**Die nordatlantische Sargassosee ist als einzige See der Welt nicht von Land begrenzt. Sie ist umgeben von Meeresströmungen, und ihre Grenzen verändern sich mit dem Verlauf dieser Strömungen.**

Die **Sargassosee** ist die Heimat des stark gefährdeten **Bermuda-Sturmvogels.**

Dieser 5,2 Millionen Quadratkilometer große Wasserkörper liegt vor den südöstlichen USA und nordöstlich der Bahamas. In ihm befinden sich die Bermuda-Inseln. Die Sargassosee liegt im subtropischen Nordatlantikwirbel und wird vom Golfstrom im Westen, dem Nordatlantikstrom im Norden, dem Kanarenstrom im Osten und dem Nordäquatorialstrom im Süden begrenzt. Innerhalb des Wirbels ist das Wasser ruhig und kristallklar. Portugiesische Seeleute des 15. Jahrhunderts benannten als Erste das goldene *Sargassum*. Sie gaben dem Tang mit den luftgefüllten

**Schutz und Nahrung**
Feilenfische (Monacanthidae) verstecken sich im *Sargassum* und fressen auch Wirbellose, die sich in den Golftangen befinden.

**Schildkrötenbabys**
Nach einigen Studien verbringen die Jungen der Unechten Karettschildkröte (*Caretta caretta*) und die anderer Meeresschildkröten ihre »verlorenen Jahre« – die Jahre nach ihrem Schlupf und vor der Rückkehr an die Küste – in der Sargassosee.

Blasen ihr Wort für kleine Trauben. Anders als andere Tange treibt *Sargassum* (Golftang) sein gesamtes Leben frei im Wasser. Die Ozeanografin Sylvia Earle beschreibt die Sargassosee als »goldenen treibenden Regenwald«. Die Sargassosee ist die Heimat von 27 Fisch- und rund 145 Wirbellosenarten, wie der Sargassum-Schwimmkrabbe (*Portunus sayi*) und der Schlanken Sargassum-Garnele (*Latreutes fucorum*). Die Jungen der Grünen Meeresschildkröte (*Chelonia mydas*) verstecken sich in den Tangen, die auch Unterschlupf für Prädatoren wie den Sargassum-Anglerfisch (*Histrio histrio*) bieten. Speerfische (Istiophoridae), Gemeine Goldmakrelen (*Coryphaena hippurus*), Heringshaie (*Lamna nasus*) und Weiße Haie (*Carcharodon carcharias*) laichen hier oder gebären ihre Jungen. Der Europäische Aal (*Anguilla anguilla*) wandert bis zu 10 000 km über den Atlantik, um hier zu laichen.

## Die Wanderung der Buckelwale (*Megaptera novaeangliae*) führt jedes Jahr durch die Sargassosee.

### See der Geheimnisse

Jahrhundertelang galt die Sargassosee bei Seeleuten als mysteriöser oder sogar gefährlicher Ort. Christoph Kolumbus notierte die Angst seiner Besatzung, für immer im Tang steckenzubleiben. Sogar im 20. Jahrhundert gab es noch Legenden, dass Schiffe und Flugzeuge im »Bermudadreieck« verschwänden. Stattdessen ist es das Meer, das durch den Menschen unter Verschmutzung und Lärm leidet. Um es zu schützen und zu erhalten, wurde 2014 eine internationale Vereinbarung zum Schutz des einzigartigen Gebiets unterzeichnet.

**Perfekte Tarnung**
Der 1796 von Frederick Nodder gezeichnete Sargassum-Anglerfisch versteckt sich zur Tarnung zwischen Tangen und kann seine Farbe dem Hintergrund entsprechend verändern.

**Spezialisierte Flossen** ermöglichen dem Fisch, über die Tange zu laufen und aus dem Wasser heraus auf *Sargassum*-Flöße zu springen.

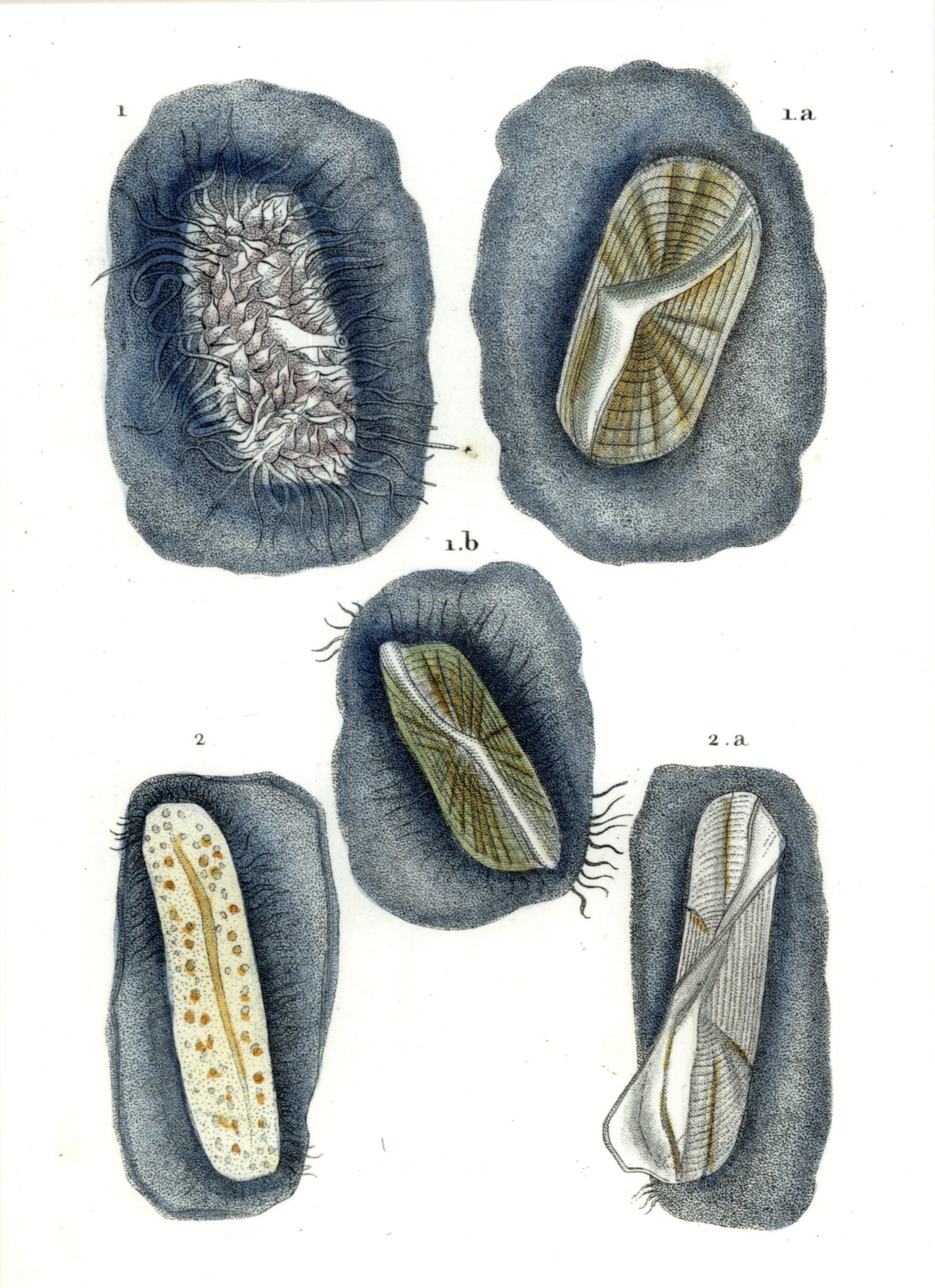
1
1.a
1.b
2
2.a

**Frühe Beobachtung**
Dieser handkolorierte Stich stammt von dem naturwissenschaftlichen Maler Jean-Gabriel Prêtre (1768–1849). Nach dem für seine Illustrationen der Natur bekannten Prêtre wurden einige Tierarten benannt.

Die Segelposition bestimmt, in welche Richtung die Segelqualle treiben wird.

**Blaue Färbung**
Ihre typische blaue Pigmentierung schützt die Segelquallen vor der ultravioletten Strahlung der Sonne. Außerdem dient die Farbe der Tarnung, da die Tiere auf diese Weise auf dem offenen Meer kaum zu sehen sind.

# Segelqualle

*Velella velella*

**Diese ungewöhnliche Art gehört wie andere Quallen und Korallen zu den Nesseltieren. Sie treibt abhängig von den Winden auf dem Meer und wird oft an Land gespült.**

Wie die Portugiesische Galeere (*Physalia physalis*) und die Quallenart Blauer Knopf (*Porpita porpita*) ist die Segelqualle eine frei im Wasser treibende Hydrozoe. Andere deutsche Namen sind »Segler vor dem Wind« oder »Sankt-Peters-Schifflein«. Die Tiere treiben wie ein blaues, scheibenförmiges Floß von etwa 10 cm Durchmesser, versehen mit einem Segel, auf dem Wasser.

## Leben auf dem Meer

Segelquallen gehören wie Korallen und Seeanemonen zu den Nesseltieren (Cnidaria). Obwohl Segelquallen wie ein einziges Tier aussehen, bestehen sie aus einer Kolonie winziger Polypen, die zum Nahrungserwerb zusammenarbeiten. Es gibt verschiedene Polypen mit unterschiedlichen Aufgaben. Gastrozoide sind für die Ernährung zuständig, Gonozoide für die Fortpflanzung und Dactylozoide für das Nesseln von Beute und Feinden. Die Tentakel schützen aber nicht vor den wichtigsten Fressfeinden, der Blauen Ozeanschnecke (*Glaucus atlanticus*) und der Veilchenschnecke (*Janthina janthina*), denen das Nesseln nichts ausmacht. Segelquallen treiben auf der Oberfläche von planktonreichen warmen bis warm-gemäßigten Gewässern. Neben dem mit den Tentakeln gefangenen Plankton verfügen sie über eine weitere Nahrungsquelle. Wie Korallen leben sie in Symbiose mit winzigen Algen, sogenannten Zooxanthellen. Diese befinden sich in ihrem Gewebe und erlangen Energie durch Fotosynthese, von der auch ihr Wirt profitiert.

**NOMADE DER MEERE**

Der »Körper« der Segelqualle ist eine ovale Scheibe, die mithilfe von luftgefüllten Blasen auf dem Wasser schwimmen kann. Ihr Segel fängt den Wind auf und treibt sie über die Meere. Nesselnde Tentakel hängen ins Wasser herab und dienen dem Fang von Plankton.

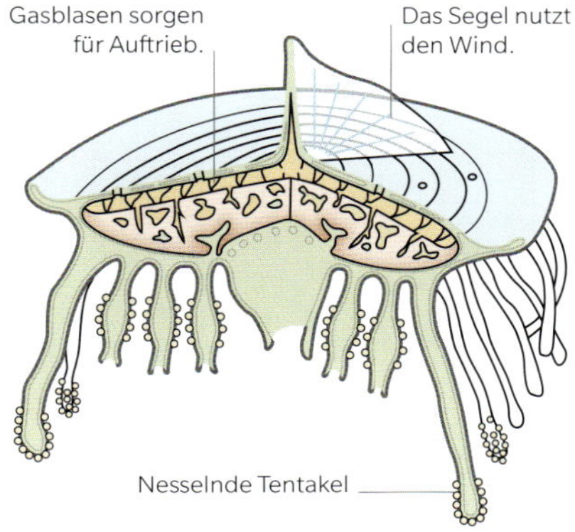


QUERSCHNITT EINER SEGELQUALLE

# Wasserwirbel

**Wasserwirbel sind rotierende Wasserkörper, die von gegenläufigen Strömungen erzeugt werden. Diese natürlich vorkommenden Phänomene sind lange Zeit die Inspiration für Seemannsgarn gewesen.**

In Homers *Odyssee* müssen Odysseus und seine Männer zwischen dem vielköpfigen Monster Skylla und der Charybdis, einem mythischen Strudel, hindurch, der so tief ist, dass man den Meeresgrund an seinem Boden erkennen kann. Odysseus überlebt den Strudel, indem er den Ast eines Baums ergreift, als sein Schiff eingesogen wird. Ursprung dieser mythischen Gefahr ist eine Meeresgegend zwischen Sizilien und dem italienischen Festland. In der Realität sind Wirbel nicht so stark wie die Charybdis, doch gibt es sie in schmalen Meeresstraßen durchaus. Bei der Passage eines schmalen Kanals kann das durch die Gezeiten zu- oder abfließende Wasser einen starken Sog erzeugen. Durch die Interaktion zweier gegenläufiger Strömungen, aufgrund von Hindernissen oder der Form des Meeresbodens wird die Strömung mitunter zu einer rotierenden Wassersäule. Diesen Strudel bezeichnet man auch als Mahlstrom. Der Begriff Vortex wird für Wirbel benutzt, die nach unten strömen (in der Luft wird er in Bezug auf Tornados verwendet). Die Größe des Strudels hängt zum Teil von der Geschwindigkeit der ihn verursachenden Strömungen ab.

**Kraft der Strudel**
Eine Luftansicht von Strudeln, die vom Gezeitenstrom Saltstraumen in Norwegen gebildet werden. Die meisten Schiffe meiden den Kanal, doch Ausflugsboote können von Touristen gebucht werden.

»Nicht sehr weit vor der Küste ... befindet sich ein sehr tiefer Wasserstrudel, den wir mit seinem gebräuchlichen Namen ›Nabel der See‹ nennen.«

PAULUS DIACONUS, *Historia Langobardorum*, um 790

**Folge eines Tsunamis**
Im März 2011 traf ein gewaltiger Tsunami die japanische Ostküste und erzeugte diesen gigantischen Wirbel, als eine enorme Meerwassermenge an Land gelangte und wieder abfloss.

### Strudel der Welt

Einige der stärksten Mahlströme der Welt befinden sich im Saltstraumen in Norwegen, wo die Strömung bis zu 40 km/h erreichen kann. Der Wirbel kann hier im Durchmesser 10 m groß sein – genug, um einen Schwimmer einzusaugen oder ein kleines Boot zum Kentern zu bringen, aber nicht stark genug, um ein großes Schiff zu gefährden. Andere Strudel sind die Naruto-Straße in Südjapan, die Old Sow zwischen Deer Island in New Brunswick, Kanada, und Moose Island in Maine, USA, sowie Te Aumiti (French Pass) an der Nordspitze der neuseeländischen Südinsel.

**Mächtiger Mahlstrom**
Dieser um 1853 entstandene Holzschnitt von Utagawa Hiroshige zeigt die japanische Naruto-Straße. Wie es oft der Fall ist, umgeben den Mahlstrom aufgrund der schnellen Strömungen große Wellen.

六十余州名所圖会
阿波
鳴門の風波
廣重筆
越平

# Dunst und Nebel

**Diese in geringer Höhe befindlichen Wolken stellen eine berüchtigte Gefahr für Seeleute dar, da sie Hindernisse wie Klippen und Felsen verbergen. Sie haben auch zu Seemannsgarn, Mythen und Legenden inspiriert.**

***Impression, Sonnenaufgang***
Claude Monets impressionistisches Gemälde des Morgendunsts über dem Hafen von Le Havre, Frankreich, schockierte die Kritiker bei seiner Vorstellung im Jahr 1874.

**Nebel von San Francisco**
Seenebel wabert zwischen den 227 m hohen Türmen der Golden Gate Bridge über der Meerenge, welche die Bucht von San Francisco mit dem Pazifischen Ozean verbindet.

»Seenebel entsteht bei der Abkühlung der Luft durch Kontakt mit der kälteren Wasseroberfläche …«

*Annual Report of the Board of Regents of the Smithsonian Institution,* 1896

Dunst und Nebel sind Formen niedriger Wolken, die sich bilden, wenn sich warme, feuchte Luft über eine kältere Oberfläche bewegt. Der in der Luft enthaltene Wasserdampf kühlt sich ab und kondensiert an winzigen Partikeln, sodass Tröpfchen entstehen, die Wolken bilden. Verschiedene Partikel kommen dafür infrage, zum Beispiel Staub über dem Land, Eis bei kaltem Wetter und Salzkristalle in der Meeresgischt. Gestresste Braunalgen (Phaeophyceae, zu denen auch der Kelp gehört) können Jodteilchen abgeben, die ebenfalls als Wolkenkeime dienen können.

Der Unterschied zwischen Dunst und Nebel liegt in der Dichte der Wassertröpfchen und damit der Sichtweite. Beträgt sie über 1000 m, spricht man von Dunst. Liegt sie darunter, handelt es sich um Nebel. Beide Formen sind an der Küste verbreitet, insbesondere im Frühjahr und Sommer, wenn sich das Land schnell aufheizt und warme Luft über das kühlere Wasser streicht. Dunst oder Nebel bleiben, bis die Sonne oder ein scharfer Wind sie vertreiben.

Der Einfluss von Dunst und Nebel auf die Küstenbewohner hat zu vielen verschiedenen Bezeichnungen und Geschichten geführt. In der nordischen Mythologie ist Niflheim die Welt des Nebels und die Walküren sind weibliche Figuren, die auf den Seenebeln reiten. Eine von ihnen heißt Mist (im Englischen »Nebel«), abgeleitet von dem alten nordischen Wort *Mistr*. Keltische und irische Sagen geben den Nebel als Schleier der Unsichtbarkeit wieder.

## Gefährliche Bedingungen

Wo auch immer kalte Küstenströme auftreten, bildet sich häufig Seenebel. Die Grand Banks vor Neufundland, Kanada, sind als nebligste Gegend der Welt bekannt, da an über 200 Tagen im Jahr Nebel herrscht. Das liegt daran, dass hier der kalte Labradorstrom auf den warmen Golfstrom trifft. Die hier treibenden Eisberge machen die Navigation in diesem Gebiet besonders heikel.

Im Gegensatz dazu ist es die Kombination dichten Seenebels, starker Winde, heftiger Wellen und wandernder Dünen, die die Gewässer vor der Skelettküste (siehe S. 104–105) in Namibia so gefährlich macht. Der kalte Benguelastrom fließt die Küste entlang nach Norden und trifft auf warme, aus der Namibwüste kommende Luft. Die aufsteigenden Seenebel können Hunderte von Kilometern ins Binnenland vordringen.

Derartige »Nebelwüsten« umgeben die Arabische Halbinsel, und auch in Chile erzeugen die eisigen Wasser des Humboldtstroms dichte Seenebel, die sich über die Atacama-Wüste schieben. Dadurch können Nebeloasen entstehen, in denen durch das vom Nebel gelieferte Wasser Pflanzen zu wachsen vermögen.

**Thor schwingt** den Hammer, um den Nebel zu vertreiben.

**Göttlicher Einfluss**
Der Donnergott Thor befiehlt dem Nebel in Arthur Rackhams 1910 erschienener Illustration für *Das Rheingold und die Walküre*, sich zu verflüchtigen.

**Lange, spitze Flügel** ermöglichen den Seeschwalben einen schnellen Flug und große Wendigkeit. Ihre Körper sind so leicht, dass sie lange Strecken im Schlagflug zurücklegen können.

Wegen ihres **langen, gegabelten Schwanzes** werden diese Vögel **Seeschwalben** genannt.

**Der gegabelte Schwanz**, oft mit langen äußeren Federn, erleichtert es, Seeschwalben von Möwen zu unterscheiden.

**Leben in der Luft**
Auch wenn sie gerade nicht von Pol zu Pol fliegen, erledigen Küstenseeschwalben die meisten Dinge im Flug. Dazu gehören auch lautstarke Auseinandersetzungen mit den Nachbarn in der Brutkolonie.

**Doppelbild**
John James Audubon, Autor des Werks *The Birds of America*, hat 1838 als Erster die Weißscheitel-Seeschwalbe (links) beschrieben und gezeichnet – hier mit ihrer nahen Verwandten, der Forster-Seeschwalbe.

# Seeschwalben

Sternidae

**Seeschwalben sind graziöse Seevögel, deren Flug mühelos erscheint. Sie sind nah mit den Möwen verwandt, unterscheiden sich jedoch von ihnen im Verhalten, im Erscheinungsbild und in den Lebensräumen.**

Seeschwalben leben in großen, lautstarken Kolonien. Potenzielle Fressfeinde werden von Dutzenden von Vögeln im Sturzflug angegriffen. Ansonsten nutzen Seeschwalben ihre Flugkünste und ihre langen, spitzen Schnäbel, um Fische zu fangen oder Beute von der Wasseroberfläche zu picken. Seeschwalben verbringen ihr Leben im Flug. Viele Arten unternehmen zwischen den Brut- und den Überwinterungsgebieten lange Wanderungen. Die am weitesten im Norden brütende Küstenseeschwalbe (*Sterna paradisaea*) kann auf ihrer Reise von der Arktis zur Antarktis und zurück über 96 000 km im Jahr bewältigen.

## Vielfalt und Auferstehung

Es gibt über 40 Seeschwalben-Arten, von denen die meisten Seevögel sind, ein paar jedoch im Binnenland brüten. Die meisten haben zur Brutzeit grau-weißes Gefieder und eine schwarze Kappe. Die Noddiseeschwalben (Anoinae) kehren das jedoch um, und brütende Sumpfseeschwalben (*Chlidonias*) haben ein sehr dunkles Federkleid. Die Bernsteinseeschwalbe (*Thalasseus bernsteini*) galt bereits als ausgestorben, bis im Jahr 2000 vier Paare in einer Kolonie von Eilseeschwalben entdeckt wurden. Das Eiland mit dieser Kolonie ist nun geschützt, doch die Weltpopulation der Art beträgt trotzdem nur noch etwa 100 Vögel.

**Die vogelähnliche Gestalt** hält ein Ei in der Hand.

**Osterinsel-Challenge**
Die Inselbewohner ehren traditionell die erste Person, die im Jahr ein Ei der Rußseeschwalbe von der Insel Motu Nui sammelt, wie es in dieser Steintafel dargestellt ist.

**RUSSSEESCHWALBE**
*Onychoprion fuscatus*
Diese Seeschwalbe ist einer der häufigsten Seevögel. Ihr Ruf ist ein lautes ker-wack-a-wack oder kvaark. Die Seychelleninsel Bird Island ist nach ihr benannt worden.

**FEENSEESCHWALBE**
*Gygis alba*
Dieser hübsche Vogel tropischer Inseln legt sein Ei auf einen nackten Ast. Er wird von Seeleuten geliebt, da seine Gegenwart zuverlässig darauf hinweist, dass Land in der Nähe ist.

KAPITEL 4

# Eisige Ozeane

Die kalten polaren Gewässer der Erde weisen ihre ganz eigenen Bedingungen auf, und sie spielen bei der Regulation der Temperatur der Erde eine entscheidende Rolle. Das Leben blüht selbst unter ihren rauen Bedingungen auf und hat sich an eisige Kälte und schwankende Lichtverhältnisse angepasst.

**Suchschiffe**
Dieses 1849 entstandene Gemälde zeigt Schiffe, die zwischen den Eisbergen der Hudson Bay nach Sir John Franklins 1845 begonnener Arktisexpedition suchen.

# Schelfeis und Eisberge

**Wo die riesigen Eisschilde der Arktis und Antarktis auf das Meer treffen, erstrecken sie sich manchmal über Hunderte von Kilometern über das Wasser, bis sie in hohen Klippen enden und zu Eisbergen zerbrechen.**

Der antarktische Kontinent ist von einem durchschnittlich mehr als 2000 m und an der stärksten Stelle 4776 m dicken Eisschild bedeckt. Dieses gewaltige Gebiet enthält rund 90 Prozent des Eises der Welt und 60 Prozent des Süßwassers. Grönland und die Inseln der Arktis umfassen den größten restlichen Teil. Das Eis reicht von den riesigen Eisschilden als Schelfeis auf das Meer hinaus. Das antarktische Ross-Schelfeis ist etwa so groß wie Frankreich und damit das größte der Welt. Es besteht aus dichtem Eis, entstanden über Tausende von Jahren aus wiederholtem Schneefall und gefrierendem Meerwasser. Frische Schneeschichten zeigen die verschiedensten Weißabstufungen, wohingegen die steilen Eiswände am Rand des Schelfeises oft eine lebhaft blaue Farbe haben, da die freigelegten tieferen Schichten kompakter und die kleinen weißen Luftblasen stärker komprimiert sind. Andere Teile des Eises schimmern aufgrund der darin befindlichen Algen eher grün. Schwimmende Gletscher können aus Gebirgsgletschern entstanden sein, die entlang der Täler zum Meer gewandert sind. Da sie unter ihnen liegendes Gestein zerkleinert haben, können sie rote, braune, gelbe, schwarze und weiße Schichten aufweisen.

### Kalbendes Eis

In Küstennähe sind das Schelfeis und die Gletscher mit dem Grund verbunden, während sie weiter außen auf dem Wasser treiben. Da der

**Antarktika** ist die **größte Wüste** der Welt.

schwimmende Teil von Gezeiten und Stürmen bewegt wird, entstehen Spannungen im Eis. Wo es bereits Risse gibt, öffnen sich große Spalten, und Teile rutschen als Eisberge ins Meer, ein Prozess, den man als Kalben bezeichnet. Über 50 000 große Eisberge entstehen jährlich allein vor Grönland, und ähnlich viele bilden sich im arktischen Eis. Die größten Eisberge entstehen im antarktischen Schelfeis. Durch den Klimawandel bedingte wärmere Luft sowie wärmeres Wasser beschleunigen das Kalben: Das Schelfeis wird dünner und die globalen Meeresspiegel steigen.

**Tödliche Hindernisse**

Eisberge sind bereits in der Vergangenheit eine ernsthafte Gefahr für die Schifffahrt gewesen, belegt sind fast 1000 Kollisionen. Die bekannteste war für den Untergang der *Titanic* auf ihrer Jungfernfahrt im Jahr 1912 vor der Neufundlandbank verantwortlich. 90 Prozent eines Eisbergs befinden sich unterhalb des Wasserspiegels, sodass sich das Schiff bereits zu nah an einem Eisberg befand, als der Ausguck ihn bemerkte – 1517 Menschen verloren bei dieser Tragödie ihr Leben. Im Jahr 2007 wurde das Forschungsschiff *Explorer* vor den Südlichen Shetlandinseln im Südlichen Ozean von einem Eisberg versenkt, jedoch konnten Passagiere und Besatzung gerettet werden. Heute ermöglichen fortschrittliche Warnsysteme, die Daten von Satelliten, Flugzeugen und Schiffen verwerten, den Schiffen, die in den Polargewässern unterwegs sind, eine sichere Reise.

**Eisbogen**
Durch Einwirkung von Wind und Wellen entstehen in den EisbergenTunnel und Löcher, die sich zu beeindruckenden, aber oft kurzlebigen Bögen wie diesem in der Arktis verbinden.

# Meereis

**Jedes Jahr gefrieren die Meere in den Polarregionen und erzeugen eine 34 Millionen Quadratkilometer große Meereisdecke. Diese Eisdecke ist so groß wie Russland, Australien und die USA zusammen.**

**Verlassenes Schiff**
Das Forschungsschiff *Jeannette*, hier im Jahr 1881 nördlich von Sibirien im Meereis. Es wurde bereits 1879 vor der Wrangel-Insel eingeschlossen und trieb dann 1000 km weit, bevor es endgültig zerschellte.

Während der langen Monate der 24-stündigen Dunkelheit fallen in den Polarregionen die Temperaturen auf −40 °C und das Meereis dehnt sich aus – gefrorenes Wasser beansprucht mehr Raum als flüssiges. Das arktische Meereis reicht dann bis Neufundland und zur Nordspitze Islands, während das antarktische die doppelte Größe Antarktikas einnimmt. Im Sommer schmelzen 60 bis 80 Prozent dieses Meereises wieder, ohne dass das einen Einfluss auf den Meeresspiegel hat. Das Eis, das nicht schmilzt, wird immer dicker und treibt in den Meeresströmungen, doch der Bereich permanenten Meereises wird durch die Klimaerwärmung rasch kleiner. Die Fläche des arktischen Sommer-Meereises schrumpft in jedem Jahrzehnt um 13 Prozent.

**Leben auf dem Eis**
Ein Eisbär, das größte Landraubtier, läuft über das Meereis. Im Winter lebt er auf dem Eis und jagt Robben, kommt jedoch aufs Festland, wenn das Eis im Sommer schmilzt.

»Die See, das Eis, der Schnee, es verändert sich alles. Man kann nicht mehr sicher reisen. Die ganze Küste entlang ist es das Gleiche.«

DERRICK POTTLE, Inuitjäger, 2018

Das hat einen großen Einfluss auf das Leben der Inuit, sowohl praktisch als auch kulturell. Eis ist ein wichtiger Teil ihrer Geschichte.

## Entstehung und Zerstörung

Über die Wasseroberfläche wehende kalte Winde erzeugen federartige Eiskristalle. Diese verbinden sich zu Eisschlamm, der zu einer durchgehenden Eisschicht gefriert. Wind und Wellen zerkleinern sie zu Stücken, die sich ineinander schieben, sodass die Ränder sich aufstellen – das ist Pfannkuchen- oder Tellereis. Dieses verbindet sich langsam zu einer bis zu 2 m dicken Eisschicht, die immer wieder zerbricht und zusammenfriert.

Wenn das winterliche Meereis des arktischen Schelfs aufbricht, schwimmen fast eine Million Meeressäugetiere durch die Beringstraße nach Norden, um hier im Sommer nach Nahrung zu suchen. Zu diesen Sommermigranten zählen der Narwal (*Monodon monoceros*), der Weißwal (*Delphinapterus leucas*), der Grönlandwal (*Balaena mysticetus*), das Walross (*Odobenus rosmarus*) und der Eisbär (*Ursus maritimus*). Mindestens 50 Millionen Vögel ziehen zu ihren Nistplätzen in den Deltas, die die Arktis umgeben.

Um Antarktika herum löst das im Frühjahr zurückweichende Meereis die größte Phytoplanktonblüte der Erde aus. Sie liefert dem garnelenartigen Krill seine Nahrung, sodass dessen große Schwärme die Meeresoberfläche rosa färben. In den antarktischen Gewässern leben etwa 700 Billionen dieser Tiere, die Hauptnahrung des Krabbenfressers (*Lobodon carcinophaga*) sowie verschiedener Pinguin- und Walarten.

**Traditioneller Schutz**
Diese aus Rentiergeweih hergestellte Schneebrille wurde vom Thule-Volk benutzt, den Vorfahren der heutigen Inuit.

**Mariner Jäger**
Diese aquatischen Bären sind exzellente Schwimmer. Sie tauchen mit offenen Augen und können für etwa zwei Minuten die Luft anhalten.

**Arktis-Expedition**
In dieser Chromolithografie des britischen Künstlers John Trivett Nettleship plündert ein Eisbär die Vorräte einer Arktis-Expedition.

# Eisbär

*Ursus maritimus*

Eisbären sind die größten Landraubtiere der Welt, verbringen aber die überwiegende Zeit ihres Lebens im Meer. Die massigen Räuber sind perfekt an ihre eiskalte Umgebung angepasst, leiden jedoch unter dem sich verändernden Klima.

Ein neugeborener **Eisbär** wiegt nur knapp mehr als **0,5 kg.**

Der Eisbär ist die größte Bärenart. Männchen können doppelt so groß wie Weibchen werden, 3 m lang und bis zu 800 kg schwer. Der wissenschaftliche Name *Ursus maritimus* bedeutet »Seebär«. Die imposanten Tiere leben in der gesamten Arktis und sind gut an ihren bitterkalten Lebensraum angepasst. Ihr dichtes Fell besteht aus transparenten, hohlen Haaren, die die Wärme zum Körper leiten. Die schwarze Haut nimmt die Sonnenwärme gut auf, und die kleinen Ohren verringern den Wärmeverlust. Ein sauberes Fell isoliert hervorragend, weshalb die Bären es durch Wälzen im Schnee reinigen.

Pfoten von der Größe von Esstellern verteilen das Gewicht der Tiere, sodass sie nicht im Eis einbrechen. Eisbären sind hervorragende Schwimmer und können 10 km/h erreichen, wobei sie ihre riesigen Pfoten als Paddel einsetzen. Sie sind auch extrem ausdauernd. Im Jahr 2011 überwachten Forschende in Alaska ein Eisbärenweibchen, das mehr als neun Tage lang ununterbrochen schwamm – vielleicht auf der Suche nach Meereis.

Mit ihrem sehr guten Geruchssinn können Eisbären Beutetiere – vor allem Robben – aus mehreren Kilometern Entfernung riechen. Doch obwohl sie ihr halbes Leben mit Jagen verbringen, sind kaum zwei Prozent aller Jagden erfolgreich. Da sie nur geringe Chancen haben, eine Robbe im Wasser zu erbeuten, haben sie besondere Techniken entwickelt. Eine davon besteht darin, an einem Loch im Eis geduldig einer atemholenden Robbe aufzulauern.

**Korjaken-Pfeife**
Diese Pfeife haben Indigene aus dem Osten Russlands, die an der Küste der Beringsee leben, aus einem Walrosszahn geschnitzt.

**Drei Eisbären** laufen über den Pfeifenstiel.

### HOHLE HAARE

Da die Temperaturen in der Arktis unter –40 °C fallen können, müssen Eisbären sich warmhalten. Neben einer dicken Fettschicht (Blubber) haben sie zwei Fellschichten. Dichte Unterwolle bewahrt die Körperwärme. Die längeren Deckhaare sind hohl und transparent, sodass sie die Sonnenstrahlen einfangen, streuen und die Wärme weiterleiten. Das Fell ist ölig, sodass kein Wasser die Haut erreicht.

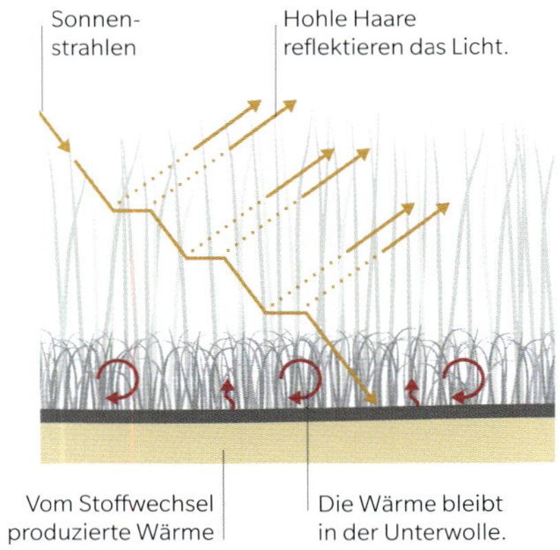


EISBÄRFELL UND -HAUT

Zur Erforschung von **Eisbären** gewinnen Forschende **DNA** aus ihren **Fußabdrücken** im **Schnee.**

## »Ein so starkes Tier wie der Eisbär muss zwangsläufig sehr gefährlich sein.«

JOHN GEORGE WOOD, *The Illustrated Natural History Volume 2,* 1865

Sie erbeuten auch auf dem Meereis ruhende Robben oder finden mit dem Geruchssinn Höhlen im Schnee, in denen Weibchen mit ihren Jungen ausruhen, und brechen in sie ein.

Ein trächtiges Eisbärenweibchen gräbt sich eine Höhle in den Schnee. Hier lebt es bis zu acht Monate lang nur von seinen Fettreserven, bis die Jungen geboren werden und schließlich kräftig genug sind, um die Welt zu erobern. Meist werden zwei Junge geboren, die die ersten zwei bis drei Lebensjahre bei ihrer Mutter bleiben.

### Eisbären und Menschen

Eisbären sind vielen Gefahren ausgesetzt. Da die Klimaerwärmung das Eis schmelzen lässt, wird die Jagd auf Robben schwieriger und die Gefahr zu verhungern nimmt zu. Der Klimawandel erhöht auch die Windgeschwindigkeiten, sodass es für die Bären schwieriger wird, Beute mit dem Geruchssinn zu finden. Das Bohren nach Öl und Gas in der Arktis kann außerdem zur Verschmutzung ihrer Lebensräume führen.

Die Inuit zollen den Bären großen Respekt. Manche glauben, dass sie Gestaltwandler mit magischen Fähigkeiten seien. Nanuk, der Gott der Eisbären, herrsche über die Arktis und sei für die Sicherheit der Jäger verantwortlich. Eine norwegische Sage handelt von einem Prinzen, der tagsüber als Eisbär leben muss. Der Fluch würde aufgehoben, wenn er ein Jahr lang als Bär lebt. Doch seine Frau sieht den schlafenden menschlichen Körper und weckt ihn versehentlich, sodass der Fluch bestehen bleibt.

**Aushängeschild**
Dieses aus den 1950er-Jahren stammende Plakat wirbt für den Zoo von Antwerpen in Belgien. Das populäre Tier soll viele Besucher anlocken.

**Mutter und Jungtiere**
Eisbärenweibchen verteidigen ihre Jungen vehement. Im Alter von zwei Jahren ist ein männliches Jungtier bereits so schwer wie seine Mutter.

**Eisbärenweibchen** bleiben nah bei ihren Jungen, verstecken sie bei Gefahr und greifen bei Bedrohung an.
**Die Jungen** lernen von der Mutter, was sie zum Überleben benötigen.

# Narwal

*Monodon monoceros*

**Im Mittelalter verbreiteten Seeleute Sagen über ein See-Einhorn, einen monströsen Fisch oder Seedrachen mit einem einzigen Horn, das Schiffe aufspießen konnte. Dahinter steckte ein reales Tier – der Narwal.**

Wie bei anderen »Meeresungeheuern« wurde die Größe des Narwals in alten Illustrationen oft übertrieben. Er wird nur so groß wie der verwandte Weißwal (*Delphinapterus leucas*). Weibchen erreichen bis zu 4 m, Männchen bis zu 5 m Länge. Allerdings tragen Männchen ein spiralförmig gewundenes »Horn«, das sie 3 m länger macht. Dabei handelt es sich jedoch um den linken Eckzahn, der heranwächst, wenn das männliche Kalb erwachsen wird. Obwohl Narwale zu den Zahnwalen gezählt werden, besitzen sie kaum Zähne und müssen ihre Nahrung am Stück herunterschlingen. Ihr wissenschaftlicher Name *Monodon monoceros* bedeutet »ein Zahn, ein Horn«. Narwale leben an den Rändern des Arktischen Ozeans vor den Nordküsten Kanadas, Grönlands, Russlands und Europas. Im dunklen arktischen Winter tauchen sie weit

**Sagenhaftes Tier**
Dieser Holzschnitt aus dem 16. Jahrhundert bildet ein »See-Einhorn« mit gehörntem Kopf und Drachenflügeln ab.

**Schulenbildung**
Narwale finden sich oft zu Schulen von bis zu 20 Tieren zusammen, hier in einem Riss im Eis vor der Baffininsel, Nunavut, Kanada.

unter das Meereis und jagen Plattfische, Kabeljau und Kalmare. Wie alle Säugetiere müssen sie Luft atmen und daher Risse im Eis aufsuchen. In den Sommermonaten, wenn das Meereis schmilzt, wandern die Narwale nach Süden in seichtere Gewässer, wo sie ihre Kälber gebären.

### Mysteriöse Stoßzähne

Bis heute ist man sich nicht ganz sicher, zu welchem Zweck die Stoßzähne dienen. Männchen spießen ihre Beute keineswegs mit ihnen auf, doch es wurde beobachtet, wie sie damit Fische von der Seite treffen und betäuben. Die Stoßzähne sind mit Millionen von Nervenenden bestückt, die möglicherweise Salinität, Temperatur und von sich bewegender Beute erzeugte Wellen wahrnehmen können. Diese Funktionen sind aber wohl nicht lebenswichtig, da auch Weibchen Nahrung finden können. Der wichtigste Zweck der Stoßzähne mag sein, Weibchen zu beeindrucken, denn diese scheinen die Männchen mit den größten Zähnen zu bevorzugen.

»Das Einhorn ist ein Meerungeheuer mit einem sehr großen Horn auf der Stirn, mit dem es die Schiffe in seinem Weg durchbohren und zerstören und unzählige Menschen ertränken kann.«

OLAUS MAGNUS, *Carta Marina*, 1539

**DAS ZAHNINNERE**

Der Stoßzahn besteht aus Schichten des knochenähnlichen Materials Dentin, in dem sich weicheres Gewebe, Blutgefäße und Nerven befinden. Durch kleine Poren dringt Wasser ein und kann über die Nerven analysiert werden.

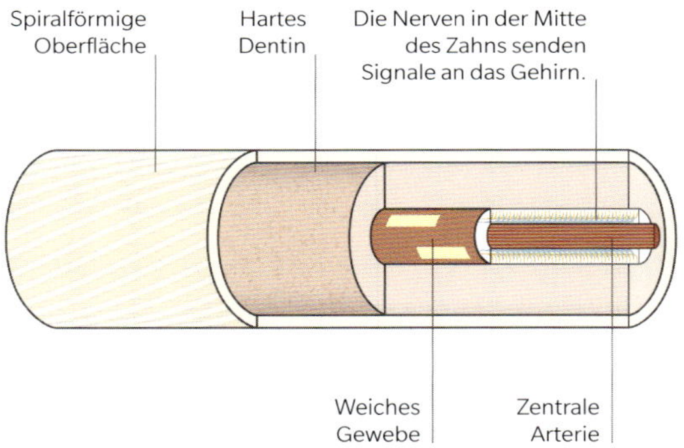


QUERSCHNITT EINES NARWAL-ZAHNS

**Dem Eis trotzen**
Einen dramatischen Anblick des Arktischen Ozeans bietet das Gemälde *Walrossjagd der Grönländer im Eismeer* von François-Auguste Biard (1841). Das Bild verdeutlicht die Anstrengungen der Walrossjäger inmitten von Eisbergen, Treibeis und Wellen. Biard malte es nach einem Besuch der Arktis im Jahr 1839.

# Arktischer Ozean

Der Arktische Ozean erstreckt sich über den Nordpol und nach Süden bis zum 60. Breitengrad. Der antarktische Südpol befindet sich auf einem Kontinent, doch am Nordpol existiert nur der eisige Ozean selbst.

Als kleinster Ozean bedeckt der Arktische etwa 14,1 Millionen Quadratkilometer. Ihn umgeben die Küsten Nordsibiriens, Nordskandinaviens, Islands, Grönlands, Nordkanadas und Alaskas.

Die Arktis ist ständig von Eis bedeckt, aber die Größe ihrer Eiskappe schwankt im Jahreslauf. Jeden Winter dehnt sich das Eis bis zu den sie umgebenden Küsten aus. Im Sommer zieht es sich auf einen viel kleineren Bereich zurück.

Mittlerweile hat die Klimaerwärmung die Eisdecke im Sommer stark reduziert. Die Arktis erwärmt sich schneller als jeder andere Erdteil. Da das weiße Eis, das die Sonnenstrahlung reflektiert, abnimmt und das dunklere Wasser, das die Strahlung absorbiert, zunimmt, wird die Erwärmung noch verstärkt. Der Verlust des Meereises kann alle Lebensformen beeinträchtigen. Das Phytoplankton kann durch das zusätzliche Licht zunehmen, doch andere Organismen an der Basis der Nahrungskette, etwa das Zooplankton, können benachteiligt werden, was wiederum Fischen und Vögeln schadet. Der Verlust des Meereises reduziert den Lebensraum der Hundsrobben, Walrosse und Eisbären. Dadurch sind die Tiere großem Stress ausgesetzt, und es kann auch gefährlich für die Menschen werden, wenn Bären auf der Nahrungssuche in Siedlungen eindringen.

### Menschen des Nordens

Schon seit Jahrtausenden haben Menschen in der Arktis gelebt, etwa die nordamerikanischen Inuit, die nordeuropäischen Samen und die russischen Nenzen. Sie alle haben Eisfischen, Paddeln und Hundeschlitten entwickelt, mindestens 9000 Jahre alte Traditionen, die mittels moderner Technik auch heute noch fortgeführt werden.

Jahrhundertelang versuchten westliche Forscher, eine Passage durch die Arktis zwischen dem Nordatlantik und Pazifik zu finden, was erst im 19. Jahrhundert gelang. Heute befürchtet man, dass die Erwärmung der Arktis zu zunehmendem Verkehr, Fischfang und Bergbau führt. Um sie zu schützen, unterzeichneten 2015 die USA, Kanada, Russland, Grönland (Dänemark) und Norwegen einen Vertrag, der das Fischen rund um den Nordpol verbietet.

**Eisbär**
Der Eisbär (*Ursus maritimus*) nutzt das Meereis, um zu rasten, zu wandern und seine Jungen zu gebären. Außerdem legt er lange Distanzen schwimmend zurück. Wo sich Eis und Wasser treffen, jagen Eisbären ihre Lieblingsbeute, die Ringelrobbe (*Pusa hispida*).

**»Arktis«** bedeutet übersetzt **»des Bären«** und bezieht sich auf das Sternbild **Großer Bär** am Nordhimmel.

**Leben im kalten Wasser**
Die meisten Haie bevorzugen warmes Wasser, doch der Grönlandhai (*Somniosus microcephalus*) lebt in der Arktis und im hohen Norden des Atlantiks. Diese langsam schwimmenden und wachsenden Tiere können vermutlich bis zu 400 Jahre alt werden.

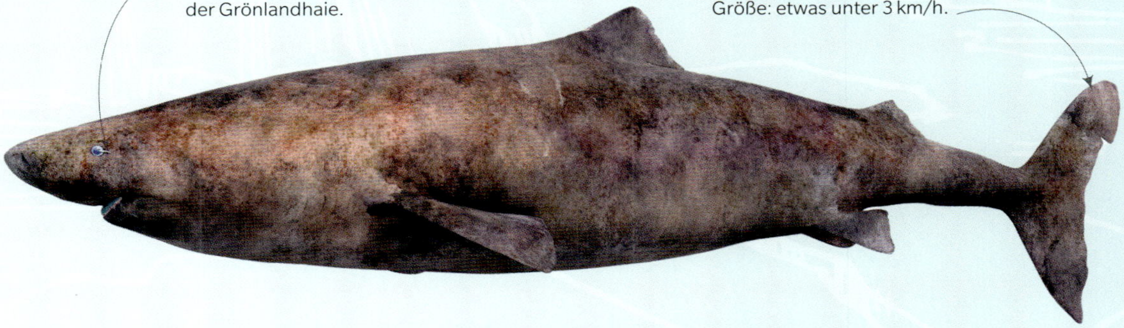

**Parasitische Ruderfußkrebse** befallen die Augäpfel der Grönlandhaie.

**Die Frequenz der Schwanzschläge** und die Geschwindigkeit sind gering für einen Fisch dieser Größe: etwas unter 3 km/h.

# Walross

*Odobenus rosmarus*

Der wissenschaftliche Name des Walrosses bedeutet »zahnlaufendes Seepferd« – ein Hinweis auf die großen Stoßzähne, mit denen sich die Tiere fortbewegen, Nahrung suchen und Löcher in das Eis schlagen.

**Indigene Schnitzerei**
Diese aus einem Walrosszahn geschnitzte Figur der Thule aus dem Nordwesten Grönlands sollte den Besitzer vor Feinden schützen.

Walrosse leben in der Arktis und unter subarktischen Bedingungen und suchen dort im seichten Wasser nach Nahrung. Diese besteht aus Muscheln und Schnecken, die sie aus den Schalen ziehen, indem sie mit ihrer Zunge ein Vakuum erzeugen. Walrosse verbringen zwei Drittel ihres Lebens im Wasser, wo sie auch ihre Jungen gebären und schlafen. Um in der Nähe des Meereises zu bleiben, unternehmen sie Wanderungen, bei denen sie in Gruppen außerhalb des Wassers rasten. Da die Klimaerwärmung das Meereis zum Schmelzen bringt, verlieren die Tiere ihren Lebensraum und sind gezwungen, das Land oder ungewohnte Gegenden aufzusuchen. Die bis zu 3,7 m langen Bullen sind etwa ein Drittel größer als die Kühe. Beide Geschlechter tragen Stoßzähne, bei denen es sich um lange Eckzähne handelt. Sie schlagen sie ins Eis und ziehen so ihren Körper aus dem Wasser. Zur Paarungszeit setzen Männchen sie als Waffen ein, doch sie können auch zur Verteidigung gegen Fressfeinde wie Eisbären und Schwert-

wale dienen. Im 16. Jahrhundert glaubten die Menschen, dass Walrosse sich zum Schlafen mit den Stoßzähnen an die Klippen hängen und so leicht zu erbeuten seien.

**Walrossjagd**
Indigene Völker haben Walrosse seit Tausenden von Jahren gejagt. Sie aßen das Fleisch, schnitzten aus den Zähnen Werkzeuge, nutzten den Blubber als Brennstoff und die Häute zur Abdeckung von Booten. Kommerzielle Jagd vom 17. bis 19. Jahrhundert ließ die Populationen schwinden, bis Walrosse 1952 unter Schutz gestellt wurden.

***Das Walross und der Zimmermann***
Sir John Tenniels 1871 veröffentlichte Zeichnung stammt aus Lewis Carrolls *Alice hinter den Spiegeln*.

## Die Stoßzähne von männlichen Walrossen können bis zu 1 m lang werden.

**Gruppenleben**
Walrosse sind gesellige Tiere, die sich oft in großen Gruppen zusammenfinden, wobei es aber auch zu teils heftigen Kämpfen und Auseinandersetzungen kommen kann.

**An Land ziehen**
Als sein Schiff im Jahr 1916 am Meereis zerschellte, musste der britische Polarforscher Ernest Shackleton die Flucht ergreifen. Dieses Bild zeigt ihn mit seinen Männern nach einer 1300 km langen Seereise im Rettungsboot bei der Landung in Südgeorgien.

# Südlicher Ozean

**Der Kontinent Antarktika ist vollständig vom Südlichen Ozean umgeben. Anders als andere Ozeane hat er keine klar definierte Grenze, sondern bildet einen Ring um die südlichsten Breitengrade der Erde. Der Südliche Ozean ist für seine rauen Wellen und Stürme sowie für seine Tierwelt bekannt.**

**Wilde Welt**
Tiefe, kalte antarktische Gewässer enthalten große Mengen an Nährstoffen und Sauerstoff, die ein vielfältiges Ökosystem mit Seesternen, Haarsternen, Nacktkiemerschnecken, Seegurken, Schwämmen, Korallen und Asselspinnen ermöglichen.

Mit 21,96 Millionen Quadratkilometern ist der Südliche Ozean der zweitkleinste der Erde. Er ist auch der jüngste, denn er hat sich erst gebildet, als sich Antarktika vor etwa 34 Millionen Jahren von Südamerika getrennt hat. Als nördliche Grenze gilt in der Regel der 60. Breitengrad, seine südliche ist der Kontinent Antarktika.

Der dicke Eisschild, der sich auf Antarktika gebildet hat, fließt nach und nach ins Meer, wo er bis zu 50 m über die Wasserfläche hinausragendes Schelfeis bildet. Wenn Stücke davon abbrechen, entstehen neue Eisberge. Einige sind enorm: Der zuerst 2021 beobachtete Eisberg A-76 war 170 km lang. Das US National Ice Center trackt große Eisberge mit Satelliten, wenn sie aufs Meer treiben, um die Schifffahrt zu warnen.

Der Südliche Ozean spielt eine entscheidende Rolle bei der Zirkulation des Wassers durch die Ozeane. Er ist mit dem Südatlantik, dem Südpazifik und dem Indischen Ozean verbunden. Sein eigenes komplexes Strömungsmuster schließt die längste Strömung der Welt ein: den Antarktischen Zirkumpolarstrom, der den Kontinent kontinuierlich in östlicher Richtung umkreist. Außerdem sinkt das durch die von Antarktika kommenden Winde abgekühlte Wasser zum Meeresgrund und fließt dort nach Norden. An der Antarktischen Konvergenz trifft dieses kalte Wasser auf wärmeres aus den drei angrenzenden Ozeanen. Die Mischung und der Auftrieb der Strömungen in diesem Bereich sorgen für große Sauerstoff- und Nährstoffmengen, die Massen an Phytoplankton und Krill ernähren. Diese Organismen bilden wiederum die Basis der Nahrungsketten, die Tiere wie

**Der aufblasbare Rüssel** verstärkt das Brüllen der Bullen, die andere Bullen herausfordern.

**Südlicher See-Elefant**
Die größte Hundsrobbe der Welt ist der Südliche See-Elefant (*Mirounga leonina*). Er bewohnt die Inseln vor den Küsten Antarktikas.

Würmer, Weichtiere, Krebstiere und Fische bis hin zu Vögeln, Robben und Walen umfassen.

**Antarktische Tierwelt**

Trotz der rauen Bedingungen wird Antarktika von vielen verschiedenen Tieren besiedelt, die an Land, im Meer und auf dem Eis leben. Einige Arten gibt es ansonsten nirgendwo auf der Erde, etwa die Antarktisfische (Notothenioidei), deren Blut Glykoproteine als Frostschutzmittel enthält. Vögel wie die Albatrosse nisten auf dem felsigen Boden Antarktikas. Robben und Wale suchen im eisigen Wasser ihre Nahrung. Am engsten mit Antarktika assoziiert werden jedoch Pinguine (siehe S. 188–191). Unter ihnen ist der Kaiserpinguin (*Aptenodytes forsteri*) der größte. Er brütet im antarktischen Winter, wobei die Eltern bis zu 120 km zwischen dem Brutplatz und dem Meer hin und her wandern.

»Wir waren ein winziger Fleck in der Weite des Meeres – der Ozean steht allen offen und ist keinem gnädig.«

ERNEST SHACKLETON,
*South: The Story of Shackleton's Last Expedition 1914–1917,* 1919

**Im Eis zu Hause**
Vier Krabbenfresser (*Lobodon carcinophaga*) umkreisen einen Eisberg im Südlichen Ozean. Mit Millionen von Individuen sind Krabbenfresser die häufigste Robbenart der Welt. Sie leben auf dem Packeis, das in den südlichen Meeren treibt, und ernähren sich von dem in Massen vorkommenden Antarktischen Krill (*Euphausia superba*).

# Pinguine

Spheniscidae

**Die Pinguine opferten im Verlauf der Evolution die Möglichkeit zu fliegen gegen ein unvergleichliches Geschick beim Schwimmen und Tauchen. Wenige andere Vögel haben sich so ans Wasser angepasst.**

Es gibt 18 Pinguinarten. Ihre nächsten lebenden Verwandten sind wohl Röhrennasen wie Albatrosse (siehe S. 144–145), doch die Linien trennten sich schon vor rund 70 Millionen Jahren. Die Flügel der Pinguine haben sich zu robusten Flossen entwickelt, die ein kraftvolles Schwimmen unter Wasser ermöglichen. Mit ihren weit hinten am Körper positionierten Beinen können Pinguine nur aufrecht stehen oder auf dem Bauch liegen. An Land sehen sie daher unbeholfen aus, doch können sie mit ihren Füßen kräftig an der Wasseroberfläche paddeln und zum Flossenschwimmen unter Wasser wechseln.

Pinguine brüten an Land. Sie benötigen sichere Plätze, um das Wasser verlassen zu können, und die meisten können weit laufen und athletisch springen. Ihre Gegenstücke der nördlichen Hemisphäre, die Alkenvögel (Alcidae), können noch fliegen und nisten außer Reichweite von Fressfeinden an Klippen. Der ausgestorbene Riesenalk (*Pinguinus impennis*) war allerdings bereits flugunfähig. Möglicherweise

**An der Küste von Phillip Island** befinden sich Schutzgebiete für Meeresvögel wie Pinguine und Möwen.

**Ein kleines Abenteuer**
Auf Phillip Island, Australien, kann man Zwergpinguine (*Eudyptula novaehollandiae*) beobachten, wenn sie in der Dämmerung an Land kommen.

**Das dunkle Rückengefieder** tarnt die Pinguine, wenn sie von Prädatoren im Wasser von oben betrachtet werden.

haben westliche Forscher, die zum ersten Mal die später als Pinguine bezeichneten Tiere sahen, diese nach der Gattung des Riesenalks benannt.

### Bedeutung der Umgebung

Nicht fliegen zu können, begrenzt die Brutmöglichkeiten, doch sind Pinguine auf der Südhalbkugel weit verbreitet. Der Galapagos-Pinguin (*Spheniscus mendiculus*) bewohnt jedoch verschiedene Galapagos-Inseln in der nördlichen Hemisphäre. Bekannt sind Pinguine allerdings vor allem als antarktische Vögel, wobei der Kaiserpinguin (*Aptenodytes forsteri*) der einzige ist, der im Winter in Antarktika brütet. Adeliepinguine (*Pygoscelis adeliae*) brüten ebenfalls in Antarktika und Zügel- (*Pygoscelis antarcticus*), Esels- (*Pygoscelis papua*) und Goldschopfpinguine (*Eudyptes chrysolophus*) haben kleine Brutkolonien auf dem Kontinent. Zusammen bilden diese Arten eine Gesamtbrutpopulation von etwa 20 Millionen Paaren. Andere Arten brüten weiter nördlich auf den subantarktischen Inseln sowie an den Küsten Südamerikas, Afrikas und Teilen Australasiens.

Wie die meisten Seevögel brüten Pinguine in Kolonien. Da sie ihre Nahrung im offenen Meer finden, müssen sie kein Revier an Land verteidigen. Vorteile der Gruppe sind die gemeinsame Wachsamkeit gegenüber Fressfeinden und in manchen Fällen das gegenseitige Wärmen. Erwachsene Pinguine haben an Land nur wenige Feinde, doch

Das **Pigment Spheniscin** verleiht **vielen Pinguinen** ihre **gelbe Farbe.**

»Im Moment sind Pinguine der einzige Lichtblick … man kann nicht wütend sein, wenn man sie anschaut.«

JOHN RUSKIN, Brief an Charles Eliot Norton, 1860

**Aus der Dunkelheit**
Wenn die permanente Nacht des antarktischen Winters endet und die Tage heller werden, wachsen die jungen Kaiserpinguine unter der Aufsicht ihrer Eltern schnell heran.

**Das dichte, fellartige Gefieder** und eine dicke Schicht Körperfett halten die Pinguine in ihrem eisigen, windigen Lebensraum warm.

### ANPASSUNGEN ANS WASSER

Das Pinguinskelett zeichnet sich durch verschiedene Anpassungen ans Schwimmen und Tauchen aus. Den Knochen fehlen die bei flugfähigen Vögeln vorhandenen Hohlräume. Dies erhöht die Dichte des Körpers und ermöglicht schnellere und tiefere Tauchgänge. Die Beinposition verleiht beim Schwimmen unter Wasser Stromlinienform und an der Oberfläche Kraft.

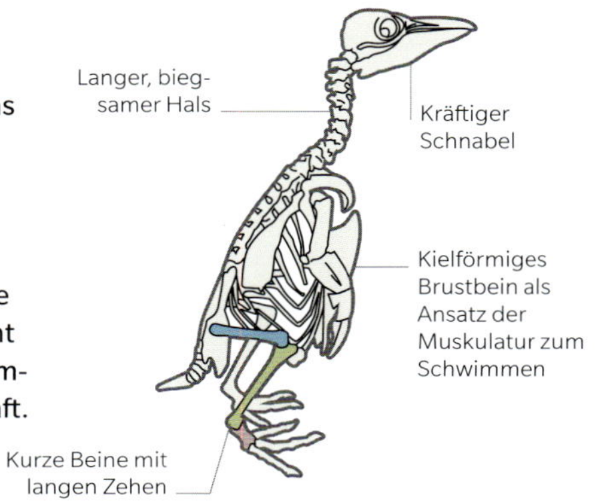


**PINGUINSKELETT**

einige Vögel und Säugetiere können ihre Eier und Küken erbeuten, sodass die Pinguine ihr Nest vehement verteidigen. Auch eingeschleppte Prädatoren wie Hermeline und Frettchen können Unheil anrichten. Der Bestand des neuseeländischen Gelbaugenpinguins (*Megadyptes antipodes*) wurde durch diese Fressfeinde stark dezimiert.

Pinguine können länger tauchen als jeder andere Vogel. Da sie auch hervorragend schwimmen und schwere Körper haben, können sie tiefe Tauchgänge unternehmen. Bei einem Kaiserpinguin ist eine Tauchtiefe von 564 m gemessen worden, die Art taucht regelmäßig 200 m tief. Wegen des hohen Hämoglobin-Anteils kann ihr Blut viel Sauerstoff aufnehmen. Beim Tauchen wird der Stoffwechsel heruntergefahren, sodass Sauerstoff und Energie effizient genutzt werden. Unter Wasser kann der Kaiserpinguin 11 km/h schnell schwimmen. Der kleinere Eselspinguin erreicht sogar 36 km/h und ist damit schneller als die meisten Robben.

Außerhalb der Brutsaison leben Pinguine auf dem Meer. Wenn sie Küken aufziehen, würgen sie für diese zuvor gefangenen Fisch aus. Die heranwachsenden Küken bilden oft große Krippen (Crèches) und sind so vor Fressfeinden geschützt, solange ihre Eltern auf Fischfang sind. Zurückkehrende Eltern werden von jedem Küken

Kaiserpinguine können bis zu 20 Minuten lang tauchen.

**Tropische Ausnahme**
Der Galapagos-Pinguin hat das nördlichste Verbreitungsgebiet aller Pinguine und schwimmt zur Brutzeit in äquatorialen Gewässern.

angebettelt, doch sie reagieren nur auf den Ruf ihres eigenen Nachwuchses. Stirbt ein Jungtier, können die Eltern ein anderes adoptieren (oder es versuchen). Ebenso ausgeprägt wie das Brutpflegeverhalten ist auch die Paarbindung. Die Paare finden meist jedes Jahr wieder zusammen.

### In Mythos und Kultur

In der Mythologie der Maori finden sich der Gelbaugenpinguin und der Dickschnabelpinguin (*Eudyptes pachyrhynchus*) oder »Tawaki« der neuseeländischen Südinsel. Letzterer soll die Inkarnation eines Sturmgotts sein, der Blitze in Form seiner gelben Federn über den Augen trägt.

Pinguine sind für ihr schwarz-weißes Gefieder bekannt, das an förmliche Kleidung erinnert. Eine schwarze Oberseite und ein weißer Bauch sind bei Seevögeln nicht ungewöhnlich, denn sie bieten eine Form der Tarnung: Sowohl bei der Betrachtung von oben als auch von unten sind die Vögel dadurch schlechter zu erkennen.

Bei manchen **Arten** wurden **gleichgeschlechtliche Paarungen** beobachtet.

**Neuseeländische Riesen**
Fossilien belegen, dass einige ausgestorbene Arten viel größer als die heutigen waren. Der Neuseeländische Riesenpinguin (*Pachydyptes ponderosus*, rechts) maß bis zu 1,3 m und der australische *Palaeeudyptes klekowskii* sogar über 2 m.

**ESELSPINGUIN**
*Pygoscelis papua*
Dieser am schnellsten schwimmende Vogel der Welt legt beim Beschleunigen die Flügel an, um den Wasserwiderstand zu verringern. So entkommt er Schwertwalen und Seeleoparden.

**ZÜGELPINGUIN**
*Pygoscelis antarctica*
Mit einem Bestand von rund acht Millionen Tieren ist der Zügelpinguin eine der häufigsten Pinguinarten. Er brütet auf subantarktischen Inseln und frisst Fische, Krill und Garnelen.

**FELSENPINGUIN**
*Eudyptes chrysccome*
Der Felsenpinguin ist die kleinste Art der Schopfpinguine. Er bewegt sich sehr geschickt hüpfend fort und nutzt dabei seine Flügel zum Balancieren.

# Seeleopard

*Hydrurga leptonyx*

**Der Seeleopard trägt seinen Namen wegen seines gefleckten Fells. Dieser antarktische Prädator ähnelt auch ansonsten einem Leoparden, mit großen Kiefern und Zähnen sowie einer schnellen, wilden Jagdtechnik.**

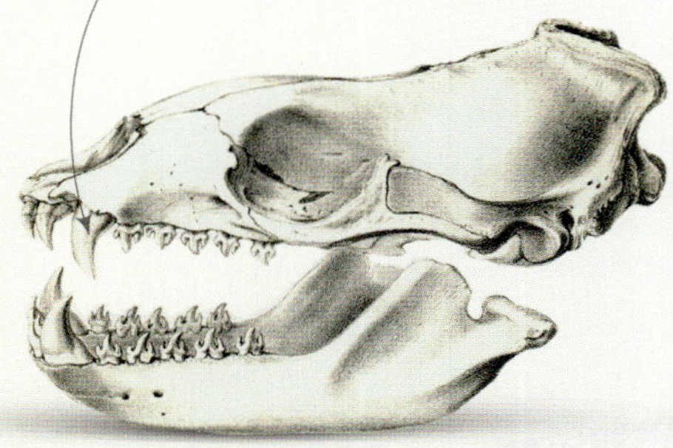

**Die Zähne** sind für die Jagd und das Filtrieren geeignet.

**Schädelprofil**
Seeleoparden haben einen großen, bis zu 42 cm langen Schädel.

Der überwiegend in der Antarktis vorkommende Seeleopard ist nach den See-Elefanten-Arten die größte Hundsrobbe. Er hat einen stromlinienförmigen Körper und die Weibchen sind mit bis zu 3,7 m Länge größer als die Männchen.

Unter Wasser ermöglichen der muskulöse Körper und die schmalen Vorderbeine hohe Geschwindigkeiten und eine beeindruckende Wendigkeit. Seeleoparden erreichen im Wasser bis zu 40 km/h und können blitzschnell wenden. Diese Fähigkeiten sind nötig, um ihre wichtigste Beute zu fangen – schnell schwimmende Pinguine. Daneben jagen sie auch andere Seevögel, Kalmare, Fische und kleinere Robben.

Auf dem Eis oder an Land sind Seeleoparden langsamer, da ihnen die Vorderbeine nicht genügend Stütze bieten. Stattdessen bewegen sie sich windend und robbend. Obwohl das relativ schnelle Bewegungen erlaubt, kann ihre potenzielle Beute, meist Pinguine, oft entkommen.

## Kraftvolle Kiefer und Zähne

Die gewaltigen Kiefer am großen Schädel des Seeleoparden lassen sich so weit öffnen, dass ein menschlicher Kopf hineinpassen würde. An den Seiten ist das Maul hochgezogen, was dem Tier einen täuschend freundlichen Gesichtsausdruck verleiht. Die langen, spitzen Eckzähne ähneln denen eines Bären oder einer Großkatze. Mit ihnen kann der Seeleopard schnelle, schlüpfrige Beute packen und zerreißen. Weiter hinten stehen Reihen ineinander greifender Zähne, mit denen kleinere Organismen aus dem Wasser gesiebt werden können. Insbesondere jüngere Seeleoparden erbeuten so den garnelenartigen Krill, den es in der Antarktis zu Billionen gibt.

## Auf dem Eis

Seeleoparden jagen gern zwischen dem Packeis und nutzen Eisschollen, um darauf zu ruhen und dem Schwertwal aus dem Weg zu gehen, ihrem

**Neugierige Tiere**
Ein großer weiblicher Seeleopard treibt auf dem antarktischen Meereis und richtet sich auf, um einen Blick auf den Fotografen zu werfen. Weibchen sind neugierig und verhalten sich Menschen gegenüber manchmal verspielt – aber sie sind gefährlich.

einzigen Fressfeind. Manchmal patroullieren sie an den Rändern des Eises und warten auf ins Wasser springende Pinguine. Wie andere polare Hundsrobben gebären die Weibchen ihre Jungen auf dem Eis. Sie kümmern sich um ihr einzelnes Jungtier und graben ihm eine Mulde als Nest.

Seeleoparden sind Einzelgänger, die sich nur zur Paarung treffen. Um ein Weibchen anzulocken, hängt das Männchen kopfüber im Wasser und singt ein individuelles Lied.

**Jäger und Beute**
Diese Abbildung aus einem 1839 erschienenen Zoologiebuch zeigt einen Seeleoparden und verschiedene Seevögel, die er erbeutet.

Der Kopf eines **Seeleoparden** ist etwa so groß wie der eines **Grizzlybären.**

**Die Augen** befinden sich anders als bei anderen Hundsrobben seitlich am Kopf.

KAPITEL 5

# Unter den Wellen

Die Tiefen der Ozeane bilden einen der letzten echten Grenzbereiche der Erde. In der Wassersäule reichen die Bedingungen von den warmen, vor Leben wimmelnden oberen Wasserschichten bis zum gewaltigen Druck und der völligen Dunkelheit der Tiefsee.

# Epipelagial

**Das Leben floriert in dieser oberen Zone der Ozeane. Hier lebt eine Mischung aus Spitzenprädatoren, riesigen Fischschwärmen und Unmengen von Plankton sowie Algenwäldern und Seegraswiesen.**

**Das Epipelagial** umfasst **etwa 3 Prozent** der Meere der Welt.

Das vom Sonnenlicht beschienene Epipelagial umfasst die Meereszonen zwischen der Oberfläche und Tiefen von bis zu 200 m. Es handelt sich um die im Vergleich wärmste und hellste der Zonen (siehe S. 32–33). Aristoteles (384–322 v. Chr.) beschrieb viele marine Arten dieser Zone in seinem Werk *Historia animalium*, in einer der ersten meeresbiologischen Schriften. Heute weiß man aber, dass er dabei lediglich auf einen Bruchteil der in dieser Zone vorkommenden Lebewesen einging. Das gesamte Spektrum des ozeanischen Lebens hängt vom Epipelagial ab. Da es vom Sonnenlicht durchflutet ist, leben hier die winzigen Organismen des Phytoplanktons,

**Leben im Sonnenlicht**
Stechrochen, Riffhaie und Falterfische schwimmen über den Korallenriffen von Bora Bora, Französisch-Polynesien.

**Schnecken der hellen Zonen**
Nacktkiemer sind gehäuselose Meeresschnecken. Diese Vierfarben-Fadenschnecken (*Godiva quadricolor*) aus dem Mittelmeer sind für ihre bunten Farben bekannt.

die ihre Energie über die Fotosynthese gewinnen und die Basis der Ökosysteme der Meere bilden.

### Die Nahrungskette der Meere

Es gibt zwei wichtige Gruppen innerhalb des Phytoplanktons: mikroskopisch kleine Algen und Cyanobakterien. Die Algen vermehren sich in riesiger Zahl. Ein Eimer Wasser von der Meeresoberfläche kann 15 Millionen von ihnen enthalten. Geschätzte 100 Quadrillionen Cyanobakterien leben im Meer. Insgesamt sind es etwa 6000 Milliarden Tonnen fotosynthetisch aktiven Planktons, die alljährlich entstehen (siehe S. 198–199). Dieses Phytoplankton vermehrt sich im Frühjahr und das winzige Zooplankton ernährt sich von ihm. Dieses wird wiederum von Ruderfußkrebsen erbeutet, sandkorngroßen Krebstieren. Von ihnen können 100 000 in einem Kubikmeter Meerwasser enthalten sein. Verschiedenste Arten von Fischen, Seevögeln und Walen ernähren sich wiederum von den verschiedenen Ruderfußkrebsen.

### Sonnenbeschienene Lebensräume

Korallenriffe (siehe S. 204–207), Kelpwälder (siehe S. 118–119), Feuchtgebiete der Küste und aus Golftangen (*Sargassum*) bestehende Inseln (siehe S. 158–159) sind wichtige Lebensräume des Epipelagials. Insbesondere die in kaltgemäßigten Meeren wachsenden Kelpwälder gehören zu den produktivsten marinen Ökosystemen der Welt. Riesentang (*Macrocystis pyrifera*) kann an einem Tag rund 50 cm wachsen und insgesamt über 30 m lang werden. Diese nährstoffreiche Umgebung ist nicht nur eine reichliche und zuverlässige Nahrungsquelle, sondern bietet auch Rückzugsmöglichkeiten und Schutz für die verschiedensten Tiere, von Wirbellosen bis zu marinen Säugetieren.

**Meerestiere**
Dieses Gemälde aus dem 15. Jahrhundert zeigt die fiktive Geschichte, nach der Alexander der Große versucht hat, den Ozean zu erobern. Hier wird er in das von Leben wimmelnde Wasser hinabgelassen.

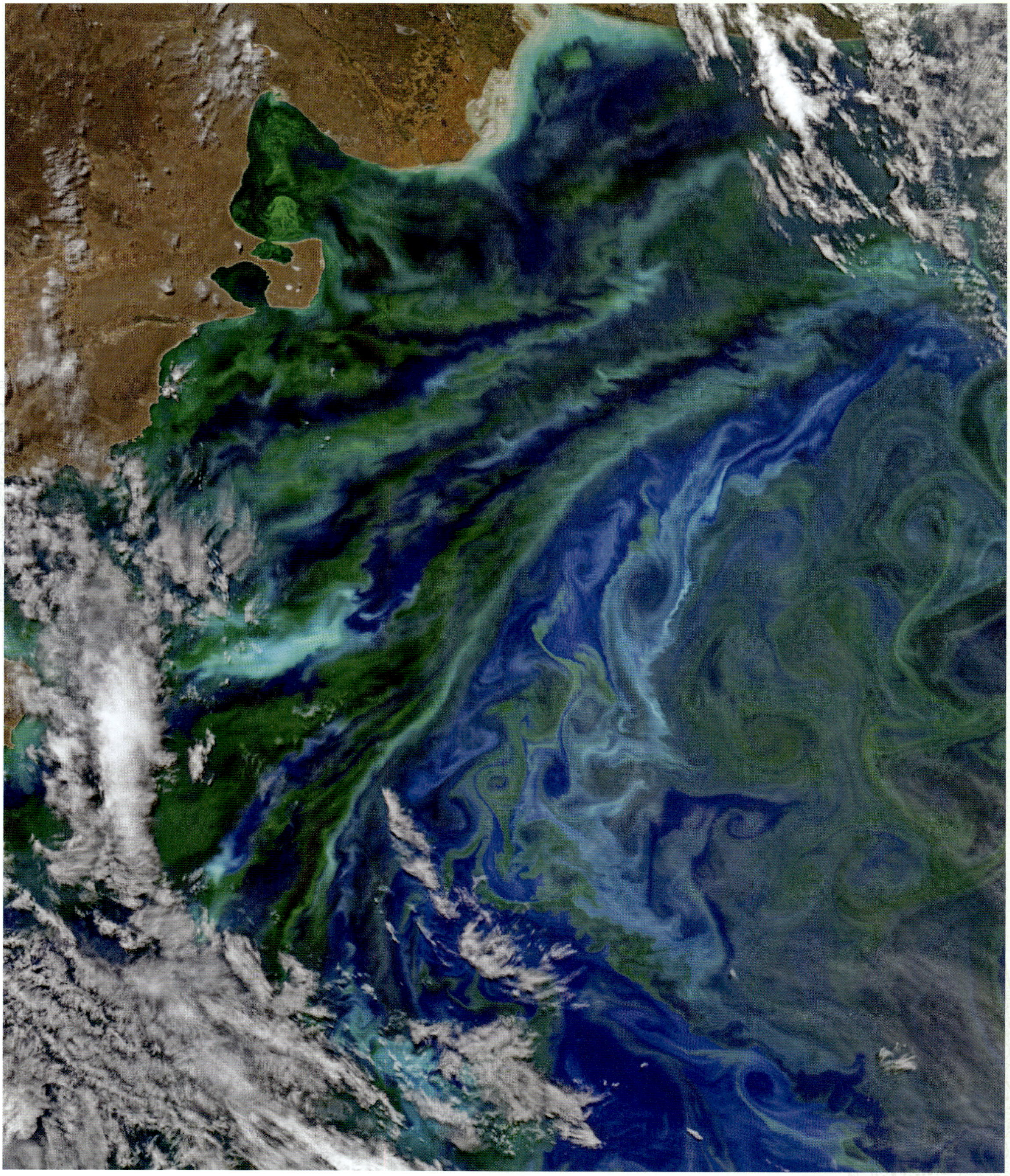

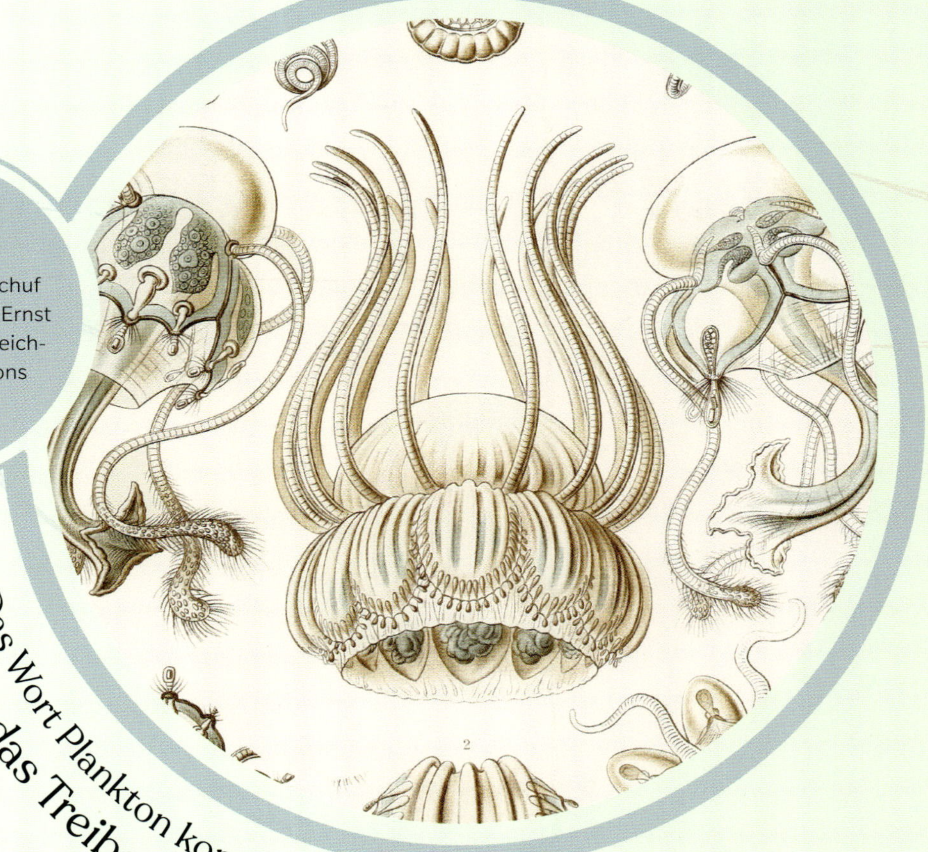

**Detailliert gezeichnet**
Im 19. Jahrhundert schuf der deutsche Biologe Ernst Haeckel detaillierte Zeichnungen des Planktons wie diese.

Das Wort Plankton kommt vom griechischen Planktos, das Treiben oder Wandern bedeutet.

# Plankton

**Das Plankton besteht aus einer Vielfalt von Meeresorganismen, die mit der Strömung transportiert werden. Es gibt mehr Plankton im Meer als Sterne am Himmel. Planktonblüten sind sogar aus dem Weltall zu erkennen.**

Das Plankton umfasst viele verschiedene Lebensformen, teils mikroskopisch kleine Organismen wie die einzelligen Kieselalgen oder Diatomeen (Bacillariophyceae), aber auch größere wie die riesige Gelbe Haarqualle (*Cyanea capillata*). Sie kann zwar 2 m Länge erreichen, vermag aber trotzdem nicht aktiv gegen die Strömung des Wassers anzuschwimmen.

Man unterscheidet zwei Haupttypen von Plankton. Phytoplankton umfasst Bakterien und Algen, darunter Einzeller wie Kieselalgen und Dinoflagellaten (auch Panzergeißler; Dinoflagellata). Zooplankton besteht aus Tieren, darunter Krill (Euphausiacea) – garnelenartige Krebstiere – und Salpen (Salpidae). Sie bilden die Nahrung vieler anderer Tiere, sodass das Nahrungsnetz der Meere ohne sie kollabieren würde.

Menschen kennen Plankton schon seit Jahrhunderten: Im Jahr 1673 betrachtete der Niederländer Antoni van Leeuwenhoek erstmals Planktonorganismen durch ein einfaches Mikroskop. Doch erst 200 Jahre später prägte der deutsche Biologe Victor Hensen den Begriff »Plankton«.

Mit der Erwärmung der Ozeane gehen Veränderungen hinsichtlich Verbreitung und Häufigkeit des Planktons einher, denn verschiedene Arten bevorzugen unterschiedliche Temperaturen. Da Plankton eine so wichtige Nahrungsquelle ist, kann das weitreichende Auswirkungen auf die globale marine Nahrungskette haben.

**Satellitenbilder**
Dieses bearbeitete NASA-Bild zeigt große Phytoplankton-Wirbel in einem nährstoffreichen Gebiet des Atlantischen Ozeans vor Südamerika.

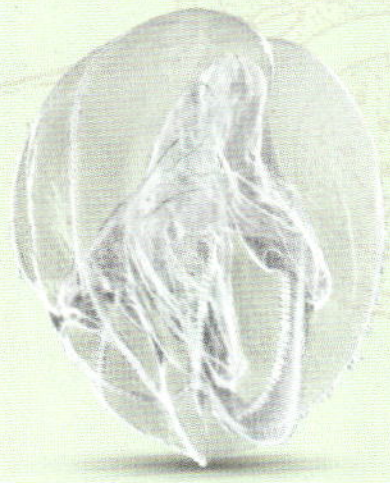

**RIPPENQUALLE**
Ctenophora
Die gallertigen Körper der Rippenquallen tragen zu Rippen zusammengefasste kammartige Plättchen, die in Regenbogenfarben schillern und die Tiere durch das Wasser bewegen.

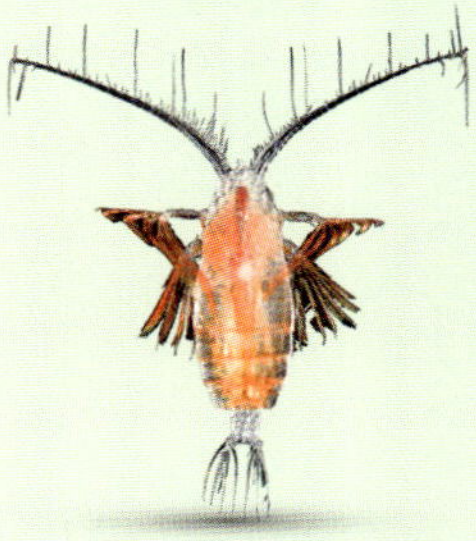

**RUDERFUSSKREBS**
Copepoda
Diese winzigen Krebstiere des Planktons sind nur 1–2 mm lang, doch einige können in nur einer Stunde Entfernungen von 90 m zurücklegen.

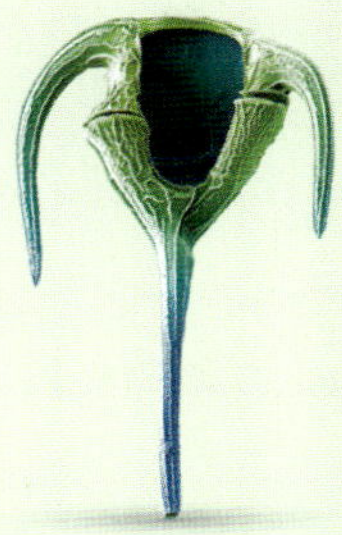

**DINOFLAGELLAT**
Dinoflagellata
Dinoflagellaten zählen zum Phytoplankton. Die einzelligen Algen sind die Basis verschiedener mariner Nahrungsnetze.

**Unterwasserstudie**
Unter den 75 Arten, die hier in Christian Schüsseles Unterwasserlandschaft zu sehen sind, finden sich unter anderem Seepferdchen und weitere Fische, Seeanemonen, Hummer, Seesterne, Entenmuscheln und Tange. Das Aquarell ist 1859 entstanden, als Illustration zu der Publikation *Ocean Life*, verfasst von dem aus Philadelphia stammenden Arzt und Amateur-Naturforscher James M. Sommerville. Dies war eine von mehreren Arbeiten, die das wachsende Interesse am Leben in den Meeren Mitte des 19. Jahrhunderts verdeutlichten, ausgelöst durch die Verlegung der ersten transatlantischen Kabel.

# Seetange

**Als Tange werden über 12 000 Arten pflanzenähnlicher mariner Organismen bezeichnet, die Fotosynthese betreiben. Sie haben keine Wurzeln und transportieren Nährstoffe per Diffusion durch ihre Körper.**

Seetange sind große, vielzellige Meeresalgen, die auf der Basis ihrer fotosynthetisch aktiven Pigmente drei Gruppen zugeordnet werden können: Grün-, Rot- und Braunalgen. Die meisten Tange sind deutlich einfacher aufgebaut als Landpflanzen. Sie haben keine Wurzeln, Stängel und Blätter. Stattdessen besitzen sie ein Rhizoid, mit dem sie am Untergrund verankert sind, ein stängelähnliches Cauloid sowie flache, blattähnliche Phylloide. Viele Arten haben gasgefüllte Blasen, die ihr Gewebe näher zum Licht bringen.

Es gibt die unterschiedlichsten Tange – einige sind mit bloßem Auge kaum sichtbar, andere wachsen zu gigantischen Unterwasserwäldern heran, die zu den produktivsten Lebensräumen der Erde gehören.

### Nahrung und Medizin

Menschen haben Tange schon seit Jahrtausenden geerntet. Viele Arten sind essbar und stellen in Ostasien und anderen Teilen der Welt einen wichtigen Teil der Nahrung dar. In vielen Kulturen wurden Tange auch für medizinische Zwecke eingesetzt. Die frühesten Referenzen stammen aus dem *Gilgamesch-Epos* (um 2100 v. Chr.), in dem der Held Gilgamesch auf der Suche nach einem verjüngenden Tang auf den Meeresgrund hinabtaucht. Später nutzten die Römer Tange, um Wunden, Verbrennungen und Ausschläge zu behandeln. Es gibt Hinweise darauf, dass die Ägypter sie zur Behandlung von Tumoren eingesetzt haben. Heute nutzt man sie für verschiedene Produkte, von Kosmetika bis zu Tierfutter und Dünger.

Die Bedeutung der Tange reicht allerdings noch viel weiter. Sie bieten großartige Lebensräume hoher Diversität und Kinderstuben für Fische und andere Meerestiere, schützen die Küsten vor den Wellen, filtern Schadstoffe aus dem Wasser und verbessern die Wasserqualität. Sie liefern auch Lebensräume, Nahrung und Laichgebiete für viele andere Arten wie Fische, Schildkröten, Seevögel und Krabben.

**KALKROTALGE**
Corallinales
Die meisten Algen haben weiche Gewebe, doch Kalkrotalgen nehmen Kalziumkarbonat in ihre Zellwände auf, sodass sie hart und für die meisten Tiere unbekömmlich sind.

**MEERSALAT**
*Ulva lactuca*
Dieser weit verbreitete Tang erinnert mit seiner leuchtend grünen Farbe an Salatblätter. Das Gewebe ist fast durchsichtig, da es nur zwei Zelllagen dick ist.

### TIEFENABHÄNGIGE PIGMENTIERUNG

**Die Pigmente geben vor, wo ein Tang leben kann. Jedes Pigment absorbiert unterschiedliche Wellenlängen des Lichts, die in verschiedenen Tiefen vorliegen. Rotalgen leben in den tiefsten Bereichen, Grünalgen im Flachwasser und Braunalgen dazwischen.**

**Riesentang**
Der über 50 m lang werdende Riesentang (*Macrocystis pyrifera*) ist der größte Tang der Welt.

**Die Phylloide** können 60 cm pro Tag wachsen.

**Große Vielfalt**
Tange gibt es in unterschiedlichen Farben und Formen, wie diese Lithografie des französischen Künstlers Adolphe Philippe Millot (1857–1921) zeigt.

17
35
29
33
46
47
42
20
5
36
30
16
3
41
1
8
39
19
4
34
31
32
7
2
15
40
6
21
18
13
23
37
43
44
14
22
27
45
24
28
9
10
26
38
25
11
12

**Es wimmelt von Leben**
Steinkorallen bieten Weichkorallen ein Substrat und Fischen Nahrung und Verstecke vor Fressfeinden, wie in diesem Riff vor den pazifischen Fidschi-Inseln.

**Laichende Koralle**
Korallen wie diese Bergige Sternkoralle laichen in der Nacht, oft bei Vollmond. Die Polypen stoßen gleichzeitig Millionen von Eiern und Spermienbündeln in das Wasser aus.

# Korallenriffe

Die oft als Regenwälder der Ozeane bezeichneten Korallenriffe sind die vielfältigsten aller Ökosysteme. Obwohl sie weniger als ein Prozent des Meeresbodens bedecken, ernähren und beherbergen sie 25 Prozent aller marinen Arten.

Riffe können zu imposanten Strukturen aufragen, doch sie werden von winzigen Organismen erbaut: von Korallenpolypen, die mit den Quallen und Seeanemonen verwandt sind. Einige Polypen sind solitär, doch viele leben in Millionen von Individuen umfassenden Kolonien.

Das größte Korallenriffsystem der Welt ist das Great Barrier Reef vor der nordöstlichen Küste Australiens (siehe S. 210–211). Es ist 344 400 Quadratkilometer groß und umfasst mehr als 2900 einzelne Riffe. Das südostasiatische Korallendreieck bedeckt sechs Millionen Quadratkilometer küstennahen Meeresgrunds im Pazifik und ist als globales Zentrum mariner Biodiversität anerkannt. Hier gedeihen 76 Prozent der Korallenarten der Welt.

## Riffbildende Korallen

Es gibt mehr als 800 Korallenarten, doch nicht alle von ihnen bilden Riffe. Riffbildner werden als Steinkorallen bezeichnet, da sie dem Wasser Kalziumkarbonat entnehmen und daraus ein hartes Außenskelett aufbauen können. Diese Skelette wachsen etwa 0,5 cm pro Jahr.

**Sonnendurchflutetes Wasser**
Tropische Steinkorallen gedeihen in seichten, warmen Gewässern, wie diese Tischkoralle aus dem Atoll Gaafu Alifu, Malediven, Indischer Ozean.

»Solche Gebilde gehören sicher zu den wundervollsten der Welt …«

CHARLES DARWIN, 1836

### AUFBAU EINES RIFFS

Wenn eine Korallenlarve einen festen Untergrund findet, lässt sie sich nieder und verwandelt sich in einen Korallenpolypen. Der Polyp entzieht dem Wasser Kalziumkarbonat und baut daraus seinen napfförmigen Korallenkelch auf. Mit der Zeit entstehen weitere Korallenkelche, deren Polypen über dünne Gewebebrücken miteinander verbunden sind. Im Verlauf von Jahrzehnten und Jahrhunderten werden die Korallenkolonien immer höher und breiter.

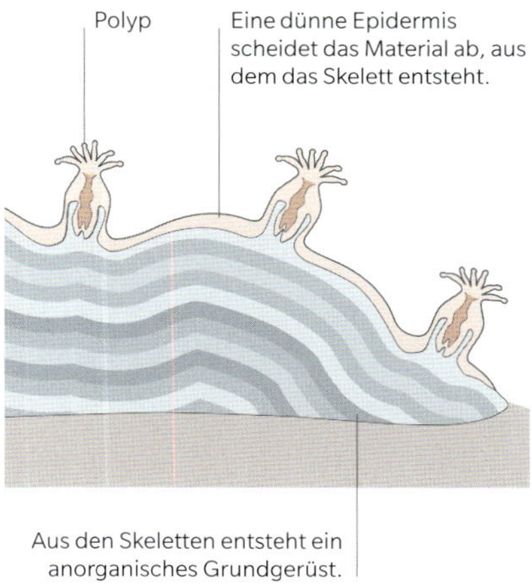


KORALLENRIFF

Die Mundöffnung eines jeden Polypen ist von einem Ring nesselnder Tentakel umgeben, mit denen er Plankton und kleine Fische erbeuten kann. Allerdings gewinnen viele Polypen mehr als 90 Prozent ihrer Nährstoffe aus der Symbiose mit Zooxanthellen, winzigen Algen in ihrem Gewebe. Diese erzeugen mithilfe der Fotosynthese Zucker, sodass sie die Polypen mit Nahrung und Sauerstoff versorgen können. Die Polypen geben wiederum Kohlenstoffdioxid ab, das die Zooxanthellen bei der Zuckerproduktion verwenden. Außerdem bieten die Korallen den Algen einen Lebensraum.

Riffbildende Korallen gibt es sowohl im seichten Wasser der Tropen, wo ihre Zooxanthellen genügend Sonnenlicht erhalten, als auch in Form von Tiefsee-Korallenriffen in ewiger Dunkelheit.

Haben Steinkorallen einmal das Fundament eines tropischen Riffs geschaffen, lassen sich hier auch Weichkorallen, Schwämme und Algen nieder. Aus Überresten abgestorbener Korallen und anderer Tiere entsteht Sand, der das Riff stabilisiert. Papageifische (Unterfamilie Scarinae) fressen Korallen und scheiden die kalziumreichen Überreste aus. Sterben Polypen, lassen sich neue auf ihrem Skelett nieder und erweitern das Riff im Lauf der Zeit.

Charles Darwin erkannte 1842 nach Besuch des Indischen Ozeans auf seiner Reise mit der *Beagle* als Erster die drei Haupt-Rifftypen: das Saumriff, das entlang der Küste entsteht, das Barriereriff, das von der Küste durch eine Lagune getrennt ist, und das Atoll, das sich um eine Vulkaninsel herum bildet. Diese Begriffe sind noch heute in Gebrauch, obwohl einige neue hinzugekommen sind.

## Ein empfindlicher Lebensraum

Die ersten Korallen entwickelten sich vor etwa 500 Millionen Jahren, doch unseren heutigen Arten ähnliche Riffbildner gibt es erst seit 60 Millionen Jahren. Die meisten der heutigen Riffe sind vor etwa 10 000 Jahren nach dem Ende der letzten Kaltzeit entstanden.

**Schöpfungsgesang**
Dieses Wandgemälde des auf Hawaii lebenden Künstlers Kahi Ching ist von dem Gesang »Kumulipo« inspiriert, in dem der Korallenpolyp (*ko'a*) als eine der ersten während der kosmischen Schöpfungsnacht entstandenen Lebensformen dargestellt wird.

Korallen reagieren empfindlich auf Veränderungen. Sinkt der Untergrund ab oder steigt der Wasserspiegel an, können sie absterben, weil die Fotosynthese unterbunden wird. Wird das Wasser wärmer, kälter oder wird es durch Nährstoffe belastet, stoßen die gestressten Polypen ihre Zooxanthellen aus, sodass sie ausbleichen (siehe S. 211). Chemische Veränderungen, vor allem geringere pH-Werte durch erhöhte Kohlenstoffdioxid-Konzentrationen, verschlimmern das Problem. Etwa die Hälfte aller tropischen Riffe ist im letzten Jahrhundert zerstört worden, und man befürchtet, dass im Jahr 2050 bis zu 90 Prozent verschwunden sein werden.

### Riffe und Menschen

Seit Jahrtausenden haben indigene Völker Riffe verehrt. Die Yidinji an der Küste von Queensland kennen eine Legende, nach der das Great Barrier Reef entstand, als zwei Brüder Bhiral, den Schöpfer, geärgert hatten. Bhiral schleuderte Lava in das Meer und ließ den Meeresspiegel ansteigen. Als sie abkühlte, bildete sie die Basis des Riffs. Der Nachweis von vulkanischer Aktivität vor 7000 Jahren bekräftigt diese Sage.

Heute nutzen viele Menschen die Riffe zum Fischen, als Schutz vor dem offenen Meer oder als Touristenattraktion. Rifforganismen werden auf medizinisch wirksame Stoffe untersucht, etwa gegen Krebs oder Herzkrankheiten. Um diese einzigartigen Lebensräume zu schützen, haben die Vereinten Nationen und viele Länder tropische Riffe als Schutzgebiete ausgewiesen.

**Fossiles Korallenskelett**
Diese fossile Koralle gehört zur Ordnung Scleractinia. Diese Steinkorallen entstanden in der Trias vor 252–201 Millionen Jahren. Ihre Nachfahren sind die heutigen Steinkorallen.

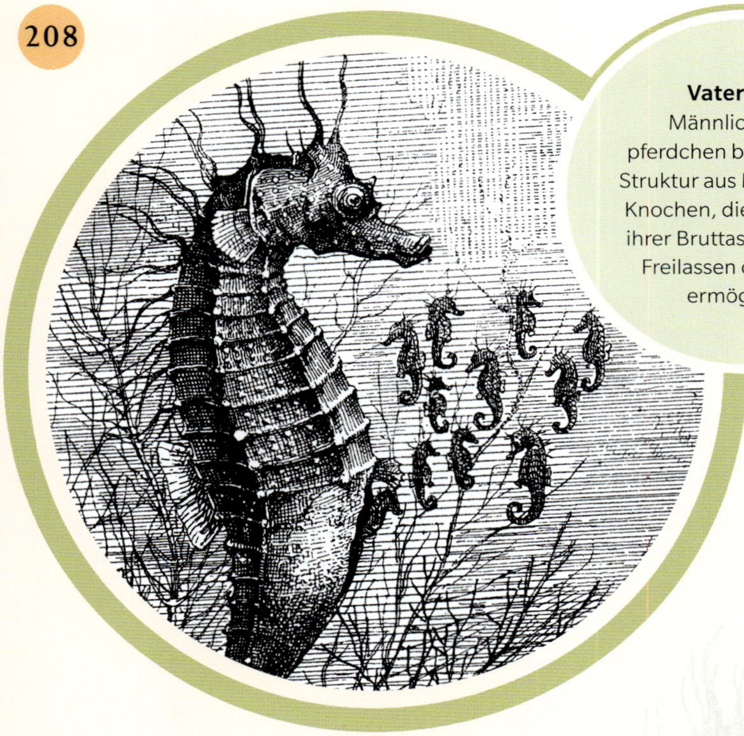

**Vaterliebe**
Männliche Seepferdchen besitzen eine Struktur aus Muskeln und Knochen, die das Öffnen ihrer Bruttasche und das Freilassen der Jungen ermöglicht.

**Kleine Brustflossen** an den Kopfseiten ermöglichen das Steuern und stabilisieren das Tier.

**Die zahnlose, röhrenförmige Schnauze** saugt kleine Krebstiere ein.

# Seepferdchen

*Hippocampus*

Seepferdchen haben die menschliche Vorstellungskraft schon seit Jahrtausenden angeregt. Sie gehören zur Gattung *Hippocampus*, übersetzt »Pferde-Seeungeheuer«. Es gibt über 45 Arten, die mit Ausnahme der kältesten Küsten weltweit verbreitet sind.

Seepferdchen leben weltweit in warmen und gemäßigten Meeren. Im 19. Jahrhundert hielt man sie fälschlich für Insekten, weil ihr gesamter Körper von einem schuppenlosen Knochenpanzer geschützt ist. Damit sie nicht von Meeresströmungen weggetrieben werden, verschaffen sie sich mit ihrem Greifschwanz festen Halt an Korallen oder Seetang. Seepferdchen schwimmen aufrecht und erreichen eine Geschwindigkeit von höchstens 1,5 m pro Stunde – damit zählen sie zu den langsamsten Fischen des Meeres.

## Hervorragend getarnt

Was ihnen an Schnelligkeit fehlt, machen Seepferdchen mit ihrer Tarnung wett. In ihrer Haut befinden sich spezielle Chromatophoren, die Pigmente enthalten und ihnen die farbliche Anpassung an die Umgebung erlauben. Durch das Verschmelzen mit dem Hintergrund können sie gleichzeitig ihrer Beute auflauern und den scharfen Augen ihrer Fressfeinde entgehen. Diese besondere Anpassung kommt auch bei der Kommunikation und der Balz zum Einsatz, wo sie vermutlich die Bindung von Männchen und Weibchen stärkt.

Besonders bemerkenswert ist, dass das Männchen die Jungen bis zur Geburt austrägt – eine Anpassung, die in ähnlicher Form nur bei den Verwandten aus der Familie der Seenadeln vorkommt. Nach einem oft lange andauernden Balztanz legt das Weibchen die Eier in eine Tasche am Bauch des Männchens, wo dieses sie besamt. Zwei bis vier Wochen später beginnt der Körper des Männchens heftig zu zucken, und bis zu 1000 voll ausgebildete Miniatur-Seepferdchen werden ausgestoßen. Die Kontraktionen kön-

**Ungewöhnliche Form**
Mit dem Gattungsnamen der Seepferdchen, *Hippocampus*, wird auch ein Teil des Gehirns bezeichnet – vermutlich wegen seiner ähnlichen Form.

**Nur mit den winzigen Rückenflossen** können sich Seepferdchen Antrieb verschaffen.

**ZWERG-SEEPFERDCHEN**
*Hippocampus bargibanti*

Diese Art wird nur 2 cm lang und ist in den farbigen Fächerkorallen, in denen sie im westlichen Pazifik lebt, gut getarnt.

**LANGSCHNÄUZIGES SEEPFERDCHEN**
*Hippocampus guttulatus*

Dieses Seepferdchen ist an der langen Schnauze und der fleischigen »Mähne« entlang des Rückens zu erkennen. Es ist eine von zwei Arten, die vor Großbritannien vorkommen.

**DICKBAUCH-SEEPFERDCHEN**
*Hippocampus abdominalis*

Mit einer Länge von 35 cm ist diese vor Australien und Neuseeland heimische Art die größte.

> »... in Wein gekocht wird ein Seepferdchen zum tödlichen Gift.«
>
> CLAUDIUS AELIANUS, *De natura animalium,* etwa 175–235

nen bis zu zwölf Stunden lang andauern. Nach der Geburt müssen die Jungen für sich selbst sorgen, und viele von ihnen enden als Nahrung für andere Meerestiere. Weniger als ein Prozent überlebt bis zur Geschlechtsreife.

### Seepferdchen und Menschen

Die ältesten bekannten Abbildungen von Seepferdchen an Höhlenwänden in Australien sind 6000 Jahre alt. Weitere finden sich in Grabkammern der Phönizier und Etrusker, und der Sarkophag einer ägyptischen Mumie ist mit einem Seepferdchen verziert. Die alten Griechen und Römer glaubten, dass Seepferdchen Lepra und Tollwut kurieren könnten. Heute gehen ihre Bestände wegen der nicht selektiven Fischerei, des Lebensraumverlusts, durch invasive Arten und den Klimawandel zurück.

**Neptuns Streitwagen**
In der römischen Mythologie wurde Neptuns Streitwagen von einem Tier gezogen, das halb Pferd, halb Fisch war. Sein Name *Hippocampus* wurde zum Gattungsnamen der Seepferdchen.

**Fischerei am Riff**
Drei Männer ziehen einen Zackenbarsch in ihren Einbaum. Derartige Boote wurden meist von den indigenen Bewohnern Australiens zur Jagd auf Rifftiere benutzt.

Der Dunkle Riesenzackenbarsch (*Epinephelus lanceolatus*) ist der größte Knochenfisch im Riff.

# Great Barrier Reef

Das vor der Nordostküste Australiens befindliche Great Barrier Reef ist nicht nur das größte Korallenriffsystem der Welt, sondern auch seine größte lebendige Struktur.

Das Great Barrier Reef erstreckt sich über 2300 km an der australischen Küste entlang und bedeckt mehr als 344 000 Quadratkilometer. Dieses riesige Netzwerk miteinander verbundener Riffe und Inseln gehört zu den Lebensräumen mit der höchsten Biodiversität und wird auch als eins der sieben Weltwunder der Natur bezeichnet. Hier leben 25 Prozent aller bekannten marinen Arten, darunter 1500 Fisch- und über 600 Korallenarten, von denen viele hier endemisch sind.

Das Great Barrier Reef begann sich vor 20 Millionen Jahren zu bilden. Als der Meeresspiegel sank, fielen die Riffe trocken und wuchsen nicht mehr, nur um bei steigendem Wasserspiegel überspült zu werden und erneut zu wachsen. Nach der letzten Eiszeit überflutete das Meer den Kontinentalschelf und die Riffe nahmen allmählich die heutige Form an. Sie bestehen aus den teils nur wenige Millimeter messenden Skeletten der Korallenpolypen. In Millionen von Jahren wuchsen die von ihnen errichteten Strukturen auf bis zu 500 m Höhe heran.

Das Leben vieler indigener Bewohner war rund 60 000 Jahre lang eng mit dem Great Barrier Reef verknüpft. Von Generation zu Generation erzählte Traumzeit-Legenden vermitteln Wissen über das Riff und seine spirituelle Bedeutung. Eine Geschichte erzählt von einer Zeit, als

**Massives Mosaik**
Der Great Barrier Reef Marine Park besteht aus mindestens 3000 Riffen und 980 Inseln, die durch enge Passagen getrennt sind. Insgesamt erstreckt sich das Gebiet über eine Fläche von etwa der Größe Japans.

Menschen dort, wo sich heute das Riff befindet, auf dem Trockenen lebten. Das entspricht unseren heutigen wissenschaftlichen Erkenntnissen von wechselnden Meeresspiegeln.

### Unsichere Zukunft

Das Riff spielt eine wichtige Rolle für den Küstenschutz, da es die Wellen, Stürme und Fluten dämpft. Durch Tourismus und Fischfang trägt es auch zur australischen Wirtschaft bei. Seine Zukunft ist jedoch ungewiss. Der Klimawandel ist eine große Bedrohung, ebenso wie die schlechte Wasserqualität durch Sedimenteintrag, Verschmutzung, Stürme und korallenfressende Seesterne.

### GEISTERRIFF

Korallen erlangen ihre Farbe von Zooxanthellen, winzigen Algen, die in ihrem Gewebe leben und sie mit Nährstoffen versorgen. Wenn sie gestresst werden, stoßen sie ihre Zooxanthellen aus und werden geisterhaft weiß. Das bezeichnet man als Korallenbleiche. Ohne ihre Algen beginnen sie zu verhungern und sterben, wenn der Stress nicht unterbunden wird. Eine wesentliche Stressursache ist die erhöhte Wassertemperatur durch den Klimawandel.

KORALLENBLEICHE

Der **Große Fetzenfisch** ist **offizieller Staatsfisch** des Bundesstaats South Australia.

**Raffinierte Tarnung**
Der Große Fetzenfisch gehört zu den am besten getarnten Tieren der Welt. Die blattartigen Auswüchse seiner Flossen sind wie Seetang geformt.

**Die blattähnlichen Anhänge** am Körper der Tiere bieten eine wirkungsvolle Tarnung.

# Großer Fetzenfisch

*Phycodurus eques*

**Fetzenfische sind mit den Seepferdchen verwandt und kommen nur in australischen Gewässern vor. Der Große Fetzenfisch ist eine von drei ähnlichen Arten und einer der seltsamsten Fische der Welt.**

Zwar erinnern Fetzenfische ein wenig an die Drachen der Sagen, sie sind aber kleine, zahnlose Fische, die darauf spezialisiert sind, nicht gesehen zu werden. Wie Seepferdchen sind sie schlechte Schwimmer, sodass ihre Tarnung überlebenswichtig ist. Ihr Körper ist mit blattartigen Anhängen übersät, durch die sie zwischen dem Kelp und den Seegräsern der Felsküsten ihres Lebensraums nahezu unsichtbar sind. Daher kommt auch ihr Gattungsname, der »Seetang-Haut« bedeutet. Fetzenfische können auch die Farbe wechseln, um sich ihrer Umgebung anzupassen, und sogar die Bewegung der Tange imitieren, indem sie hin und her schaukeln.

Dem Großen Fetzenfisch fehlt der Greifschwanz der Seepferdchen (siehe S. 208–209). Stattdessen treibt er sanft in der Strömung und saugt durch seine röhrenartige Schnauze Tausende von Schwebegarnelen und anderes Plankton ein.

Wie bei den Seepferdchen betreiben die Männchen Brutpflege. Das Weibchen deponiert Hunderte von Eiern auf einem Brutbereich an der Unterseite des Schwanzes des Männchens, wo sie besamt werden. Jedes der leuchtend rosa gefärbten Eier sinkt in eine gut durchblutete, becherartige Vertiefung im Gewebe des Männchens ein. Die Blutgefäße versorgen die Embryonen mit Sauerstoff. Ein paar Wochen später schüttelt das Männchen seinen Schwanz und lässt voll ausgebildete Miniatur-Fetzenfische frei. Nach dem Schlupf ist die Brut vollkommen selbstständig. Die Jungen besitzen genug Dotter für die nächsten Tage, doch danach müssen sie für sich selbst sorgen.

**Drachengeweihe** sollen denen der Hirsche ähneln.

**Legendäre Ungeheuer**
Manche Fetzenfische werden auch als Seedrachen bezeichnet. In vielen Kulturen stehen Drachen mit dem Meer in Verbindung. In der chinesischen Mythologie wird der Drachenkönig als gottähnlicher Herrscher der Ozeane dargestellt.

»Die Anhänge ihrer Flossen scheinen einfach nur Teil des Fucus [Seetangs] zu sein, an dem sie sich aufhalten.«

ALBERT GÜNTHER, *An Introduction to the Study of Fishes*, 1880

**Bis zu 300 Eier** werden in der Brutfalte des Männchens gezeitigt – einem schwammigen Bereich an der Schwanzunterseite.

**Die sich entwickelnde Brut** ist in den Eiern zu erkennen.

**Schlüpfende Babys**
Die Jungen sind kleiner als eine Weintraube, wenn sie mit dem Schwanz voran schlüpfen. Doch sie wachsen schnell und erreichen im Alter von einem Jahr eine Länge von 20 cm.

# Aalartige

*Anguilliformes*

Es gibt über 800 Arten dieser schlangenähnlichen Fische. Einige von ihnen leben im Süßwasser und suchen zum Laichen das Meer auf, doch die Mehrzahl verbringt ihr Leben in Salzwasser-Lebensräumen.

Auch wenn sie in der Gestalt an Würmer oder Schlangen erinnern, sind Aalartige lange, drehrunde Fische mit Kiemen und einem Flossensaum. Sie sind meist nachtaktiv und weltweit in Süß-, Brack- oder Salzwasser zu finden, zum Beispiel in Flüssen, Küstenlagunen, Korallenriffen und im offenen Meer. Ihr Körper passt auch in schmale Spalten und die Tiere verstecken sich oft in dunklen Löchern, wo sie auf Beute warten, etwa Garnelen, Krabben, kleine Fische und Wirbellose. Wenn die Beute nah genug ist, schießen sie aus ihrem Versteck und schnappen zu. Sie vermögen auf diese Weise zu jagen, da sie im Gegensatz zu den meisten anderen Fischen auch rückwärts schwimmen können.

Einige Arten der Aalartigen unternehmen lange Wanderungen. Europäische Aale (*Anguilla anguilla*) können über 10 000 km quer durch den Atlantik zur Sargassosee wandern, um dort abzulaichen. Ihre Larven treiben mit den Strömungen zurück, bis die Jungaale europäische Süßgewässer erreichen. Als erwachsene Aale wandern sie letztlich wieder zurück ins Meer.

**Muränenangriff**
Dieses Bild von 1913 zeigt, wie der hawaiianische Surfer und Olympiasieger im Schwimmen, Duke Kahanamoku (1890–1968), beim Training von einer Muräne angegriffen wurde.

### Kopf oder Schwanz

Süßwasser-Aale sind bei den neuseeländischen Maori als *Tuna* bekannt. Sie dienen als wichtige Nahrungsquelle. In einer Legende beschloss Tuna, ein riesiger, im Himmel lebender Aal, in einen Fluss umzuziehen. Dort traf er auf spielende Kinder und fraß sie. Ihr wütender Vater, der Halbgott Māui, schlug dem Aal Kopf und Schwanz ab und warf diese ins Meer bzw. in den Fluss. Daher soll es Aale sowohl im Salz- als auch im Süßwasser geben. Nach der japanischen Mythologie sind *Unagi hime* Aale, die in tiefem Wasser leben und sich in eine schöne Frau verwandeln können. So sollen sie starke Männer dazu bringen, für sie in den Kampf zu ziehen.

**Die Spiralform** des Koropepe symbolisiert Bewegung und Offenheit für Veränderungen.

**Koropepe**
Dieser Maori-Anhänger aus Walbein und Wachs stellt ein aalähnliches Wesen namens Koropepe dar. Es verkörpert Überfluss, Wohlstand und Neubeginn.

**RIESENMURÄNE**
*Gymnothorax javanicus*
Die Riesenmuräne wird bis zu 2,5 m lang und verfügt über die größte Körpermasse aller Muränen des Indopazifiks.

**GEISTERMURÄNE**
*Rhinomuraena quaesita*
Die Wellenbewegung, mit der diese bunten Muränen sich durch das Wasser bewegen, erinnert an flatternde Bänder.

**SNYDER-MURÄNE**
*Anarchias leucurus*
Die im Pazifischen Ozean vorkommende Snyder-Muräne ist die kleinste bekannte Muränenart.

**Röhrenaale** geben einen **Schleim** zur Festigung der Wände ihrer Röhren ab.

**Röhrenaale**
Eine Gruppe von Röhrenaalen (Heterocongrinae) schaut aus ihren Röhren heraus, um Plankton zu erbeuten.

# Quallen

Medusozoa

**Quallen sind mit den Korallen und Seeanemonen verwandte, gallertige Nesseltiere. Es gibt Tausende von Arten: Die kleinsten sind mit bloßem Auge kaum zu erkennen, während die größten einen Durchmesser von über 2 m erreichen und rund 35 m lang werden können.**

**Der Schirm** kann mehr als 90 cm Durchmesser erreichen.

**Geprägtes Pappmaché-Gesicht** der Gorgone Medusa, die jeden, der sie ansah, in Stein verwandeln konnte.

**Medusenschild, 1897**
Der französische Zoologe Jean-Baptiste Lamarck, der in *Histoire naturelle des animaux sans vertèbres* (1815–1822) über Quallen schrieb, nannte sie wegen ihrer Ähnlichkeit zur Gorgone Medusa der griechischen Sagen »Medusen«.

Zu etwa 95 Prozent bestehen Quallen aus Wasser. Sie haben keine Knochen, kein Gehirn, kein Herz, keine Zähne und kein Blut. Trotzdem sind sie hoch entwickelte Organismen. Mit ihrem diffusen Nervennetz können sie Licht, Temperatur und die chemische Zusammensetzung des sie umgebenden Wassers wahrnehmen. Einige Arten haben ein hoch entwickeltes Sehsystem. Würfelquallen besitzen 24 Augen, die in der Nähe des Schirmrands sitzen. Einige ihrer Augen verfügen sogar über eine Linse, eine Hornhaut, eine Iris und eine Retina. Mithilfe dieser Augen können sie aus dem Wasser schauen und ihren Weg durch die Mangrovenwälder finden. Neuere Studien legen nahe, dass einige Quallen müde werden und nachts schlafen, und manche zeigen ein Balzverhalten.

Trotz ihrer gallertigen Körper treiben Quallen nicht immer passiv mit den Strömungen umher. Durch pulsierende Bewegungen ihres Schirms können sie schwimmen, wenn auch meist langsam. Am schnellsten sind die Würfelquallen, die aktiv jagen und Geschwindigkeiten von 2 m pro Sekunde erreichen können.

## Den Weg erleuchten

Viele Quallen können selbst Licht generieren, ein als Biolumineszenz bekanntes Phänomen (siehe S. 286–287). So umgibt sie im Dunkeln ein Lichtschein.

Der römische Naturforscher Plinius der Ältere (23–79 n. Chr.) meinte, dass ein mit dem Pulmo marinus [Qualle] eingeriebener Spazierstock den Weg wie eine Fackel erleuchtet. Vermutlich

## »Das von ihnen verursachte Brennen hat eine beißende Stärke, wie das einer Brennnessel.«

**PLINIUS DER ÄLTERE,** *Naturalis historia*, um **77 n. Chr.**

**Mysteriöser Riese**
Trotz ihrer Größe ist die Schwarze Kompassqualle (*Chrysaora achlyos*) nicht oft zu beobachten. Gelegentlich taucht sie in großer Zahl an der nordamerikanischen Pazifikküste auf.

**Quallen** gibt es schon seit mehr als **600 Millionen** Jahren.

dient die Biolumineszenz jedoch vor allem dazu, Fressfeinde zu verwirren oder zu erschrecken.

### Lebenskreislauf

Der komplexe Lebenszyklus der Quallen lässt sich in zwei Phasen unterteilen. Sie beginnen ihr Leben als frei schwimmende Larve (Planula), die sich an eine feste Oberfläche heftet und in einen blütenähnlichen Polypen verwandelt. Dieser reift heran und schnürt dann viele schirmartige Quallen (Medusen) ab, die schwimmen und sich vermehren können. Die erwachsenen Quallen leben meist nur wenige Monate, manche Arten auch ein Jahr oder zwei. Eine Art hat aber ein viel längeres Leben – die Unsterbliche Qualle (*Turritopsis dohrnii*) scheint ewig zu leben, da sie zum Polypenstadium zurückkehren und ihren Lebenszyklus von vorn beginnen kann.

### Nesselkapseln

Quallen sind dafür bekannt, nesseln zu können. Der griechische Philosoph Aristoteles bezeichnete sie als »Cnidae«, was »stechend« bedeutet. Ihre Tentakel sind mit Tausenden von Nesselkapseln, den Nematocysten, besetzt. Jede Kapsel enthält eine winzige, mit Gift geladene Harpune. Kommt

**SPIEGELEIQUALLE**
*Cotylorhiza tuberculata*
Die im Durchmesser 33 cm große Qualle ist nach ihrem Aussehen benannt worden. Sie ernährt sich vor allem von Zooplankton und anderen Quallen.

**GEPUNKTETE WURZELMUNDQUALLE**
*Phyllorhiza punctata*
Diese in den Meeren zwischen Thailand und Australien heimische Wurzelmundqualle frisst Zooplankton, Fischlaich und kleine Fische.

**MANGROVENQUALLE**
*Cassiopea* sp.
Die Quallen dieser Gruppe erreichen einen maximalen Durchmesser von 30 cm und liegen meist verkehrt herum mit nach oben gerichteten Armen auf dem Grund.

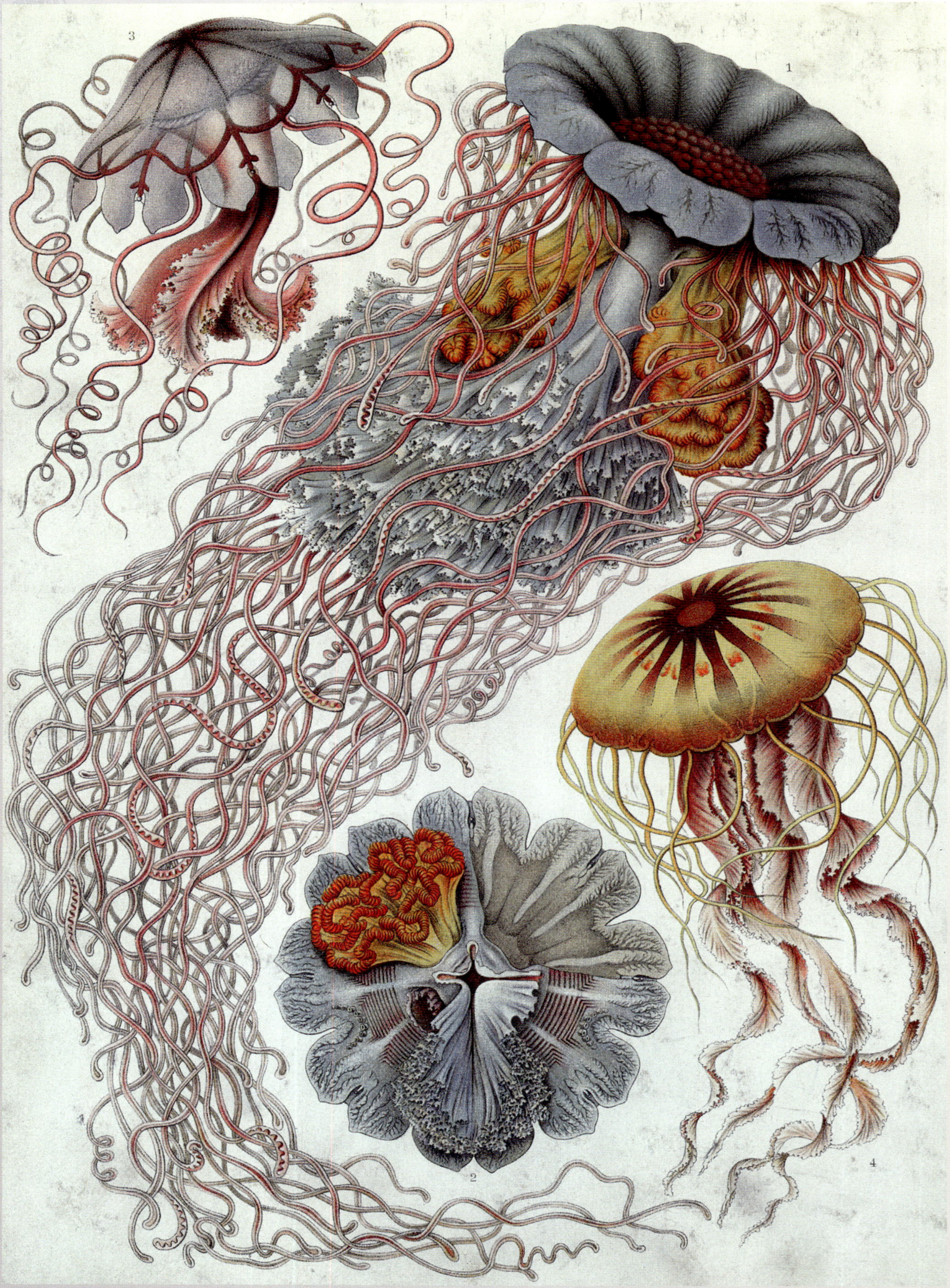
3
1
2
4

**Namensherkunft**
Das zentrale Bild in dieser 1874 entstandenen Abbildung des Zoologen Ernst Haeckel zeigt *Desmonema annasethe*, die Haeckel nach seiner verstorbenen Frau Anna benannte, da ihre Tentakel ihn an ihr langes Haar erinnerten.

**Kompassqualle**
Die Pazifische Kompassqualle (*Chrysaora fuscescens*) ist die häufigste vor der nordwestlichen Pazifikküste der USA lebende Quallenart. Sie kann in großen Zahlen vorkommen und fängt mit ihren langen Tentakeln Plankton.

ein Tentakel mit einem Beutetier in Berührung, wird die Kapsel innerhalb einer Millionstel Sekunde ausgelöst und injiziert ihr Gift in das Opfer. Ist die Beute bewegungsunfähig, wird sie von den Mundarmen zur Mundöffnung der Qualle transportiert und gelangt in den Magen. So erbeuten Quallen Plankton, kleine Fische und andere Quallen. Menschen greifen sie nicht gezielt an, doch beim Kontakt mit den Tentakeln wird man automatisch genesselt. Die meisten Arten sind ungefährlich, doch manche nesseln sehr schmerzhaft oder sind sogar potenziell tödlich. Ein Kontakt mit der australischen Seewespe (*Chironex fleckeri*) kann innerhalb weniger Minuten zu Lähmungen, zum Herzstillstand und Tod führen.

## Quallen im Ökosystem

Quallen spielen eine bedeutende Rolle in marinen Ökosystemen. Sie sind wichtige Nahrung für Prädatoren wie den Mondfisch (*Mola mola*) und die Lederschildkröte (siehe S. 88–91). Zwischen ihren Tentakeln finden manche Fischlarven Unterschlupf und aktuelle Untersuchungen haben ergeben, dass sie für den Kohlenstofftransfer zum Meeresgrund wichtig sind. Allerdings ist die Zahl der Quallen in den letzten Jahren gestiegen und sie sind zum Symbol des Zusammenbruchs der Ökosysteme geworden. Die Wassererwärmung und -verschmutzung bedroht die meisten Tierarten, erlaubt jedoch vielen Quallen zu gedeihen. Auch durch die Überfischung von Raubfischen vermehren sich die Quallen unkontrolliert.

## In Blüte

Bei Massenvermehrungen befinden sich so viele Quallen im Wasser, dass es zu einer dicken Suppe wird. Das kann zu Problemen führen. Viele Quallen fressen Fischlaich und -larven, sodass die Fischbestände dezimiert werden. Eine einzige Gepunktete Wurzelmundqualle (*Phyllorhiza punctata*) kann am Tag bis zu 2000 Fischeier fressen. Quallen sind auch Nahrungskonkurrenten für Fische und andere Tiere. Außerdem können sie bei Massenauftreten Maschinen wie Schiffsantriebe und Kühlwasserleitungen blockieren.

### WURZELMUNDQUALLEN

Mangrovenquallen (Cassiopeidae) gehören zu den rund 70 Arten der Ordnung Wurzelmundquallen (Rhizostomeae). Anders als andere Quallen besitzen diese keine echten Tentakel und keine zentrale Mundöffnung. Stattdessen haben sie acht verzweigte Mundarme, die mit Nesselkapseln und zahlreichen Poren als Münder besetzt sind. Diese Münder nehmen Nahrungspartikel auf und reichen sie an den Magen weiter.

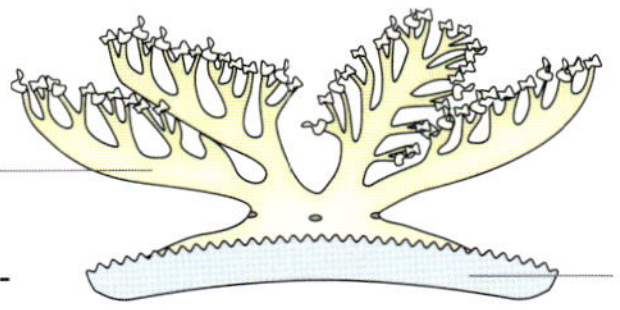


**WURZELMUNDQUALLE**

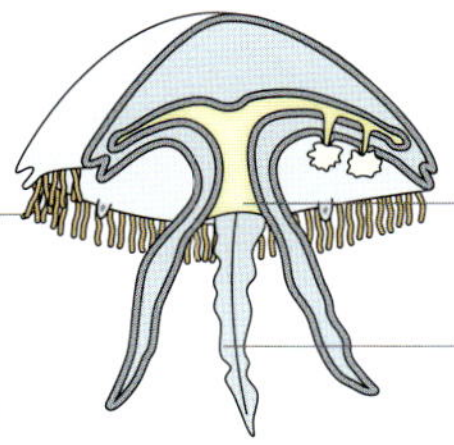


**»NORMALE« QUALLE**

**Gefangen in der Zeit**
Da sie keine harten Körperteile haben, gibt es kaum fossile Quallen. Wissenschaftler glauben jedoch, dass dieses Fossil aus dem Ediacarium (vor 539–635 Millionen Jahren) eine einfache Qualle sein könnte.

# Delfine

Delphinidae

Es gibt **rund 40** bekannte **Arten von Delfinen.**

Delfine gehören zu den intelligentesten Tieren der Ozeane. Sie sind für ihre Verspieltheit und den als lächelnd empfundenen Gesichtsausdruck bekannt. In Sagen spielen sie den Menschen Streiche, retten ihnen aber auch das Leben.

Delfine sind Meeressäugetiere, die in den tropischen und gemäßigten Gewässern der Welt leben. Die meisten Arten bewohnen die Meere, doch einige haben auch das Süßwasser erobert. In der Größe reichen sie vom nur 1 m langen Heaviside-Delfin (*Cephalorhynchus heavisidii*) bis zum Orca oder Schwertwal (*Orcinus orca*, siehe S. 222–223), dessen größte 7 m messen. Ihre Farben reichen von Weiß und Grau bis zu Rosa, Bläulich und Schwarz. Delfine sind wie alle Wale am nächsten mit Huftieren wie Flusspferden verwandt. Ihre Vorfahren lebten an Land, kehrten aber vor etwa 50 Millionen Jahren ins Wasser zurück. Als Säugetiere müssen sie zum Atmen die Wasseroberfläche aufsuchen. Sie atmen bewusst, auch wenn sie ruhen. Daher schläft immer nur

**Akrobaten der Meere**
Eine Gruppe Ostpazifischer oder Spinnerdelfine springt aus dem Wasser. Diese Akrobatik könnte dazu dienen, Parasiten loszuwerden oder miteinander zu kommunizieren.

»Der schnellste ... ist der Delfin; er ist schneller als ein Vogel und übertrifft einen Wurfspeer.«

PLINIUS DER ÄLTERE, *Naturalis historia,* um 77 n. Chr.

**Der Affe und der Delfin**
Dieser Stich von Gustave Doré aus dem Jahr 1867 stellt Jean de La Fontaines Fabel dar, in der ein Delfin einen Affen aus einem Schiffswrack rettet und erst dann bemerkt, dass der Affe lügt.

eine Gehirnhälfte. Die andere kontrolliert die Atmung und überwacht die Umgebung. Delfine haben ein großes Gehirn und sind sehr intelligent. Sie können sich selbst im Spiegel erkennen, Artgenossen einen Namen zuordnen, sind lernfähig und können Gelerntes anderen Tieren ihrer Gruppe beibringen.

Auch den Gebrauch von Werkzeugen erlernen Delfine. Es wurde beobachtet, wie sie Fische in Schneckengehäuse scheuchen, diese zur Wasseroberfläche tragen und dort ihre Mahlzeit herausschütteln. Einige haben auch gelernt, Schwämme so über ihrer Schnauze zu platzieren, dass sie sich bei der Nahrungssuche nicht an Felsen oder Korallen verletzen.

## Sagen und Traditionen

Die hawaiianische Kultur verehrt Delfine, weil Kanaloa, der Gott des Ozeans, manchmal in Delfinform erscheinen soll. Nach einer griechischen Sage wurde der berühmte Musiker Arion von Piraten überfallen, ausgeraubt und dazu gezwungen, sich ins Meer zu stürzen. Vor dem Sprung spielte er eine letzte Melodie auf seiner Leier. Ein Delfin hörte zufällig die Musik und trug ihn an Land, um ihn zu retten. In der Schöpfungsgeschichte der kalifornischen Chumash schuf Hutash (Mutter Erde) eine Regenbogenbrücke, um den Menschen die Reise zum Festland zu ermöglichen. Als einigen von ihnen schwindlig wurde und sie herabzustürzen drohten, verwandelte Hutash sie in Delfine, damit sie nicht ertrinken. Die Chumash betrachten Delfine immer noch als ihre Beschützer.

Die Vorstellung des Delfins als Retter mag einen realen Hintergrund haben. Delfine haben nachweislich schon Menschen geholfen. Im Jahr 2002 haben Delfine einen australischen Fischer vor Haien beschützt, nachdem sein Boot gesunken war.

**Die Schwarzfigurige Vasenmalerei** stellt Szenen aus griechischen Sagen dar.

**Dionysische Delfine**
Diese griechische Hydria (Wasserkrug) aus dem frühen 6. Jahrhundert v. Chr. zeigt den Gott Dionysos, wie er tyrrhenische Piraten in Delfine verwandelt, weil sie ihn entführen wollten.

**GROSSER TÜMMLER**
*Tursiops truncatus*
Große Tümmler sind vermutlich die bekanntesten Delfine. Sie haben einen dunkelgrauen Rücken, einen heller grauen Bauch und ein großes Maul, das zu lächeln scheint.

**GEMEINER DELFIN**
*Delphinus delphis*
Diese Delfine sind leicht an dem goldenen Streifen an ihrer Seite zu erkennen. Sie bilden oft Schulen von bis zu 50 Tieren, schließen sich aber auch manchmal zu riesigen Gruppen von bis zu 10 000 Individuen zusammen.

**SPINNERDELFIN**
*Stenella longirostris*
Die auch Ostpazifischer Delfin genannte Art ist bekannt für ihre Akrobatik: Die Tiere können aus dem Wasser springen und sich vor dem Eintauchen mehrere Male um die eigene Achse drehen.

# Schwertwal

*Orcinus orca*

Die auch als Orcas bezeichneten Schwertwale gehören zu den am leichtesten zu erkennenden Meeresbewohnern. Die intelligenten Tiere sind effiziente Prädatoren und können selbst einen Weißen Hai töten.

**Schwertwal-Gefäß**
Dieses zwischen 100 v. Chr. und 600 n. Chr. entstandene Schwertwal-Gefäß der Nazca-Kultur hat blutige Zähne und einen abgetrennten Menschenkopf auf der Unterseite.

Die in allen Weltmeeren vorkommenden Schwertwale gehören zu den Spitzenprädatoren der Ozeane. Früher bezeichneten die Seeleute sie als »Killerwale«, weil sie beim Fressen großer Wale beobachtet worden waren. Es gibt nur eine Schwertwal-Art, von der jedoch verschiedene Varianten oder Ökotypen existieren, die sich auf unterschiedliche Beute spezialisiert haben. Einige Schwertwale fressen Fische wie Lachse und Makrelen sowie Kalmare, während andere Seevögel und Meeressäuger einschließlich verschiedener Robben und Wale jagen. Man hat Orcas beim Fressen von

**Killerwale**
Die manchmal auch als Killerwale bezeichneten Schwertwale sind hervorragende Jäger. Sie fressen Fische, doch manche Populationen jagen auch Meeressäuger oder Haie.

Blauwalkälbern beobachtet, und manche töten sogar Weiße Haie, wobei sie nur die nährstoffreiche Leber herausreißen und verzehren.

Schwertwale leben oft in von einem älteren Weibchen geführten Mutterlinien zusammen. Eine Kuh säugt ihr Kalb etwa ein Jahr lang, doch der Nachwuchs bleibt bei ihr, bis er selbst geschlechtsreif ist. Neben Menschen, Narwalen, Grindwalen und Weißwalen zählen Schwertwale zu den wenigen Säugetieren mit einer Menopause. Schwertwal-Kühe können bis zu 90 Jahre alt werden, Bullen dagegen nur 60 Jahre. Man nimmt an, dass die Weibchen noch so lang nach der Menopause leben, weil das Wissen der Großmütter die Überlebenschancen ihrer Kinder und Enkel steigert.

## Intelligent und respektiert

Innerhalb ihrer Gruppe weisen die Schwertwale komplexe Sozialstrukturen auf und schließen sogar Freundschaften. Sie sind hochintelligent und haben ausgeklügelte Jagdtechniken entwickelt, die sie auch ihren Gruppenmitgliedern beibringen. Somit wird das Wissen über Generationen weitergegeben. Beispielsweise erzeugen sie Wellen, um Robben von einer Eisscholle zu spülen, sodass sie leichter zu fangen sind. Sie surfen sogar mit Wellen an den Strand, erbeuten dort ruhende Robben und lassen sich dann von der nächsten Welle wieder aufs Meer hinaustragen. Damit sind Schwertwale die einzigen Wale, die nachweislich absichtlich stranden.

Bei vielen indigenen Völkern sind Schwertwale hoch angesehen. In den Sagen der Haida sind sie die Herrscher der Unterwelt, zu der auch das Meer zählt. Einige Kulturen glauben, dass die Sichtung eines Schwertwals die Wiederkehr eines Häuptlings ankündigt oder dass eine geliebte Person aus dem Jenseits Kontakt aufnehmen möchte. In den Legenden der Kwakwaka'wakw machten Menschen und Orcas Jagd aufeinander, bis ein Junge sich mit einem Schwertwal anfreundete und erreichte, dass sie in Harmonie lebten. Die Kwakwaka'wakw respektieren diesen Frieden bis heute.

**Seltsam und erstaunlich**
Diese 1613 erstmals in einem Buch erschienene merkwürdige Illustration eines Schwertwals stammt vom italienischen Biologen Ulisse Aldrovandi. Er war für seine detaillierten, aber nicht immer realistischen Bilder bekannt.

**Orcas** können mehr als **50 km/h** schnell **schwimmen.**

## ECHOORTUNG

Wie alle Zahnwale nutzen Schwertwale Echoortung, um zu navigieren, kommunizieren und Nahrung zu finden. Mit stimmlippenähnlichen Strukturen in den Nasenhöhlen erzeugen sie eine Reihe von Klicklauten. Wenn die Schallwellen dieser Klicks auf ein Objekt treffen, werden sie reflektiert und liefern dem Wal Informationen über dessen Größe und Ort.

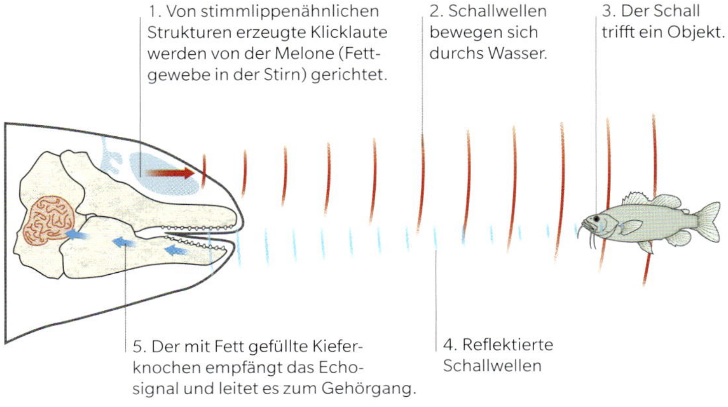


ECHOORTUNG BEI EINEM SCHWERTWAL

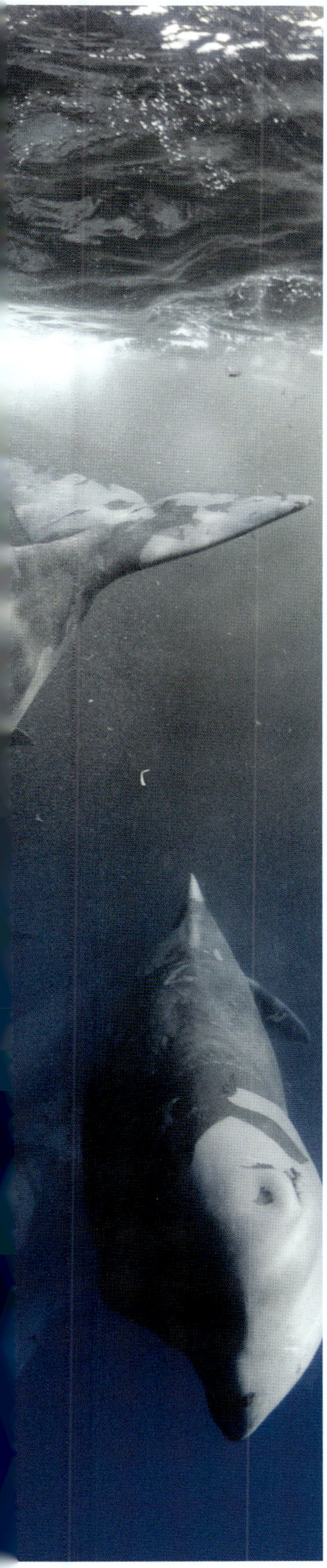

**Natürliches Peeling**
Pottwale (*Physeter macrocephalus*) streifen ihre Haut ab und entfernen so darauf sitzende Parasiten. Die geselligen Tiere reiben sich auch aneinander, vermutlich um die Häutung zu unterstützen.

Den **Herzschlag** eines **Blauwals** kann man mit einem Sonar aus **3 km** Entfernung hören.

# Wale

Cetacea

**In den Weltmeeren leben rund 15 Arten von Bartenwalen und mehr als 70 Zahnwalarten. Unter diesen intelligenten Meeresbewohnern befinden sich die größten Säugetiere der Welt.**

Es gibt zwei Unterordnungen der Wale: Zahnwale (Odontoceti), zu denen Pott-, Weiß-, Nar-, Grind- und Schnabelwale gehören, und Bartenwale (Mysticeti) wie Blau-, Finn-, Buckel-, Grau- und Zwergwale sowie die Nord- und Südkaper. Wie schon ihr Name sagt, besitzen Zahnwale Zähne, mit denen sie meist Fische und Kalmare erbeuten. Sie finden ihre Beute mithilfe der Echoortung (siehe S. 223).

Bartenwale fressen unterschiedliche Nahrung, etwa kleine Fische, Krill und Plankton. Ihre sogenannten Barten bestehen wie menschliche Haare aus Keratin. Sie befinden sich im Maul und funktionieren wie riesige Siebe. Die Wale nehmen ein Maulvoll Wasser auf, pressen es durch die Barten und die Nahrung bleibt im Maul zurück. Ein weiterer Unterschied zwischen den Walgruppen besteht darin, dass sich auf dem Kopf von Zahnwalen nur ein Blasloch befindet, bei Bartenwalen dagegen zwei.

Wale unterscheiden sich sehr in ihrer Größe. Der Blauwal (*Balaenoptera musculus*) ist das größte Tier, das jemals gelebt hat – er kann rund 30 m Länge erreichen. Zu den deutlich kleineren Arten gehört der Kleine Pottwal (*Kogia sima*), der etwa 2,7 m lang werden kann.

## Von den Polen bis zu den Tropen

In allen Regionen der Meere gibt es Wale, von den Narwalen (siehe S. 178–179) der arktischen Gewässer bis zu den Bryde- und Omurawalen (*Balaenoptera brydei* und

**Die amerikanische Flagge** weht über den Zelten.

**Scrimshaw-Technik**
Scrimshaw ist eine Gravurtechnik auf Knochen oder Elfenbein. Hier ist eine Militärszene auf einem Walzahn abgebildet.

**Die Oberfläche durchbrechen**
Ein springender Buckelwal (*Megaptera novaeangliae*) im Golf von Kalifornien, Mexiko. Gründe für die Sprünge könnten Kommunikation, das Loswerden von Parasiten oder einfach Spaß sein.

> »Ist es nicht merkwürdig, dass ein so ungeheuer großes Geschöpf, wie der Wal, die Welt durch ein so kleines Auge sehen … muss …?«
>
> HERMAN MELVILLE, *Moby Dick*, 1851

**GRINDWAL**
*Globicephala melas*
Grindwale bilden starke soziale Bindungen aus. Das kann leider auch zu Massenstrandungen führen.

**BLAUWAL**
*Balaenoptera musculus*
Mit etwa 33 m Länge ist der Blauwal das größte Tier der Welt. Schon die Kälber sind etwa so groß wie ein Afrikanischer Steppenelefant.

**NÖRDLICHER ZWERGWAL**
*Balaenoptera acutorostrata*
Dieser Bartenwal wird etwa 11 m lang und ist leicht an dem hellen Streifen auf den Vorderflossen zu erkennen.

*B. omurai*), die tropische Gewässer bevorzugen. Wale können große Entfernungen bewältigen. Buckelwale legen zwischen ihren Jagdgebieten und den Gewässern, in denen sie sich fortpflanzen, 8000 km zurück. Grauwale wandern weiter als jedes andere Säugetier. Sie bewältigen im Rahmen ihrer jährlichen Migration von der Arktis bis zur Baja California, Mexiko, und zurück 19 000 km.

Als Säugetiere müssen Wale zum Atmen an die Oberfläche kommen. Sie können aber trotzdem in große Tiefen abtauchen. Den Rekord hält bisher ein Cuvier-Schnabelwal (*Ziphius cavirostris*), der 2011 eine Tiefe von 2992 m erreichte.

## Walgesellschaft

Wale sind intelligent und gesellig. Viele Arten kommunizieren, jagen, spielen miteinander und kümmern sich um ihre Artgenossen. Sie können lang andauernde Freundschaften schließen. Ihre Intelligenz und engen Beziehungen bedeuten, dass einige Arten auch eine Kultur aufbauen können. Sie lernen unterschiedliches Verhalten voneinander und geben es an die folgenden Generationen weiter. So können Buckelwale komplexe Lieder voneinander lernen, und Pottwale leben in Gruppen, die ihre eigenen Dialekte haben.

Wale kommunizieren über Töne. Bartenwale erzeugen tieffrequente Laute, deren Abfolge wir als Walgesänge kennen. Zahnwale produzieren hochfrequente Klick- und Pfeiflaute. Frühe Seeleute haben zwar die Walgesänge gehört, kannten aber nicht ihren Ursprung. Als die US Navy in den 1950er-Jahren versuchte, sowjetische U-Boote zu entdecken, nahm sie dabei zufällig Walgesänge auf. Erst 1967 machte der Meeresbiologe Roger Payne gezielt Aufnahmen der Gesänge und präsentierte sie der Öffentlichkeit.

## Kulturelle Darstellungen

In der Mythologie sind Wale als teuflisch oder als heilig dargestellt worden. In mittelalterlichen, als »Bestiarien« bezeichneten Schriften tauchen sie als Seeungeheuer auf, die Seeleute auf den Meeresgrund hinabziehen. In japanischen Sagen sind die *Bake-kujira* geisterhafte Walskelette, die Rache an denen nehmen, die sie getötet haben. In den nordischen Sagen des 13. Jahrhunderts lockte ein Wesen namens *Hafgufa* Fische in sein offenes Maul. Später fand man heraus, dass Fische offene Walmäuler gelegentlich tatsächlich als Unterschlupf aufsuchen und so zur Beute werden.

Die 1851 erschienene Novelle *Moby Dick* von Herman Melville ist eine der berühmtesten Geschichten über einen Wal. Kapitän Ahab verfolgt einen Albino-Pottwal durch die Weltmeere, weil er ihm ein Bein abgebissen hat. Die Geschichte soll von Pottwal-Angriffen auf Walfänger im 19. Jahrhundert inspiriert worden sein.

Es gibt aber auch viele positive Darstellungen. Die Inuit ehren Wale, da sie Fleisch als Nahrung und Öl für ihre Lampen liefern. Die Maori sehen Wale als Abkömmlinge des Meeresgotts Tangaroa an und in der hawaiianischen Kultur repräsentieren sie Kanaloa, den Gott des Ozeans. In der Bibel rettet Gott Jona vor dem Ertrinken, indem er ihn von einem großen Fisch (vermutlich ein Wal) verschlucken lässt. Erst nach drei Tagen in dessen Bauch wird er wieder ausgespuckt.

**Yunus und der Wal**
Der Koran enthält eine Sure vom Propheten Yunus, dem biblischen Jona, der von einem großen Fisch oder Wal verschlungen wurde (hier illustriert im aus dem 14. Jahrhundert stammenden Werk *Dschāmi' at-tawārīch* von Rashid-al-Din Hamadani).

## JAGD MIT DEM BLASENNETZ

Buckelwale und Brydewale setzen als Jagdstrategie ein Netz aus Luftblasen ein. Ein Wal schwimmt im Kreis, erzeugt Blasen und treibt mit dieser Barriere Fische zusammen. Von unten arbeiten die übrigen koordiniert daran, die Fische in dieses Blasennetz zu treiben, wo sie sie fangen und fressen können.

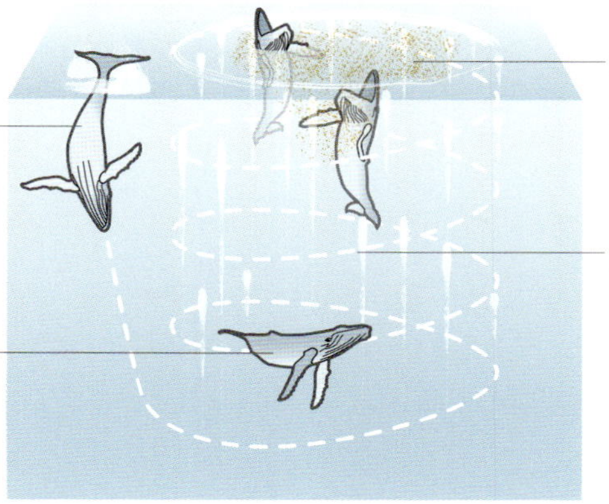

**Aus der Tiefe hoch in die Luft**
Ein großer Buckelwal (*Megaptera novaeangliae*) springt aus dem Wasser. Forschende sind unsicher, warum diese und andere Wale – darunter auch der Pottwal (*Physeter macrocephalus*) – dieses Verhalten zeigen. Man nimmt an, dass es der Kommunikation dient, Beute betäuben oder Parasiten entfernen soll. Buckelwale sind auch für ihre bezaubernden Walgesänge bekannt – komplexe Folgen sich wiederholender Töne, die für verschiedene Zwecke eingesetzt werden, darunter Kommunikation, Navigation und vermutlich Partnerfindung.

Meerestiere umgeben die beiden Titanen.

**Meeresgottheiten**
Ein Mosaik aus der antiken Stadt Zeugma in der Türkei zeigt den Titanen Okeanos, den Vater der Ströme, und seine Frau, die Meeresgöttin Tethys.

# Atlantischer Ozean

**Der Atlantik ist der zweitgrößte und zweittiefste Ozean der Welt. Er bedeckt etwa ein Fünftel der Erdoberfläche und erstreckt sich vom Äquator bis zu den eisigen Polarregionen.**

Der Atlantische Ozean liegt zwischen Europa und Afrika im Osten und den amerikanischen Kontinenten im Westen. Mit seinen Randmeeren bedeckt er eine Fläche von etwa 85 133 000 $km^2$ und sein tiefster Punkt liegt bei 8408 m im Puerto-Rico-Graben. Sein Name ist vom Atlasgebirge abgeleitet. Nach den griechischen Sagen trug hier der Titan Atlas das Himmelsgewölbe. Für die Griechen markierten die Berge die Westgrenze der Welt, hinter der der endlose Fluss lag, welcher die Welt umgab. Ein weiterer Titan, Okeanos, herrschte über diesen Strom und wurde so mit dem Atlantik in Zusammenhang gebracht.

Obwohl Christoph Kolumbus für seine 1492 begonnenen atlantischen Entdeckungen bekannt ist, weiß niemand, wer den Atlantik als Erstes überquert hat. Im 6. Jahrhundert soll der irische Mönch Brendan der Reisende unbekanntes Land entdeckt haben, als er von Irland nach Westen gesegelt ist. Um das Jahr 1000 n. Chr. herum soll Leif Eriksson im heutigen Kanada an Land gegangen sein. Den Atlantik per Segelschiff zu überqueren, ist durch die sich kreisförmig bewegenden Strömungen und Winde (Passate) möglich. Der von der Rotation des Planeten hervorgerufene Coriolis-Effekt (siehe S. 23) sorgt in Äquatornähe für Ostwinde, die sich in Richtung der Pole drehen und zu Westwinden werden. Noch Jahrhunderte nach Kolumbus nutzten europäische Eroberer und Händler diese Routen – meist zum Transport von Sklaven nach Amerika und von Frachtgütern wie Zucker oder Baumwolle nach Europa.

***Atlantic Storm*, 1876**
Das Gemälde von John Singer Sargent (1856–1925) spiegelt die Furcht vor den Wellen des Atlantiks wider, die Sargent auf einer Fahrt von New York nach Liverpool empfunden hat.

**Agwe und die Meerjungfrau**
Die haitianische La Sirene ist hier in dieser Arbeit des haitianischen Malers André Pierre (1914–2005) mit ihrem Ehemann Met Agwe abgebildet. La Sirene soll in einem Unterwasserpalast leben.

## MITTELATLANTISCHER RÜCKEN

Der mittelatlantische Rücken ist der Bereich, in dem sich die nordamerikanische und die eurasische Platte im Norden und die südamerikanische und die afrikanische im Süden voneinander trennen. Steigt Magma auf und kühlt ab, entsteht neuer Meeresgrund, der den Ozean pro Jahr um 2–5 cm verbreitert. Wo der Rücken die Wasseroberfläche durchbricht, entstehen Inseln.

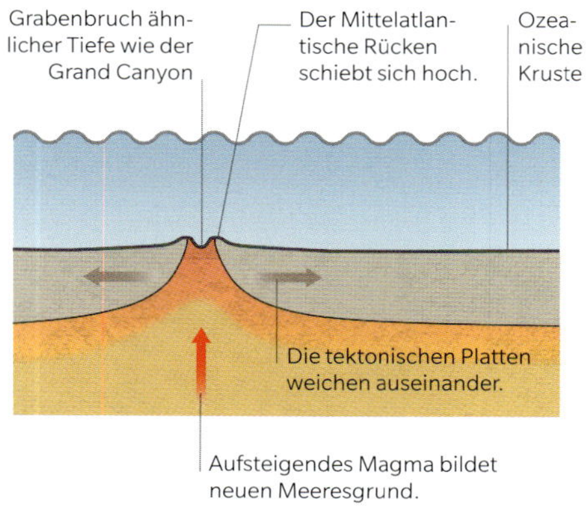


**SCHNITT DES MITTELATLANTISCHEN RÜCKENS**

Vor **200 Millionen Jahren** war **Südamerika** mit **Afrika** verbunden. Die **Küsten** passen noch zueinander.

Obwohl der Atlantik heute gut erforscht ist, hält er viele Gefahren bereit, von aufragenden Eisbergen über die riesigen Wellen des Golfs von Biskaya bis zu den Hurrikanen, die in den Tropen jeden Sommer nach Westen ziehen.

Der Atlantik ist zwar nicht so reich an Inseln wie der Pazifik, enthält aber doch einige wichtige Inselgruppen und -ketten. Neben Island gehören zu den Inseln des Mittelatlantischen Rückens die Azoren, Ascension, St. Helena (hier verbrachte Napoleon seine letzten Jahre) und die noch abgelegenere Insel Tristan da Cunha. Zu den größten Inseln des Atlantiks zählen Neufundland, Großbritannien und Irland. Kleine Vulkaninseln wie die Bermudas und die Kapverden sowie die Kanarischen Inseln waren wichtige Etappenziele im Zeitalter der Segelschiffe.

In der Karibik und um sie herum wurden einige Inseln vom 16. bis zum 18. Jahrhundert als Piratenverstecke genutzt. Unabhängige Piratenkapitäne wie Blackbeard (Edward Teach mit richtigem Namen) und Freibeuter, die Schiffe im Namen ihrer Regierungen überfielen, lebten von den vielen Frachtschiffen, die Silber und Gold von den amerikanischen Kolonien zurückbrachten. Zudem stahlen sie Waffen und Schießpulver, Tabak oder versklavte Menschen und übernahmen auch die Schiffe.

### Gemeinsame Traditionen

Traditionelle Nahrung, Folklore und Mode der Karibik ähneln oft ihren westafrikanischen Gegenstücken, da sie mit den Sklaven auf die Inseln kamen. Ein Beispiel ist die Wassergöttin Mami Wata, die Wohlstand und Erfolg, aber auch Unglück bringen kann. In Haiti in der Karibik ist ihr Gegenstück die Meeresgöttin La Sirene. Beide werden oft mit einem Meerjungfrauenschwanz dargestellt und sollen auch im Meer leben. Den Sagen zufolge entführen sie manchmal Menschen, die mit magischen Kräften und großer Weisheit vom Meer zurückkehren.

**Schlangen** symbolisieren Mami Watas Fähigkeiten.

**Mami Wata**
Diese Figur der nigerianischen Yoruba zeigt die Wassergöttin Mami Wata mit einem Fischschwanz und zwei Schlangen.

## »Der Fels, der sich mitten im Meer befindet, fürchtet nicht den Regen.«

SAMBISCHES SPRICHWORT

**Dramatische Landschaft**
Der größte See der Färöer, Sørvágsvatn, liegt 40 m über dem Atlantik und entwässert über einen Wasserfall ins Meer.

# Stachelhäuter

Echinodermata

Zu dieser Gruppe von Meerestieren gehören Seegurken (oder Seewalzen), Seesterne, Schlangensterne, Haarsterne und Seeigel. Der deutsche Name ist eine Übersetzung des wissenschaftlichen Namens dieses Tierstamms.

**Fächer und Haare**
Diese leuchtend rote Fächerkoralle im Meer vor Papua-Neuguinea ist von Haarsternen bedeckt.

Stachelhäuter sind marine Wirbellose, die sowohl in den seichten als auch in den tiefen Bereichen der Weltmeere vorkommen. Diese ursprünglichen Tiere haben sich lange vor den Dinosauriern vor mindestens 540 Millionen Jahren entwickelt. Bisher sind etwa 13 000 fossile Arten aus diesem Tierstamm entdeckt worden.

Heute gibt es etwa 7000 Arten von Stachelhäutern. Sie werden vor allem aufgrund der Struktur ihres Skeletts in unterschiedliche Gruppen aufgeteilt. Alle Stachelhäuter weisen eine fünfstrahlige Radiärsymmetrie auf, eine stachlige Haut sowie ein Nervennetz (miteinander verbundene Nervenzellen) anstelle eines zentralen Gehirns. Am besten bekannt sind die Seesterne, die wie alle Stachelhäuter abgetrennte Körperteile und teils auch Organe regenerieren können, solange ein Teil davon noch mit der Zentralscheibe verbunden ist.

Stachelhäuter sind meist klein, die kleinsten nur etwa 10 cm. Einige wie die Tigerschwanz-Seegurke (*Holothuria thomasi*) können allerdings auch 2 m Länge erreichen. Die Stiele einiger ausgestorbener Seelilien konnten sogar über 20 m lang werden.

Seesterne bewegen sich nur langsam: Die schnellsten wie der Sonnenblumen-Seestern (*Pycnopodia helianthoides*) können 1 m pro Minute zurücklegen. Seeigel können nicht schwimmen und bewegen sich stattdessen mithilfe ihrer Stacheln und Ambulakralfüßchen auf dem Meeresgrund fort (siehe S. 66–67).

## Gärtner der Meere

Stachelhäuter spielen in marinen Lebensräumen eine wichtige Rolle. Den Untergrund abweidende

**Sterne auf dem Meeresgrund**
Dieser Stich des französischen Künstlers Alphonse Demarle aus dem Jahr 1887 zeigt Stachelhäuter wie Seelilien, Haarsterne und Seesterne.

Arten wie die Seeigel sorgen dafür, dass Korallenriffe nicht von Algen überwuchert werden. Seegurken reinigen das Wasser, indem sie organische Stoffe aufnehmen, Sand ausscheiden, dadurch Nährstoffe wieder in den Kreislauf einbringen und die Ökosysteme stabilisieren. Einzelne Arten können jedoch auch überhandnehmen. Der Dornenkronen-Seestern (*Acanthaster planci*) hat viele Korallenriffe einschließlich des Great Barrier Reef (siehe S. 210–211) durch das Fressen der Korallenpolypen schwer geschädigt.

Menschen haben Stachelhäuter – insbesondere Seeigel – schon immer verzehrt. Es gibt Nachweise, dass die alten Griechen und Römer sie gegessen haben, und viele Kulturen tun das noch heute. Etwa 80 bis 90 Prozent der globalen Nachfrage nach Seeigeln kommen aus Japan. In China sind gekochte und getrocknete Seegurken beliebt. Sie werden meist in Suppen gegessen und sind dann als *Haishen* oder *Trepang* bekannt.

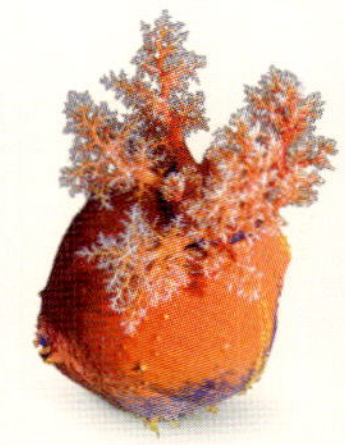

**BUNTER SEEAPFEL**
*Pseudocolochirus violaceus*
Diese Seegurken tragen ihren Namen, weil sie an Äpfel erinnern. Sie leben in indopazifischen Gewässern.

**KALMAR-DIADEMSEEIGEL**
*Echinothrix calamaris*
Stiche dieses Seeigels sind ähnlich schmerzhaft wie die einer Biene. Er ist auch als Gebänderter Seeigel bekannt.

**HAARSTERN**
Crinoidea
Haarsterne können durch das Wasser schwimmen, indem sie ihre Arme auf und ab bewegen.

**Getrocknete** Seegurken haben nur einen Wassergehalt von 8–10 Prozent.

**Nahrungsquelle**
In einigen asiatischen Ländern gelten getrocknete Seegurken als Delikatesse oder werden in der Medizin verwendet.

Einige **Tiefsee-Seegurken-Arten** können **schwimmen.**

# Felsenriffe

Felsenriffe sind vorgelagerte Klippen, die entweder zeitweilig oder permanent vom Meer überspült werden. Sie bilden die Basis vielfältiger Ökosysteme für Algen, Plankton, Fische, Vögel und andere Lebewesen.

**Warnende Lichter**
Leuchttürme wie dieser auf Tourlitis vor der Insel Andros, Griechenland, stehen oft auf Felsenriffen, damit ihr Licht weit über das Wasser reicht.

Felsenriffe gibt es weltweit, von tropischen bis zu polaren Regionen. Die manchmal als geogen (aus Felsen entstanden) bezeichneten Riffe haben sich in seichtem Wasser an Küsten gebildet, an denen Felswände und -plattformen von Wind und Wellen verwittert sind.

Abhängig vom lokalen Klima und den vorherrschenden Wasserspiegeln entwickeln sich auf Felsenriffen unterschiedliche Mikrohabitate. Felsenriffe an der oberen Küste, die bei Ebbe trockenfallen, sind der Lebensraum für Organismen, die es längere Zeit an der Luft und im Sonnenlicht aushalten, etwa Napf- und andere Schnecken. Tange und kleinere Fische wie Schleimfische gedeihen weiter unten an der Küste, wo es mehr Wasser gibt. Krabben und Seeanemonen überstehen die Ebbe in Gezeitentümpeln (siehe S. 64–65). In ständig überfluteten Bereichen leben Fische wie die Lippfische (Labridae) und der Pazifische Seewolf (*Anarrhichthys ocellatus*) sowie Kelp und andere Tange.

**Riffsterne**
Ein Gemeiner Sonnenstern (*Crossaster papposus*) und ein Zerbrechlicher Schlangenstern (*Ophiothrix fragilis*) liegen auf einem Riff vor den Shetlandinseln, Großbritannien.

> »Seufzend ruderten wir hinein in die schreckliche Enge:
> Denn hier drohete Skylla, und dort die wilde Charybdis,
> Welche die salzige Flut des Meeres fürchterlich einschlang ...«
>
> HOMER, *Odyssee*, etwa 725–675 v. Chr.

### Leben in den Felsen

Die Felsen bieten Algen und sessilen Tieren wie Seepocken, Schwämmen und Kaltwasserkorallen einen festen Untergrund. Die Algen dienen wiederum Seeigeln und anderen Arten als Nahrung. Strömungen spülen Plankton und Larven hierher, und Felsspalten bieten Fischen und anderen Tieren Laichmöglichkeiten. So bilden diese Lebensräume reiche, sich ständig verändernde Nahrungsgründe für Seevögel und Meeressäuger. Menschen nutzen Felsenriffe, um Tange zu ernten sowie trotz der herausfordernden Umgebung Krebstiere und Fische zu fangen. In neuerer Zeit finden an Felsenriffen auch Freizeitaktivitäten wie Tauchen statt. Am Firth of Lorn in Schottland und am Cape Arago in Oregon, USA, müssen bei menschlichen Aktivitäten allerdings die wissenschaftliche und ökologische Bedeutung der Riffe berücksichtigt werden.

**Skylla und Charybdis**
Diese Flasche aus dem 3. Jahrhundert v. Chr. zeigt das Seeungeheuer Skylla. In griechischen Sagen bedrohten Skylla und der Mahlstrom Charybdis die Felsen der Straße von Messina, Italien.

**Skylla hatte einen weiblichen** Torso und sechs lange Hälse, die jeweils in einem Kopf mit drei Zahnreihen endeten.

**Versunkene Gottheit**
Taucher schwimmen bei der Erkundung der versunkenen Stadt Baiae vor der italienischen Küste um eine Statue des Gottes Dionysos herum.

**Versunkene Ruinen**
Kapitän Nemo und Professor Aronnax betrachten in dieser Illustration aus Jules Vernes im Jahr 1869 erschienener Novelle *Vingt Mille Lieues sous les mers* (*Zwanzigtausend Meilen unter'm Meer*) die Ruinen von Atlantis.

# Versunkene Städte

**Die Vorstellung von in den Ozeanen versunkenen Städten ist immer wieder Thema von Legenden und Romanen. Dahinter steckt allerdings ein Funken Wahrheit. In der Vergangenheit sind einige Städte bei Naturkatastrophen untergegangen.**

Noch zwei Jahrtausende, nachdem der griechische Philosoph Plato im 4. Jahrhundert v. Chr. in seinen Büchern *Timaios* und *Kritias* vom »verlorenen« Land Atlantis geschrieben hatte, nahm man an, dass er sich auf Sagen über einen realen Ort bezog. Mittlerweile vermutet man, dass seine Erzählung über eine wegen mangelnder Gottesfurcht der Einwohner vom Meer verschlungenen Inselstadt nur eine Moralgeschichte war. Versuche, sie zu finden – vor der griechischen Insel Santorin oder den Azoren, vor Mauretanien oder am Nordpol –, sind alle fehlgeschlagen.

In den Jahrhunderten nach Platos Schilderung stürzte die ägyptische Hafenstadt Thonis-Herakleion infolge einiger Naturkatastrophen ins Mittelmeer. Erst im Jahr 2000 wurde sie wiederentdeckt. Und das römische Seebad Baiae versank im Golf von Neapel. Das wurde durch Bradyseismos verursacht, einen Prozess, bei dem die vulkanische Aktivität des Vesuvs das Land langsam anhob und absenkte. Im 8. Jahrhundert n. Chr. war der untere Teil von Baiae überspült. Eine weitere versunkene Siedlung ist das neolithische Dorf Atlit-Yam in Israel, das vor über 8000 Jahren unterging. Die 5000 Jahre alte Ortschaft Pavlopetri vor dem griechischen Lakonien ist aus immer noch unbekannten Gründen versunken.

## Leben unter Wasser

Heute wird bewusst unterhalb des Wasserspiegels gebaut. Die Aquarius Reef Base – das einzige Unterwasserlabor der Welt – befindet sich 18 m unter den Wellen vor der Küste Floridas, USA. Und Fabien Cousteau – Enkel des Ozeanografen Jacques Cousteau – plant eine Forschungseinrichtung namens Proteus in der Karibik, wo Forschende und Besuchende leben und das marine Ökosystem studieren können.

**Vergrabener Schatz**
Diese goldene Rahmenrassel (Sistrum) wurde in der versunkenen Stadt Thonis-Herakleion vor Alexandria, Ägypten, im Mittelmeer gefunden.

**Jagdverhalten**
Der Atlantische Ammenhai (*Ginglymostoma cirratum*) jagt in der Nacht und saugt seine Beute aus ihren Verstecken. Die Tiere können genug Unterdruck erzeugen, um die größten Meeresschnecken aus ihrem Gehäuse zu ziehen.

**Haihaut** enthält winzige v-förmige Hautzähnchen (Placoidschuppen). Sie reduzieren den Wasserwiderstand und erlauben dem Tier, schnell zu schwimmen.

**Die Barteln** tragen vermutlich dazu bei, Beute zu finden, die sich am Meeresgrund versteckt.

# Haie

Selachii

**Zwar sind Haie als furchteinflößende Räuber bekannt, doch diese seit Urzeiten existierenden Meerestiere unterscheiden sich sowohl in ihrer Größe als auch in ihren Fressgewohnheiten.**

Fossilien belegen, dass es Haie schon seit mindestens 450 Millionen Jahren gibt. Sie haben die Dinosaurier und fünf Massenaussterben überlebt. Heute gibt es über 500 Haiarten in den Meeren, vom nur wenige Zentimeter großen Zwerg-Laternenhai (*Etmopterus perryi*) bis zum 18 m langen Walhai (*Rhincodon typus*). Etwa die Hälfte aller Haiarten wird nicht länger als 1 m. Haie sind auf der ganzen Welt in den verschiedensten Lebensräumen zu finden – von den Tiefen der Meere bis zu seichten tropischen Riffen und Sandflächen sowie unter dem arktischen Eis. Kaltwasserarten wie der Lachshai (*Lamna ditropis*) können ihre Körpertemperatur über die des Wassers anheben, indem sie mittels eines sogenannten Wundernetzes aus Blutgefäßen die von der Muskulatur erzeugte Wärme nutzen. Einige Haie sind schnell schwimmende Raubfische und können auf der Jagd über 70 km/h erreichen, andere ernähren sich als Filtrierer von kleinen Planktonorganismen und schwimmen nur langsam. Weiße Haie (*Carcharodon carcharias*) sind für ihre schnellen Attacken auf Robben bekannt. Andere Haiarten fressen Fische, Weich- und Krebstiere. Einige erbeuten auch kleinere Haie, sodass sich Populationen gestaffelter Größe bilden.

### Flexible Körper

Trotz aller Unterschiede gibt es auch viele Gemeinsamkeiten, einschließlich der Tatsache,

**Das längliche Gesicht** sorgt für ein grimmiges Aussehen.

**Haigott**
Diese Figur von Dakuwaqa (»Heck des Schiffes«), einer der beiden auf den Fidschi-Inseln verehrten Haigötter, stammt aus dem 18. Jahrhundert.

**Der obere Lappen** der Schwanzflosse ist deutlich länger als der untere. Er misst etwa ein Viertel der Gesamtlänge des Atlantischen Ammenhais.

»... dieses Tier hat genauso viel Angst vor dem Menschen wie der Mensch vor ihm ...«

PLINIUS DER ÄLTERE, *Naturalis historia,* 77 n. Chr.

dass Haie keine Knochen haben. Stattdessen besteht ihr Skelett aus Knorpel. Man nimmt an, dass sich Knorpelskelette entwickelt haben, weil sie leichter und flexibler sind und die Haie dadurch schneller und effizienter schwimmen können. Die Zähne sind der einzige Teil des Skeletts, der nicht aus Knorpel besteht.

### Sinne für die Jagd

Haie verfügen über leistungsfähige Sinne zum Finden ihrer Beute. Gehör und Geruchssinn sind am wichtigsten, um Beute von Weitem wahrzunehmen. Ein Hai kann viel besser hören als ein Mensch, und die meisten Arten haben einen ausgezeichneten Geruchssinn. Sie können äußerst geringe Konzentrationen chemischer Stoffe wahrnehmen und sogar feststellen, aus welcher Richtung diese kommen. Der Kleine Schwarzspitzenhai (*Carcharhinus limbatus*) soll Fischfleisch in Konzentrationen von einem Teil auf zehn Milliarden Teile Meerwasser riechen können.

Wenn ein Hai sich seiner Beute nähert, beginnt er verstärkt seine Augen einzusetzen, die eine als Tapetum lucidum bezeichnete reflektierende Kristallschicht hinter ihrer Netzhaut aufweisen. Sie ermöglicht das Sehen bei wenig Licht in trübem Wasser. Bei der weiteren Annäherung kommt das Seitenlinienorgan ins Spiel, eine Reihe von flüssigkeitsgefüllten Poren entlang des Körpers, mit der das Tier Schwingungen und

**Aus Knochen** geschnitzte Spitze an einem hölzernen Haken

**Angelhaken**
In der hawaiianischen Tradition waren als *Makau* bekannte Angelhaken Symbole von Glück und Stärke. Es gab verschiedene Haken für unterschiedliche Meeresbewohner, unter anderem für Haie.

**RIESENHAI**
*Cetorhinus maximus*
Der Riesenhai kann als zweitgrößter Fisch der Meere 12 m lang werden. Er ernährt sich nur von Plankton und filtert dazu bis zu 1800 t Meerwasser pro Stunde.

**ZEBRAHAI**
*Stegostoma tigrinum*
Dieser nachtaktive Hai aus dem Indopazifik erbeutet Weichtiere, Krebstiere, Fische und sogar Seeschlangen. Jungtiere sind gestreift, erwachsene Tiere gefleckt.

**KOBOLDHAI**
*Mitsukurina owstoni*
Dieser selten beobachtete Tiefenwasserbewohner kann über 4 m lang werden. Zum Beutefang kann er seine Kiefer blitzschnell weit nach vorn strecken.

**Kräftiges Gebiss**
Der Hornhai (*Heterodontus francisci*) ist ein kleiner, langsamer Hai, verfügt aber im Verhältnis zur Größe über die größte Beißkraft aller Haie. Er nutzt sie, um seine Beute – Weichtiere, Stachelhäuter und Krebstiere – zu zermalmen.

Druckänderungen im Wasser wahrnehmen kann, die von einer sich bewegenden Beute stammen. Zudem haben Haie (ebenso wie die mit ihnen verwandten Rochen) auch die Fähigkeit, schwache elektrische Felder wahrzunehmen, die Tiere erzeugen, wenn sie sich bewegen. Als Rezeptoren hierfür dienen die Lorenzini'schen Ampullen, mit Gallerte gefüllte Sinnesorgane am Kopf – modifizierte Teile des Seitenliniensystems.

### Wahrnehmung und Realität

In Erzählungen und den Medien werden Haie oft als tödliche Killer porträtiert, die Menschen, ohne zu zögern, angreifen. Vor allem *Der weiße Hai*, Steven Spielbergs berühmter Film aus dem Jahr 1975, in dem ein großer Weißer Hai zahlreiche Schwimmer tötet, war der Auslöser für die Furcht vor Haien. Die amerikanische Meeresbiologin Eugenie Clark (1922–2015), bekannt als die »Shark Lady«, gehörte zu den Ersten, die ein etwas differenzierteres Bild von Haien zeichneten. Durch ihre Arbeiten half sie, Mythen zu entkräften und zu zeigen, dass die meisten Arten keine Gefahr für Menschen darstellen.

**Riesen der Meere**
Der Walhai ist der größte Fisch der Weltmeere, ernährt sich aber nur von den kleinsten Tieren – von Plankton, das er aus dem Wasser filtert.

### Haie und ihre Umgebung

Haie sind nicht nur relativ ungefährlich für Menschen, sie spielen auch eine wichtige Rolle für die Gesundheit der Meere und für das Klima. Als Spitzenprädatoren kontrollieren sie Tierbestände und halten das ökologische Gleichgewicht aufrecht. Ein Verlust der Haie kann sich katastrophal auf die Ökosysteme ihrer Lebensräume auswirken. Die Haipopulationen der Welt schrumpfen infolge der Trophäenjagd und der Nachfrage nach Haifischflossensuppe sowie durch versehentlichen Beifang in der Fischerei. Der Klimawandel verschärft das Problem noch weiter, da sich die Meereslebensräume verändern und die Haibestände dadurch zurückgehen.

### HAIZÄHNE

Haie können bis zu 15 Zahnreihen besitzen, von denen aber nur die ersten beiden in Gebrauch sind. Die anderen liegen zurückgeklappt im Inneren des Kiefers, bis sie benötigt werden. Die Zähne sind wurzellos, aber über ein Gewebe mit dem Kiefer verbunden. Das Gewebe bewegt sich im Lauf der Zeit nach vorn, sodass ausgefallene Zähne durch neue ersetzt werden. Ein Hai kann im Verlauf seines Lebens 50 000 Zähne verlieren.

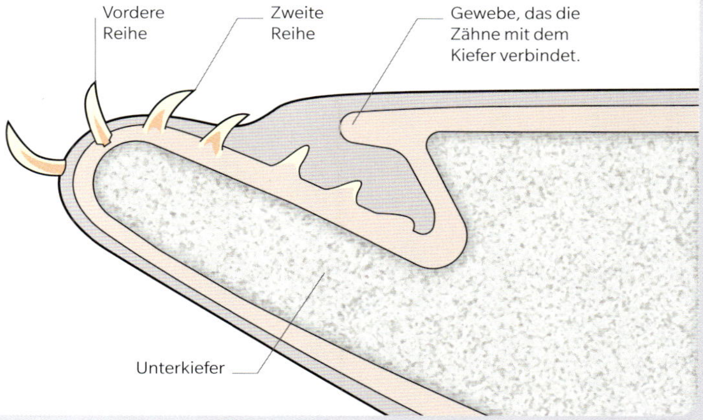


**QUERSCHNITT EINES HAIKIEFERS**

# Stechrochen

Myliobatoidei

Stechrochen sind Knorpelfische mit einem runden, flachen Körper sowie einem langen, mit einem giftigen Stachel versehenen Schwanz. Bei Bedrohung verteidigen sie sich mit einem Stich, der tödlich sein kann.

**Stingray City**
Ein Amerikanischer Stechrochen (*Hypanus americanus*) besucht Stingray City (Grand Cayman). Diese Touristenattraktion ist für ihre großen Ansammlungen von Stechrochen bekannt.

**Stechrochen** gibt es schon seit **150 Millionen** Jahren.

**Das Maul liegt an der Unterseite** des Körpers. Das erleichtert das Fressen am Grund lebender Beute.

**Drachenförmig**
Der Körper des Gewöhnlichen Stechrochens (*Dasyatis pastinaca*) ähnelt in der Form einem Fesseldrachen, wie dieser Druck aus dem 19. Jahrhundert veranschaulicht.

Die weltweit in tropischen und subtropischen Gewässern lebenden Stechrochen haben einen abgerundeten Körper, wobei sich die Augen auf der Ober- und das Maul auf der Unterseite befinden. Sie schwimmen meist mit wellenförmigen Flossenbewegungen über den Meeresgrund. Gefundene Beute wie Fische, Krebs- oder Weichtiere halten sie unter dem Körper gefangen und saugen sie mit dem Maul ein.

Stechrochen sind nicht aggressiv, haben aber im Gegensatz zu anderen Rochen einen Giftstachel am Schwanz, mit dem sie sich verteidigen können. Wo sie häufig vorkommen, laufen Menschen oft schlurfend durch das Wasser, um nicht versehentlich auf einen im Sand vergrabenen Stechrochen zu treten.

## Giftstachel

Der größte bekannte marine Stechrochen ist der Kleinaugen-Stechrochen (*Megatrygon microps*). Er kann einen Durchmesser von bis zu 2,5 m erreichen, doch seine Augen sind kaum größer als Rosinen. An ihrem Muster aus weißen Punkten auf dem Rücken kann man einzelne Tiere erkennen. Über die selten beobachtete Art ist nur wenig bekannt, aber Forschende der Marine Megafauna Foundation haben einen Selbstverteidigungsmechanismus beobachten können. Als sie ein Tier markieren wollten, bog es den Schwanz mit dem Stachel wie ein Skorpion über den Kopf und schwang ihn in Richtung der Bedrohung.

Stechrochen sind auch Gegenstand vieler Legenden. In den griechischen Sagen erhielt der Held Odysseus eine Prophezeiung, dass sein Tod vom Meer kommen werde. Das bewahrheitete sich, als sein Sohn Telegonus ihn bei einem Kampf nicht erkannte und ihn tödlich mit einem Speer verletzte, dessen Spitze ein Stechrochenstachel war. Es gibt unterschiedliche Geschichten, wie der griechische Held Herakles einen Finger verlor. Nach einer ist er von einem Löwen abgebissen worden, nach einer anderen war die Ursache ein Rochenstachel. In der Folklore der Maori beschützte der verzauberte Stechrochen Whaitere die Meere vor Überfischung, nachdem seine Eltern von Fischern getötet worden waren.

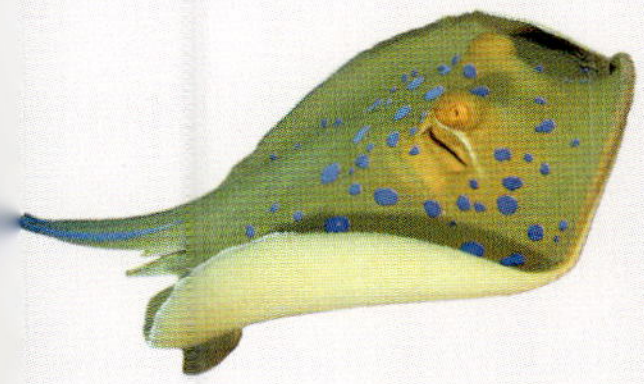

**BLAUPUNKT-ROCHEN**
*Taeniura lymma*
Die blauen Punkte auf dem Körper dieses Rochens warnen potenzielle Fressfeinde.

**LEOPARD-STECHROCHEN**
*Himantura leoparda*
Der eindrucksvolle Schwanz dieses Rochens kann dreimal so lang wie der Körper werden.

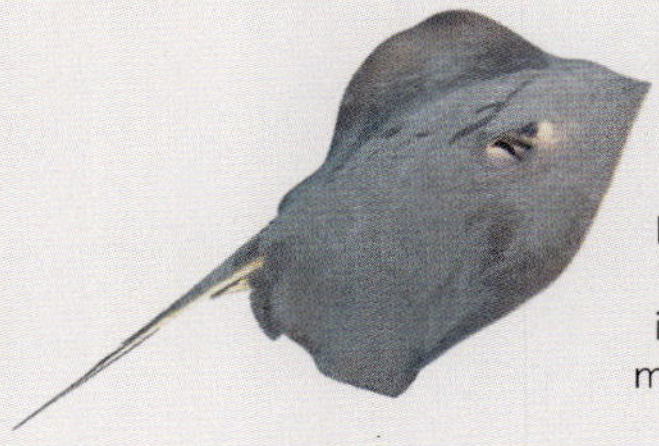

**PEITSCHEN-ROCHEN**
*Hemitrygon akajei*
Dieser Stechrochen ist rötlich braun gefärbt, im Bereich der Flossen manchmal sogar orange.

**Rochen unter den Wellen**
Nicht weit unter den Wellen schwimmt eine Gruppe von Munk-Teufelsrochen (*Mobula munkiana*) durch die Lagune Bahía Magdalena vor der mexikanischen Pazifikküste. Individuen dieser und anderer Teufelsrochenarten sind dabei beobachtet worden, wie sie aus dem Wasser springen und sich überschlagen, sowohl einzeln als auch in Gruppen.

**Urzeitliches Meer**
Diese Lithografie aus den 1940er-Jahren zeigt, wie der Meeresboden in prähistorischen Zeiten ausgesehen haben mag. Unten links ist ein Trilobit zu erkennen, ein ausgestorbener mariner Gliederfüßer.

# Meeresboden

**Die geografischen Eigenschaften des Meeresbodens ähneln denen des Festlands, doch nur etwa 25 Prozent der Meeresböden der Welt sind kartografiert oder überhaupt von Menschen gesehen worden.**

Der Meeresboden ist ein kaum zugänglicher Ort zur Kartografierung, insbesondere seine großen Tiefen. Ein großer Teil des Wissens über den Meeresgrund wurde mithilfe der Bathymetrie erlangt, der Tiefenmessung in den Meeren, Seen und Flüssen. In früheren Zeiten ließ man ein Lot an einem Seil von einem Schiff herab und maß, wie lang die Strecke zum Grund war – ein langwieriger und ungenauer Prozess. Heute benutzt man ein an der Unterseite eines Schiffs angebrachtes Fächerecholot, das ein Bild des Meeresgrunds erzeugen kann. Zusätzlich kann man die Wasseroberfläche von Satelliten aus mithilfe von Radar vermessen, da sie mit ihren Unebenheiten die des Meeresgrunds darunter abbildet.

Wie diese Technologien gezeigt haben, ist der Meeresgrund eine vielfältige Landschaft mit Bergen, Vulkanen, Wasserfällen und Gräben (siehe S. 300–301). Der höchste Berg der Welt ist demnach wohl mit 10 210 m der Mauna Kea auf Hawaii, auch wenn davon nur 4207 m über den Meeresspiegel hinausragen. Auch der höchste Wasserfall der Welt, der Dänemarkstraße-Katarakt, befindet sich auf dem Meeresgrund (siehe S. 284).

Daneben gibt es auch einige Phänomene, die nur auf dem Meeresboden zu finden sind. Dazu gehören die Hydrothermalquellen der Tiefsee (siehe S. 294–295) und die Methanquellen – an Mikroben reiche Bereiche, an denen Gas aus Rissen im vulkanischen Gestein austritt, das den größten Teil des Meeresbodens ausmacht.

Der Meeresboden ist zum größten Teil von Sedimenten bedeckt, die im Durchschnitt 450 m

Es gibt mehr als **eine Million Vulkane** auf dem Meeresgrund.

mächtig sind. Untersuchungen der ungestörten Sedimente durch Bohrungen und Bohrkernentnahmen haben Informationen über das frühere Klima der Erde, ihr Magnetfeld und die Bewegungen der tektonischen Platten geliefert.

### Neues Leben, neue Materialien

Forschende erkunden die Meeresböden und die hier lebenden Arten auch mithilfe von ferngesteuerten Robotern, Unterseebooten und Sensoren. Im Jahr 2024 entdeckte ein Wissenschaftsteam vom Schmidt Ocean Institute (Palo Altro, Kalifornien, USA) während einer einmonatigen Expedition im Tiefenwasser entlang der Küsten von Chile und Peru mehr als 100 vermutlich noch unbeschriebene Arten. Darunter befanden sich Korallen, Schwämme, Seeigel, Weichtiere und Krebstiere. Im Meeresboden sind Metalle und Mineralien enthalten, etwa Kupfer, Zink, Nickel, Gold, Silber und Phosphor. Einige Unternehmen prüfen die Möglichkeit des Abbaus, während sich Umweltschutzgruppen dagegen aussprechen.

**Schiffswrack**
Fische schwimmen über das Wrack der *Virgo* bei Recife, Brasilien. Wracks von Schiffen, Flugzeugen und militärischen Objekten sind auf dem Meeresgrund nicht selten.

**Die Augen** wandern zwischen dem Larvenstadium und der Geschlechtsreife auf die gleiche Seite des Kopfs.

**Gute Tarnung**
Flundern (*Platichthys*) haben sich farblich ans Sediment angepasst – dadurch sind sie auf dem Grund gut getarnt.

# Mesopelagial

**Das Mesopelagial ist die Dämmerzone, in der es fast vollständig dunkel ist, wohin die Sonnenenergie kaum vordringt, wo die Nahrung knapp ist und die Tiere mit Resten auskommen oder tägliche Wanderungen durchführen müssen. 80 Prozent der hier lebenden Tiere produzieren mithilfe der Biolumineszenz ihr eigenes Licht.**

**Die verzweigten Arme** haben Häkchen, die beim Beutefang helfen – vor allem Zooplankton bleibt an ihnen hängen.

**Verzweigte Arme**
Viele Arten der Gorgonenhäupter – einer Gruppe der Schlangensterne mit stark verzweigten Armen – bewohnen die Tiefen, darunter dieser *Gorgonocephalus* aus dem Indischen Ozean.

Nur ein Prozent der Sonnenenergie erreicht die obere Grenze des Mesopelagials, das bei 200 m Tiefe unter der Meeresoberfläche beginnt. Ein wenig restliches Licht kann bis in 600 m Tiefe vordringen, doch das ist nur in sehr klarem Wasser möglich. Fotosynthese kann hier keine mehr stattfinden. An der unteren Grenze des Mesopelagials bei 1000 m Tiefe ist kein Licht mehr festzustellen. In dieser kalten, fremden Welt warten viele Tiere nur auf von oben herabsinkende Nahrung. Diese Abwärtsdrift von der Oberfläche bis zum Meeresboden liefert totes und sich zersetzendes Material, Fäkalien, aktive Bakterien, Außenskelette und Schleimhüllen des Planktons, das sich in größerer Nähe zur Oberfläche befindet. Das alles vermischt sich mit vom Wind transportiertem Staub und anorganischen Sedimenten und Schmutz vom Festland.

Viele der Bewohner des Mesopelagials steigen täglich zur Meeresoberfläche auf, um in der relativen Sicherheit der Nacht zu fressen. In der Morgendämmerung ziehen sie sich in die Tiefe zurück und entgehen so Fressfeinden. Zu ihnen gehören einige Arten von Ruderfußkrebsen – winzige, nur 1–2 mm große Krebstiere, die täglich die im Verhältnis gewaltige Strecke von mehreren Hundert Metern zurücklegen. Sie laufen dabei auch Gefahr, von Laternenfischen (Myctophidae) gefressen zu werden, die ihnen dabei folgen. Die in diesen Tiefen am häufigsten

**Tieftauch-Pionier**
Gordon Leslie Challen (1887–1955), ein Schiffbaumeister und Taucher aus Port Stanley, Falklandinseln, steht in seinem Tauchanzug neben den Helmen und dem Kompressor.

**Bewohner der Dämmerung**
Die kleine, biolumineszente und durchscheinende pelagische Krakenart *Japetella diaphana* verbringt ihr Leben im Mesopelagial, berührt nie den Meeresgrund und paart sich in der Nähe der Untergrenze dieser Zone.

> »Im Meer ist Biolumineszenz eher die Regel als die Ausnahme.«
>
> EDITH WIDDER, *Below the Edge of Darkness*, 2021

vorkommenden Fische sind die Borstenmäuler (Gonostomatidae). Sie sind nur so groß wie ein menschlicher kleiner Finger, besitzen Leuchtorgane und ein großes Maul voller Zähne. Man nimmt an, dass sie die individuenreichsten Wirbeltiere der Welt sind, mit Hunderten von Billionen Tieren, die im Mesopelagial schwimmen.

### Lichter in der Tiefe

Die Tiere des Mesopelagials haben Anpassungen an die Dunkelheit entwickelt, darunter Biolumineszenz, die sie mithilfe einer chemischen Reaktion erzeugen (siehe S. 286–287). Dieses Licht kann dazu dienen, Beute anzulocken, Feinde abzuschrecken oder zu verwirren. Borstenmäuler tragen an ihrer Unterseite Reihen von Leuchtorganen (Photophoren), die diese Fische tarnen, sodass sie von Fressfeinden und Beute nicht gesehen werden. Laternenfische besitzen überall am Körper blaugrüne Leuchtorgane, die sie zur Kommunikation mit Leuchtsignalen wie auch zur Partnersuche verwenden können. Der Leuchtkalmar (*Watasenia scintillans*) erzeugt ein helles blaues Licht, das er mit seinem Nervensystem kontrollieren und auf diese Weise an- und ausschalten kann.

**Der Kamm** besteht aus den einzelnen ersten Flossenstrahlen der langen Rückenflosse.

**Die langen, modifizierten Flossen,** die an Ruder (Riemen) erinnern, könnten als Sinnesorgane dienen.

# Riemenfisch

*Regalecus glesne*

**Der Riesen-Riemenfisch ist tatsächlich ein Riese der Meere und gleichzeitig einer der ungewöhnlichsten Fische. Mit bis zu 8 m Länge gilt er als der längste Knochenfisch der Welt.**

Der Riesen-Riemenfisch besitzt eine spiegelglänzende silbrige Haut mit dunklen Flecken und eine leuchtend rote körperlange Rückenflosse. Erwachsene Tiere sind mindestens 3 m lang, belegt sind Längen von 8 m. Es sollen sogar schon bis zu 11 m gemessen worden sein.

Der Riesen-Riemenfisch gehört zu den Knochenfischen (Osteichthyes). Sein bandartiger Körper erinnert an den einer Schlange oder Muräne, mit denen er aber nicht verwandt ist. Die ersten Rückenflossenstrahlen bilden einen roten Kamm auf dem Kopf, die beiden modifizierten Bauchflossen erinnern an Ruder (Riemen) und haben zu seinem Namen geführt. Riemenfische scheinen sie aber nicht zur Fortbewegung einzusetzen. Es könnte sich um Sinnesorgane zum Erkennen von Beutetieren handeln.

## Vertikale Haltung

Der Riesen-Riemenfisch ist mit Ausnahme der kalten polaren Gewässer weltweit zu finden. Er lebt vor allem in den Tiefen des offenen Meers, von etwa 200 m bis 1000 m unterhalb der Wasseroberfläche. Dort frisst er Plankton, Krill und kleine Fische. Trotz seines furchteinflößenden Gesichts ist er kein Jäger. Er hat keine Zähne, sondern filtert seine kleine Beute mit Knochenstrukturen in seinen Kiemen aus dem Wasser. Auch ist er ist für sein ungewöhnliches Verhalten beim Fressen bekannt: Senkrecht im Wasser hängend bewegt er sich auf und ab. Möglicherweise handelt es sich dabei um eine Tarnung.

## Katastrophenbote

Kommt ein Riesen-Riemenfisch an die Wasseroberfläche, geschieht das meist nach einem Sturm. Möglicherweise ist er desorientiert, fühlt sich unwohl oder stirbt sogar. Das ungewöhnliche Aussehen der Tiere hat zu verschiedenen Namen und Geschichten geführt. Naheliegend ist, dass er wegen seiner Körperform als Bandfisch bezeichnet wird. Heringsfischer waren der Meinung, dass der rote Kamm auf dem Kopf an eine Krone erinnere, und verliehen ihm den Namen »Heringskönig« . Sie glaubten, er führe Fischschwärme durch das Meer und könne damit anzeigen, wo sie sich befinden. In verschiedenen Teilen der Welt gilt ein an Land geschwemm-

**Riemenfisch**
Diese anatomisch korrekte Zeichnung aus dem 19. Jahrhundert stammt aus dem Buch *Das Thierreich, geordnet nach seiner Organisation* des französischen Zoologen Georges Cuvier.

**Silberband**
Ein Taucher schwimmt vor der Küste der Insel Amami Ōshima vor der Südspitze Japans neben einem Riesen-Riemenfisch und vermittelt so eine Vorstellung von der beeindruckenden Größe dieses Tiers. Solche Bilder sind selten, weil sich Riemenfische normalerweise in größeren Tiefen aufhalten.

»Kein furchtbares Ungeheuer der Tiefe – es stellte sich heraus, dass es einer der seltensten und schönsten Fische im Meer war – ein Riemenfisch.«

BOYD WALKER, Zoologe,
zitiert in *Oceanography*, 2014

ter oder auf dem offenen Meer beobachteter Riemenfisch als schlechtes Omen, das auf eine Naturkatastrophe hinweist.

In Japan wird der Riemenfisch als *Ryugu no tsukai* bezeichnet, als »Bote aus dem Seedrachen-gott-Palast«. Da sie an die Wasserdrachen der Mythologie erinnern, wurden Riemenfische als Diener von Ryūjin angesehen, dem Drachengott der Meere. Sie sollen an der Wasseroberfläche oder an der Küste erscheinen, um vor Erdbeben zu warnen. In den Monaten vor dem Erdbeben und Tsunami im Jahr 2011 gab es mehrere Riemenfisch-Sichtungen, sodass sich Forschende fragten, ob die Fische die einem Beben vorausgehenden Vibrationen feststellen können. Das konnte bisher aber noch nicht bewiesen werden.

**Seeschlangen**
Der Riemenfisch könnte zu Sagen von gewaltigen Seeschlangen inspiriert haben, wie in dieser Illustration aus dem Jahr 1886, die auf einem Seeungeheuer auf einer Karte aus dem 16. Jahrhundert basiert.

**Weiße Flecken auf roter Haut** sind typische Kennzeichen dieser Art.
**An den Armen** sitzen Geschmacksrezeptoren und Saugnäpfe zum Ergreifen der Beute.
**Die Farbe wird heller,** wenn das Tier erregt oder verärgert ist.

**Weißgefleckter Oktopus**
Der im Atlantik verbreitete Weißgefleckte Oktopus (*Callistoctopus macropus*) ist mit bis zu 1,5 m Länge ein mittelgroßer Krake. Die beiden mittleren Arme sind viel länger als die anderen sechs.

**Laufen auf dem Meeresgrund**
Der Venen- oder Kokosnuss-Oktopus (*Amphioctopus marginatus*) versteckt sich in den leeren Gehäusen anderer Tiere. Er kann mithilfe von zwei oder vier Armen auch über den Meeresgrund laufen.

Ein Krake kann sich durch ein Loch der Größe seines Augapfels quetschen.

# Kraken

Octopoda

Kraken oder Oktopoden sind hochintelligente Weichtiere mit acht Armen, neun Gehirnen und drei Herzen. Sie können Werkzeuge benutzen, Wände errichten, Tinte spritzen und ihre Farbe verändern.

Es gibt über 300 Arten von Kraken. Die fleischfressenden Kopffüßer kommen weltweit in den verschiedensten Meereslebensräumen und -tiefen vor, von Korallenriffen bis zu Hydrothermalquellen. Zum typischen Körperbau der Kraken gehören acht Arme, die an der Unterseite Saugnäpfe tragen. Hinter ihnen befinden sich der Kopf mit zwei hoch entwickelten Augen und ein sackähnlicher Hinterleib, der Mantel. Kraken können Wasser aufnehmen, es durch einen röhrenartigen Sipho im Mantel ausstoßen und sich so nach dem Rückstoßprinzip fortbewegen. Mit Ausnahme des Schnabels zwischen den Armen, der beim Biss ein Gift überträgt, ist der Körper weich, sodass sich der Krake durch schmale Spalten quetschen kann. Die Größe der Kraken reicht vom wenige Zentimeter großen Sternsaugnapf-Zwergkraken (*Octopus wolfi*) bis zum Pazifischen Riesenkraken (*Enteroctopus dofleini*), der über 4 m lang werden kann.

**Mythen der Tiefe**
Übertriebene Darstellung des Pazifischen Riesenkraken in einem Stich aus dem 19. Jahrhundert. Kraken und Kalmare haben zu vielen Märchen über Seeungeheuer inspiriert.

**Die glatte Haut** kann zur Tarnung auch so verändert werden, dass tentakelähnliche Strukturen entstehen.

Zur Tarnung können Kraken ihre Farbe und Form verändern. Ein Gewöhnlicher Krake (*Octopus vulgaris*) kann sich in weniger als einer Sekunde von seinem üblichen glatten, weißen Erscheinungsbild in einen zerklüfteten, grün und braun gefleckten Klumpen verwandeln, der zwischen Tangen und Korallen hervorragend getarnt ist. So kann er Fressfeinden wie Haien und Delfinen entgehen und seine eigene Beute jagen, etwa Schnecken, Muscheln, Fische und Krabben. Der 1998 vor einer indonesischen Insel entdeckte Mimik-Oktopus (*Thaumoctopus mimicus*) kann zum Schutz vor Fressfeinden sogar andere Tiere imitieren, etwa einen giftigen Feuerfisch (*Pterois*) oder eine Seeschlange (siehe S. 264–267). Wie einige andere Kopffüßer können Kraken zur Verteidigung eine aus Schleim und dem Pigment Melanin bestehende Tinte verspritzen. Neben ihrem zentralen Gehirn besitzen sie je ein weiteres für jeden Arm, sodass sie insgesamt über neun Gehirne verfügen. Untersuchungen zeigen, dass Kraken sehr intelligent sind. Einzelne Tiere haben gelernt, Gläser aufzuschrauben, um an die darin enthaltene Nahrung zu kommen, sich in Labyrinthen zurechtzufinden und aus geschlossenen Behältern auszubrechen. In Aquarien hat man sie beim Spielen mit Gegenständen beobachtet (ein Zeichen für Intelligenz bei Tieren), die sie umhergeschoben oder zu Mustern angeordnet haben. Sie können Menschen erkennen und bespritzen manchmal Personen, die sie nicht mögen, mit Wasser. Sie finden Möglichkeiten, aus Aquarien auszubrechen und in andere zu klettern, um dort nach Beute Ausschau zu halten.

Zudem können Kraken Werkzeuge benutzen, auch das ein Zeichen von Intelligenz, das man sonst nur bei Wirbeltieren findet. Manche Arten arrangieren Muschelschalen oder Kiesel um

**Patchwork-Muster**
Der Bleichkrake (*Octopus pallidus*) ist von einem Mosaik kleiner Flecken bedeckt. Wie viele Kraken kann er nicht nur die Farbe seiner Haut, sondern auch deren Struktur verändern.

ihren Aufenthaltsort herum an oder errichten sogar kleine Wände. Der Kokosnuss-Oktopus (*Amphioctopus marginatus*) versteckt sich in leeren Gehäusen oder Behältern und wurde beobachtet, wie er mit den Armen über den Meeresboden laufend eine Kokosnuss-Schale trug. Bei Gefahr versteckte er sich blitzschnell in seiner Schale.

Die Intelligenz der Kraken mit ihrer Fähigkeit zur Problemlösung und Planung ist für Wirbellose recht ungewöhnlich, doch ist ihr komplexes Nervensystem noch nicht vollständig verstanden. Ebenso außergewöhnlich ist, dass Kraken nur wenige Jahre alt werden. Tiere mit vergleichbarer Intelligenz sind meist langlebiger.

**Wassergefäß**
Diese Vase ist um 1500 v. Chr. in Knossos (Kreta, Griechenland) entstanden. Auf Kunstgegenständen aus der Minoischen Kultur Kretas sind oft Kraken abgebildet.

**Die Saugnäpfe** auf den Armen sind naturgetreu dargestellt.

## »Ich sammelte mehrere Exemplare eines Oktopus, der die wunderbarste Fähigkeit besaß, seine Farbe zu wechseln, und dabei jedem Chamäleon gleichkam.«

CHARLES DARWIN, Brief an John Stevens Henslow, 1832

### Götter und Geschichten

Kraken sind Teil der Folklore und Kultur verschiedener Küsten- und Inselnationen. Der Nuu oder Oktopus kommt oft in der Kunst und den Geschichten der Haida von der Pazifikküste im Nordwesten Nordamerikas vor, die ihn für seine Schläue und Flexibilität bewundern. In der Folklore der Fidschi-Inseln besiegte die wilde Oktopus-Göttin Rokobakaniceva den Hai-Gott Dakuwaqa im Kampf. Und in den Legenden der Ainu aus dem Norden Japans ist At-kor-kamui ein gewaltiger Oktopus-Gott, der in der Uchiura-Bucht auf der Insel Hokkaido auftauchen soll.

### SCHNELLER FARBWECHSEL

Kraken können mithilfe der Chromatophoren in ihrer Haut die Farbe wechseln. Jede Chromatophore enthält eine von Muskeln umgebene Pigmentzelle. Wenn sich die Muskeln kontrahieren, ziehen sie die Zelle auseinander und erzeugen einen großen Farbfleck. Entspannen sie sich, schrumpft die Zelle zu einem Punkt. Das Gehirn steuert koordiniert Tausende von Chromatophoren, um bestimmte Farben und Muster zu erzeugen.

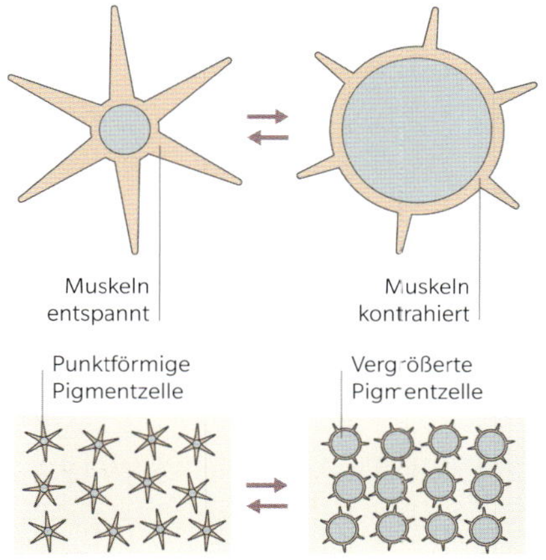


CHROMATOPHOREN

**BRAUNES PAPIERBOOT**
*Argonauta hians*
Weibchen dieser auch als Geflügeltes Papierboot bezeichneten Art umgeben sich und ihr Gelege mit einem spiralförmigen, papierartigen Gehäuse.

**GROSSER BLAUGERINGELTER KRAKE**
*Hapalochlaena lunulata*
Dieser kleine Krake ist wegen seines giftigen Bisses eines der gefährlichsten Meerestiere. Zur Warnung lässt er auf dem gelben Untergrund blaue Ringe aufblitzen.

**DUMBO-OKTOPUS**
*Grimpoteuthis*
*Grimpoteuthis* ist eine Gattung von Tiefseekraken, die bis zu 7000 m tief unter dem Meeresspiegel leben. Ihren Namen tragen sie wegen ihrer großen, an Elefantenohren erinnernden Flossen.

**Das Segel** hat die Form einer Krabbenschere.

**Pazifik-Reisender**
Dieses Modell ist einem Lagatoi nachempfunden, einem traditionellen Handelsboot aus Papua-Neuguinea.

# Pazifischer Ozean

**Der Pazifik bildet die größte Wasserfläche der Erde. Er bedeckt fast ein Drittel der Erdoberfläche und übertrifft damit die Fläche des gesamten Festlands der Erde. Im Pazifik befinden sich auch der tiefste Punkt der Welt und mehr als 20 000 Inseln.**

Der zwischen Antarktika im Süden, der Arktis im Norden, dem amerikanischen Doppelkontinent im Osten sowie Asien und Australasien im Westen liegende Pazifik umfasst eine Fläche von mehr als 155 Millionen Quadratkilometern.

In ihm leben mindestens 200 000 marine Arten, darunter Blau- und Buckelwale, der Weißstreifen-Delfin, der Weiße Hai und die Hammerhaie, Meeresschildkröten und viele Pinguinarten. Forschende glauben, dass hier noch Hunderttausende von weiteren Arten zu entdecken sind, viele davon in der wenig erforschten Tiefsee.

## Die ersten Entdecker

Frühe Menschen begannen sich von Asien nach Osten zu verbreiten und erreichten die pazifischen Inseln mit ihren Einbäumen und Flößen schon vor 30 000 Jahren. Vor 3000 Jahren ermög-

lichten Auslegerkanus oder Doppelrumpfboote mit ihrer höheren Stabilität, noch größere Entfernungen über das offene Meer zurückzulegen. Im Verlauf der Jahrtausende entwickelten sich verschiedene Kulturen von Seefahrern und Fischern auf den Tausenden über den Pazifik verstreuten Inseln, die als Ozeanien bezeichnet werden. Es ist nicht bekannt, wer es zuerst geschafft hat, den Pazifik in einer einzigen Reise zu überqueren. Es könnten Polynesier auf einer Handelsreise oder vom Kurs abgekommene japanische Fischerboote gewesen sein, die letztlich an der südamerikanischen Küste landeten. In historischen Zeiten wird die erste Überquerung dem portugiesischen Entdecker Ferdinand Magellan zugeschrieben, der 1519 von Spanien aus in See stach, um eine neue westliche Route zu den Gewürzinseln Indonesiens zu finden. Nachdem er die stürmische

**Maris-Pacifici-Karte**
Diese 1589 vom flämischen Kartografen Abraham Ortelius angefertigte Karte ist zwar nicht vollständig korrekt, war aber die erste gedruckte Pazifikkarte. Auf ihr ist auch Magellans Schiff *Victoria* abgebildet, das von einem Engel über das Meer geleitet wird.

**Perlentaucher**
Dieser 1836 entstandene Blockdruck des japanischen Künstlers Hokusai zeigt die Ama (Taucherinnen) bei der Arbeit. Die Männer in den Booten nehmen Perlen und Seeohren entgegen.

**Karamanua-Figur**
Schnitzereien des Meergeists Karamanua wie diese von den Salomonen wurden in Bootshäuser eingebaut. Ihnen wurde geopfert, um Glück beim Fischfang zu haben.

Südspitze Südamerikas bewältigt hatte, erwartete Magellan, Asien in wenigen Tagen zu erreichen. Er hatte jedoch die Größe des Pazifiks unterschätzt und benötigte mehr als drei Monate. Da die Vorräte ausgingen, starben bei der Überquerung 19 Seeleute an Skorbut.

## Friedlicher Ozean

Magellan gab dem Pazifischen Ozean seinen Namen. Verglichen mit den von ihm befahrenen rauen Seewegen war er ruhig, also nannte er ihn *Mar Pacifico* oder »Friedliches Meer«. Allerdings ist der Pazifik nicht ruhiger als jeder andere Ozean. Enorme Brecher sind nicht selten – die größte registrierte Monsterwelle im Jahr 2020 vor Vancouver war 17 m hoch – und vor allem im Westpazifik gibt es starke Zyklone. Das Klima ist in Äquatornähe tropisch: heiß, feucht und regnerisch. An anderen Orten ist es subtropisch, mit heißen Sommern und milden Wintern. In den pazifischen Randgebieten sind Erdbeben und Vulkane häufig und können Tsunamis auslösen.

Viele Völker des Pazifiks sind hervorragende Fischer, Bootsbauer und Navigatoren. Auf der Salaomonen-Insel Malaita wird noch eine traditionelle Form von Geld benutzt. Das Muschelgeld wird *Tafuliae* genannt und besteht aus kleinen Plättchen aus Muschelschalen, die auf lange Schnüre aufgefädelt werden. Viele Völker benutzten Muschelschalen und Haizähne zur Herstellung von Angelhaken, Juwelen und zeremonieller Kleidung. Mit rasiermesserscharfen Haizähnen wurde auch die Kante der hawaiianischen Kampfkeule *Leiomano* bestückt. Außerdem dienten sie als Schneide- und Schnitzwerkzeuge.

Entlang der pazifischen Westküste sammeln Taucherinnen wie die japanischen Ama und die Haenyeo der koreanischen Insel Jejudo Muscheln, Perlen und Seetang. Sie können mit einem Atemzug bis zu 10 m tief und bis zu zwei Minuten lang tauchen. Die als Seenomaden in Malaysia und auf den Philippinen lebenden Bajau betreiben schon so lang Speerfischerei unter Wasser, dass sie eine vergrößerte Milz als Sauerstoffspeicher entwickelt haben. Einige von ihnen können den Atem mehr als fünf Minuten lang anhalten und bis zu 70 m tief tauchen.

### Folklore des Meeres

In pazifischen Legenden wimmelt es von Seeschlangen, Ungeheuern, Drachen, Meerjungfrauen und Wassergeistern. Auf den Fidschi-Inseln soll der Meeresgott Dakuwaqa, der halb Hai und halb Mensch ist, Inseln und Boote beschützen. Die Jiaoren der chinesischen Sage sind Meerjungfrauen, die Stoff aus Meeresseide weben. Ihre Tränen werden zu Perlen und sie können Menschen ermöglichen, unter Wasser zu atmen. Viele pazifische Meeresgötter können das Wetter und den Fischfang beeinflussen. Karamanua von den Salomonen ist ein haiköpfiger Geist, der Regenbögen reiten, Boote zum Kentern bringen und Fliegende Fische als Pfeile benutzen kann. Er sendet aber auch den Menschen Fischschwärme und gutes Wetter. In der hawaiianischen Folklore können Mo'o, echsenartige Gestaltwandlerinnen, die Form schöner Frauen annehmen. Eine, Kalamainu'u, soll Fischern beim Lippfischfang helfen. Sie nimmt die Form einer Surferin an und weckt das Interesse des jungen Häuptlings Puna und lockt ihn in ihre Höhle. Das Surfen stammt aus der Zeit um 400 n. Chr. und kommt in alten hawaiianischen Geschichten vor. Polynesier brachten eine Art Bodyboard nach Hawaii, wo sich die Kunst des aufrecht stehenden Surfens entwickelte.

**Wellenreiten**
Dieses Bild hawaiianischer Surfer stammt aus dem Jahr 1855. Das Surfen war auf Hawaii und in Polynesien ein traditioneller Zeitvertreib, doch die Missionare auf Hawaii sprachen sich dagegen aus, sodass es erst Anfang des 20. Jahrhunderts wieder populär wurde.

## »Der Ruf der Wellen ist immer stärker als der Ruf der Pflicht.«

DUKE KAHANAMOKU, berühmter hawaiianischer Surfer und Schwimmer, 1890–1968

**GROSSER PAZIFISCHER MÜLLSTRUDEL**

Wie im Atlantik gibt es auch im Pazifik große, im Kreis verlaufende Oberflächenströmungen – eine nördlich und eine südlich des Äquators. Im Nordpazifikwirbel sammelt sich Plastikmüll, der in das Meer oder die Flüsse gelangt ist, in zwei sich drehenden Massen an. Zusammen bilden sie den Großen Pazifischen Müllstrudel. Forschende arbeiten an effektiven Methoden, den Pazifik von diesem Plastikproblem zu befreien.

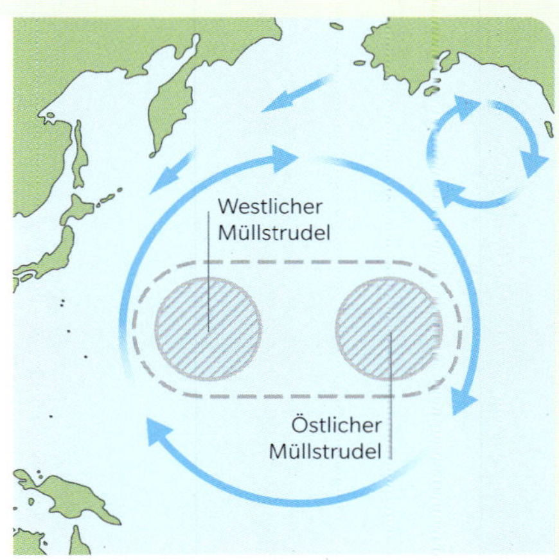


MÜLLSTRUDELBILDUNG

# Hammerhaie

Sphyrnidae

Die Hammerhaie zählen mit ihrem auffälligen T-förmigen Kopf zu den am leichtesten zu erkennenden Meeresfischen. Der typische »Hammer« erleichtert ihnen die Suche nach Beute.

**Hammerhai-Schule**
Hammerhaie wie diese vor den Galapagos-Inseln fotografierten können sich zu Schulen von Hunderten von Tieren versammeln.

**Das Cephalofoil hat** eine stärker abgerundete Form als bei anderen Hammerhaien.

**Die Schwanzflosse** ist asymmetrisch.

**Glatter Hammerhai**
Anders als andere große Hammerhaie hat der Glatte Hammerhai (*Sphyrna zygaena*) keine Einbuchtungen im Cephalofoil und er bevorzugt gemäßigte Gewässer.

Es gibt rund zehn Arten von Hammerhaien, leicht zu erkennen an ihrem hammerförmig verbreiterten Kopf, dem sogenannten Cephalofoil (ein Begriff, der sich aus den griechischen Wörtern für »Kopf« und »Flügel« zusammensetzt). Der größte von ihnen ist mit bis zu 6 m Länge der Große Hammerhai (*Sphyrna mokarran*). Hammerhaie leben in gemäßigten und tropischen Meeren, können aber auch kälteres Wasser tolerieren, wenn sie auf der Jagd abtauchen. Die Kopfform erlaubt es dem Hai, sich im Wasser schnell zu bewegen und zu drehen, und er kann den Kopf anders als viele andere Haie anheben oder absenken.

## Sinnesorgane, Jagd und Atmung

Da die Augen auf dem Cephalofoil weit voneinander entfernt sitzen, hat ein Hammerhai ein großes Gesichtsfeld und eine gute räumliche Wahrnehmung. Wenn er den Kopf beim Schwimmen hin und her schwenkt, umfasst sein Gesichtsfeld 360°. An ihrem Kopf besitzen Haie Elektrorezeptoren, sogenannte Lorenzini'sche Ampullen. Das Cephalofoil bietet hierfür eine größere Oberfläche, sodass Hammerhaie von ihrer Beute, etwa im Sand vergrabenen Rochen, erzeugte elektrische Felder besonders gut wahrnehmen können.

Hammerhaie fressen auch Kraken, Kalmare, Fische und Krebstiere. Ihr kleines Maul ist vorn mit scharfen Zähnen ausgestattet. Hinten im Maul sitzen flache Mahlzähne, mit denen sie Beutetiere mit hartem Außenskelett wie Krabben und Hummer zermalmen können.

Wie die meisten Fische atmen Hammerhaie mithilfe ihrer Kiemen. In kaltem Wasser verlieren sie auf diese Weise schnell Wärme. Bei Bogenstirn-Hammerhaien (*Sphyrna lewini*) konnte man beobachten, dass sie den Wasserdurchfluss ihrer Kiemen unterbrechen können, wenn sie in große Wassertiefen abtauchen, in denen das Wasser kälter ist. So bleibt ihr Körper warm genug, um zu jagen.

In der Kultur der Maori werden Haie respektiert und verehrt. In ihrer traditionellen Kunst ist *Mangōpare* ein geschwungenes Symbol, das den Hammerhai repräsentiert und für Stärke und Entschlossenheit steht.

**SCHAUFELNASEN-HAMMERHAI**
*Sphyrna tiburo*
Diese kleine Hammerhai-Art ist an ihrem schaufelförmigen Cephalofoil zu erkennen.

**BOGENSTIRN-HAMMERHAI**
*Sphyrna lewini*
Diese Hammerhaie sind gut an der Einbuchtung an der Vorderkante des Cephalofoils zu erkennen.

**Unterseite des Hais**
Diese aus dem Jahr 1894 stammende Zeichnung eines Glatten Hammerhais zeigt die Position der fünf Kiemenspalten in der Nähe der Brustflossen.

»Kaua e mate wheke. Me mate ururoa.«
(»Stirb nicht wie ein Oktopus.
Stirb wie ein Hammerhai.«)

MAORI-SPRICHWORT

Die heutigen **Seeschlangen** haben sich vor etwa **10 bis 15 Millionen Jahren** entwickelt, als einige **Giftschlangen** das Meer eroberten.

**Gestreift und tödlich**
Der Halbgebänderte Plattschwanz (*Laticauda semifasciata*) ist eine der giftigsten Seeschlangen. Er greift selten Menschen an, sondern nutzt sein Gift meistens, um Beute zu lähmen.

**Eine lebhafte Streifung** findet sich bei vielen Seeschlangen.

# Seeschlangen

**Seeschlangen sind an warme Meere angepasste Reptilien. Sie gehören wie die Kobras zur Familie der Giftnattern. Die meisten gebären lebende Junge im Wasser und die Arten sind wie ihre an Land lebenden Verwandten überwiegend giftig.**

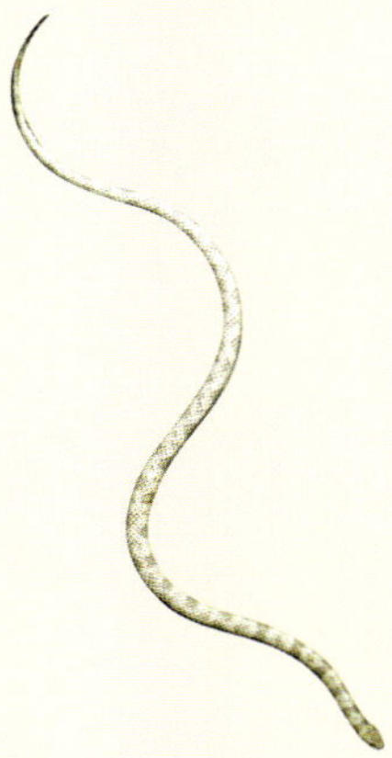

**SCHNABEL-SEESCHLANGE**
*Hydrophis schistosus*
Diese aggressive Schlange wird 1,2 m lang. Sie ist vor allem in seichten Gewässern oder Ästuaren anzutreffen, manchmal auch an schlammigen Stränden.

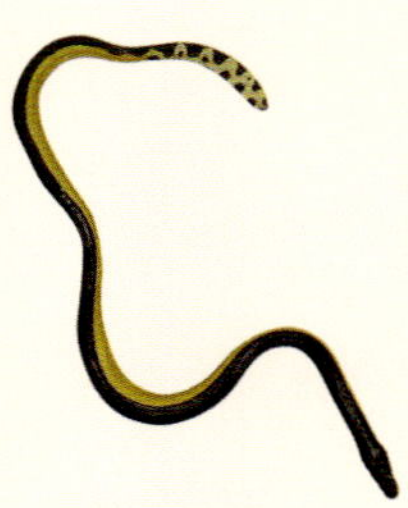

**PLÄTTCHEN-SEESCHLANGE**
*Hydrophis platurus*
Diese kleine, nur 80 cm lange Schlange ist leicht an ihrer schwarz-gelben Zeichnung zu erkennen. Sie ist weit verbreitet und oft im offenen Meer zu beobachten.

Als Reptilien müssen Seeschlangen zum Atmen an die Wasseroberfläche kommen. Einige von ihnen können auf der Jagd nach Beute, meist kleinen Fischen, bis zu 250 m tief tauchen. Meistens halten sie sich jedoch in seichteren Gewässern des Indischen und Pazifischen Ozeans auf, oft an Korallenriffen und über sandigem Grund.

Mit ihrem schmalen Körper und dem flachen, paddelartigen Schwanz, der ihnen beim Schwimmen als Antrieb dient, sind Seeschlangen perfekt an das Leben im Wasser angepasst. Die Lunge einer Seeschlange ist fast so lang wie ihr ganzer Körper, sodass sie viel Sauerstoff aufnehmen kann. Die Schlange hat also an der Wasseroberfläche Auftrieb, doch beim Abtauchen wird die Lunge vom Druck des Wassers komprimiert, sodass sie neutral tariert ist. Seeschlangen besitzen zwar keine Kiemen, können aber über ihre Haut Sauerstoff aus dem Wasser aufnehmen. Einige Arten suchen gelegentlich das Land auf, wo sie sich aber nur unbeholfen bewegen, da ihr Körper weitgehend an das Leben im Wasser angepasst ist.

## Starkes Gift

Zu den Seeschlangen zählen einige der giftigsten Schlangen, darunter der Halbgebänderte Plattschwanz (*Laticauda semifasciata*) und die Dubois-Seeschlange (*Aipysurus duboisii*). Seeschlangenbisse und Todesfälle sind jedoch sehr selten, da die meisten Arten kaum zubeißen, noch nicht einmal, wenn sie angefasst werden. Fischer fangen Seeschlangen oft versehentlich in ihren Netzen, befreien sie daraus und werfen sie ins Meer, ohne gebissen zu werden. Eine Art ist allerdings als aggressiv bekannt: die Schnabelseeschlange (*Hydrophis schistosus*). Gerät sie in ein Netz, verteidigt sie sich vehement. Sie ist für die meisten Seeschlangenbisse und daraus resultierenden Todesfälle verantwortlich.

Jahrhundertelang haben Seeleute über riesige Seeschlangen berichtet, die so groß gewesen sein sollen, dass sie Schiffe angreifen und Menschen verschlingen konnten. Derartige Schlangen gibt es jedoch nicht. Im Vergleich zu an Land lebenden Arten sind Seeschlangen eher klein. Selbst die größte, die Gelbe Ruderschlange (*Hydrophis spiralis*), erreicht selten 3 m Länge. Vor 50 Millionen Jahren gab es jedoch eine gewaltige »Seeschlange«: *Palaeophis colossaeus* könnte 12 m lang geworden sein. Sie gehörte allerdings zu einer heute ausgestorbenen Gruppe aquatischer Schlangen.

**Falsche Schlangen**

Fossilien ausgestorbener Ungetüme könnten zu Geschichten über riesige Seeschlangen beigetragen haben, doch es gibt noch andere Erklärungen. Während Seeschlangen nicht sehr groß werden, gibt es andere schlangenartige Riesen. Der Riesen-Riemenfisch (*Regalecus glesne*), ein aalähnlicher Meeresbewohner, kann 11 m Länge erreichen (siehe S. 252–253). Er trägt einen roten Kamm auf dem Kopf, der an manche der Seeschlangen-Darstellungen erinnert. Riesige Feuerwalzen und Staatsquallen sind eine andere

**Sichtung vor Grönland**
Dieser Stich aus dem Jahr 1839 basiert auf einem Bericht über eine gigantische Seeschlange, den der Missionar Hans Egede verfasste. Er beschreibt ein furchtbares Ungeheuer, größer als ein Schiff, mit schlangenhaftem Aussehen, das vor Grönland aus dem Meer auftauchte.

»An den Küsten von Norwegen ... die seltsame Geschichte wird allseits bestätigt, dass es da eine Schlange gibt von gewaltiger Größe, und zwar 200 Fuß und mehr lang – über 20 Fuß dick.«

OLAUS MAGNUS, *Carta Marina,* 1539

Möglichkeit. Es handelt es sich hierbei um Tiere, bei denen Hunderte von Individuen eine Kolonie bilden können. Sie erzeugen Licht, das 18 m beziehungsweise 40 m weit scheinen kann.

Mythen und Legenden, Religionen und Schöpfungsgeschichten aus der ganzen Welt beschäftigen sich mit Schlangengöttinnen und -göttern. Diese repräsentieren die See selbst oder Kräfte des Chaos und des Bösen. Einige sind Schlangenfische oder Wasserschlangen, andere – vor allem im asiatischen Bereich – eher Wasserdrachen. In westafrikanischen und haitianischen Schöpfungsgeschichten ist Damballa ein riesiger Schlangengott, der durch Abstreifen seiner Haut das gesamte Meer geschaffen hat und Menschen als Regenbogen erscheinen kann. In den griechischen Sagen war Ketos ein schlangenähnliches Seeungeheuer. Es wurde von dem Helden Perseus erschlagen, als er Andromeda rettete. Sie war als Menschenopfer für das Monster von ihrem Vater, König Kepheus, an einen Felsen gekettet worden.

In der japanischen Mythologie ist der die Meere beschützende Gott Ryūjin ein riesiger Seedrache, der in einem Korallenpalast auf dem Meeresgrund lebt. Er kontrolliert Gezeiten, Regen und Donner und ist der König aller Schlangen. Die größte mythische Seeschlange ist wohl Jörmungandr, die Midgardschlange der nordischen Sagen. Sie ist der ewige Widersacher des Donnergotts Thor, liegt im Meer und umschlingt die ganze Welt, wobei sie ihren Schwanz in ihrem Maul hält.

**Syrische Schlange**
Eine gefährliche Schlange soll im Mittelmeer bei Syrien leben, abgebildet in einer Ausgabe der *Wunder der Geschöpfe und Seltsamkeiten der existierenden Dinge*, ursprünglich im Jahr 1280 verfasst von Zakariyā al-Qazwīnī.

**Yoshisada und Ryūjin**
Diese geschnitzte Platte aus dem 19. Jahrhundert zeigt Nitta Yoshisada, einen Samurai und Anführer im Japan des 14. Jahrhunderts, der zu dem Seedrachengott Ryūjin betet, bevor er in den Kampf zieht.

In Teilen Japans werden Seeschlangen zum Verzehr gejagt.
Trotz ihres tödlichen Gifts fangen erfahrene Jäger sie mit bloßen Händen.

**Im Meer und an Land**
Ungewöhnlich für eine Seeschlange, verbringt der Nattern-Plattschwanz (*Laticauda colubrina*) etwa die Hälfte seines Lebens an Land. Er jagt im Meer, kommt aber zum Ausruhen, zur Paarung und Eiablage an Land.

**Schnell und elegant**
Der Atlantische Fächer- oder Segelfisch (*Istiophorus albicans*) gehört mit Geschwindigkeiten von knapp 110 km/h zu den schnellsten Fischen der Meere.

# Speer- und Schwertfische

Istiophoridae, Xiphiidae

**Die für ihr schwertähnliches Rostrum bekannten Fische sind hervorragende Jäger. Sie speeren ihre Beute nicht, sondern schlagen mit dem Rostrum durch das Wasser, um sie zu betäuben oder zu verletzen.**

Marline, Fächer- und Speerfische (Istiophoridae) sowie Schwertfische (Xiphiidae) sind große, räuberische Meeresfische mit einem speer- oder schwertähnlichen Rostrum, das sie bei der Jagd einsetzen. Sie können mehrere Meter lang werden und Hunderte von Kilogramm wiegen. Der schwerste Schwertfisch wurde bei einem Wettfischen gefangen und wog 536,15 kg. Schwertfische haben auch das längste Rostrum – es kann bis zu einem Drittel der Körperlänge ausmachen.

## Tarnung und Jagd

Diese Fische sind generell bläulich silbern, mit hellerem Bauch und dunklerem Rücken, wobei sich die Arten leicht in Farbe und Zeichnung unterscheiden. Die Konter- oder Gegenschattierung tarnt die Fische im Wasser von oben und unten gesehen. Sie sind weltweit in gemäßigten, subtropischen und tropischen Meeren zu finden und unternehmen Migrationen von Tausenden von Kilometern. Sie wandern auch vertikal in der Wassersäule und können 4000 m tief bis zum Rand des Abyssopelagials (siehe S. 298–299) tauchen, um Tiefseetiere wie Kalmare zu jagen, aber auch, um sich vor Fressfeinden zu verstecken. Das ermöglicht ihnen eine besondere Schwimmblase, die eine Anpassung an die unterschiedlichen Druckverhältnisse erlaubt. Bei der Fischjagd schlagen sie mit dem Rostrum nach ihrer Beute und verwunden oder betäuben sie.

Speer- und Schwertfische finden sich schon lang in Mythen und der Literatur. In Singapur

Die **Hautfarbe** verändert sich mit der Erregung. Diese Art soll fast schwarz werden, wenn sie ihre Beute angreift.

**KURZSCHNÄUZIGER SPEERFISCH**
*Tetrapturus angustirostris*

Dieser vor allem im Indischen und Pazifischen Ozean lebende Speerfisch hat ein viel kürzeres Rostrum als seine Verwandten. Es ist nur etwas länger als sein Unterkiefer.

**GESTREIFTER MARLIN**
*Kajikia audax*

Dieser Marlin jagt in Gruppen in tropischen und subtropischen Gewässern. Vor einem Angriff kann er den Kontrast seiner Streifen erhöhen.

erzählt man sich, dass die Gegend von Bukit Merah (zu deutsch »Roter Hügel«) einst von Schwertfischen bedroht wurde, sodass die Männer des Königs ins Wasser stiegen, um sie zu bekämpfen. Da sie keine Chance hatten, schlug ein Junge vor, die Stämme von Bananenstauden ins Wasser zu werfen, damit sich die Fische daran verletzen. Das funktionierte, doch der neidische König befahl, den Jungen zu töten. Sein Blut lief über den Hügel, bis er rot gefärbt war.

Herman Melville schrieb in seiner Novelle *Moby Dick* über Schwertfische, die Schiffe angreifen. Die Geschichte hat wohl einen realen Hintergrund. 1967 bohrte sich ein 2,4 m langer Schwertfisch in die Seite des U-Boots ALVIN. Die Crew musste auftauchen, um ihn zu entfernen.

**Zwei Schwertfische**
Dieses 1923 entstandene Gemälde hat der Wissenschaftsillustrator Hashime Murayama für die National Geographic Society angefertigt.

# Muscheln

Bivalvia

**Die für die Produktion von Perlen bekannten Muscheln besitzen eine zweiteilige Schale, die von einem Schloss zusammengehalten wird.**

Die **Asiatische Kompassmuschel** kann mit bis zu 45 cm/sec schwimmen.

Die vor über 500 Millionen Jahren entstandene Weichtierklasse der Muscheln umfasst mehr als 100 Familien mit über 9000 Arten, darunter Austern, Kamm-, Venus-, Herz- und Miesmuscheln. Sie leben auf der ganzen Welt, von Flüssen und Küsten bis zur Tiefsee, von der Arktis bis zu den Tropen. Die meisten Arten gibt es jedoch an der Küste oder in seichtem Wasser. Einige wie die Tiefsee-Miesmuschel *Bathymodiolus thermophilus* leben hingegen an pazifischen Hydrothermalquellen in Tiefen von etwa 2800 m. Hier erhalten sie ihre Nährstoffe von in ihren Kiemen lebenden Bakterien und beziehen Chemikalien von den Hydrothermalquellen (siehe S. 294–295).

## Offen und geschlossen

Muschelschalen bestehen aus Kalziumkarbonat, das von dem unter ihnen liegenden Mantelgewebe abgeschieden wird. Die äußere Oberfläche kann rau sein wie bei einer Auster oder gerippt

**Muscheln in der Kunst**
In Sandro Botticellis Gemälde *Die Geburt der Venus* (um 1485) erhebt sich Venus auf einer Kammmuschel stehend aus den Wellen. Diese Muschel ist ein altes römisches Symbol für die weibliche Sexualität.

**Die Schale** öffnet sich bei Tag, damit die Algen Sonnenlicht erhalten.

**Die Farben** des Gewebes werden von den darin lebenden Algen hervorgerufen.

**Riesenmuschel**
Die Große Riesenmuschel (*Tridacna gigas*) kann bis zu 1,3 m groß werden. Das verdankt sie den Zooxanthellen – Algen, die in ihrem Gewebe leben. Die Algen genießen im Gewebe Schutz und die Muschel erhält dafür Nährstoffe von ihnen.

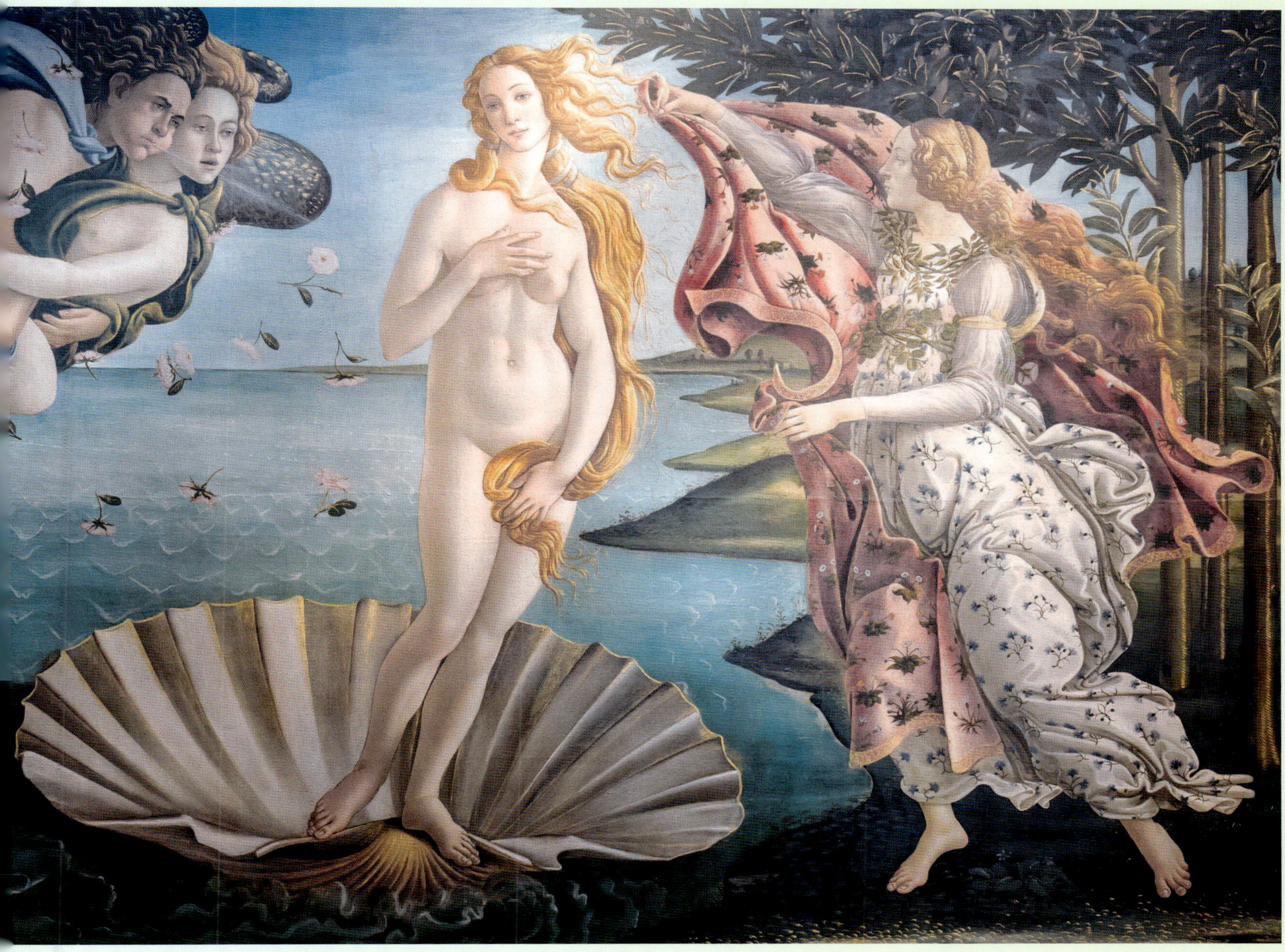

wie bei einer Kammmuschel. Oder sie kann konzentrische Ringe aufweisen wie bei einer Venusmuschel. Die innere Oberfläche besteht aus einer glatten, schimmernden Perlmuttschicht.

Die beiden Schalenhälften sind über ein elastisches Ligament, das Schlossband, verbunden, das es erlaubt, dass sich die Schale öffnet. Kräftige Muskeln im Muschelkörper schließen die beiden Hälften. Kammmuscheln nutzen diesen Mechanismus und schwimmen durch Auf- und Zuklappen der Schalen. Der beim Öffnen erzeugte Unterdruck saugt Wasser in die Schalen, beim Schließen durch die Muskeln wird das Wasser durch Öffnungen am Schloss ausgestoßen und die Muschel schießt nach vorn.

»Was für eine Perle bist du, dass niemand deinen Preis kennt?«

RUMI (DSCHALĀL AD-DĪN MUHAMMAD RŪMĪ), *Diwan-e Schams-e Tabrizi,* um 1247

Die meisten Muscheln sind jedoch als erwachsene Tiere ortstreu. Miesmuscheln und Austern verankern sich mit Proteinen oder einer zementähnlichen Substanz an den Felsen. Die Große Steckmuschel (*Pinna nobilis*) gibt lange, feine Fäden (»Muschelseide«) ab, aus denen früher Stoffe gewebt wurden. Andere Muscheln graben sich mit ihrem muskulösen Fuß ins Substrat.

**KAMMMUSCHEL**
Pectinidae
Diese in allen Meeren der Welt vorkommenden Muscheln besitzen einfache Augen am Rand ihres Mantels.

**»HAKENMUSCHEL«**
*Ischadium recurvum*
Die Art lebt an der nordamerikanischen Atlantikküste und ist an ihrer gekrümmten Schalenform zu erkennen.

**STACHELAUSTER**
*Spondylus*
Diese Muschel wurde von den Inka und anderen Andenvölkern für Rituale und Schmuck verwendet.

Die meisten Muscheln leben als Filtrierer: Sie saugen Wasser ein und filtern mit ihren Kiemen Nahrungspartikel wie Phytoplankton heraus. Sie selbst bilden eine wichtige Nahrungsquelle für andere Arten, von Fischen bis zu Möwen, Seeottern, Walrossen und Menschen. Einige Muscheln sind karnivor, etwa *Poromya granulata*, die im Nordatlantik lebt und kleine Krebstiere fängt. Riesenmuscheln leben in einer Symbiose mit Algen in ihrem Gewebe. Diese versorgen die Muscheln mit 65 bis 70 Prozent der benötigten Nährstoffe.

Einige Muschelarten reinigen das Wasser ihres Lebensraums, indem sie Toxine von Algen oder Abwässern sowie Schwermetallpartikel aufnehmen. So werden sie allerdings für Tiere giftig, die sie verzehren – einschließlich der Menschen.

**Die Schale** öffnet sich wie ein Buch an der Längsseite.

**Schwertmuscheln**
Schwertmuscheln wie die Amerikanische Schwertmuschel (*Ensis leei*) verstecken sich vor Fressfeinden, indem sie sich schnell in den Sand eingraben und nur ein Atemloch offenlassen. Gießt man Salzwasser in das Loch, kommen die Muscheln wieder heraus.

## Werkzeuge und Perlen

Tausende von Jahren lang haben die Menschen in Küstenregionen der ganzen Welt Muscheln gegessen. Heute ist ihre kommerzielle Zucht ein gutes Geschäft. Nach Schätzung der National Oceanic and Atmospheric Administration (NOAA) wurden im Jahr 2011 allein in den USA 69,67 Millionen Kilogramm Muscheln geerntet.

Die indigenen Bewohner von Palau und Guam im Pazifischen Ozean nutzten Muschelschalen zur Werkzeugherstellung und als Aufbewahrungsbehälter für Wertsachen oder die Schädel der Vorfahren. Riesenmuscheln kommen in der Schöpfungsgeschichte der Palau-Bewohner vor, während auf Tahiti die Riesenmuschel Pua Tu Tahi ein wilder Gott der See ist. In Europa war die Kammmuschel ein Symbol der griechischen Göttin der Liebe, Aphrodite (Venus bei den Römern). Später wurde die Schale von den Christen als Emblem des Apostels Jakobus übernommen. Sie wurde von mittelalterlichen Pilgern getragen, die seinen Schrein im spanischen Santiago de Compostela besuchten, und sie tauchte an Kirchen und anderen Gebäuden auf.

Die am meisten geschätzten Produkte der Muscheln sind wohl Perlen. Gelangt ein Fremdkörper in eine Muschelschale, wird um ihn herum mehr Perlmutt abgeschieden. So entsteht im Lauf der Zeit eine Perle. Die meisten Muscheln können Perlen erzeugen, doch Austern und Süßwassermuscheln produzieren die besten. Im Persischen Golf war das Tauchen nach Perlen Tausende von Jahren lang ein lukratives Geschäft, bis hier Öl entdeckt wurde. Taucher holten Perlen aus Tiefen von bis zu 20 m herauf, nur mithilfe von Nasenklammern und Gewichten. Vom 6. Jahrhundert an wurden die begehrten Perlen bis nach China und Westeuropa exportiert.

**Muschelbrühe** wird durch das Kochen frischer Muscheln hergestellt.

**Wichtige Zutat**
Konzentrierte Muschelbrühe, wie hier in den 1920er-Jahren, wird bei Seafood-Rezepten wie Clam Chowder benötigt.

**Muscheln und andere Tiere**
Diese Seite aus *The Genera Vermium* (1783) des englischen Naturkundlers und Künstlers James Barbut zeigt verschiedene Muscheln sowie Käferschnecken (1) und Rankenfüßer wie Seepocken (z. B. 3) und Entenmuscheln (z. B. 4).

Animals inhabiting Multivalve, and Bivalve Shells.
Tab.13
Fig.1.
2
3
4
5
6
7
8
9
10
11
12
13
14
15
16
17
18
19
20
21
22
23
24
25
26
27
28
29
30
Publish'd Aug.t 7.1788 by J. Barbut N.o 46 Great Titchfield Street, Cavendish Square.

**Fischerei bei den Basken**
Das Baskenland ist für die Thunfisch-Fischerei bekannt, für die auf diesem aus dem Jahr 1940 stammenden Plakat von Julio García geworben wird.

**GROSSAUGEN-THUN**
*Thunnus obesus*
Die Art ähnelt dem Gelbflossen-Thun (unten), hat aber – wie der Name sagt – größere Augen. Ihre Flössel sind außerdem schwarz gerandet.

**SÜDLICHER BLAUFLOSSEN-THUNFISCH**
*Thunnus maccoyii*
Obwohl sich die Bestände langsam erholen, wird diese Art von der IUCN immer noch als stark gefährdet eingestuft – Folge der Überfischung.

**GELBFLOSSEN-THUN**
*Thunnus albacares*
Diese Art ist an ihren leuchtend gelben Rücken-, After- und Schwanzflossen sowie den gelben Flösseln zu erkennen.

# Thunfische

Thunnini

**Diese beeindruckenden Prädatoren gehören zu den schnellsten Fischen der Meere, werden aber auch von anderen Tieren – und Menschen – gejagt. Durch Überfischung wurden einige Populationen fast ausgerottet.**

**Thunfische** in der Mitte der Schüssel

**Fischschüssel**
Diese Keramikschüssel stammt vermutlich aus Sparta. Sie zeigt ein Rosettenmuster aus von Delfinen umgebenen Thunfischen. Ihr Schöpfer ist nur unter dem Namen »Fischmaler« bekannt.

Die weltweit in warmen Meeren zu findenden Thunfische werden meist etwa 2 m lang, doch die größten, wie der Rote oder Blauflossen-Thun (*Thunnus thynnus*), können 4 m Länge erreichen. Thunfische erbeuten andere Fische, Kalmare und Krebstiere, werden selbst aber auch von Haien und Zahnwalen gejagt.

Diese Riesen setzen auf Schnelligkeit. Mit ihrem stromlinienförmigen Körper erreichen manche Arten rund 75 km/h, sodass sie neben den Makohaien (*Isurus*) und den Speerfischen (siehe S. 268–269) zu den schnellsten Fischen gehören. Ihr wissenschaftlicher Gattungsname *Thunnus* ist wohl von dem altgriechischen Wort *Thynō* abgeleitet, das »eilen« bedeutet.

Trotz ihrer Größe, ihrer Geschwindigkeit und ihres Geschicks sind viele Arten bedroht. In Großbritannien sind die Bestände des Roten Thuns durch Überfischung zusammengebrochen. Nachdem im Jahr 2007 eine EU-Verordnung zu seinem Schutz verabschiedet wurde, erholten sich die Bestände, sodass die Art von der International Union for Conservation of Nature (IUCN) seit 2021 nicht mehr als gefährdet eingestuft wird.

### Der König des Sushi

Aus den Überlieferungen der Griechen, Römer und Araber wissen wir, dass Thunfische schon im Altertum gejagt worden sind. Heute werden sie meist für Sushi verwendet, doch das war nicht immer der Fall. In der japanischen Edo-Zeit war Thunfisch nicht beliebt: Die großen Fische waren nicht leicht zu fangen und das Fleisch verdarb schnell. Es wurde auch mit Unglück in Verbindung gebracht, da sein Name *Shibi* wie das Wort für »Todestag« klang. Bessere Konservierungsmethoden und das Gefrieren ermöglichten später eine bessere Haltbarkeit, und ein großer Fang um 1830 führte zu einem Preisverfall. Heute ist der Tsukiji-Fischmarkt in Tokio für seine Neujahrsauktionen berühmt, bei denen hohe Preise erzielt werden. 2019 wurde in Japan ein 278 kg schwerer Roter Thun für 2,7 Millionen Euro versteigert.

Thunfische kommen in allen Meeren vor und sind für viele Kulturen wichtig. Die polynesische Göttin Kohara soll die Ahnin aller Thunfische sein. Auf den Philippinen findet in General Santos City ein jährliches Festival statt, bei dem mit einer Parade und kulturellen Veranstaltungen die florierende Thunfischindustrie gefeiert wird.

**Ozeanquerung**
Thunfische wandern oft in großen Schwärmen. Sie sind dafür bekannt, Tausende von Kilometern durch die Ozeane zu schwimmen.

**Ein Schwarm Haie**

An einem der vielen Schiffswracks, die an der Küste von North Carolina, USA, verstreut sind, versammelt sich eine Gruppe von Sandtigerhaien (*Carcharias taurus*) unter einem Schwarm Atlantischer Spatenfische (*Chaetodipterus faber*). Haie gelten oft als unverträgliche Einzelgänger, doch die Sandtigerhaie entsprechen nicht diesem Vorurteil. Trotz ihres furchterregenden Aussehens greifen sie selten Menschen an und versammeln sich oft in Gruppen. Ihr komplexes Sozialverhalten erinnert an das von Säugetieren.

# Kalmare

Myopsida, Oegopsida, Bathyteuthida

**Vom weniger als 2 cm großen Zwergkalmar (*Idiosepius notoides*) bis zum bis zu 14 m langen Kolosskalmar (*Mesonychoteuthis hamiltoni*) reicht die Größe der Kalmare, die in allen Meeren der Welt leben.**

Das **erste Foto** eines lebenden **Riesenkalmars** in der Natur entstand **2004.**

Wie Kraken und Sepien gehören die Kalmare zu den Kopffüßern (das ist die Übersetzung des wissenschaftlichen Namens Cephalopoda). Der Name bezieht sich darauf, dass die Arme (»Füße«) direkt am Kopf ansetzen und den Mund umgeben. Es gibt über 300 Arten, darunter große wie den Humboldt-Kalmar (*Dosidicus gigas*), den Riesenkalmar (*Architeuthis dux*) und den Kolosskalmar (*Mesonychoteuthis hamiltoni*), die in der Tiefsee leben. Viele kleinere Arten sind im seichten Wasser zu finden, etwa der Karibische Riffkalmar (*Sepioteuthis sepioidea*) und der Großflossen-Riffkalmar (*Sepioteuthis lessoniana*), die Küstenriffe bewohnen.

**Kalmarschwärme**
Einige Kalmare sind Einzelgänger, andere wie der Karibische Riffkalmar leben in Gruppen von bis zu 30 Tieren.

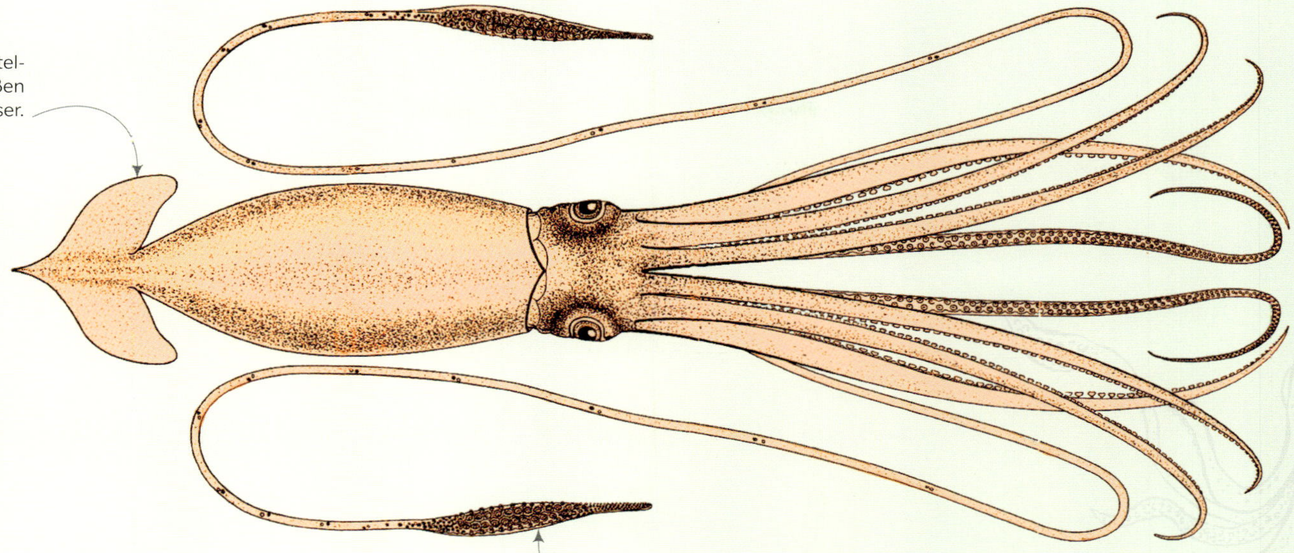

**Zwei Flossen** an der Mantelspitze steuern den großen Körper durch das Wasser.

**Fangarme**
Diese Zeichnung eines Riesenkalmars zeigt die Reichweite der beiden langen Tentakel, die dem Beutefang dienen.

**Die beiden Tentakel** sind am Ende keulenförmig verbreitert und mit starken Saugnäpfen bestückt.

Kalmare besitzen einen scharfen Schnabel, eine als Radula bezeichnete Raspelzunge und zehn Fangarme (zwei davon sind längere Tentakel). Die Haut enthält mit Pigmenten versehene Chromatophoren, die schnelle Farb- und Zeichnungswechsel ermöglichen. Diese können der Tarnung, aber auch der Kommunikation dienen.

Kalmare haben eine innere, als Gladius bezeichnete Schale, die ihre Organe schützt und als Ansatzpunkt der Muskeln dient. Ohne Schutz durch eine äußere Schale fallen sie leicht Fressfeinden zum Opfer. Manche Arten haben daher ausgefeilte Verteidigungsstrategien entwickelt. Wenn sich der Tiefseekalmar *Octopoteuthis deletron* bedroht fühlt, lenkt er den Fressfeind ab, indem er einen biolumineszenten Arm abwirft.

## Scheue Riesen

Eine Art ist Gegenstand vieler Mythen und Legenden: der Riesenkalmar. Er lebt in Tiefen von Hunderten von Metern und ist kaum jemals von Menschen gesehen worden. Seine Augen gehören zu den größten im gesamten Tierreich. Forschende nehmen an, dass sie dieses Ausmaß entwickelt haben, um Fressfeinde im dunklen Meer rechtzeitig erkennen zu können. Trotzdem kann der Riesenkalmar Konflikten nicht immer aus dem Weg gehen. Er wird von Pottwalen (*Physeter macrocephalus*) verfolgt, die manchmal Saugnapfnarben auf ihrem Körper tragen. Man hat auch Kalmarschnäbel in ihrem Magen gefunden.

## Kalmarangriff

Obwohl Angriffe des Riesenkalmars auf Schiffe oder Menschen unwahrscheinlich sind, hat er wohl Hunderte von Jahren lang Geschichten über Seeungeheuer angeregt. Der karibische Lusca und der skandinavische Kraken könnten beide auf Sichtungen des Riesenkalmars beruhen. Jules Vernes schildert in seiner im Original 1869 erschienenen Novelle *Zwanzigtausend Meilen unter'm Meer* einen wilden Kampf zwischen der Besatzung der *Nautilus* und einem Riesenkalmar.

**Lackschachtel**
Diese Lackschachtel (*inrō*) aus dem 19. Jahrhundert stammt von Hara Yōyūsai und zeigt einen Kalmar, eine Muschel und einen Seetang.

**Die Perlmutteinlage** stellt den Kalmar dar.

**GEMEINER KALMAR**
*Loligo vulgaris*
Diese bis zu 40 cm lang werdende Art ist bis in Tiefen von 500 m zu finden.

**GROSSFLOSSEN-RIFFKALMAR**
*Sepioteuthis lessoniana*
Dies ist ein seltenes Beispiel eines Kalmars, bei dem der Vater Brutpflege betreibt. Die Männchen erkunden Nistplätze, bevor das Weibchen Eier legt.

**LEUCHTKALMAR**
*Watasenia scintillans*
Dieser kleine Kalmar trägt seinen Namen, da er mithilfe von Biolumineszenz blaues Licht erzeugen kann.

**Korallenriffbewohner**
Ein Schwarm Goldband-Süßlippen (*Plectorhinchus polytaenia*) bekommt in den warmen, seichten Gewässern eines Riffs im Indischen Ozean Gesellschaft von einem Buckelschnapper (*Lutjanus gibbus*).

Die Goldband-Süßlippen kommen im Indischen Ozean und im Westpazifik vor.

# Indischer Ozean

**Der drittgrößte unter den fünf Ozeanen der Welt ist der Indische Ozean. Er ist für sein warmes Wasser bekannt und blickt auf eine reiche Geschichte von Reisen und Handel zurück.**

Der Indische Ozean wird im Norden von Afrika, Arabien und Südasien und im Süden vom Südlichen Ozean begrenzt, ist also ein größtenteils tropisches Meer. Anders als der Atlantik und der Pazifik reicht er nicht von Polargebiet zu Polargebiet und verfügt auch nicht über so viele Inseln und Randmeere. Als Folge der überwiegend tropischen und subtropischen Lage sowie der Isolation von polaren Gewässern im Norden weist der Indische Ozean die höchsten durchschnittlichen Wassertemperaturen aller Weltmeere auf. Dadurch entstehen hier gewaltige tropische Zyklone (siehe S. 146–147) sowie der am stärksten ausgeprägte Monsunzyklus der Welt. Der Monsun wird von der sommerlichen Erwärmung des indischen Subkontinents hervorgerufen. Hierbei entstehen Tiefdruckgebiete, die feuchte Luft vom Arabischen Meer ansaugen. Er führt zu heftigen Niederschlägen auf dem indischen Festland und in den Ländern der Umgebung, aber auch zu unterschiedlichen Jahreszeiten zu Gewittern über dem Ozean selbst.

Der Indische Ozean ist für seine Korallenriffe bekannt, insbesondere die des Roten Meers und

**Große Flossen**
Diese Zeichnung aus dem 19. Jahrhundert zeigt einen Langflossen-Fledermausfisch (*Platax teira*), der in Riffen und Wracks des Indischen Ozeans vorkommt.

**Richtung Oman**
Ein Schiff segelt auf dem Indischen Ozean nach Oman (Manuskript aus dem 13. Jahrhundert, *Maqamat al-Hariri*, ein Buch von al-Hariri aus Basra).

**Massenwanderung**
Weihnachtsinsel-Krabben versammeln sich bei ihrer jährlichen Migration am Strand, um einen Partner zu finden. Die Weibchen legen später ihre Eier im Wasser ab.

Südostasiens, sowie für seine Korallenatolle, aus denen die Inseln der Malediven und Komoren bestehen. Sie sind die Heimat von Arten wie dem lebhaft gefärbten Clown-Fangschreckenkrebs (*Odontodactylus scyllarus*), der vom Aussterben bedrohten Echten Karettschildkröte (*Eretmochelys imbricata*) und dem riesigen Walhai (*Rhincodon typus*). Die Inseln des Indischen Ozeans sind auch für ihre Tierwelt bekannt, darunter eine der größten Schildkröten der Welt, die Aldabra-Riesenschildkröte (*Aldabrachelys gigantea*) auf der Seychelleninsel Aldabra, sowie die ausgestorbene Dronte (*Raphus cucullatus*) von Mauritius. Im östlichen Indischen Ozean wandern die Weihnachtsinsel-Krabben (*Gecarcoidea natalis*) jährlich zu Millionen aus den Wäldern zu den Küsten, um sich dort fortzupflanzen. Im Indischen Ozean wurde 1938 auch der erste rezente Quastenflosser (Ordnung Coelacanthiformes) nachgewiesen, eine Fischart, von der man dachte, sie sei mit den Dinosauriern vor 66 Millionen Jahren ausgestorben.

### Reisen, Handel und Menschen

Die Geografie des Indischen Ozeans hat es schon immer leicht gemacht, ihn zu befahren. Seefahrer konnten die gesamte Region erkunden, indem sie in den eisfreien küstennahen Gewässern blieben. Der Ozean hat viele Völker durch Forschungs- und Handelsreisen zusammengebracht und den Transfer von Sprachen, Menschen, Ortsnamen, Ackerfrüchten und Gütern ermöglicht. Die traditionellen arabischen Segelboote (Dhaus)

## »Der Indische Ozean ist Chaos. Er ist Fülle. Er ist auch das, was wir niemals begreifen können.«

**MEENA ALEXANDER**, zitiert nach einem Interview, **2010**

**Portugiesische Rüstung** und Emblem von Manuel I. von Portugal

**Navigationshilfe**
Eines der ältesten bekannten marinen Astrolabien (aus dem späten 15. Jahrhundert) stammt aus einem portugiesischen Wrack vor Oman.

### VERSCHLEPPTE ELEFANTEN

Im 19. und im 20. Jahrhundert wurden Elefanten zu den indischen Andamanen-Inseln gebracht, weil sie dort beim Transport gefällter Bäume helfen sollten. Zum Wechsel von Insel zu Insel mussten die Tiere schwimmen. Das Abholzen wurde 2001 verboten, doch einige Elefanten verblieben auf den Inseln, teils als domestizierte, teils als kleine verwilderte Population.

ANDAMANEN-ELEFANT

befuhren mehr als 1000 Jahre lang die Küsten. Das Design und der Name verbreiteten sich in Afrika, wo die Schiffe heute noch zum Transport, zum Fischfang und für den Tourismus eingesetzt werden. Arabische Entdecker und Händler segelten nach Osten und erreichten China. Umgekehrt erkundete der chinesische Admiral und Diplomat Zheng He weite Gebiete des Pazifiks auf mehreren Missionen zu Anfang des 15. Jahrhunderts.

Auf der afrikanischen Insel Madagaskar, einem Handelsknotenpunkt seit vielen Jahrhunderten, kombinierten Gruppen wie die als Côtiers bezeichneten Küstenbewohner südostasiatisches, afrikanisches und arabisches Erbe. Andere Gruppen wie die Sentinelesen der indischen Andamanen gehören zu den am stärksten isolierten ethnischen Völkern der Welt. Sie scheuen den Kontakt mit Fremden und führen ein ursprüngliches Leben als Jäger und Sammler.

Der Ozean hat auch seine eigenen Völker, die als Nomaden auf ihren Booten leben, von Insel zu Insel fahren oder Häuser auf Stelzen an der Küste bauen, wie es die Moken in Thailand und Myanmar tun. In Kerala, Indien, sind in dem Netzwerk von Lagunen an der Westküste nach wie vor als Kettuvallams bezeichnete Hausboote in Gebrauch. Staaten wie die Malediven und Saudi-Arabien versuchen mittlerweile, Konzepte für schwimmende Städte zu entwickeln, die für den Klimawandel und den Meeresspiegelanstieg gewappnet sind.

**Frühe Meereskarte**
Diese frühe Karte des Indischen Ozeans stammt vom portugiesischen Miller-Atlas von 1519. Indien steht im Zentrum und das Wasser ist voller Karacken und Galeeren.

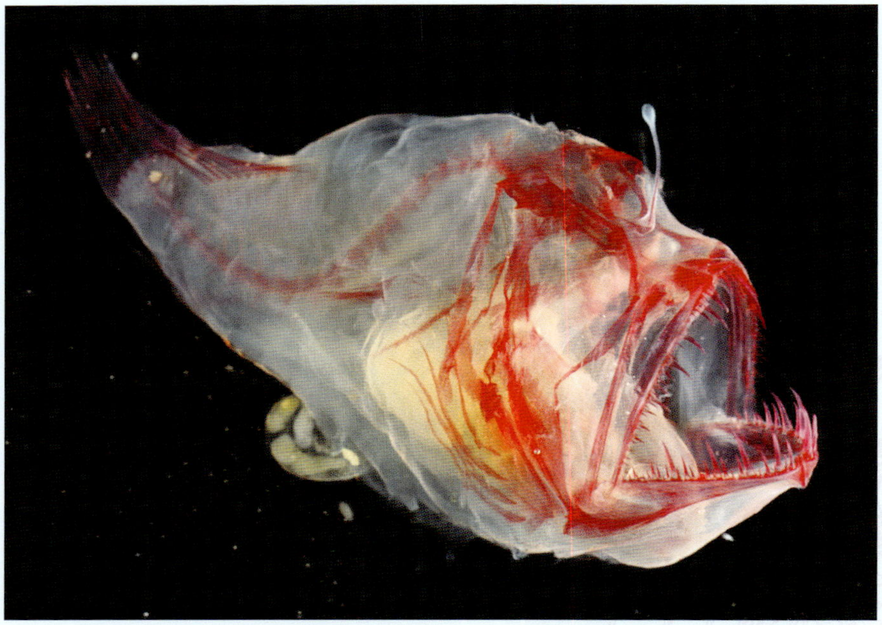

**Tiefseeteufel**
Dieser Bucklige Anglerfisch (*Melanocetus johnsonii*) – eine Art der Gattung Schwarzangler oder Tiefseeteufel – wurde angefärbt, sodass man seine Knochen (rot) vom Knorpel (blau) unterscheiden kann.

# Bathypelagial

**In diesem Teil der dunklen und stillen Tiefen der Meere gibt es gewaltige Wasserfälle, Flüsse ohne Ufer und Strömungen, die riesige Sedimentwellen transportieren.**

In Teilen des **Bathypelagials** ist die **Sauerstoffkonzentration** durch **Stagnation** des Wassers niedrig.

Der größte Lebensraum der Erde liegt in völliger Dunkelheit. Das Bathypelagial erstreckt sich von 1000 bis in 4000 m Tiefe unter dem Meeresspiegel. Hier herrscht erheblicher Nahrungsmangel, da weniger als fünf Prozent des von der Oberfläche herabsinkenden Materials die Reise in die Tiefe überstehen. Die Temperaturen liegen nur wenige Grad über Null und der Wasserdruck beträgt im tiefsten Bereich dieser Zone das 400-Fache des Drucks an der Oberfläche.

Die hier lebenden Tiere bewegen sich langsam, wachsen langsam und sind langlebig. Oft haben sie ein großes Maul, lange Zähne und einen elastischen Magen, um Beute zu bewältigen, die größer als sie selbst ist. Die Jäger der Tiefsee wie der Schwarze Schlinger (*Chiasmodon niger*) bleiben oft relativ klein – unter 30 cm –, sodass ihr Nahrungsbedarf begrenzt ist. Armflosser (Ordnung Lophiiformes) und Viperfische (Gattung *Chauliodus*), die größer werden, locken ihre Beute mit leuchtenden Ködern an. Gespensterfische (Familie Opisthoproctidae) leben an der Grenze von Meso- und Bathypelagial. Mit ihren großen Augen können sie die Umrisse der über ihnen schwimmenden Beute erkennen.

### Lebendiger Meeresgrund

Wo das Bathypelagial auf die Kontinentalhänge trifft, ist der Meeresboden von massiven Canyons durchzogen. Diese werden von mit Sedimenten beladenen Strömungen versorgt und bilden Korridore voller Nahrung, Energie und Sauerstoff. An den Wänden wachsen Seelilien und Schwämme, während Seegurken und grabende Organismen den Boden bevölkern. Die Strömungen umfließen Seamounts und große Sedimenthalden.

**Schreckliche Zähne**
Die zwischen Meso- und Bathypelagial migrierenden Viperfische besitzen Leuchtorgane. Mit ihren langen Zähnen können sie ihre Beute in den riesigen Kiefern einschließen.

Sie überqueren Schwellen zwischen den Meeresbecken und stürzen Wasserfälle herab. Einer der größten unterseeischen Wasserfälle liegt unterhalb der Dänemarkstraße im Osten Grönlands. Hier stürzen pro Sekunde fünf Millionen Kubikmeter Wasser einen 3500 m tiefen Abhang hinab – alles in der Stille des Ozeans.

Derartige Strömungen tragen Nährstoffe und Sauerstoff zu weit verbreiteten Tiefsee-Korallenriffen, die sich sehr von ihren tropischen Gegenstücken unterscheiden. Die meisten Kaltwasser-Korallen leben in Vertiefungen des Meeresbodens, an denen Methan aus dem Sediment austritt. Diese wenig bekannten Oasen bilden die Grundlage von Lebensgemeinschaften aus Schwämmen, Würmern, Weich- und Krebstieren, Schlangensternen, Moostierchen und Asselspinnen.

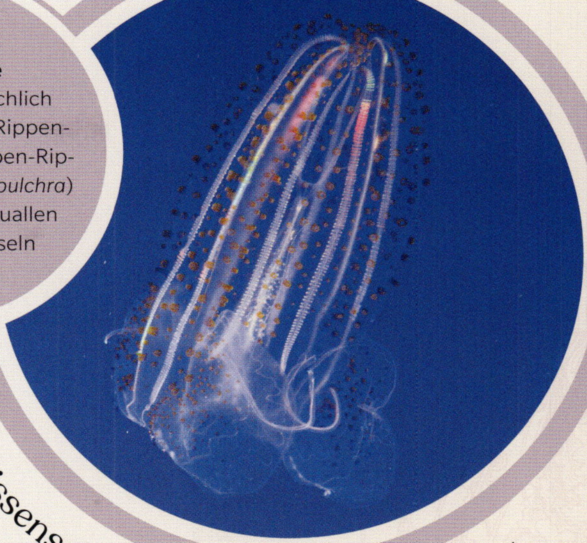

**Leuchtende Rippenqualle**
Transparent, zerbrechlich und biolumineszent: Rippenquallen wie diese Lappen-Rippenqualle (*Leucothea pulchra*) sind nicht mit den Quallen verwandt und nesseln daher nicht.

Der wissenschaftliche Name der Lappen-Rippenqualle bedeutet »schöne Seegöttin«.

**Nadelspitze Zähne** bilden ein Gitter zum Fang der Beute.

**Die Kiefer** lassen sich über 120° weit öffnen, um große Beute zu verschlingen.

# Biolumineszenz

Dass Lebewesen Licht erzeugen, ist in den Meeren nicht ungewöhnlich. Dieses Phänomen bezeichnet man als Biolumineszenz. Etwa 75 Prozent der Tiere der Tiefsee sind in der Lage, Licht zu erzeugen.

Einige **Seegurken** können einen **leuchtenden Teil** ihres Körpers abstoßen, um **Fressfeinde abzulenken.**

Im Meer ist das von Lebewesen produzierte Licht meist blau oder grün (siehe unten). Biolumineszenz ist vor allem für die Organismen der tiefsten Lebensräume nützlich, denn in Tiefen von über 200 m gibt es nur noch wenig Licht. Die Lebewesen nutzen die Biolumineszenz für unterschiedliche Zwecke, etwa zur Kommunikation oder Partnersuche. Weibliche Anglerfische (Antennariidae) tragen einen leuchtenden Köder auf den Kopf, um Beute zu ihrem Maul zu leiten. Der Vampirtintenfisch (*Vampyroteuthis infernalis*) gibt bei Bedrohung einen biolumineszenten Schleim ab und benutzt ihn zur Ablenkung, während er flieht. Einige Planktonorganismen leuchten, wenn sie bedroht werden, und locken so größere Tiere an, die ihren Angreifer fressen können. Der Kleine Schwarze Dornhai (*Etmopterus spinax*) tarnt sich dagegen, indem er leuchtet. Von unten betrachtet, verschmilzt sein leuchtender Bauch mit dem von oben einfallenden Licht, sodass er schlechter zu sehen ist.

**Tarnung durch Licht**
Die Leuchtorgane an den Körperseiten von Sloanes Viperfish (*Chauliodus sloani*) dienen zum Anlocken von Beute und zur Tarnung.

### Historische Beobachtungen

Von Menschen ist Biolumineszenz schon früh bemerkt worden. Die griechischen Philosophen Anaximenes (um 500 v. Chr.) und Aristoteles (um 350 v. Chr.) beschrieben, wie das Wasser aufleuchtete, wenn man es mit einem Ruder oder einem Stock schlug. Im Jahr 77 n. Chr. erklärte Plinius der Ältere, wie man aus biolumineszenten Quallen eine Medizin herstellen könne. Und im Jahr 1918 durchquerte ein deutsches U-Boot einen Schwarm biolumineszenter Organismen, sodass das Wasser aufleuchtete. Das Schiff wurde von den Alliierten entdeckt und versenkt.

## »Wenn das Wasser aufgewühlt wird, kann man feurige Funken sehen.«

*Hai Nei Shih Chou Chi,* 4. oder 5. Jahrhundert v. Chr.

**Blaue Algenblüte**
Die Meeresbucht Jervis Bay in Australien ist für ihre blau oder grün schimmernden Wellen bekannt. Diese Form der Biolumineszenz wird von großen Algenmengen hervorgerufen.

### PHOTOPHOREN

Biolumineszenz ist die Erzeugung von Licht mittels einer chemischen Reaktion in Photophoren (Leuchtorganen). Wenn der lichterzeugende Stoff Luciferin und das Enzym Luciferase mit Sauerstoff (und manchmal Kalzium) zusammenkommen, wird Licht produziert. Meerestiere erzeugen meist blaues Licht, doch können manche mit einem fluoreszierenden Protein die Lichtfarbe von Blau zu Grün verändern.

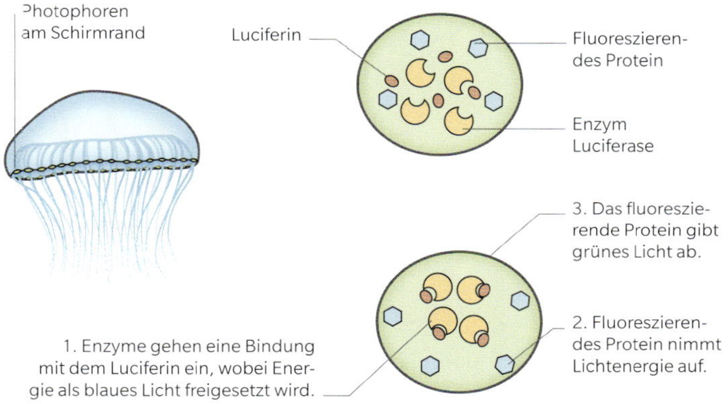


**PHOTOPHOREN EINER QUALLE**

**Geschöpfe der Tiefe**
Seekatzen sind für ihr bizarres Aussehen bekannt, wie es diese Gefleckte Seeratte (*Hydrolagus colliei*) zeigt. Die erste beschriebene Art war die Seekatze, *Chimaera monstrosa*. Ihr wissenschaftlicher Artname bedeutet »seltsam« oder »grotesk«.

**Mythisches Ungeheuer**
Diese Radierung aus dem späten 18. Jahrhundert von Louis Jean Desprez zeigt die mythische Chimära – ein dreiköpfiges, menschenfressendes Ungeheuer.

Seekatzen wurden zuerst von dem schwedischen Biologen Carl von Linné im Jahr 1758 beschrieben.

# Seekatzen

Chimaeriformes

Die auch als Chimären, Seedrachen, Seeratten, Spöken und Geisterhaie bekannten Seekatzen sind mit den Haien und Rochen verwandte Knorpelfische der Tiefsee. Sie können etwa 60 bis 200 cm lang werden.

Die weltweit vor allem in großen Tiefen anzutreffenden Seekatzen können im Bereich von etwa 500 bis 3000 m leben. Da es in diesen Tiefen kaum Licht gibt, haben sie große Augen. Wie Haie besitzen sie anstelle von Knochen ein Knorpelskelett und verfügen über Lorenzini'sche Ampullen, mit denen sie elektrische Felder ihrer Beute wahrnehmen können. Einige Arten können sich mit einem Giftstachel verteidigen.

Seekatzen sind zwar mit Haien verwandt, aber nur entfernt, denn die beiden Gruppen haben sich schon vor rund 400 Millionen Jahren getrennt. Sie unterscheiden sich daher in Bezug auf einige Merkmale. So weisen Haie zwischen fünf und sieben Kiemenspalten auf, Seekatzen dagegen vier Kiemen mit nur einer von einem Kiemendeckel geschützten Öffnung. Sie besitzen auch drei Paare dauerhafter Zahnplatten, mit denen sie hartschalige Beute wie Krebs- und Weichtiere aufbrechen können. Diese mit dem Schädel verschmolzenen Zahnplatten wachsen während des gesamten Lebens nach. Bei der Paarung ergreifen die Männchen die Weibchen mit sogenannten Tentacula, von denen sie eins an der Stirn und zwei weitere vor den Bauchflossen tragen. Die Weibchen legen die befruchteten Eier auf dem Meeresboden ab, die Larven schlüpfen erst nach sechs Monaten bis einem Jahr.

**»OSTPAZIFISCHER GEISTERHAI«**
*Hydrolagus melanophasma*
Diese neue Art ist erst 2009 anhand von vor der Küste Kaliforniens gefangenen Tieren beschrieben worden.

**LANGNASEN-CHIMÄRE**
*Harriotta raleighana*
Diese Art lebt vor allem im Nordatlantik und ist an ihrer charakteristischen nach oben gebogenen Schnauze zu erkennen.

# Schwämme

Porifera

**Es gibt über 5000 Arten von Schwämmen, von denen die meisten im Meer leben. Die einfach gebauten Tiere reinigen die Ökosysteme, indem sie das Wasser filtern, und werden von Menschen seit Tausenden von Jahren genutzt.**

Schwämme gibt es schon seit über 600 Millionen Jahren – sie gehörten zu den ersten Tieren der Erde. Sie bestehen aus lose verbundenen Zellen, die in Zusammenarbeit Wasser durch ein Porensystem leiten und Nahrung herausfiltern. Schwämme können aus verschiedenen Stoffen bestehen, etwa Kollagen bei Hornschwämmen und harten Skelettnadeln bei Glas- und Kalkschwämmen. Einige Schwämme sind Karnivoren und einige biolumineszent. Schwämme unterscheiden sich sehr in der Größe. Der größte bekannte maß über 3,5 m und wurde vor Hawaii in einer Tiefe von über 2000 m gefunden. Als Filtrierer sind Schwämme unbeweglich am Meeresgrund verankert. Bricht allerdings ein Stück ab, etwa bei einem Sturm oder durch einen Fressfeind, kann es sich auf einem harten Untergrund niederlassen und zu einem neuen Schwamm heranwachsen. Trotz dieser Regenerationsmöglichkeit sind Schwämme durch Übernutzung gefährdet.

**Die Schwämme** verleihen der Maske ein wolliges Aussehen.

**Schwammeule**
Die aus dem 19. Jahrhundert stammende Eulenmaske von den Salomonen besteht aus Holz, Schwämmen, Rohr, Borke und Muschelschalen.

Menschen haben schon lange die Vorteile der Schwämme erkannt. Die alten Griechen und Römer benutzten sie zur Reinigung, zum Baden und zum Auftragen von Kosmetik, und die Olympia-Teilnehmer rieben sich mithilfe von Schwämmen mit Öl ein. Die Römer haben sie wohl auch zum Auspolstern ihrer Helme benutzt, und in römischen Latrinen fand sich ein Schwamm an einem Stock, der wohl zum Abwischen diente.

Aber nicht nur Menschen kennen den Nutzen von Schwämmen. Delfine schützen mit Schwämmen ihr Rostrum (die Schnauze), wenn sie auf dem Meeresgrund nach Nahrung suchen.

**PORÖSE STRUKTUR**

Die mit Poren versehenen Schwämme besitzen Kammern aus lose verbundenen Zellen. Sie sind mit Kragengeißelzellen ausgekleidet. Ihre winzigen Geißeln transportieren das Wasser durch Öffnungen in den Wänden und filtern dabei die Nahrung heraus.

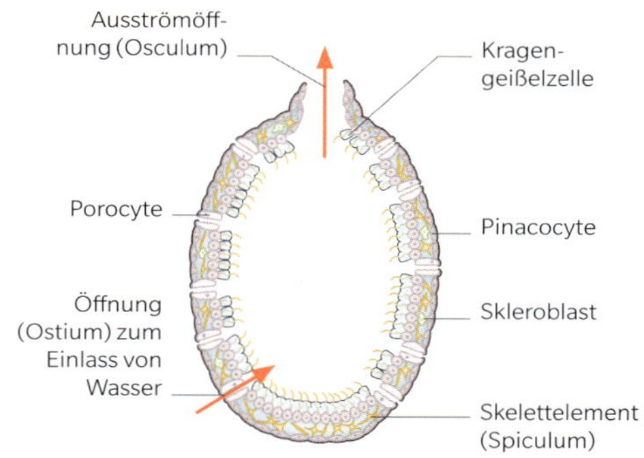


**QUERSCHNITT EINES SCHWAMMS**

## Ein gefährlicher Beruf

Menschen tauchen schon seit 800 v. Chr. nach Schwämmen, als griechische Taucher sie noch mit der Hand sammelten. Diese Schwammtaucher erreichten eine Tiefe von 30 m und nutzten ein als Skandalopetra bezeichnetes, an einem Seil befestigtes Stück Marmor, um schnell zum Meeresgrund zu gelangen. Dort blieben sie so lang wie möglich, um Schwämme zu sammeln. Im Jahr 1860 wurde der Skaphander erfunden, ein schwerer Tauchanzug mit einem Helm und einem Luftschlauch, der zu einer Pumpe an der Oberfläche führte. Bei dieser Methode konnte es allerdings zur Dekompressionskrankheit kommen, und viele Taucher starben oder erlitten durch Unfälle Behinderungen. Schwammtauchen wird zwar noch heute betrieben, ist aber in verschiedenen Ländern inzwischen verboten.

**Gefährlicher Beruf**
Diese 1897 entstandene Lithografie von David Hinds zeigt die Arbeit und die Risiken des Schwammtauchens – einschließlich eines enormen Fischs, der einen der Taucher verschlingt.

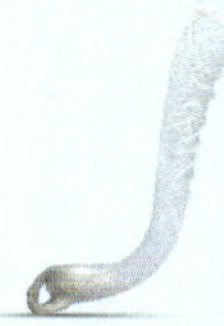

**GIESSKANNEN-SCHWAMM**
*Euplectella aspergillum*
Dieser auch Venuskörbchen genannte Tiefseeschwamm ist komplex aufgebaut und hat Architekten zu neuen effizienten Wegen angeregt, 3-D-Strukturen zu kreieren.

**KARIBISCHER VASENSCHWAMM**
*Xestospongia muta*
Dieser bis zu 1,5 m im Durchmesser messende Schwamm ist der größte in der Karibik. Viele Tiere nutzen ihn als Versteck.

**NEPTUNSSCHWAMM**
*Aplysina fistularis*
Karettschildkröten und einige Korallenfische fressen diesen Schwamm, der manchmal auch als Badeschwamm dient.

> »Wusch sich dann mit dem Schwamme die Hände beid', und das Antlitz,
> auch den nervichten Hals,
> und den haarumwachsenen Busen;
> hüllte den Leibrock um,
> und … hinkte sodann aus der Tür.«
>
> **HOMER,** *Ilias,* **um 750 v. Chr.**

**Blaue Kammern**
Der indopazifische blaue Hornschwamm *Lamellodysidea chlorea* hat Kammern, in denen er das Wasser filtert.

# Vulkane und Seeberge

Vulkane können über 1000 °C heiße Lava hervorschleudern. Dabei können Wolken aus Asche und Gas mehr als 45 km hoch in die Stratosphäre gelangen. Berge unterhalb des Wasserspiegels werden als Seeberge oder Seamounts bezeichnet.

**Feuer und Wasser**
Glühende Lava aus dem Kīlauea, Hawaii, fließt über die Klippen ins Meer. Das plötzliche Zusammentreffen von Lava und heißem Gestein mit dem Meerwasser kann Explosionen und den Austritt ätzender Gase hervorrufen.

***Vesuv beim Ausbruch***
William Turners um 1820 entstandenes Gemälde zeigt den Vulkan, der Berühmtheit erlangte, weil er im Jahr 79 n. Chr. die römische Stadt Pompeji zerstörte.

Ein Vulkan ist eine Öffnung in der Erdkruste, die heiße Gesteinsbrocken, geschmolzenes Gestein und Gase ausstößt. Es gibt rund 1400 aktive Vulkane auf der Erde, viele davon auf Meeresinseln. Einer der größten aktiven Bereiche ist der Pazifische Feuerring, ein Gürtel aus Vulkanen und den Grenzen tektonischer Platten. Seine Vulkane brechen oft plötzlich mit heftigen Gesteins- und Ascheeruptionen aus. Hier finden 90 Prozent der Erdbeben der Erde statt. Der indonesische Supervulkan Toba ist vor rund 74 000 Jahren ausgebrochen. Das könnte eine der größten einzelnen Eruptionen auf der Welt gewesen sein. Es wurden etwa 5300 Kubikkilometer an Material ausgestoßen, und die Aschewolke erreichte die Stratosphäre (die Asche eines jeden Vulkans ist an ihrer chemischen Signatur zu erkennen).

Der Ausbruch des Krakataus zwischen Sumatra und Java im Jahr 1883 erzeugte den lautesten jemals registrierten Knall – er war noch in über 4800 km Entfernung auf der Insel Rodrigues im Indischen Ozean zu hören. Die feine Asche eines Vulkanausbruchs kann noch monate- oder jahrelang für lebhaft gefärbte Sonnenuntergänge sorgen. Man nimmt an, dass der Ausbruch des Krakataus zu dem farbigen Himmel in Edvard Munchs Gemälde *Der Schrei* (1893) inspiriert hat. Große Eruptionen im Meer können auch Tsunamis auslösen, wie etwa den auf der Santorin-Inselgruppe vor etwa 3500 Jahren.

Es gibt über 100 000 vulkanische Seeberge – vom Meeresboden aufragende Formationen, die die Wasseroberfläche nie durchbrochen haben. Erheben sie sich über den Meeresspiegel, werden sie zu aktiven Vulkanen. Erlöschen sie, werden sie von den Wellen abgetragen und versinken. Die Hawaii-Emperor-Kette ist eine Reihe versunkener Vulkane, die sich über einem nordpazifischen Hotspot gebildet hat. Doch auch der zugehörige 4205 m über den Meeresspiegel aufragende Mauna Kea wird einmal ein Seeberg werden.

## Beim Ausbruch des Vesuvs im Jahr 1631 starben rund 3000 Menschen.

### Vulkangötter

Die Gefahr durch Vulkane hat viele Götter heraufbeschworen. Das Wort Vulkan findet sich in einigen europäischen Sprachen und geht auf Vulcanus zurück, den römischen Gott des Feuers. In Japan ist Konohanasakuyahime die Göttin des Fuji sowie aller Vulkane. Sie ist auch die Prinzessin der Blüten, Symbol der zarten Natur und eine Ikone des japanischen Lebens.

**Das Haar** bildet dünne, feine Fäden.

**Statue von Pele**
Diese polynesische Figur aus dem 17. oder 18. Jahrhundert stellt die hawaiianische Feuergöttin Pele dar, eine böse Kraft, die im Kīlauea-Vulkan lebt. Als »Pele-Haar« bezeichnet man Fäden vulkanischen Glases, die sich aus schnell abgekühlter Lava aus Lavafontänen bilden.

# Hydrothermalquellen

**Hydrothermalquellen sind Oasen des Lebens im Dunkel des schlammigen Meeresbodens. Hier leben ungewöhnliche Organismen von freigesetzten Chemikalien. Erschaffen hat diese Spalten überhitztes Wasser, das mit Lava in der Erdkruste in Kontakt gekommen ist.**

**Oktokoralle**
Diese leuchtend rote Weichkoralle gedeiht im Umfeld aktiver Hydrothermalquellen und hat die Fähigkeit, Metalle zu entgiften.

Hydrothermalquellen stoßen unmittelbar am Meeresboden mineralreiches Wasser aus. Sie entstehen dort, wo zwischen auseinanderweichenden tektonischen Platten Magma aufsteigt und durch Risse im Meeresgrund Meerwasser in die Kruste einsickert. Trifft es unter der Oberfläche auf Lava, wird es auf 60 bis 464 °C erhitzt und mit für Lebewesen normalerweise toxischen Stoffen wie Schwefel, Eisen, Kupfer, Zink und anderen angereichert ausgestoßen. Wenn dieses Wasser auf das kalte Meerwasser trifft, bilden die gelösten Mineralien Wolken von Teilchen, die zu hohen, über den Grund emporragenden Türmen zusammenbacken. Die verschiedenfarbigen Wolken haben zur Einteilung der Quellen in Weiße oder Schwarze Raucher geführt.

## Seltsamer als die Sagen

Vielfältige Lebensgemeinschaften umgeben die Hydrothermalquellen. Ihre Basis bilden die chemoautotrophen Bakterien, die auf oder in den Geweben der größeren Organismen leben. Sie nutzen die chemische Energie des von den Quellen abgegebenen, ansonsten giftigen Schwefelwasserstoffs, um daraus Nahrung zu erzeugen. Zu den für die Quellen einzigartigen Organismen gehören der Pompeji-Wurm (*Alvinella pompejana*), Aalmuttern (Zoarcidae), Weiße Riesenmuscheln (*Calyptogena magnifica*) und Yeti-Krabben (*Kiwa hirsuta*). Tiefsee-Bartwürmer (*Riftia pachyptila*) werden armdick und 3 m lang. Sie haben rote Kiemen, die aus ihren weißen Röhren herausragen (siehe S. 296).

Der Geologe Robert Ballard entdeckte die Hydrothermalquellen 1977. Das führte zu vielen neuen Erkenntnissen über das Leben unter Extrembedingungen. Hydrothermalquellen können Hunderte von Kilometern voneinander entfernt und 15 bis 20 Jahre lang aktiv sein. Dann versiegen sie und das sie umgebende Leben stirbt.

**Türme am Meeresgrund**
Über dem Meeresboden des Hydrothermalfelds Lost City am mittelatlantischen Rücken ragen bis zu 60 m hohe weiße Kalktürme auf. Anders als Schwarze Raucher setzt diese alkalische Quelle Methan und Wasserstoff frei.

**SCHWARZE RAUCHER**

An mittelozeanischen Rücken steigt nahezu 10 000 °C heiße basaltische Lava am Meeresboden auf und bildet eine neue ozeanische Kruste. Durch diese Strukturen zirkuliert Meerwasser, löst Chemikalien heraus und erwärmt sich. Das überhitzte Wasser drängt nach oben und verlässt den Meeresboden als Hydrothermalquelle. Gelöste Minerale fallen als schwarze Wolken aus.

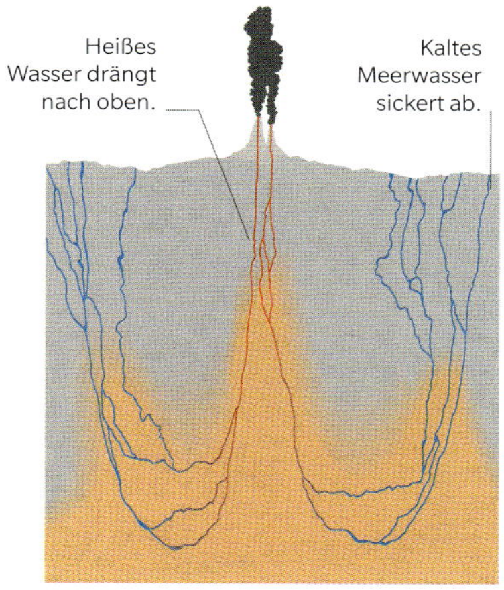


**FUNKTIONSWEISE EINER HYDROTHERMALQUELLE**

> »Moment mal! Was ist das? Flirrendes Wasser …, das direkt oben austritt.«
>
> ROBERT BALLARD bei der Entdeckung von Hydrothermalquellen, 1977

# Tiefsee-Bartwurm

*Riftia pachyptila*

Vor der Entdeckung der Hydrothermalquellen 1977 hat man sich kaum vorstellen können, dass ganze Nahrungsketten ohne fotosynthetisch aktive Produzenten auskommen. Tiefsee-Bartwürmer nutzen jedoch chemoautotrophe Bakterien.

**Naher Verwandter**
*Osedax* ist eine Gattung von mit dem Tiefsee-Bartwurm verwandten Würmern. Sie fressen Walknochen und werden deshalb manchmal auch als »Zombiewürmer« bezeichnet.

Die auch als Riesen-Bartwürmer bezeichneten Tiere sind 1977 anlässlich einer Untersuchung der Hydrothermalquellen bei den Galapagos-Inseln entdeckt worden. Als erste Bartwurm-Art wurde *Riftia pachyptila* gefunden, doch es gibt weitere Arten, die an kalten Quellen und an Walstürzen leben. Tiefsee-Bartwürmer bewohnen Hydrothermalquellen zwischen 1900 und 3600 m Tiefe, wo es kein Licht gibt und heißes Wasser austritt (siehe S. 294–295). Das Wasser ist reich an Mineralen und kann Temperaturen von bis zu 400 °C erreichen.

Tiefsee-Bartwürmer haben kein Maul und keinen Darm, können also nicht fressen. Sie erhalten Nährstoffe von den Bakterien in ihrem Körper, die Schwefelwasserstoff aus dem Wasser aufnehmen und zur Nahrungsproduktion nutzen. Die Würmer wachsen schnell und können im Alter von 18 Monaten schon 1 m lang sein. Versiegt die Hydrothermalquelle, sterben sie.

Obwohl Tiefsee-Bartwürmer ein einzigartiges Tiefsee-Ökosystem gewohnt sind, haben Forschende sie erfolgreich im Aquarium halten können.

**Leuchtend rote Kiemen**
Die roten Kiemen dienen dem Gasaustausch. Da sie auch Fressfeinde anlocken, können die Würmer sie nur dadurch schützen, dass sie sie in ihre Röhren einziehen.

**Die Tentakel** umgeben das Maul und dienen der Nahrungssuche am Meeresboden.

**Blinder Passagier**
Seeschweine tragen oft juvenile Königskrabben mit sich herum. Möglicherweise verstecken sich die Krabben so vor Fressfeinden.

**Die transparente Haut** gibt das Gift Holothurin ab, das die Tiere vor Fressfeinden schützt.

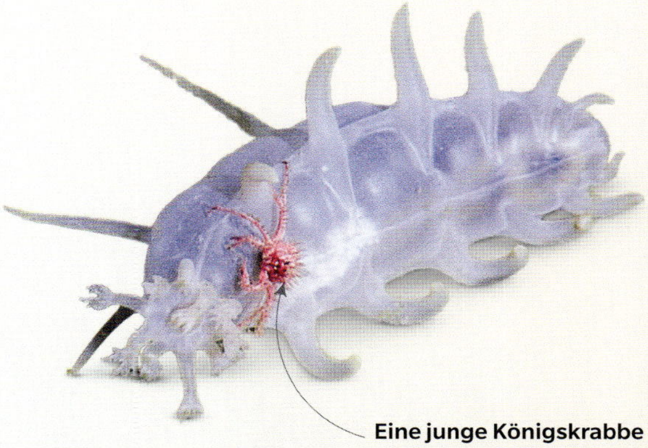

**Eine junge Königskrabbe** der Art *Neolithodes diomedeae* hat sich auf einem Seeschwein niedergelassen.

# Seeschweine

*Scotoplanes*

Diese Seegurken bewegen sich auf Nahrungssuche mit ihren Ambulakralfüßchen über den Schlick am Meeresgrund. Sie fressen abgestorbenes tierisches und pflanzliches Material und fördern so die Gesundheit des Ökosystems.

Die vom schwedischen Zoologen Johan Hjalmar Théel im Jahr 1882 beschriebenen Seeschweine gehörten zu den vielen Arten, die während der Weltumrundung der britischen HMS *Challenger* (1872–1876) entdeckt wurden.

Seeschweine leben in Tiefen von über 1200 m, oft sogar in bis zu 5000 m. Die transparenten, wassergefüllten Körper der 10–15 cm großen Tiere sind für entsprechende Wasserdrücke ausgelegt. Es handelt sich um Seegurken, die mit den Seesternen und Seeigeln verwandt sind, doch anders als die meisten Seegurken besitzen sie paarige stelzenähnliche Füße, mit denen sie sich im Schlick fortbewegen können. Ihre Farbe und ihre rundlichen Körper sowie die Ambulakralfüßchen erinnern tatsächlich an Schweine. In ihrem Lebensraum sind die Tiere nicht selten. In manchen Gegenden machen sie in Bezug auf das Gewicht 95 Prozent der Bewohner des Meeresbodens aus. Einige Arten sind biolumineszent.

### Aasfresser

Da es in den Tiefen der Ozeane wenig Nahrung gibt, sind Seeschweine Aasfresser. Sie bewegen sich über den Meeresgrund und nehmen Partikel abgestorbener Pflanzen und Tiere auf, die von oben herabrieseln. Auf diese Weise werden die Nährstoffe in den Ökosystemen recycelt. Wenn ein Wal auf den Meeresgrund sinkt (Walsturz), stürzen sich die Tiere auf seine Überreste.

**Die Anhänge** auf dem Rücken sind paarige Ambulakralfüßchen. Sie dienen vielleicht der Nahrungssuche.

**Flüssige Bewegung**
Seeschweine besitzen fünf bis sieben Paare Ambulakralfüßchen, die sie hydraulisch bewegen, um zu laufen und Nahrung zu suchen.

**Dumbo-Oktopus**
Dumbo-Oktopusse (Gattung *Grimpoteuthis*) gehören zur Familie der Scheibenschirme (Opisthoteuthidae). Diese Tiefseebewohner sind nach Disneys Dumbo, dem fliegenden Elefanten, benannt.

**Die acht Arme** mit Schwimmhäuten und Saugnäpfen ermöglichen das Steuern, das Fressen und die Fortbewegung am Grund.

**Ohrartige** Flossen dienen dem Antrieb im Wasser.

# Abysso- und Hadopelagial

**Kein Mensch hat jemals den Fuß auf den Grund der Tiefsee gesetzt. Diese Gegend ist für die meisten Lebewesen tödlich, doch haben sich einige an die extremen Drücke und die absolute Dunkelheit angepasst.**

Das Abysso- und das Hadopelagial befinden sich in 4000–6000 m bzw. in über 6000 m unter der Meeresoberfläche. Zwar können Forschende die tiefsten Bereiche des Meeresbodens sogar mithilfe von Satellitenbildern untersuchen, doch nur wenige U-Boote können derartige Tiefen erreichen. Sie gehören zu den am wenigsten erforschten Lebensräumen unseres Planeten.

In einer Tiefe von knapp 11 km unterhalb des Meeresspiegels gibt es kein Licht mehr, und der Druck beträgt rund 1100 bar. Das wäre für Oberflächenbewohner tödlich, doch Tiefseetiere haben sich an solche Drücke angepasst. Sie besitzen keine komprimierbaren Organe wie Lungen oder Schwimmblasen. Zu diesen Tieren gehören die Fangzahnfische (*Anoplogaster brachycera* und *A. cornuta*) – zwei Arten mit riesigem Maul, langen Zähnen und hochempfindlichen Sinnesorganen – sowie die Riesen-Phantomqualle (*Stygiomedusa gigantea*) und die Seeschweine (*Scotoplanes*) (siehe S. 297). Viele dieser Tiere sind Aasfresser, etwa die Grenadierfische (Macrourinae), die Schleimaale (Myxinidae) und die Seegurken (Holothuroidea). Im Sediment werden ständig neue Arten entdeckt. Sogar im Meeresboden leben in winzigen Hohlräumen Bakterien und Archäen, die der Wissenschaft absolut neu sind.

Am Meeresboden gibt es riesige Tiefsee-Ebenen und Tiefseefächer (von Strömungen abgelagerte Sedimente) sowie tief eingeschnittene Canyons. Das Wasser ist hier saurer als in anderen Tiefen. Das liegt unter anderem an den höheren Kohlenstoffdioxid-Konzentrationen, hervorgerufen durch absinkende organische Stoffe, die Hydrothermalquellen und das Fehlen von Fotosynthese betreibenden Organismen. Der Karbonatgehalt bewirkt, dass von der Oberfläche herabsinkende winzige Schalen gelöst werden.

**Erforscher des Meeresgrunds**
Im Jahr 2012 steuerte der Filmregisseur James Cameron das 7,3 m lange Tiefsee-U-Boot *Deepsea Challenger* zum Grund des westpazifischen Challengertiefs, mit rund 11 000 m der tiefste Punkt der Erde.

**Fisch der Tiefe**
Scheibenbäuche (Liparidae) sind schuppenlose, kaulquappenähnliche, weltweit verbreitete Fische. Dieser vor der Küste Japans in einer Tiefe von 8336 m gefangene Marianen-Scheibenbauch (*Pseudoliparis swirei*) gilt als der am tiefsten lebende Fisch der Welt.

»Es gibt … Orte, die etwas Besonderes sind, einzigartig und wichtig genug, um sie in Ruhe zu lassen – und einer dieser Orte ist die Tiefe.«

HELEN SCALES, *The Brilliant Abyss*, 2021

# Tiefseegräben

**Die tiefsten Bereiche der Weltmeere sind lang, schmal und tief – steile, als Gräben bezeichnete Einschnitte im Meeresboden. In ihrer Kälte und Dunkelheit existieren einzigartige Lebensräume.**

Tiefseegräben entstehen, wo tektonische Platten kollidieren und sich eine von beiden unter die andere schiebt. So entstehen V-förmige Abgründe, die meistens über 3000 m tief sind. Etwa 100 km vor der Stelle, an der sich ein Graben bildet, taucht oft eine Vulkankette auf, da hier die Vorderkante der absinkenden Platte den Erdmantel erreicht und zu schmelzen beginnt (siehe Kasten unten). Dieser Prozess dauert Millionen von Jahren lang. Eine Platte kann mit einer Geschwindigkeit von 1–10 cm pro Jahr nach unten abtauchen, was oft ruckhaft geschieht, sodass dadurch heftige Erdbeben und gewaltige Tsunamis ausgelöst werden können.

### Erforschung der Gräben

Es gibt etwa 30 große Tiefseegräben, von denen die meisten den Pazifischen Feuerring bilden (siehe S. 292–293). Nur wenige von ihnen sind bislang erforscht worden. Die Expedition »The Five Deeps« zwischen den Jahren 2018 und 2020 war die erste Forschungsreise, bei der mithilfe des Tiefseetauchboots *Limiting Factor* der jeweils tiefste Punkt der fünf Weltmeere erreicht wurde. Dazu gehörte das Challengertief im Marianengraben östlich der Philippinen. Mit einer Tiefe von 10 924 m ist es der tiefste Punkt der Ozeane.

Wenige Lebensformen können in diesen Tiefen bei Temperaturen in der Nähe des Gefrierpunkts und einem Druck von 1,1 t/cm² leben. Einige Arten gibt es jedoch, etwa die durchscheinenden Seeschweine (siehe S. 297) und den Hadal-Scheibenbauch (*Pseudoliparis amblystomopsis*). Das gallertartige Gewebe ihres Körpers zerfällt an der Meeresoberfläche. Weit verbreitet sind hier Xenophyophoren, einzellige, bis zu 20 cm groß werdende, vermutlich zu den Foraminiferen gehörende Organismen.

**Grabenbewohner**
Es gibt viele Arten der Springkrebse, gedrungener Krebstiere, die auf dem Meeresboden leben. Dieses Exemplar ist im Marianengraben fotografiert worden.

Der **Marianengraben** ist **1875** im Rahmen der **Challenger-Expedition** entdeckt worden.

### ENTSTEHUNG EINES GRABENS

Ozeanische Gräben entstehen, wo tektonische Platten in der Lithosphäre (Erdkruste und oberer Mantel) zusammenstoßen und die schwerere, dichtere sich unter ihr Gegenstück schiebt (Subduktion). Dabei öffnet sich in der Subduktionszone ein tiefer Graben. Wenn das Gestein der absinkenden Platte auf das geschmolzene Gestein des Erdmantels zwischen der Erdkruste und dem Erdkern trifft, schmilzt es und steigt wieder zur Oberfläche auf, wobei meist eine Reihe unterseeischer Vulkane entsteht.

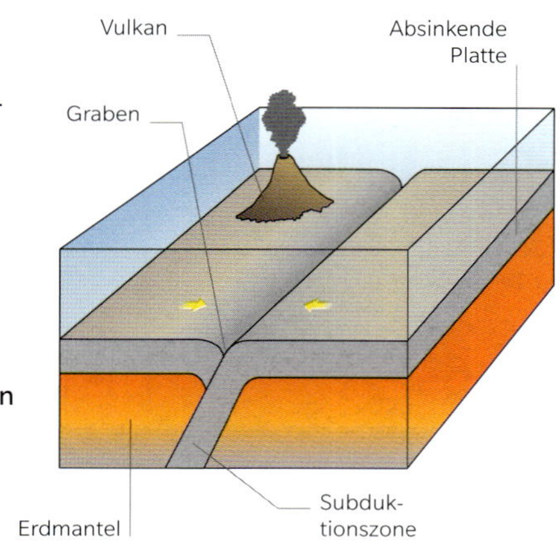

**Erforscher der Tiefe**
Die Geheimnisse der Tiefsee haben schon immer die Vorstellungskraft angeregt, wie diese Zeitungsillustration aus dem Jahr 1950 veranschaulicht. Die Darstellung zeigt den 1200 m tiefen Tauchgang des amerikanischen Erfinders Otis Barton im Pazifik.

**Die Gewalt der Ozeane**

Schiffswracks sind ein beliebtes Motiv in Gemälden der englischen Romantik und ihrer Ehrfurcht vor der Natur. Der Maler William Turner (1775–1851) verdeutlicht die unwahrscheinliche Kraft der Wellen in *The Wreck of a Transport Ship* (um 1810). Dieses Gemälde bildet den Ozean als furchteinflößend und gefährlich ab: Die See schäumt, Schiffe werden hin und her geschleudert, Masten zerbersten und Menschen kämpfen dagegen an, im nassen Grab zu enden.

# Glossar

In diesem Glossar verweisen kursiv geschriebene Wörter auf einen separaten Eintrag.

**ABYSSOPELAGIAL** Das Abyssopelagial ist der Bereich der Wassersäule zwischen 4000 und 6000 m Tiefe. Siehe auch *Hadopelagial*.

**ALGE** Ein meist aquatischer Organismus, der *Fotosynthese* betreibt, aber keine echten Wurzeln, Sprosse und Blätter hat. Zu den Algen gehören *Seetange* und viele mikroskopisch kleine Formen. *Cyanobakterien* werden manchmal als Blaualgen bezeichnet, sind aber Bakterien.

**ALGENBLÜTE** Eine große Konzentration von *Algen* in den oberen Wasserschichten. Die Pigmente der Algen können den Eindruck erwecken, das Wasser sei gefärbt.

**AMBULAKRALFÜSSCHEN** Röhrenförmige Gebilde der meisten *Stachelhäuter*, mit denen sie sich fortbewegen, fressen oder sogar atmen können.

**ANCHIALINE HÖHLEN** Höhlen mit einem Wasserkörper, der eine unterirdische Verbindung zum Meer aufweist und nur begrenzt mit atmosphärischem Sauerstoff versorgt wird.

**ASTROLABIUM** Ein Navigationsinstrument früherer Zeiten, mit dem der Stand der Sonne und der Sterne bestimmt werden konnte, sodass Seeleute ihre Position im Meer zu berechnen vermochten.

**ÄSTUAR** Die Mündung eines großen Flusses. In weiterem Sinne eine Bucht oder eine Mündung, in der Meerwasser durch Süßwasser verdünnt wird.

**ATOLL** Ringförmige, aus einem *Korallenriff* bestehende Insel, die den Rand einer seichten *Lagune* bildet. Sie ist durch das Wachstum des *Riffs* um einen versunkenen Vulkan herum entstanden.

**AUFTRIEB** Die Eigenschaft eines Objekts, das leichter ist als eine Flüssigkeit, an der Oberfläche zu schwimmen.

**AUSGASUNG** Die Emission von Gasen, die bisher in einem Material eingeschlossen waren. Durch die Erwärmung des Meereswassers kann dieser Prozess verstärkt werden.

**BARRE** Eine lange, schmale, parallel vor der Küste liegende Aufschüttung von *Sedimenten*. Barren können dauerhaft überspült oder bei Ebbe exponiert sein. Eine ständig exponierte Barre ist die *Barriereinsel*. Eine Barre quer über eine Flussmündung ist eine Mündungsbarre. Siehe auch *Barriereinsel*, *Landzunge*.

**BARRIEREINSEL** Eine ständig exponierte Aufschüttung von Sand oder Kies, die parallel zur Küste liegt und durch Wind und Wellen entstanden ist. Ein Barrierestrand ist eine ähnliche Struktur, kann aber an einem oder beiden Enden mit dem Festland verbunden sein.

**BARRIERERIFF** Ein *Korallenriff*, das mit einem gewissen Abstand parallel zur Küste verläuft.

**BARTEN** Aus Keratin bestehende Hornplatten im Maul verschiedener Wale (der Bartenwale), die dazu dienen, Nahrung wie etwa Krill aus dem Wasser zu filtern.

**BATHYMETRIE** Die Untersuchung der Tiefen eines Wasserkörpers, etwa eines Meeres, Flusses oder Sees, zur Erstellung von Tiefenprofilen.

**BATHYPELAGIAL** Ein Bereich der Wassersäule, der im offenen Meer von 1000 bis zu 4000 m Tiefe reicht. Er befindet sich zwischen dem *Mesopelagial* und dem *Abyssopelagial*. In diese Tiefe dringt praktisch kein Licht mehr vor.

**BAUCHFLOSSEN** Paarige Flossen, die sich bei den meisten Fischen tiefer oder weiter hinten als die *Brustflossen* befinden.

**BERME** Eine aus *Sediment* bestehende Stufe an einem Strand, die von einer Flut zurückgelassen wurde.

**BIOLUMINESZENZ** Die Erzeugung von Licht durch Lebewesen. Manchmal wird das Licht in den körpereigenen Zellen produziert, manchmal durch lichtemittierende Bakterien.

**BIOM** Ein Ökosystem mit der Gemeinschaft der in ihm lebenden Organismen. So bilden Mangrovenwälder und Tiefsee-Ebenen beispielsweise marine Biome.

**BIOTA** Die Tier- und Pflanzenwelt einer bestimmten Umgebung oder eines Zeitabschnitts.

**BRACKWASSER** Wasser, das mehr Salz als Süßwasser, aber weniger als typisches Meerwasser enthält.

**BRANDUNGSTOR** Ein natürlich entstandener Bogen an einer Felsenküste, oft hervorgegangen aus zwei Höhlen an beiden Seiten einer *Halbinsel*, die durch Erosion miteinander verschmolzen sind.

**BRANDUNGSZONE** Der Bereich eines Strands oder einer anderen Küste, in dem sich die *Wellen* brechen.

**BRUSTFLOSSEN** Die paarigen Flossen der meisten Fische, die vor allem zum Steuern, aber manchmal auch als Antrieb eingesetzt werden. Siehe auch *Bauchflossen*.

**BRUTKOLONIE** Eine Gemeinschaft von Vögeln wie Pinguinen oder anderen Seevögeln, die gemeinsam in einem bestimmten Bereich brüten. Auch bei Robben spricht man von Kolonien.

**BRUTTASCHE** Ein Sack oder eine Höhle im Körper eines Tiers, in dem sich die Eier entwickeln und die Jungen schlüpfen.

**BUCHT** Eine meist bogenförmig zurückweichende Küstenlinie bildet eine Bucht.

**BYSSUS** Von vielen Muschelarten produzierte Fäden, mit denen sie sich an unter Wasser befindliche Oberflächen heften.

**CARAPAX** Der Rückenpanzer einer Schildkröte, eines *Krebstiers* oder eines Pfeilschwanzkrebses.

**CHROMATOPHOREN** Pigmenthaltige Zellen, die es bei verschiedenen Tieren gibt. Sie dienen vor allem der *Tarnung*.

**CORIOLIS-EFFEKT** Die Tendenz, dass nach Norden oder Süden gerichtete Winde oder *Strömungen* durch die Erdrotation abgelenkt werden. Diese Ablenkung erfolgt in der Nordhemisphäre nach rechts und in der Südhemisphäre nach links.

**CYANOBAKTERIEN** Eine Gruppe von *Fotosynthese* betreibenden Bakterien, die bisweilen auch als Blaualgen bezeichnet werden. Siehe auch *Algen*.

**DAMM** Eine Absperrung mit Durchlässen für das Wasser, die an einem Fluss oder *Ästuar* errichtet wird. Ein Damm kann auch bei einem Gezeitenkraftwerk eingesetzt werden, um das Wasser bei Flut abzusperren und Strom zu gewinnen, wenn es abgelassen wird.

**DELTA** Ein flacher Landbereich, in dem sich ein Fluss in mehrere Arme teilt, bevor er ins Meer mündet.

**DENTIKEL** Kleine, zahnähnliche Gebilde wie die Plakoidschuppen der Haie. Ihre Funktion sind eine Verringerung des Wasserwiderstands und der Schutz vor Fressfeinden.

**DINOFLAGELLATEN** Überwiegend in den Meeren lebende einzellige Organismen mit zwei Geißeln (haarähnlichen Anhängen).

**DIVERGENTE PLATTENGRENZE** Ein Bereich, in dem sich zwei tektonische Platten voneinander weg bewegen. Hier sind Erdbeben nicht selten und es steigt Magma auf. Im Meer befinden sich diese Grenzen dort, wo sich *mittelozeanische Rücken* bilden. Siehe auch *konvergente Plattengrenze*.

**DOWNWELLING** Das auch als Abtrieb bezeichnete Absinken von Wasser von der Meeresoberfläche. Downwelling in bestimmten Regionen ermöglicht den als *thermohaline Zirkulation* oder globales Förderband bezeichneten Prozess. Siehe auch *Upwelling*.

**DRIFTSTRÖMUNG** Eine oberflächennahe Meeresströmung, die vor allem durch Winde hervorgerufen wird.

**DÜNE** Ein durch vom Meer kommende Winde aufgeschütteter Sandhügel.

**DÜNUNG** Eine Reihe von langen, gleichmäßigen *Wellen*, die sich über eine lange Strecke aufgebaut haben.

**EISBERG** Ein großes Stück Eis, das von einem mit dem offenen Meer in Kontakt befindlichen *Gletscher* oder Eisschild abgebrochen ist beziehungsweise gekalbt wurde.

**EISCHWIELE** Fortsatz am Kiefer einer Meeresschildkröte mit dem sie beim Schlupf die Schale öffnet.

**EL NIÑO** Eine Erwärmung des Pazifischen Ozeans im Bereich des Äquators, die einen großen Einfluss auf das globale Klima hat. Siehe auch *La Niña*.

**ENDEMISCH** Nur in einem bestimmten Gebiet vorkommend.

**EPIPELAGIAL** Dies ist die oberste Zone der Wassersäule, in die genügend Licht vordringt, um *Fotosynthese* zu ermöglichen. Der entsprechende Bereich wird daher auch als euphotische Zone bezeichnet. Das Epipelagial reicht bis in 200 m Tiefe. Siehe auch *Mesopelagial*, *Bathypelagial*.

**EROSION** Der geologische Prozess, bei dem die Erdoberfläche von natürlichen Kräften wie Wind oder Wasser abgetragen wird.

**EROSIONSKÜSTE** Eine Küste, bei der starke *Wellen* der entscheidende Mechanismus ihrer Veränderung sind.

**FETCH** Die Strecke des offenen Wassers, über die der Wind ungehindert wehen und *Wellen* aufbauen kann.

**FEUCHTGEBIET** Ein Landbereich, der zeitweilig oder dauerhaft von Wasser durchtränkt ist.

**FJORD** Einst von einem *Gletscher* ausgefüllter Einschnitt ins Festland. Fjorde sind oft tief und steilwandig, weisen aber eine flachere Schwelle an ihrer Mündung auf. Siehe auch *Ria*.

**FLOSSE** Ein zum Schwimmen verwendeter Körperteil, zum Beispiel bei Fischen, Walen, Robben, Pinguinen und Meeresschildkröten.

**FLUTBERG** Der von der Gravitation des Monds erzeugte, die Erde umlaufende Wasserberg.

**FORAMINIFEREN** Einzellige, amöbenartige Organismen mit einer perforierten Schale.

**FOTOSYNTHESE** Der Prozess, mithilfe dessen Pflanzen und einige andere Organismen die Energie des Lichts in chemische Energie umwandeln können.

**GASTROPODEN** Die Schnecken, eine Klasse der *Weichtiere*. Sie haben in der Regel einen muskulösen Fuß, ein Gehäuse und einen Kopf, der mit Sinnesorganen versehene Fühler trägt.

**GEMISCHTE GEZEITEN** Ein Gezeitenzyklus, bei dem pro Tag zwei Ebben und zwei Fluten auftreten, die sich deutlich unterscheiden.

**GEOGENES RIFF** Ein *Riff*, dessen Substrat nicht von lebenden Organismen erzeugt worden ist.

**GEZEITEN** Die regelmäßige Veränderung der Höhe des Meeresspiegels an einer bestimmten Stelle, hervorgerufen von den Anziehungskräften von Mond und Sonne in Kombination mit der Erdrotation. In Küstenregionen kommt es auch zu einer horizontalen Veränderung der Wasserlinie.

**GEZEITENINSEL** Ein höher gelegener Landbereich, der bei Ebbe mit dem Festland verbunden, aber bei Flut von ihm getrennt ist.

**GEZEITENWELLE** Eine einzelne große *Welle*, die von der Flut ausgelöst wird, wenn sich das Wasser einen verengenden Kanal entlangbewegt, wie etwa einen *Ästuar*.

**GEZEITENZONE** Der Bereich einer Küste, der zwischen den durchschnittlichen Wasserständen bei Ebbe und Flut liegt. Siehe auch *Gezeiten*.

**GLETSCHER** Ein »Strom« aus Eis, der langsam von einem Eisschild oder einem Gebirge bergab herabfließt.

**GLIEDERFÜSSER** Eine große Gruppe (Stamm) wirbelloser Tiere mit gegliederten Beinen, einem harten Außenskelett und einem segmentierten Körper. Hierzu gehören die *Krebstiere* (Krabben, Garnelen und ihre Verwandten), Insekten und Spinnentiere.

**GOLFSTROM** Eine warme, schnelle Meeresströmung, die aus dem Golf von Mexiko kommt und in nordöstlicher Richtung die nordamerikanische Atlantikküste entlangfließt.

**GUYOT** Ein *Seamount* mit flachem Gipfel.

**HADOPELAGIAL** Der mit über 6000 m Tiefe tiefste Bereich des Meers. Diese Tiefe wird nur in den *Meeresgräben* erreicht. Siehe auch *Abyssopelagial*.

**HALBINSEL** Eine Insel, die über einen *Tombolo* mit dem Festland verbunden ist.

**HALBTÄGIGE GEZEITEN** Ein Gezeitenmuster, bei dem zweimal täglich Ebbe und Flut stattfinden, wobei beide in etwa die gleiche Stärke haben.

**HEBUNGSKÜSTE** Eine Küste, die durch ein Absinken des Meeresspiegels relativ zum Land entsteht.

**HURRIKAN** Ein Sturm mit einer Windgeschwindigkeit von mindestens 119 km/h.

**HYDROTHERMALQUELLE** Eine Spalte in einem vulkanisch aktiven Bereich auf dem Meeresboden, an der überhitztes, chemikalienreiches Wasser austritt.

**HYDROZOEN** Eine Klasse der Wirbellosen aus dem Stamm der Nesseltiere (Cnidaria). Hydrozoen sind meist klein und leben überwiegend im Meer.

**ISTHMUS** Ein schmaler Landstreifen, der an beiden Seiten von Wasser begrenzt ist und zwei größere Landmassen verbindet.

**KALTZEIT** Ein Abschnitt in der Erdgeschichte, in dem die Temperaturen deutlich geringer als heute und die Eisschilde erheblich größer waren. Ein Eiszeitalter umfasst eine Reihe dieser Episoden innerhalb der letzten zwei Millionen Jahre. Die letzte Kaltzeit endete vor etwa 10 000 Jahren.

**KIESELALGEN** Auch Diatomeen genannte Gruppe mikroskopisch kleiner Einzeller mit schachtelähnlicher Schale. Die meisten Kieselalgen betreiben *Fotosynthese* und leben als *Plankton* in der Nähe der Wasseroberfläche, wo sie ein wichtiger Teil verschiedener mariner Nahrungsketten sind.

**KNORPELFISCHE** Gruppe von Fischen, deren Skelett vollständig oder größtenteils aus Knorpel und nicht aus Knochen besteht.

**KONTINENTALE KRUSTE** Der Teil der Erdkruste, der die Kontinente bildet. Er ist weniger dicht, aber dicker als die *ozeanische Kruste*.

**KONTINENTALFUSS** Der leicht ansteigende Bereich, der den *Kontinentalhang* mit dem Meeresgrund der Tiefsee verbindet.

**KONTINENTALHANG** Der Meeresgrund, der vom Rand des *Kontinentalschelfs* zum *Kontinentalfuß* abfällt.

**KONTINENTALSCHELF** Der relativ flache Meeresboden, der einen Kontinent umgibt und selbst Teil dieses Kontinents ist.

**KONVERGENTE PLATTENGRENZE** Ein Bereich, in dem zwei tektonische Platten kollidieren und sich eine unter die andere schiebt. Siehe auch *divergente Plattengrenze*.

**KOPFFÜSSER** Eine vielfältige Klasse (Cephalopoda) von Weichtieren mit Armen, hoch entwickelten Augen und einem Tintenbeutel, der zur Verteidigung geleert werden kann.

**KORALLENBLEICHE** Ein Phänomen, bei dem Korallen ihre symbiotischen

*Algen* (*Zooxanthellen*) ausstoßen, meist als Reaktion auf eine Belastung ihrer Umwelt, und dadurch ausbleichen.

**KORALLENRIFF** Eine felsenähnliche, aus Kalziumkarbonat bestehende Struktur, die von vielen Generationen von Korallenpolypen aufgebaut worden ist. Siehe auch *Barriereriff*, *Saumriff*.

**KREBSTIERE** Die vielfältigste und individuenreichste Gruppe der *Gliederfüßer* im Meer. Zu ihnen gehören Krabben, Hummer, Garnelen, Seepocken, Ruderfußkrebse, Asseln, Flohkrebse und Krill. Ihre gegliederten Körperanhänge dienen abhängig von der Art als Scheren oder Beine, werden aber auch zum Schwimmen oder Filtrieren von Nahrung eingesetzt.

**LAGUNE** Ein vor der Küste liegendes Gewässer, das vom offenen Meer fast vollständig durch eine Barriere abgetrennt ist. Auch der Bereich innerhalb eines *Atolls* ist eine Lagune.

**LAICH** Die Eier eines Fischs, eines Amphibs oder eines Weichtiers.

**LANDZUNGE** Eine Halbinsel aus Sand, Kies oder beidem, die von der *Strandversetzung* erzeugt wird, meist da, wo die Küstenlinie ihre Richtung ändert. Siehe auch *Barre*, *Barriereinsel*, *Tombolo*.

**LA NIÑA** Eine Abkühlung des zentralen und des östlich-zentralen äquatorialen Pazifiks. Siehe auch *El Niño*.

**LITHOSPHÄRE** Die feste äußere Schicht der Erde, zu der die Erdkruste und der obere Erdmantel gehören. Die oberste Schicht der Lithosphäre ist die *ozeanische Kruste*.

**LUFTWURZEL** Eine Wurzel, die über dem Erdboden wächst, wie es bei vielen *Mangroven* der Fall ist.

**MANGROVEN** Salztolerante Pflanzen, die in geschützten *Gezeitenzonen* in warmen Regionen wachsen und deren Wurzeln sich im Salzwasser befinden.

**MEEREIS** Eis, das sich auf dem Meer bildet und sich so von *Eisbergen* und *Eisschelfen* unterscheidet, die ursprünglich auf dem Land entstehen. Siehe auch *Packeis*, *Pfannkucheneis*.

**MEERESHÖHLE** Von den *Wellen* am Fuß einer Klippe erschaffene Höhlung.

**MESOPELAGIAL** Im offenen Meer befindet sich diese Zone im Bereich zwischen 200 und 1000 m Tiefe. Es gelangt noch etwas Licht hierhin, aber nicht mehr genug, um *Fotosynthese* zu ermöglichen.

**MITTELOZEANISCHER RÜCKEN** Eine Kette von untergetauchten Bergen, die sich dort über den Tiefseeboden erstreckt, wo neue *ozeanische Kruste* entsteht. Siehe auch *divergente Plattengrenze*.

**MONSTERWELLE** Eine große und unvorhergesehene *Welle* (auch als Kaventsmann bezeichnet), die großen Schaden anrichten kann.

**MONSUN** Eine saisonale Veränderung in der Richtung der vorherrschenden Winde einer Region, die Regen- und Trockenzeiten verursacht.

**MUSCHELN** Aquatische Weichtiere der Klasse Bivalvia mit einer zweiteiligen Schale.

**NEKTON** Aquatische Organismen, die schwimmen und sich unabhängig von *Strömungen* bewegen können. Siehe auch *Plankton*.

**NEUNTE WELLE** Ein Begriff für eine riesige *Welle*, die nach einer Reihe immer größer werdender Wellen auftritt.

**NIPPTIDE** Die Tide mit dem geringsten Unterschied zwischen Ebbe und Flut. Sie tritt etwa alle zwei Wochen auf und wird dadurch hervorgerufen, dass die Schwerkraft der Sonne die des Monds zum Teil neutralisiert. Siehe auch *Gezeiten*, *Springtide*.

**OBERFLÄCHENSTRÖMUNG** Eine *Strömung* an der Meeresoberfläche, die überwiegend vom Wind hervorgerufen wird.

**ÖKOTYP** Eine Population einer Art, die an eine bestimmte Umgebung angepasst ist und so eine eigene Gruppe bildet.

**OZEANBODENSPREIZUNG** Das Auseinanderweichen der tektonischen Platten an einem *mittelozeanischen Rücken*, wobei durch vulkanische Aktivität neue ozeanische Kruste geschaffen wird.

**OZEANISCHE KRUSTE** Die Erdkruste unter den Ozeanen, die dünner und dichter als die *kontinentale Kruste* ist.

**OZEANBECKEN** Ein Bereich tief liegender *ozeanischer Kruste*, der einen tiefen Wasserkörper enthält und vom Festland oder von flacheren *Randmeeren* umgeben ist.

**OZEANWIRBEL** Ein System, bei dem Meeresströmungen um einen zentralen Punkt rotieren. Es gibt fünf große Ozeanwirbel.

**PACKEIS** Schwimmendes *Meereis*, das nicht mit dem Festland verbunden ist. Es kann zu einer einzigen Masse verschmolzen sein oder in Form von einzelnen Eisschollen auftreten.

**PASSATE** Die den Äquator umgebenden vorherrschenden Winde, die von Ost nach West gerichtet sind. Sie werden daher auch als Ostwinde bezeichnet. Westwinde wehen in den mittleren Breiten von Westen nach Osten.

**PFANNKUCHENEIS** Ein Stadium der Bildung von *Meereis* in turbulentem Wasser, bestehend aus einzelnen schwimmenden Schollen. Da es immer wieder mit anderen Schollen kollidiert, hat es aufgewölbte, abgerundete Kanten.

**PHILOPATRIE** Der Prozess, durch den Tiere sich weit von dem Ort ihrer Geburt oder ihres Schlupfs fortbewegen und dann wieder zur Reproduktion dorthin zurückkehren. Beispiele dafür sind die Meeresschildkröten und der Papageitaucher.

**PHOTOPHOREN** Licht emittierende Leuchtorgane bestimmter Fische und anderer biolumineszenter Tieren. Siehe auch *Biolumineszenz*.

**PHYLLOID** Eine flache, blattähnliche Struktur, die viele *Seetange* aufweisen. Anders als die Blätter der Landpflanzen enthalten Phylloide keine speziellen Gefäße, über die sie Stoffe mit den übrigen Teilen des Organismus austauschen können.

**PHYTOPLANKTON** Kleine, frei treibende, fotosynthetisch aktive Organismen, von denen sich viele Meerestiere ernähren.

**PLANKTON** Umfasst alle im Wasser treibenden Organismen, die nicht in der Lage sind, aktiv gegen die *Gezeiten* oder die *Strömungen* anzuschwimmen. Siehe auch *Nekton*.

**POLYP** Meist sessiles Stadium der Entwicklung von Nesseltieren mit zylindrischem Körper und einer von Tentakeln umgebenen Mundöffnung.

**RANDMEER** Ein Abschnitt eines Ozeans, der sich zwischen der Küste und dem offenen Meer befindet.

**RHIZOID** Struktur, mit der sich Organismen wie die *Seetange* am Untergrund verankern. Im Gegensatz zu echten Wurzeln kann ein Rhizoid keine Nährstoffe aufnehmen.

**RIA** Ein Einschnitt in der Küste, der durch Überspülung eines Flusstals entstanden ist.

**RIFF** Eine Struktur aus relativ stabilem Material wie Fels oder Korallen, die in der Nähe der Meeresoberfläche liegt. Siehe auch *Korallenriff*.

**RUDERFUSSKREBSE** Eine Gruppe sehr kleiner *Krebstiere*, deren Arten in fast jedem aquatischen oder semiaquatischen Lebensraum zu finden sind. Sie zählen zu den individuenreichsten Lebensformen der Erde.

**SALINITÄT** Der Grad des Salzgehalts des Meerwassers.

**SALZWIESE** Ökosystem, das in der oberen *Gezeitenzone* an geschützten, schlammigen Küsten entsteht, vor allem in den kühleren Teilen der Welt. Hier gedeiht eine Gemeinschaft kleiner, salztoleranter Pflanzen. In den Tropen wachsen unter ähnlichen Bedingungen gewöhnlich *Mangroven*.

**SANDBANK** Ein seichter Bereich sandigen Meeresbodens, der von tieferem Wasser umgeben ist.

**SAUMRIFF** Ein *Korallenriff* unmittelbar vor der Küste, das nicht durch eine

*Lagune* von ihr getrennt ist. Siehe auch *Barriereriff*.

**SALPEN** Transparente Meerestiere mit fassförmigem Körper und jeweils einer Öffnung an jedem Ende.

**SALZPFANNE** Eine abflusslose seichte Vertiefung, in der Salzwasser verdunstet und eine Salzablagerung hinterlässt.

**SCHELFEIS** Eine schwimmende Fortsetzung eines Eisschilds oder *Gletschers* auf das offene Meer hinaus.

**SCHULE** Eine große Gruppe von Tieren, zum Beispiel Walen und Delfinen.

**SCHWÄMME** Ein Stamm einfach aufgebauter, meist sessiler Tiere, die von aus dem Wasser gefilterten Nahrungspartikeln leben.

**SCHWARM** Eine große Gruppe von Tieren, zum Beispiel Fischen oder Vögeln.

**SCHWEMMFÄCHER** Eine kegelförmige Ablagerung von *Sedimenten*, die sich bildet, wenn schnell fließende *Strömungen* aus einem begrenzten Kanal hervortreten, sich verlangsamen und sich ausbreiten, wenn sie eine offene Ebene erreichen.

**SCHWERT- UND SPEERFISCHE** Eine Gruppe räuberischer Meeresfische, die sich durch ihr langes, schwert- oder speerähnliches Rostrum auszeichnen.

**SEAMOUNT** Ein unter Wasser befindlicher Seeberg, der in der Regel durch vulkanische Aktivität entstanden ist. Siehe auch *Guyot*.

**SEDIMENT** Vom Wasser transportierte Partikel, die sich durch die Schwerkraft absetzen können, oder die von diesen Teilchen gebildeten Ablagerungen, wie Sand, Silt oder Schlick.

**SEE** Der Begriff »die See« wird oft für die Gesamtheit der Ozeane, aber auch für ein kleineres, oft seichteres *Randmeer* verwendet, das zum Teil vom Land umschlossen ist. »Der See« ist wiederum ein Süßgewässer.

**SEEGRAS** Zu den Bedecktsamern gehörende grasähnliche Pflanzen, die sich an das Leben im Meer angepasst haben.

**SEEKÜHE** Eine Ordnung großer, aquatischer, pflanzenfressender Säugetiere, die an *Flossen* erinnernde Vorderbeine und keine Hinterbeine haben. Zu den Seekühen gehören die Manatis und der Dugong.

**SEETANG** Ein Sammelbegriff für verschiedene pflanzenähnliche Organismen, bei denen es sich meistens um vielzellige *Algen* unterschiedlicher Gruppen handelt. Die zu den Grünalgen gehörenden Seetange sind nah mit den Landpflanzen verwandt.

**SENKUNGSKÜSTE** Eine Küste, bei der der Meeresspiegel relativ zum Land angestiegen ist.

**SESSIL** Sessile (festsitzende) Tiere sind permanent an das Substrat gebunden und können sich nicht frei bewegen.

**SPRINGTIDE** Die Kombination aus höchster Flut und niedrigster Ebbe in einem ungefähr zweiwöchigen Zyklus, in dem Sonne und Mond so positioniert sind, dass sich ihre Gravitationsauswirkungen addieren. Siehe auch *Gezeiten*, *Nipptide*.

**SPRITZWASSERZONE** Der Küstenbereich über der normalen Hochwasserlinie, der vom Wasser nur unter außergewöhnlichen Bedingungen erreicht wird.

**STACHELHÄUTER** Eine große Gruppe (Stamm Echinodermata) mariner Wirbelloser, zu der Seesterne, Seegurken, Seeigel und Seelilien gehören. Ihre Körper sind wie die Speichen eines Rads radiärsymmetrisch.

**STOSSZAHN** Ein vergrößerter Zahn, etwa bei einem Walross oder Narwal.

**STRANDHANG** Der ansteigende Bereich eines Strands unterhalb der *Berme*.

**STRANDVERSETZUNG** Ein Prozess, bei dem *Sedimente* wie Sand oder Schlick durch schräg zum Strand anlaufende *Wellen* die Küste entlang transportiert werden.

**STRASSE** Eine schmale Wasserpassage, die zwei größere Wasserkörper miteinander verbindet.

**STRÖMUNG** Ein regelmäßig in eine Richtung erfolgendes horizontales oder vertikales Fließen des Meerwassers.

**SUBDUKTION** Prozess bei der Kollision von zwei tektonischen Platten, bei dem sich die eine davon unter die andere schiebt.

**SUPERZELLENGEWITTER** Ein gewaltiges Gewitter mit einer hoch reichenden Rotation des Aufwindbereichs, die als Mesozyklon bezeichnet wird.

**TÄGLICHE GEZEITEN** Ein Gezeitenzyklus, bei dem pro Tag eine Ebbe und eine Flut auftreten.

**TAIFUN** Ein starker tropischer Sturm mit sehr kräftigen rotierenden Winden.

**TARNUNG** Eigenschaften eines Organismus, die es erschweren, ihn in seinem natürlichen Lebensraum zu entdecken, etwa seine Färbung, Muster oder Aspekte seiner Körperform.

**THERMOHALINE ZIRKULATION** Ständig in Bewegung befindliches System der von Unterschieden in Temperatur und Salinität angetriebenen Tiefenströmungen. Wird auch als globales Förderband bezeichnet.

**TIDENHUB** Der Unterschied zwischen dem Wasserstand bei Ebbe und Flut an einem bestimmten Ort. Siehe auch *Gezeiten*.

**TIEFSEEGRABEN** Ein großer, natürlich entstandener Graben im Meeresboden. Befindet sich an den tiefsten Stellen, an denen sich eine tektonische Platte unter die andere schiebt. Der tiefste Graben ist der Marianengraben im Pazifischen Ozean.

**TOMBOLO** Ein schmaler Landbereich, der eine *Halbinsel* mit dem Festland verbindet.

**TROG** Eine lange und breite Vertiefung im Meeresboden, die in der Regel kürzer, seichter und schmaler als ein *Tiefseegraben* ist.

**TSUNAMI** Eine große, sich schnell über das Meer bewegende *Welle*, hervorgerufen von einem Meeresbeben oder einem großen Erdrutsch an der Küste.

**UPWELLING** Der auch als Auftrieb bezeichnete Aufstieg von Tiefenwasser zur Meeresoberfläche. Hervorgerufen werden kann Upwelling von parallel zur Küste wehendem Wind oder durch eine Störung unter Wasser – wie etwa einen *Seamount*, der eine Tiefseeströmung unterbricht. Das aufsteigende Wasser versorgt oft das oberflächennahe Meerwasser mit Nährstoffen. Siehe auch *Downwelling*.

**VERTIKALWANDERUNG** Die tägliche, synchronisierte Bewegung mariner Organismen zwischen der Wasseroberfläche und den tieferen Zonen des Meers. Es handelt sich bei der Vertikalwanderung um die größte Migration von Tieren auf der Erde.

**WASSERWIRBEL** Ein an der Meeresoberfläche befindlicher rotierender Wasserkörper, der oft entsteht, wenn zwei unterschiedliche *Strömungen* aufeinandertreffen.

**WATT** Ein flacher, schlammiger Bereich, der bei Flut mit Wasser bedeckt ist. Oft befindet er sich in geschützten Bereichen, zum Beispiel an *Ästuaren*.

**WEICHTIERE** Wirbellose Tiere des Stamms Mollusca, beispielsweise Muscheln, Kopffüßer wie Kraken und Kalmare oder Schnecken.

**WELLE** Eine Bewegung oder Störung, bei der Energie übertragen wird. Das Wasser in einer Welle, die sich über das offene Meer fortsetzt, bewegt sich im Wesentlichen nur auf- und abwärts, wenn die Welle vorbeizieht. Der höchste Punkt ist der Wellenkamm, der tiefste das Wellental.

**ZOOPLANKTON** Alle frei im Wasser treibenden Tiere und nicht fotosynthetisch aktiven Einzeller, die Teil des *Planktons* sind.

**ZOOXANTHELLEN** Eine Gruppe kleiner gelbgrüner oder gelbbrauner einzelliger *Algen*, die im Gewebe mariner Wirbelloser wie zum Beispiel Korallen und Riesenmuscheln leben.

**ZYKLON** Ein Windsystem großen Umfangs, das sich um einen zentralen Tiefdruckbereich dreht. Siehe auch *Hurrikan*.

# Register

**Fett** gedruckte Seitenzahlen beziehen sich auf Haupteinträge.

## A


A-76 (Eisberg) 184
Aalartige 102, 123, 159, **214–215**, 237, 252
Aalmutter 294
Ablagerungen (Geologie) 25, 31, 77
Abyssopelagial 13, 32–33, 268, **298–299**
Acanthaceae (Akanthusgewächse) 128
*Acanthaster planci* (Dornenkrone) 235
Actiniaria (Seeanemonen) 57
Aelianus, Claudius, *De natura animalium* 209
*Aethia pygmaea* (Bartalk) 41
Affen 108
Agulhas-Strom 150
Ägypten
  altes 143, 202, 209, 239
  modernes 51, 110
Ainu 257
*Aipysurus duboisii* (Dubois-Seeschlange) 264
Aiwasowski, Iwan, *Die neunte Woge* 150
Alaska 43, *111*, 180
Albatrosse *140*, **144–145**, 185, 188
Alcidae (Alkenvögel) 188
*Aldabrachelys gigantea* (Aldabra-Riesenschildkröte) 134, 282
Aldrovandi, Ulisse 223
Aleuten *121*
Alexander der Große 197
Alexander, Meena 282
Algen **36–37**, 67, 78, 170, 237
  »Leuchtalge« 32
  Plankton 197, 199
  Seetang 118, 202
  Zooxanthellen 161, 206, 207, 211, 270
Algenblüten 37, 173, 197, 199, 219
al-Hariri aus Basra 281
*Aliger gigas* (Große Fechterschnecke) 55
Alkenvögel 41, *115*, 188–189
Alpenstrandläufer 123
*Alvinella pompejana* (Pompeji-Wurm) 294
*Amblyrhynchus* spp. (Leguane) 47
  *A. cristatus* (Meerechse) *136–137*
Ambulakralfüßchen 66, 235, 297
America's Cup *140*
Ammoniten 17, 62, 63, 81
*Ammophilia* spp. (Strandhafer) **99**
  *A. arenaria* (Gewöhnlicher Strandhafer) 99, 101
  *A. breviligulata* (Amerikanischer Strandhafer) 99
*Ammospiza caudacuta* (Spitzschwanzammer) 123
*Amphioctopus marginatus* (Kokosnuss-Krake) 255, 257
*Anarchias leucurus* (Snyder-Muräne) 214
*Anarrhichthys ocellatus* (Pazifischer Seewolf) 237
Anaximenes 287
Andamanen 282, 283
Anglerfische 159, 284, 285, 287
*Anguilla anguilla* (Europäischer Aal) 159, 214
Anguilliformes **214–215**
Animalcules (kleine Tierchen) 35
*Anoplogaster* spp. (Fangzahnfische)
  *A. brachycera* 298
  *A. cornuta* 298
Antarktika 17, 25, 189, 192
  Eis 170–171, 173
  Meer 184–185, 258
Antarktisfische 181
Antennariidae (Anglerfische) 287
Atlantik-Inseln 132, 233
  Azoren 132, 233, 239
  Bermudas 58–59, 158, 233
  Färöer 47, 233
  Karibik-Inseln 55, 233, 239, 244, 266, 279
  Neufundland 150, 165, 171, 173, 233
  *siehe auch* Großbritannien; Island; Irland
*Aplysina stularis* (Neptunsschwamm) 291
*Aptenodytes forsteri* (Kaiserpinguin) 185, 188–189, 190
Äquator 22, 140–142, 260
Aralsee 14
*Arbacia lixula* (Schwarzer Seeigel) 67
Archäen 17, 298
Architectonicidae (Sonnenuhren) 54
*Architeuthis dux* (Riesenkalmar) 34, 278
*Arcos poecilophthalmos* (Galapagos-Schildfisch) *137*
Ardeidae (Reiher) 108, **126–127**
Arecaceae (Palmen) 96, 128
*Arenaria interpres* (Steinwälzer) 73
*Arenicola* spp. (Wattwürmer) 85, **98**
  *A. defodiens* (Schwarzer Wattwurm) 98
  *A. marina* (Gewöhnlicher Wattwurm) 98
*Argonauta hians* (Braunes Papierboot) 257
Aristoteles 36, 66, 68, 71, 196, 217, 287
Arktis 170, 172, 175, 176, 182
Arktischer Ozean 12, 170, 172, **180–181**, 182, 239
  Eis 170–171, 173
  Eisbär 175, 176
  Narwal 178
  Wale 116, 117, 225
*Artemisia halodendron* 124–125
Ascension 233
Asseln 68–69, 110
Astrolabium 282
Ästuare 29, **108–111**, 122, 127, 130
Atlantis 239
Atlantischer Ozean 12, 24, 152–153, **230–233**
  Hydrothermalquellen 295
  Sargassosee 158–159, 214
  Skelettküste 104
  Stürme 143, 146, 150
  Tiere 42, 43, 55, 106, 123, 198
Atmosphäre 16, 20, 140
Atolle 133, 145, 206, 282
Audubon, John James 79, 126, 167
Ausgasen 16
Aussterben 34, 35, 235, 240, 275
  Schildkröten 88
  Seekühe 113
  Vögel 167, 188, 282
  *siehe auch* Fossilien
Austern 63, 65, 108, 270, 271, 272
Austernfischer 86, 123, 127
Australien
  Great Barrier Reef 205, 207, **210–211**, 235
  Indigene 55, 86, 95, 101, 207, 210
  Inseln 101, 134, 135, 188
  Strände 31, 84, 85, 86–87, 286
  Tiere 130, 209, 221
Australier, indigene 55, 86, 95, 101, 207, 210, 210
Außenskelett 68, 70, 71
Azoren 132, 233, 239
Aztekenreich 146


## B


*Babylonia lutosa* (Orangepunkt-Schnecke) 55
Bäche 108, 109
Bacillariophyceae (Kieselalgen) 199
Bahamas 85, 128, 158
Bakterien 17, 123, 196, 250, 298
  Cyanobakterien 35, 197
  Hydrothermalquellen 294, 270
  Phytoplankton 23, 173, 181, 197, 198, 199
*Balaena mysticetus* (Grönlandwal) 173
*Balaenoptera* spp.
  *B. acutorostrata* (Nördlicher Zwergwal) 226
  *B. brydei* (Brydewal) 225
  *B. musculus* (Blauwal) 12, 225, 226
  *B. omurai* (Omurawal) 225–226
Ballard, Robert 294
Bangladesch 110, 128
Barbut, James, *The Genera Vermium* 273
Barrakudas 33
Barriereinseln 76, 77, 133
Barrieren, natürliche 25, 76, 111
Barriereriffe 206
  Great Barrier Reef 205, 207, **210–211**, 235
Barsche 110
Bartenwale 225, 226
Barton, Otis 301
Bartwürmer 294, **296**
  Tiefsee-Bartwurm **296**
Basalt 12
Baskenland 274
Bathymetrie 248
*Bathymodiolus thermophilus* (Tiefsee-Miesmuschel) 270
Bathypelagial 32–33, **284–285**
Bathyteuthida (Kalmare) **278–279**
Baxter, William 75
Beebe, William 33
Beilfisch 33
Belemniten 62, 81
Belgien 176
Benguelastrom 104, 105, 165
Benin 76

Bergbau 181, 249
Berge (Seeberge) 133, 248, **292–293**
Beringsee 14, 175
Beringstraße 173
Bermudadreieck 159
Bermudas 58–59, 158, 233
Bestiarien, mittelalterliche 226
Biard, François-Auguste 180
Biolumineszenz 250, 251, 284, **286–287**, 290, 297
Kalmare 32, 279
Quallen 216–217
*Birgus latro* (Palmendieb) 70, 96
Blackbeard 87, 233
Blasennetze 227
Blubber 107, 113, 117, 121, 156, 183
*Bodianus diplotaenia* (Mexikanischer Schweinslippfisch) 92–93
Bonny, Annie 133
Boote 157, 210, 260, 283
*siehe auch* Schiffe
Bora Bora 77, 196
Borstenmäuler 251
Botticelli, Sandro, *Die Geburt der Venus* 271
Brachvögel 126
Brackwasser 110
Bradyseismos 239
Brandungspfeiler 30, **44–47**
Brandungspfeilerstümpfe 46
Brandungsplattform 41
Brandungstore **44–47**, 171
Brasilien 86, 100, 249
Brendan der Reisende 230
Bridges, Robert 75
Brillenpelikan **94–95**
Brontë, Anne 85
Buchten 14, 84 122
Bildung von 30, 45, 47, 76
Burne-Jones, Edward, *Pelikan in seiner Frömmigkeit* 95
Bussard 137
*Buteo galapagoensis* (Galapagos-Bussard) 137
*Butorides sundevalli* (Lavareiher) 137
Byssusfäden 57

# C

*Calidris* spp. (Strandläufer)
*C. alpina* (Alpenstrandläufer) 123
*C. ferruginea* (Sichelstrandläufer) 127
*C. pygmaea* (Löffelstrandläufer) 124
*Callistoctopus macropus* (Weißgefleckter Oktopus) 254
*Calyptogena magnifica* (Weiße Riesenmuschel) 294
Cameron, James 299
Canyons 25, 284
Carapax 68, 88
*Carcharhinus* spp.
*C. galapagensis* (Galapagos-Hai) 47
*C. leucas* (Bullenhai) 108
*C. limbatus* (Kleiner Schwarzspitzenhai) 241
*Carcharias taurus* (Sandtigerhai) 276–277
*Carcharodon carcharias* (Weißer Hai) 159, 240
*Carcinus maenas* (Strandkrabbe) 68
*Caretta caretta* (Unechte Karettschildkröte) 90, 159
*Carpilius maculatus* (Blutflecken-Krabbe) 71
Carroll, Lewis
*Alice im Wunderland* 78
*Das Walroß und der Zimmermann* 183
*Carta marina et description septemtrionalium terrarum* (Seekarte und Beschreibung der nordischen Länder) 8–9
*Cassiopea* spp. (Mangrovenqualle) 217, 219
Cayman-Inseln 244
Cephalofoil 263
*Cephalorhynchus heavisidii* (Heaviside-Delfin) 220
*Cepphus columba* (Taubenteiste) 115
Cerata 52, 53
*Cetorhinus maximus* (Riesenhai) 242
*Chaetodipterus faber* (Atlantischer Spatenfisch) 276–277
Challen, Gordon Leslie 250
Challengertief 300
Charadriidae (Regenpfeifer) 85, **126–127**
*Charadrius hiaticula* (Sandregenpfeifer) 73, 101
*Chauliodus* spp. (Viperfische) 33, 284
*C. sloani* (Sloanes Viperfisch) 287
*Cheilopogon melanurus* (Fliegender Fisch) 33
Cheloniidae (Meeresschildkröten) 85, **88–91**
*Chelonia mydas* (Grüne Meeresschildkröte) 88, 133, 159
*Chelonoidis niger* (Galapagos-Riesenschildkröte) 136
Chesil Beach, Dorset **80–81**
*Chiasmodon niger* (Schwarzer Schlinger) 32, 284
Chile 35, 115, 165, 249
*Chimaera monstrosa* (Seekatze) 288
Chimaeriformes spp. (Seekatzen) **288–289**
Chimären 282
*siehe auch* Seekatzen
China 29, 49, 96, 110, 124–125, 235, 283
Mythologie 91, 261
*Chironex fleckeri* (Australische Würfelqualle) 219
Chitin 68, 71
*Chlidonias* spp. (Sumpf-Seeschwalben) 167
Christen 227, 272
Christie, Agatha 83
*Chroicocephalus novaehollandiae* (Silberkopfmöwe) 156
Chromatophoren 208, 257, 279
*Chromis punctipinnis* (Riffbarsch) 118–119
*Chrysaora* spp.
*C. achlyos* (Schwarze Kompassqualle) 216–217
*C. fuscescens* (Pazifische Kompassqualle) 219
Chumash 221
Cirripedia (Rankenfußkrebse) 57
Clark, Eugenie 243
*Cocos nucifera* (Kokospalme) **96–97**, 133
Coelacanthiformes 35, 282
Coleridge, Samuel Taylor, *Die Ballade vom alten Seemann* 145
Combretaceae (Mangroven) 128
Condé, Maryse, *Traversée de la mangrove* 128
*Conicpteris* spp. 63
*Conolophus subcristatus* (Drusenkopf) 137
*Conus pennaceus* (Feder-Kegelschnecke) 55
Cooper, James Fenimore 133
Corallinales (Kalkrotalgen) 202
Coriolis-Effekt 23, 140, 142, 147, 230
*Coryphaena hippurus* (Gemeine Goldmakrele) 159
Côtiers 283
*Cotylorhiza tuberculata* (Spiegeleiqualle) 217
Cousteau, Fabien 239
Cousteau, Jacques 35, 197, 239
*Crambe maritima* (Meerkohl) 73
*Creagrus furcatus* (Gabelschwanzmöwe) 157
Crinoidea (Haarsterne) 235
*Crocodylus porosus* (Leistenkrokodil) **130–131**
*Crossaster papposus* (Gemeiner Sonnenstern) 237
Ctenophora (Rippenquallen) 199
Cuvier, Georges
*Das Thierreich, geordnet nach seiner Organisation* 252
*Discours sur les Révolutions du Globe* 63
*Cyanea capillata* (Gelbe Haarqualle) 199
Cyanobakterien 35, 197
Cymodoceaceae (Seegräser) **102–103**
*Cyphoma gibbosum* (Flamingozunge) 54

# D

Dänemark 62, 181
Färöer 47, 233
*siehe auch* Grönland
Dänemarkstraße 248, 285
Darwin, Charles 206, 257
HMS *Beagle* 35, 36, 119, 137, 206
*Dasyatis pastinaca* (Gewöhnlicher Stechrochen) 245
de la Beche, Henry 63
*Deepsea Challenger* (U-Boot) 299
Defoe, Daniel, *Robinson Crusoe* 134
Dekapoden 68
Delfine **220–221**, 291
*Delphinapterus leucas* (Weißwal) **116–117**, 173, 178
Delphinidae **220–221**
*Delphinus delphis* (Gemeiner Delfin) 221
Deltas 31, **108–111**, 122, 173
Demarle, Alphonse 235
Dentikel 240
Dermochelyidae (Lederschildkröten) **88–91**
*Dermochelys coriacea* (Lederschildkröte) 88, 89, 90
*Desmonema annasethe* (Qualle) 218
Desprez, Louis Jean 289
Devon 16
Dickens, Charles, *A Tale of Two Cities* 73
Dinoflagellaten (Panzergeißler) 199
Diomedeidae (Albatrosse) **144–145**
Doktorfische 92–93
Doré, Gustave 221
*Dosidicus gigas* (Humboldt-Kalmar) 278
Downwelling (Abtrieb) 23
Drake-Passage 14, 25
Dronte 282
Druck, hydrostatischer 298
*Dugong dugon* (Dugong) **112–113**
Dünen 75, 99, **100–101**, 104
Dünung 149, 150
*Durvillaea willana* (Neuseeländischer Kelp) 46

# E


Earle, Sylvia 36, 159
Echinodermata (Stachelhäuter) **234–235**
Echinoidea (Seeigel) 57, **66–67**
*Echinothrix calamaris* (Kalmar-Diademseeigel) 235
*Echinus esculentus* (Essbarer Seeigel) 67
Echoortung 117, 223, 225
Ecuador 136
Egede, Hans 265
*Egretta tricolor* (Dreifarbenreiher) 126
Einhorn 178, 179
Eisbär 173, **174–177**, 181
Eisberge 165, **170–171**, 180, 233
  Südlicher Ozean 184, 186–187
Eis, Meer- 24, **172–173**
Eisschilde 170, 180, 184
elektrische Felder 243, 263, 289
El Niño 26
Energie, erneuerbare 29, 142, 143
Engelfische 92–93
England 87, 149
  Dorset 41, 62, 63, **80–81**
  Inseln 60, 82, 83
  Mythologie 81, 165
*Enhydra lutris* (Seeotter) **120–121**
*Ensis leei* (Amerikanische Schwertmuschel) 272
*Enteroctopus dofleini* (Pazifischer Riesenkrake) 255
Eozän 17
*Epinephelus lanceolatus* (Riesenzackenbarsch) 210
Epipelagial 32–33, **196–197**
Erdbeben 18, 19, 253, 293
  und Tsunamis 154, 155, 260, 300
Erdkruste 17, 18, 294
Erdmantel 17, 18, 132
*Eretmochelys imbricata* (Echte Karettschildkröte) 90, 282
Eriksson, Leif 230
Erosion 25, 31
  Fossilienfreilegung 63
  von Inseln 82
  von Küsten 41, 45–46, 50, 56
Estland 82
*Etmopterus* spp.
  *E. perryi* (Zwerg-Laternenhai) 240
  *E. spinax* (Kleiner Schwarzer Dornhai) 287
Etrusker 209
*Eudyptes* spp.
  *E. chrysocome* (Felsenpinguin) 191
  *E. chrysolophus* (Goldschopfpinguin) 189, 191
  *E. pachyrhynchus* (Dickschnabelpinguin) 115, 191
*Eudyptula novaehollandiae* (Zwergpinguin) 188
Euphausiacea (Krill) 69, 199
*Euphausia superba* (Antarktischer Krill) 71, 186–187
*Euphorbia paralias* (Strand- oder Dünen-Wolfsmilch) 101
*Euplectella aspergillum* (Gießkannenschwamm) 291
Evolution, Ozean **16–19**, 37
Extremophile 78


# F


Fächerfisch 268–269
Fächerkoralle 234
Falken 41
Fangschreckenkrebse 68, 71, 282
Färöer 47, 233
Fell 121, 175, 176
Felsküsten **56–57**, **72–73**, 127
Felsriffe 212, **236–237**
Ferrel-Zellen 142–143
Fetch 149, 150
Fettschicht *siehe* Blubber
Fetzenfische 208, **212–213**
Fetzenfisch, Großer **212–213**
Feuchtgebiete 76, 78, 108, 111, 124–125, 127, 197
  Salzwiesen **122–123**
Feuerfisch 256
Feuerring, Pazifischer 18, 293, 300
»Feuervögel« 78
Fidschi-Inseln 204, 241, 257, 261
Filtrieren 225, 272
Fische 35
  Aalartige 102, 123, 159, **214–215**, 237, 252
  Fetzenfische **212–213**
  Galapagos-Inseln 137
  in der Sargassosee 158, 159
  in Kelpwäldern 118–119
  Riemenfisch **252–253**
  Rochen 33, 196, **244–245**, 246–247
  Schwert- und Speerfische **268–269**, 275
  Seekatzen **288–289**
  Seepferdchen **208–209**, 212–213
  Seeschlangen 253, 265–266
  Symbiose 92–93
  Thunfisch **274–275**
  Tiefsee- 285, 298
  *siehe auch* Haie
Fischerei-Industrie 55, 81, 181, 210, 272
  Überfischung 245, 275
Five Deeps (Expedition) 300
Fjorde 30, **114–115**
Flamingos **78–79**, 105
Flechten 56
Fledermausfisch 280
Flöhe 69
Flohkrebse 69, 126
Flugfische 33
Flüsse 30, 31, **108–111**, 130
Flusskrebs 68
Folklore *siehe* Mythologie
Foraminiferen 85
Förderband, globales 24–25
Formationen, geologische
  Brandungspfeiler 30, **44–47**
  Brandungstore **44–47**, 171
  Dünen 75, 99, **100–101**, 104
  Felsenriffe 212, **236–237**
  Fjorde 30, **114–115**
  Gezeitentümpel **64–65**, 237
  Halbinseln 81, **82–83**
  Höhlen 45, 47, **50–51**
  Inseln, einsame 96, **132–135**
  Klippen 30, **40–41**, 56
  Lagunen **76–77**, 80, 81, 100, 133, 283
  Seamounts 133, 248, **292–293**
  *siehe auch* Strände; Tiefseegräben
Forscher 145, 258–259, 282–283
  frühe Karten 8–9, 15, 110, 248, 259, 283
  Polar- 45, 171, 181, 184, 189
  Tiefsee 300
  *siehe auch* U-Boote
Fossilien 17, 41, **62–63**, 81
  Haie 35, 240
  Seeschlangen 265
  Wirbellose 67, 207, 219, 235
Fotosynthese 20, 197, 202, 206, 207, 250
Franklin, John 170
Frankreich 29, 110, 150, 165
  Halbinseln 82, 83
Französisches Forschungsinstitut für die Nutzung der Meere (IFREMER) 13
*Fratercula* spp. (Lunde) **42–43**
  *F. arctica* (Papageitaucher) 42
  *F. cirrhata* (Gelbschopflund) 43
  *F. corniculata* (Hornlund) 43
Fuss, Albert 114


# G


Galapagos-Inseln 47, 84–85, 132, **136–137**
  Haie 262
  Röhrenwürmer 296
  Vögel 49, 78, 157, 189, 190
Gangesdelta 110
Garcia, Julio 274
Garnelen 68, 71, 78, 123, 159, 282
Gasblasen 118, 161, 202
Gastropoda (Schnecken) **52–55**
Gateways, ozeanische 25
*Gecarcoidea natalis* (Weihnachtsinsel-Krabbe) 282
Gespensterfische 284, 289
Geweih 173, 213
Geysire 16
Gezeiten **28–29**, 148
  halbtägige 29
  Kraftwerke 29
  Mangroven 128
  Wirbel, Bildung von 162
Gezeitentümpel **64–65**, 237
Gezeitenzone 57
Gibraltar, Fels von 83
Gibraltar, Straße von 25
Gifford, Isabella, *The Marine Botanist* 37
Gifttiere 71, 272, 297
  Fische 245, 289
  Seeschlangen 264, 266
  Wirbellose 54, 67, 217–219, 255
*Ginglymostoma cirratum* (Atlantischer Ammenhai) 240–241
Glackens, William James, *Beach at Dieppe* 65
Gladius 279
*Glaucium flavum* (Gelber Hornmohn) **74–75**
*Glaucus atlanticus* (Blaue Ozeanschnecke) 52, 54, 161
Gletscher 115, 170–171
Gliederfüßer 35, 68, 69, 123
*Globicephala melas* (Grindwal) 226
Glover-Kind, John A. 86
*Godiva quadricolor* (Vierfarben-Fadenschnecke) 197
Goldmakrele 159
Golf, Persischer 272
Golfstrom 158, 165
Gondwana 16, 17
Gonostomatidae (Borstenmäuler) 251
Gorgonenhäupter 250
*Gorgonia* spp. (Fächerkoralle) 234

*Gorgonocephalus* spp. (Gorgonenhäupter) 250
Gould, John und Elizabeth 48
Gräser 122, 127
Seegräser 36, 37, **102–103**, 113
Strandhafer 99, 101
Gravitationskräfte 28
Great Barrier Reef 205, 207, **210–211**, 235
Griechen, alte 15, 209, 275, 291, 293
Göttinnen und Götter 47, 70–71, 75 150, 230
Sagen 41, 61, 95, 113, 221, 245, 266
Töpferei 221, 237, 275
*siehe auch* Aristoteles, Homer
Griechen, heutige 85, 236, 239
*Grimpoteuthis* spp. (Dumbo-Oktopus) 257, 298
Grönland 24, 178, 180, 181
Dänemark-Straße 248, 285
Fjorde 115
Mythologie 182, 265
Schelfeis und Eisberge 170, 171
Grünschenkel 124
Guam 272
Guano 49
Günther, Albert 213
Guyots 13, 133
*Gygis alba* (Feenseeschwalbe) 167
*Gymnothorax javanicus* (Riesenmuräne) 214

# H

Haarsterne 234, 235
Hadley-Zellen 142
Hadopelagial 32–33, **298–299**
Haeckel, Ernst 199, 218
*Kunstformen der Natur* 67
*Haematopus* spp. 127
*H. ostralegus* (Austernfischer) 86, 127
Hai Nei Shih Chou Chi 287
*Hai, Der weiße* (Film) 243
Haida 223, 257
Haie 47, 108, 181, **240–243**, 260, 289
Hammer- 258, **262–263**
Kinderstuben 76, 128
Megalodon 34
Tiger- 276–277
Wal- 240, 242, 282
Weißer 159, 222–223, 243
Haiti 232, 233, 266
Halbinsel, Arabische 165, 283
Halbinseln 30, 45–46, 47, 81, **82–83**
*Halichoerus grypus* (Kegelrobbe) 61
*Haliotis* spp. (Seeohren) 54
Hammerhaie 258, **262–263**
Hämoglobin 98, 190
*Hapalochlaena lunulata* (Großer Blaugeringelter Krake) 257
*Harriotta raleighana* (Langnasen-Chimäre) 289
Hawaii 30, 132, 145, 248, 290
Mythologie 71, 86, 207, 221, 227, 241, 261, 293
Strände 151, 261
Vulkane 292
Hawaii-Emperor-Kette 293
Hebungsküsten 30
*Heikeopsis japonica* (Heikegani) 71
*Hemitrygon akajei* (Peitschenrochen) 245
Hensen, Victor 199
Heringe 252
Heringshaie 159
Herzmuscheln 123, 270
Heterocongrinae (Röhrenaale) 215
*Heterodontus francisci* (Hornhai) 243
*Himantura leoparda* (Leopard-Stechrochen) 245
Hinds, David 290
Hinduismus 55, 89, 130, 131, 151
*Hippocampus* spp. (Seepferdchen) **208–209**
*H. abdominalis* (Dickbauch-Seepferdchen) 209
*H. bargibanti* (Zwerg-Seepferdchen) 209
*H. guttulatus* (Langschnäuziges Seepferdchen) 209
Hiroshige, Utagawa 50, 163
*Histrio histrio* (Sargassum-Anglerfisch) 159
*Histriophoca fasciata* (Bandrobbe) 61
Höhlen 30, 45, 47, **50–51**
Hokusai 260
*Holacanthus passer* (Kalifornischer Engelfisch) 92–93
Holothuroidea (Seegurken) 298
*Holothuria thomasi* (Tigerschwanz-Seegurke) 235
*Homarus* spp. (Hummer)
*H. americanus* (Amerikanischer Hummer) 69, 71
*H. gammarus* (Europäischer Hummer) 68
Homer
*Ilias* 291
*Odyssee* 162, 237, 245
*Honckenya peploides* (Salzmiere) 101
Hornmohn 75
Hügel 22, 285
Humboldtstrom 165
Hummer 68–69, 70, 71, 300
Hundsrobben 51, **60–61**, 85, 105, 181
als Beute 105, 175–176, 222, 240
Krabbenfresser 61, 186–187
See-Elefanten 61, 184, 192
Seeleopard **192–193**
und Ohrenrobben 106–107
Hurrikane 111, 143, **146–147**, 233
*siehe auch* Zyklone, tropische
Hydrocharitaceae (Seegras) **102–103**
*Hydrocoloeus minutus* (Zwergmöwe) 157
*Hydrolagus melanophasma* (»Ostpazifischer Geisterhai«) 289
*Hydrophis* spp.
*H. platurus* (Plättchen-Seeschlange) 264
*H. schistosus* (Schnabel-Seeschlange) 264
*H. spiralis* (Gelbe Ruderschlange) 265
Hydrothermalquellen 248, **294–295**, 298
Leben an 13, 13, 270, 296
Hydrozoen 115, 161
*Hydrurga leptonyx* (Seeleopard) **192–193**
*Hypanus americanus* (Amerikanischer Stechrochen) 244
*Hysterocarpus traskii* (Tulebarsch) 110

# I

Iatmul 130
Ibisse 127
*Iconographia Zoologica* 98
*Idiosepius notoides* (Zwergkalmar) 278
Indien 86, 110, 128, 151, 283
Mythologie 55, 70
Indischer Ozean 12, 15, 22, 180, **280–283**
Stürme 146
Tiere im 113, 130, 206, 250, 264
Tsunamis 154, 155
Indonesien 94, 134, 256, 259, 293
Mangroven 129
Tsunamis 155
Inkareich 49
Insekten 101, 123, 133, 208
Inseln
Barriere- 76, 77, 133
einsame 96, **132–135**
Felsenriffe 212, **236–237**
Halbinseln und Tombolos 81, **82–83**
*siehe auch* Ozean; Inseln, Indischer Ozean; Inseln, Pazifik
Inseln, Indischer Ozean 282
Andamanen 282, 283
Madagaskar 283
Malediven 206, 282, 283
Rodrigues 293
Seychellen 85, 134
Inseln, Kanarische 233
Inseln, Karibische 55, 233, 239, 244, 266, 279
Inseln, Pazifik 258, 260
Bora Bora 77, 196
Fidschi 204, 241, 257, 261
Osterinsel 167
Palau 132, 272
Polynesier 134, 259, 261, 275, 293
Salomonen 258, 260, 261, 290
Samoa 96
*siehe auch* Galapagosinseln; Hawaii
International Union for the Conservation of Nature (IUCN) 275
Inuit 61, 173, 176, 181, 227
Irland 43, 230, 233
Cliffs of Moher 40, 41
Mythologie 151, 165
Irokesen 91
*Ischadium recurvum* (»Hakenmuschel«) 272
Islam 110, 227, 275, 283
Island 13, 44, 233
Fjorde 115
Mythologie 41, 43, 47, 127
vulkanische Aktivität 16, 85, 132
Israel 239
Istiophoridae (Speerfische) 159, **266–267**
*Istiophorus albicans* (Atlantischer Fächerfisch oder Segelfisch) 268–269
Italien 76, 77, 162, 237
Capri 50, 102
Vesuv 293
*siehe auch* Rom, altes

# J

Jacobs, Joseph 83
Jagdindustrie 180, 183
*siehe auch* Fischerei-Industrie

*Janthina janthina* (Veilchenschnecke) 161
Japan 148–149, 279
Fischerei-Industrie 259, 260, 275
Inseln 132, 133, 253
Küche 67, 235
Mythologie 214, 226, 253, 257, 266, 293
Tombolos 83
Tsunamis 155, 162
*Japetella diaphana* (Pelagischer Krake) 251
Jardine, William, *The Naturalist's Library* 117
Java 293
Juan-Fernández-Inseln 134
Jura 17, 63, 81

# K

Kahanamoku, Duke 214, 261
*Kajikia audax* (Gestreifter Marlin) 269
Kalben (Gletscher) 171, 184
Kalkrotalgen 202
Kalkstein 45, 47, 50, 62, 83
Kalmare 32, 34, 251, **278–279**
*Octopoteuthis deletron* (Tiefsee-kalmar) 279
Kambodscha 96
Kambrium 16, 35
Kamerun 96
Kammmuscheln 270, 271, 272
Kanada 45, 170, 230
Arktischer Ozean 180, 181
Fjorde 115
Indigene 53, 55
Neufundland 150, 165, 171, 173, 233
Tiere in 117, 178–179
Kanäle 31, 47, 108, 109, 111, 162
Kanarenstrom 158
Kapverden 233
Karbon 16
Karibik 14
Kartierung (Ozeane) 13, 248
frühe Karten 8–9, 15, 110, 248, 259, 283
Kelp 36, 46, 57, 165, 202, 237
Kelpwälder 66, 67, **118–119**, 197
Keratin 88, 225
Kiemendeckel 54, 289
Kiesel 73, 81, 84
Kieselalgen 36, 199
Killifische 110
Kiribati 134
*Kiwa hirsuta* (Yeti-Krabbe) 294
Klima **26–27**
*siehe auch* Wetter
Klimawandel 77, 86, 128, 147, 173, 211
Bedrohung für Tiere 176, 181, 182, 243
Klippen 30, **40–41**, 56
Knochenfische 210, 252
Knorpel 241
*Kogia sima* (Kleiner Pottwal) 225
Köhler, Hermann Adolph, *Köhler's Medizinal-Pflanzen* 97
Kokospalme **96–97**, 133
Kokunimasa, Utagawa 154–155
Kollagen 290
Kolumbus, Christoph 36, 113, 159, 230
Komoren 282
Kontinentaldrift 16–17, 63
Konvergenz, antarktische 184
Konvergenzzone, intertropische (ITCZ) 142
Kopffüßer
Kalmare 32, 34, 251, **278–279**, 287
Kraken **254–257**, 278, 298
Sepien 278
Korallen 85, 87, 161, 216, 285
an Hydrothermalquellen 294
in Mangrovenwäldern 129
Kaltwasser- 237
Korallenatolle 206, 282
Korallenbleiche 211
Korallenmeer 14
Korallenriffe 133, 197, **204–207**, **210–211**, 235, 280
Korea 29, 55, 260
Kormorane 46, **48–49**, 94
Korrasion 41
Kraftwerke 29
Kraken **254–257**
*Octopus pallidus* (Bleichkrake) 256
*Octopus vulgaris* (Gewöhnlicher Krake) 256
*Octopus wolfi* (Sternsaugnapf-Zwergkrake) 255
pelagische 251
Krebse **68–71**, 85, 96, 159, 294, 297
Einsiedlerkrebse 65
Weihnachtsinsel-Krabben 282
Krebstiere **68–71**, 251, 272, 300
Asseln 110
Garnelen 68, 71, 78, 123, 159, 282
Hummer 68–69, 70, 71, 300
Krill 69, 71, 173, 186–187, 199
Rankenfußkrebse 57, 200, 273
Ruderfußkrebse 197, 199, 251
Seepocken 57, 69, 71, 237
sessile 69
*siehe auch* Krebse
Kreidezeit 17
Krill 69, 71, 173, 186–187, 199
Krokodile 108, **130–131**
Kruste, ozeanische 12, 18, 294
Kultur, minoische 257
Kuniyoshi, Utagawa 141, 148–149
Kuroshio-Strom 150
Küsten, Fels- **56–57**
Küstenlandschaften 30–31
Ästuare 29, **108–111**, 122, 127, 130
Brandungspfeiler 30, **44–47**
Brandungstore **44–47**, 171
Deltas 31, **108–111**, 122, 173
Dünen 75, 99, **100–101**, 104
Fjorde 30, **114–115**
Gezeitentümpel **64–65**, 237
Halbinseln 81, **82–83**
Höhlen 45, 47, **50–51**
Klippen 30, **40–41**, 56
Küstenwüsten 104–105
Mangroven **128–129**, 130
Salzwiesen 108, **122–123**
Watt 108, **122–123**
*siehe auch* Strände; Lagunen
Küstenlängsdrift 73
Kwakwaka'wakw 223

# L

Labrador-Strom 165
Labradorsee 14
Labridae (Lippfische) 237
La Fontaine, Jean de 221
Lagunen **76–77**, 80, 81, 100, 133, 283
Tiere in 78, 127, 206, 214
Lamarck, Jean-Baptiste 216
Lamellen 78
*Lamellodysidea chlorea* (Hornschwamm) 291
*Lamna* spp.
*L. ditropis* (Lachshai) 240
*L. nasus* (Heringshai) 159
Landasseln 68
Landschildkröten 89, 134, 136, 137, 282
Landzungen 81
Längsküsten 30
Laridae (Möwen) **156–157**
*Larus* spp.
*L. dominicanus* (Dominikaner-möwe) 156
*L. marinus* (Mantelmöwe) 157
Larven 214, 217, 237
Laternenfisch 251
*Laticauda* spp. (Plattschwänze)
*L. colubrina* (Nattern-Plattschwanz) 267
*L. semifasciata* (Halbgebänderter Plattschwanz) 264
*Latimeria chalumnae* (Quastenflosser) 35, 282
*Latreutes fucorum* (Schlanke Sargas-sum-Garnele) 159
Lava 19, 50, 292, 294
Lawinen 101
Leben, prähistorisches 17, 34–35, **62–63**
Leguane 47, 136–137
Leistenkrokodil **130–131**
*Lepidochelys* spp.
*L. kempii* (Atlantik-Bastardschild-kröte) 88
*L. olivacea* (Oliv-Bastardschild-kröte) 92–93
*Leptonychotes weddellii* (Weddellrobbe) 61
Leuchtorgane (Photophoren) 251, 287
Leuchttürme 149, 236
*Leucocarbo bougainvilliorum* (Guano-Kormoran) 49
*Leucophaeus* spp. (Möwen)
*L. atricilla* (Aztekenmöwe) 156
*L. fuliginosus* (Lavamöwe) 157
*Leucothea pulchra* (Lappen-Rippen-qualle) 285
*Limacia clavigera* (Keulen-Neonstern-schnecke) 54, 55
*Limiting Factor* (Tiefseetauchboot) 300
*Limonium vulgare* (Gewöhnlicher Strandflieder) 123
*Limosa lapponica* (Pfuhlschnepfe) 29, 127
Linné, Carl von 289
*Linuche unguiculata* (Fingerhut-Qualle) 76
Liparidae (Scheibenbäuche) 298
*Lipophrys pholis* (Schan) 65
Lippfische 237, 261
Lithosphäre 18, 300
*Littorina littorea* (Gemeine Strand-schnecke) 57
Lizars, William 117
*Lobodon carcinophaga* (Krabbenfresser) 61, 173, 186–187
Löffler 127
*Loligo vulgaris* (Gemeiner Kalmar) 279
Lophiiformes (Armflosser) 284

Lorenzini'sche Ampullen 243, 263, 289
Lost City (Hydrothermalfeld) 295
*Lucania parva* (Regenwasser-Killifisch) 110
Luftströmungen 143, 145, 162
Luk, Sandy 103
Lummen 41, 46, *115*
Lunde 41, **42–43**
*Lutjanus gibbus* (Buckelschnapper) 280
*Lybia tessellata* (Boxerkrabbe) 70
Lythraceae 128

# M

*Macrocheira kaempferi* (Japanische Riesenkrabbe) 69
*Macrocystis pyrifera* (Riesentang) 118, 197, 202
Macrourinae (Rattenschwänze) 32, 298
Madagaskar 283
Magellan, Ferdinand 259–260
Magma 18, 294
Magnus, Olaus, *Carta Marina* 179, 265
Mahlstrom 162, *163*
Malcolm of Firth, John 47
Malediven 206, 282, 283
Malta *21*, 46
Manatis 103, **112–113**
Mangrove **128–129**, 130
Månsson, Olaf, *Carta Marina* 8–9
Manta 33
Mantel (Weichtiere) 54, 255, 270, 278
Maori *134*, 214, 263
Mythologie 55, 191, 214, 227, 245
Marcus Aurelius 101
Marianengraben 300
Marine Biological Laboratory (MBL) 36
Marine Megafauna Foundation 245
Marlin 159, 268, 269
Marmarameer 14
Materialien, erneuerbare 37, 103
Mauretanien 23, 239
Maya-Kultur 55, 89, 143
McTaggart, William, *Amongst the Bents* 99
Medizin 75, 96, 98, 202, 209, 287
Medusozoa (Quallen) **216–219**
Meer
Arabisches 15, 280
Kaspisches 14
Rotes 21, 51, 282
Schwarzes 15, 68
Meereis 24, **172–173**
Meeresboden 13, 18, 25, 205, **248–249**
Bathypelagial 284–285
Pflanzen 103, 118
*siehe auch* Hydrothermalquellen
Meeresoberfläche
Eisberge 165, **170–171**, *180*, 233
Meereis 24, **172–173**
Schelfeis **170–171**, 184
Seenebel **164–165**
Tsunamis **154–155**, 162, 253, 260, 293, 300
Wirbel **162–163**
Zyklone, tropische 143, **146–147**, 260, 280
*siehe auch* Wellen; Wind
Meeresschildkröten 85, **88–91**, 92–93, 133, 219
Meeresspiegel 30, 81, 82, 86, 207, 210
*siehe auch* Gezeiten
Meerjungfrauen *113*, 261
Meerkohl, Echter 73
Meerwasser **20–21**
Inhaltsstoffe 20
*siehe auch* Salzwasser
*Megadyptes antipodes* (Gelbaugenpinguin) 190, 191
Megalodon 34
*Megaptera novaeangliae* (Buckelwal) 159, 226, 228–229
*Megatrygon microps* (Kleinaugen-Stechrochen) 245
*Melanocetus johnsonii* (Buckliger Anglerfisch) 285
Melone 117
Melville, Herman, *Moby Dick* 226–227, 269
Menopause 223
*Mesonychoteuthis hamiltoni* (Kolosskalmar) 278
Mesopelagial 32–33, **250–251**, 284, 285
Methanquellen 248
Mexiko 55, 85, 121, 246–247
Mexiko, Golf von 14, 29, 31, 55
*Microcarbo niger* (Kleinscharbe) 49
Mikroorganismen 199
Archäen 17, 298
Phytoplankton 173, 181, 197, 198, 199
*siehe auch* Algen; Bakterien
Mikroplastik 34
Millot, Adolphe Philippe 203
Milton, John, *Das verlorene Paradies* 49
Minerale 63, 84–85, 294
*Mirounga leonina* (Südlicher See-Elefant) 61, 184, 192
*Mitsukurina owstoni* (Koboldhai) 242
Mittelmeer 15, 25, 28, 83, 239
Tiere und Pflanzen im 55, 103, 197, 266
*Mobula* spp. 33
*M. munkiana* (Munk-Teufelsrochen) 246–247
Moche 91
Mohn **74–75**
Moken 155, 283
*Mola mola* (Mondfisch) 219
Mollusca (Weichtiere) 53
Monacanthidae (Feilenfische) 158
*Monachus monachus* (Mönchsrobbe) 51
Mond 28
Mondfisch 219
Mondrian, Piet 101
Monet, Claude, *Impression, Sonnenaufgang* 165
*Monodon monoceros* (Narwal) 173, **178–179**
Monsterwellen 150–151, 260
Monsun 27, 280
Monteith, James 143
Moostierchen 63, 285
Möwen 42, 127, **156–157**, 167
Müllstrudel, pazifischer 22, 261
Munch, Edvard, *Der Schrei* 293
Muränen 102, 214
Murayama, Hashime 269
*Murex* spp. (Stachelschnecke) 54
Muscheln 53, 57, 85, 127, **270–273**, 272, 294
Mutterlinie 223
Myanmar 283
Myctophidae (Laternenfische) 251
Myliobatoidei (Stechrochen) **244–245**
Myopsida (Kalmare) **278–279**
Mysticeti (Bartenwale) 225
Mythologie
afrikanische 233, 266
asiatische 55, 130, 155, 253, 269
australische 55, 86, 95, 207, 210
britische 81, 146 165
chinesische 91, 261
Einhorn 178, 179
europäische 67, 239
Geschöpfe 123, 301
grönländische 182, 265
hawaiianische 71 86, 207, 221, 227, 243, 261, 293
indische 55, 70
Inuit 61, 176, 227
irische 41, 151, 165
isländische 41, 43, 47, 127
japanische 214, 226, 253, 257, 266, 293
kanadische 53, 55
keltische 165
Maori 55, 191, 214, 227, 245
Meerjungfrauen *113*
nordamerikanische 91, 173, 221, 223
nordische 151, 165, 226, 266, 279
Pazifikinseln 241, 257, 260, 261, 272, 275
römische 209, 293
Seeschlangen 253, 264, 265-266
Seeungeheuer 8–9, 255, 279
*siehe auch* Religionen
Mytilida (Muscheln) 57
Myxinidae (Schleimaale) 298

# N

Nacktkiemerschnecken 53, 54, 197
Namibia 23, **104–105**, 165
*Nannopterum* spp.
*N. auritum* (Ohrenscharbe) 49
*N. harrisi* (Galapagos-Scharbe) 49
Napfschnecken 54–55, 65, 127, 237
Napoleon 233
Narwal 173, **178–179**, 223, 225
*Nasalis larvatus* (Nasenaffe) 108
*Natator depressus* (Wallriff-Schildkröte) 90
Naticidae (Mondschnecken) 54
Naturschutz 86, 91, 145
Nazaré (Portugal) 152–153
Nazca-Kultur 94, 222
Nebel 105, **164–165**
*Negaprion brevirostris* (Zitronenhai) 128
Nematozysten 54, 217–219
Nenet 181
*Neolithodes diomedeae* (Königskrabbe) 297
*Neomonachus schauinslandi* (Hawaii-Mönchsrobbe) 61
Nephropidae (Hummerartige) 70
Nervennetze 216, 235
Nesseltiere 161, 216–217, 219
Seeanemonen 57, 70, 161, 205, 216, 237
Segelqualle **160–161**
*siehe auch* Korallen; Quallen
Neuguinea 55, 94, 143
Neuseeland 115, 134, 162
Küsten 46, 50, 56–57, 73
Maori 134, 214, 263
Mythologie 55, 191, 214, 227, 245
Tiere 145, 190, 191

Newton, Isaac 28
Niederlande 101, 142
Nigeria 54, 233
Nildelta 110
Nipptide 28
Nodder, Frederick 159
Nordäquatorialstrom 158
Nordatlantikströmung 158
Nordirland 51
Nordmeer, Europäisches 15
Norwegen 162, 181, 265
  Fjorde **114–115**
  Tiere 43, 46, 49, 176

# O

Oberflächenströmungen **22–23**, 24, 26
*Ocypode gaudichaudii* (Pazifische Reiterkrabbe) 85
*Odobenus rosmarus* (Walross) 173, **182–183**
Odontoceti (Zahnwale) 225
*Odontodactylus scyllarus* (Clown-Fang-schreckenkrebs) 282
Oegopsida (Kalmare) **278–279**
Offshore-Windpark 142, 143
Ohrenrobben 61, **106–107**
Ökotypen 222
Oktopoden 251, **254–257**, 278, 298
*Onychoprion fuscatus* (Rußseeschwalbe) 167
*Ophiothrix fragilis* (Zerbrechlicher Schlangenstern) 237
*Orcinus orca* (Schwertwal) 220, **222–223**
Ortelius, Abraham 259
*Osedax* (Zombiewürmer) 296
Osteichthyes (Knochenfische) 252
Osterinsel 167
Ostreida (Austern) 108
Ostsee 82
Otariidae (Ohrenrobben) **106–107**
*Otaria byronia* (Mähnenrobbe) 107
*Otodus megalodon* (Megalodon) 34
Otter, See- **120–121**
Outerson, William 35
Oxudercinae (Schlammspringer) 108
Ozeane
  Entstehung **16–19**, 37
  *siehe auch* Arktischer Ozean; Atlantischer Ozean; Indischer Ozean; Pazifischer Ozean; Südlicher Ozean
Ozeanien 259

# P

*Pagophila eburnea* (Elfenbeinmöwe) 156
Paguroidea (Einsiedlerkrebse) 68, 70
*Pagurus bernhardus* (Gemeiner Einsiedlerkrebs) 65
*Palaeophis collosaeus* 265
Palau 132, 272
Palmen **96–97**, 133
Pangäa 16
Panthalassa 16
Papageifische 85, 87, 206
Papua-Neuguinea 130, 234
*Paracentrotus lividus* (Steinseeigel) 67
*Paralabrax clathratus* (Sägebarsch) 118–119
Passate 142, 230
Patellogastropoda (Napfschnecken) 54
*Patella vulgata* (Gemeine Napfschnecke) 55, 65
Paulus Diaconus 162
Payne, Roger 34, 226
Pazifischer Ozean 12, 30, 181, **258–261**
  Stürme 146
  Tiere im 42, 67, 113, 121, 204, 264, 280
Pectinidae (Kammmuschel) 272
Pedicellarien 67
*Pelecanus* spp. (Pelikane)
  *P. conspicillatus* (Brillenpelikan) **94–95**
  *P. erythrorhynchos* (Nashornpelikan) 123
  *P. occidentalis* (Brauner Pelikan) 94
  *P. thagus* (Chilepelikan) 94
Pelikane **94–95**, 123
Perlen 260–261, 270, 272
Perlmutt 53, 55, 271, 272, 279
Peru 23, 49, 91, 94
Pfannkucheneis 173
Pflanzen **36–37**
  Gezeiteneinfluss auf 29
  Gräser 122, 127
  Kokospalme **96–97**, 133
  Mangroven **128–129**, 130
  Mohn **74–75**
  Salzwiesen 122, 122, 123
  Seegräser 36, 37, **102–103**, 113
  Strandhafer 99, 101
  *siehe auch* Seetange
Pfuhlschnepfen 29, 127
Phaeophyceae (Braunalgen) 165
Phalacrocoracidae (Kormorane) **48–49**
*Phalacrocorax* spp. (Kormorane) 48
  *P. carbo* (Kormoran) 48
  *P. punctatus* (Tüpfelscharbe) 56–57
*Phoenicoparrus andinus* (Andenflamingo) 79
*Phoenicopterus* spp. **78–79**
  *P. roseus* (Rosaflamingo) 79
  *P. ruber* (Kubaflamingo) 79
Philippinen 76, 96, 261, 275, 300
Philippinensee 15
Philopatrie 89
*Phocarctos hookeri* (Neuseeländischer Seelöwe) 107
Phocidae (Hundsrobben) **60–61**
*Phoebastria* spp.
  *P. irrorata* (Galapagos-Albatros) 145
  *P. nigripes* (Schwarzfuß-Albatros) 145
Phönizier 34, 209
Photophoren (Leuchtorgane) 251, 287
*Phycodurus eques* (Großer Fetzenfisch) **212–213**
*Phyllorhiza punctata* (Gepunktete Wurzelmundqualle) 217, 219
*Phyllospadix* (Surfgras) 103
*Physalia physalis* (Portugiesische Galeere) 54, 161
*Physeter macrocephalus* (Pottwal) 33, 224, 228–229, 279
Phytoplankton 23, 173, 181, 197, 198, 199
Pierre, André 232
Pinguine 115, 137, 185, **188–191**, 192
*Pinna nobilis* (Große Steckmuschel) 271
Pinnidae (Steckmuscheln) 271
Piraten 51, 133, 137, 233
*Pisaster giganteus* (Riesen-Dornenseestern) 119
Plankton 12, 23, 37, **198–199**
  Phytoplankton 173, 181, 197, 198, 199
  Zooplankton 68, 181, 197, 199, 250
Plastik 22, 34, 37, 261
*Platax teira* (Langflossen-Fledermausfisch) 280
*Platichthys flesus* (Flunder) 249
Plato 239
Plattengrenzen
  divergierende 18
  konvergierende 18, 19
Platten, tektonische 17, **18–19**, 30, 293
  Inselbildung 132, 134, 136
  Strukturen, unterseeische 249, 294, 300
  und Fossilienfreilegung 17
Plattfische 249
*Plectorhinchus polytaenia* (Goldband-Süßlippe) 280
Plinius der Ältere 90, 216, 217, 221, 241, 287
*Pliosaurus* spp. 41
*Pluvialis* spp. (Regenpfeifer)
  *P. apricaria* (Goldregenpfeifer) 127
  *P. squatarola* (Kiebitzregenpfeifer) 127
Polarregionen 170–171, 172–173
  Antarktis *siehe auch* Antarktika; Südlicher Ozean
Polo, Marco 101
Polynesier 134, 259, 261, 275, 293
Polypen 161, 205, 206, 210, 217, 235
Porifera (Schwämme) **290–291**
*Poromya granulata* (Muschel) 272
*Porpita porpita* (Blauer Knopf) 161
Portugal 72, 152–153
*Portunus sayi* (Sargassum-Schwimmkrabbe) 159
Posidoniaceae (Neptungräser) **102–103**
*Posidonia oceanica* (Neptungras) 103
Pottle, Derek 173
Prêtre, Jean-Gabriel 160
*Prionurus punctatus* (Gelbschwanz-Doktorfisch) 92–93
Procellariiformes (Röhrennasen) 144
*Pseudalsophis biserialis* (Natter) 137
*Pseudocolochirus violaceus* (Bunter Seeapfel) 235
*Pseudoliparis* spp. (Scheibenbauch)
  *P. amblystomopsis* (Hadal-Scheibenbauch) 300
  *P. swirei* (Marianen-Scheibenbauch) 298
*Pseudomogoplistes vicentae* (Atlantische Küstengrille) 73
*Pterois* (Feuerfisch) 256
Ptolemäus, *Geographike* 15
Puerto-Rico-Graben 230
Purpur (Farbstoff) 34, 55
*Pusa* spp.
  *P. hispida* (Ringelrobbe) 61
  *P. sibirica* (Baikalrobbe) 61
*Pycnopodia helianthoides* (Sonnenblumen-Seestern) 235

*Pygoscelis* spp.
*P. adeliae* (Adlie-Pinguin) 189
*P. antarctica* (Zügelpinguin) 189, 191
*P. papua* (Eselspinguin) 190, 191
*Pyrocystis lunula* (Dinoflagellat) 32

# Q

Quallen 76, 161, 205, **216–219**, 298
als Beute 89, 199
als Prädatoren 54
Biolumineszenz 287
Quastenflosser 282
Queller 122
Querküsten 30, 45

# R

Radiärsymmetrie 66, 235
Radula (Raspelzunge) 54, 279
*Raphus cucullatus* (Dronte) 282
Rattenschwänze 32, 298
Raubmöwen 42
Raucher
Schwarze 136, 294, 295
Weiße 294
Read, Mary 133
*Recurvirostra* spp. (Säbelschnäbler) 127
*Regalecus glesne* (Riesen-Riemenfisch) **252–253**, 265
Regenpfeifer 73, 85, 101, 127
Reiher 70, 108, 123, 126, 127, 137
Religionen 128, 143, 146
Christentum 227, 272
Hinduismus 55, 89, 130, 131, 151
Islam 110, 227, 275, 283
Shinto 147
Reptilien
Galapagos-Inseln 137
Krokodile 108, **130–131**
Meeresschildkröten 85, **88–91**, 92–93, 133, 219
Seeschlangen 256, **264–267**
*Rhincodon typus* (Walhai) 240, 242, 282
*Rhinomuraena quaesita* (Geistermuräne) 214
Rhizophoraceae (Mangroven) 128
Rhizostomeae (Quallen) 219
Riemenfisch, Riesen- **252–253**
Riffbarsche 118–119
Riffe 212, **236–237**
geogene 237
Korallen- 133, 197, **204–207**, **210–211**, 235, 282
*Riftia pachyptila* (Tiefsee-Bartwurm) 294, **296**
Rippenquallen 199, 284
*Rissa tridactyla* (Dreizehenmöwe) 157
Rochen 243, 289
Manta 33
Stechrochen 196, **244–245**, 246–247
Rodrigues (Insel) 293
Rom, antikes 15, 51, 238, 239, 275, 293
Medizin 202, 209, 291
Mythologie 209, 293
Roosevelt, Theodore, *Book-Lover's Holidays in the Open* 95
Rotschenkel 127
Rücken
mittelatlantischer 13, 232, 295
mittelozeanische 12, 18, 294
Ruderfußkrebse 197, 199, 251
Rudolf-Insel 45
Rumi, *Diwan-e Schams-e Tabrizi* 271
Ruskin, John 189
Russell, Isaac 75
Russland 116, 117, 175, 178, 180, 181

# S

Säbelschnäbler 127
Sägebarsch 118–119
Saint Pierre und Miquelon 83
Sakamoto, Ryuichi 155
*Salicornia europaea* (Europäischer Queller) 122
Salinität 21
*siehe auch* Salzwasser
Salomonen 258, 260, 261, 290
Salpen 199
Salpidae (Salpen) 199
Salzmiere 101
Salzwasser 12, **20–21**, 24, 76, 89, 110
Salzwiesen 108, **122–123**, 124–125
Sambia 233
Samenverbreitung 128
Sami 181
Samoa 96
San 104
Sand 84–85
Sanddollars 67
Sandstein 40, 62
Sandstrände **84–87**
Sankt Helena 233
Sargassosee 14, 36, **158–159**, 214
*Sargassum* (Golftang) 158, 197
Sargent, John Singer, *Atlantic Storm* 231
*Sarotherodon melanotheron* (Schwarzkehl-Maulbrüter) 76
Satellitenbild 13, 111, 198, 248, 298
Saudi-Arabien 283
Säugetiere
Delfine **220–221**, 291
Dugong **112–113**
Eisbär 173, **174–177**, 181
Manatis 103, **112–113**
Narwal 173, **178–179**, 223, 225
Ohrenrobben 47, 51, **106–107**
Schwertwal 35, 60, 192, 220, **222–223**
Seeotter **120–121**
Walross 106, 121, 173, 175, 180, **182–183**
*siehe auch* Hundsrobben; Wale
Saumriffe 206
Scales, Helen 299
Scarinae (Papageifische) 206
Schalen 34, 53–54, 85
Schalentiere *siehe* Krebstiere; Weichtiere
Scharben 48, 56–57
Scheibenbäuche 298, 300
Schelfeis **170–171**, 184
Scherenschnäbel 157
Schiefer 62
Schiffe 110, 143
in der Kunst 58–59, 302–303
Skelettküste 105
Verschmutzung durch 86
Wracks 81, 171, 172, 249, 282
Schilde 88
Schildkröten, Meeres- 85, **88–91**, 92–93, 133, 219
Schlammläufer 126
Schlammspringer 108
Schlangen 137, 264
*siehe auch* Seeschlangen
Schlangensterne 234, 237, 285
Schleimaal 298
Schleimfische 65, 237
Schlinger, Schwarzer 32, 284
Schmidt Ocean Institute 35, 249
Schmuck 34, 55, 260
Schmuggler 51, 81, 133
Schnapper 280
Schnecken **52–55**, 135, 161, 197, 237
Schnepfenvögel 124, 126, 127
Schottland 43, 61, 165, 237
Fjorde 115
Küste 51, 83, 237
Schulen 116, 117, 178–179, 221, 223
Schüssele, Christian 200–201
Schwämme 206, 221, 284, **290–291**
Schwärme 275
Schwarzstreifen-Grunzer 137
Schweinslippfisch 92–93
Schwert- und Speerfische **266–267**, 275
Schwertfisch 268, 269
Schwertwal (Orca) 35, 60, 192, 220, **222–223**
Schwimmblasen 268, 298
Schwimmhäute 48, 94
Scleractinia (Korallen) 207
Scolopacidae (Schnepfenvögel) **126–127**
Scotiasee 14
*Scotoplanes* (Seeschweine) **297**, 298
Scrimshaw 225
Seamounts (Seeberge) 133, 248, **292–293**
Sedimente 25, 31, 249
Kies 73, 81, 84
Sand 84–85, 84
Sedimentgestein 41, 62
Seeanemonen 57, 70, 161, 205, 216, 237
Seeapfel 235
Seegräser 36, 37, **102–103**, 113
Seegurken (Seewalzen) 235, 235, 284, 286, **297**, 298
Seeigel 35, 57, 65, **66–67**, 235, 237
als Beute 119, 121
Seekatzen **288–289**
Seekühe 103, **112–113**
Seeleopard **192–193**
Seelilien 81, 235, 284
Seen **14–15**, 76, 233
Sargassosee 14, 36, **158–159**, 214
Seenebel **164–165**
Seeohren 53, 54–55, 119, 121, 261
Seeotter **120–121**
Seepferdchen **208–209**, 212–213
Seepocken 57, 69, 71, 237
Seeratten 289
Seescheiden 291
Seeschlangen 253, 256, **264–267**
Seeschwalben 85, 101, 108, 127, 157, **166–167**
Seeschweine **297**, 298, 300
Seesterne 67, 119, 235, 237

Seetang 36, 56, **202–203**, 237
*Sargassum* 158, 197
*siehe auch* Kelp
Seeungeheuer 8–9, 81, 255, 279
Schlangen 253, 264, 265–266
Seeweg, Tasmanischer 25
Segelqualle **160–161**
Selachii (Haie) **240–243**
Senkungsküsten 30
Sentinelesen 283
Sepie 278
*Sepioteuthis* spp. (Riffkalmare)
*S. lessoniana* (Großflossen-Riffkalmar) 278, 279
*S. sepioidea* (Karibischer Riffkalmar) 278
Septen 207
Seri 91
Seychellen 85, 134
Shackleton, Ernest 184, 185
Shakespeare, William 143
*Der Sturm* 58–59
Shinto 147
Singapur 269
*Sinistrofulgur perversum* (Blitzschnecke) 55
Sipho 255
Skandinavien 8–9, 180, 279
*siehe auch* Dänemark; Island; Norwegen
Skelettküste, Namibia **104–105**, 165
Sklavenhandel 230, 233
Smith, Joseph 53
Sommerville, James M., *Ocean Life* 200–201
*Somniosus microcephalus* (Grönlandhai) 181
Sonar 13, 248
Sonne 26, 28
Sonnenuhren (Schnecken) 54
Spaltöffnungen 99
Spanien 83, 86, 103, 109, 150
*Spartina* (Schlickgräser) 122
Spatenfische 276–277
Speerfische 268, 269
Sperlinge 123
Spheniscidae (Pinguine) **188–191**
*Spheniscus mendiculus* (Galapagos-Pinguin) 137, 189
*Sphyraena barracuda* (Großer Barrakuda) 33
Sphyrnidae (Hammerhaie) **262–263**
*Sphyrna* spp.
*S. lewini* (Bogenstirn-Hammerhai) 263
*S. mokarran* (Großer Hammerhai) 263
*S. tiburo* (Schaufelnasen-Hammerhai) 263
*S. zygaena* (Glatter Hammerhai) 263
Spicula 290
Spielberg, Steven 243
*Spondylus* (Stachelauster) 272
Springtide 28
Spritzwasserzone 57, 84
Staatsquallen 265
Stachelhäuter **234–235**
Gorgonenhäupter 250
Sanddollars 67
Schlangensterne 234, 237, 285
Seegurken 235, 284, 286, **297**, 298
Seeigel 35, 57, 65, **66–67**, 235, 237
Seelilien 235, 284
Seesterne 67, 119, 235, 237
Städte 110, **238–239**
versunkene **238–239**
Stechrochen 196, **244–245**, 246–247
Steckmuschel 271
*Stegostoma tigrinum* (Zebrahai) 242
Steilhänge (Klippen) 30, **40–41**, 56
Steinkorallen 87, 204, 205, 206
Steinwälzer 73, 126
*Stenella longirostris* (Spinnerdelfin) 220, 221
*Sterna paradisaea* (Küsten-Seeschwalbe) 167
Sternidae (Seeschwalben) 85, **166–167**
Sternkreiszeichen 69, 70, 71
Sternoptychidae (Beilfische) 33
Stomatopoda (Fangschreckenkrebse) 68, 71
Stoßzähne 113, 175, 178, 179, 182
Strände 31, 45, 98
Chesil Beach, Dorset **80–81**
Sand- **84–87**
Stein- **56–57**, **72–73**, 127
zur Reproduktion 89, 282
Strand-Wolfsmilch 101
Strandhafer 99, 101
Strandschnecken 55
Stromatolithen 37
Strömungen 140, 143, 162, 165
im Atlantischen Ozean 104, 158, 230
im Pazifischen Ozean 137, 150
im Südlichen Ozean 150, 184
kalte 22
Müllstrudelbildung 261
Oberflächen- **22–23**, 26, 81, 82, 108
Tiefsee- **24–25**, 284, 298
warme 22
*Strongylocentrotus purpuratus* (Purpur-Seeigel) 67
Strukturen unter Wasser
Barriereriffe 205, 206, 207, **210–211**, 235
Hydrothermalquellen 248, **294–295**, 298
Seamounts 133, 248, **292–293**
Strömungen **24–25**, 284, 298
Wasserfälle 248, 285
Sturluson, Snorri 115
Stürme 27, 81, 150, 280
*siehe auch* Zyklone, tropische
Sturmflutgrenze 84
Sturmvögel 158
*Stygiomedusa gigantea* (Riesen-Phantomqualle) 298
*Stygotantulus stocki* 69
Subduktionszonen 19
Südafrika 34, 150
Südlicher Ozean 12, 24, **184–185**, 186–187
Eis 170–171, 173
Stürme 150
Sümpfe 76, 126, 130
Sumpfschildkröten 123
Sundarbans 128
Supervulkane 293
Surfen 110, 151, 152–153, 261
Surtsey 132
Süßlippen 280
Süßwasser 76, 100, 110, 170
Tiere 68, 214, 220, 272
Suzuki, Shunryū 150
Symbiosen 92–93, 206, 272, 296


# T


*Taeniura lymma* (Blaupunkt-Rochen) 245
Taifun Tip 27
Taifune *siehe* Zyklone, tropische
Tarnung 256
Tasmansee 15
Tasthaare 61
Tauchen 290, 291
Tawaki 191
Teach, Edward (Blackbeard) 87, 233
Temperatur
Luft 140
Meer 21, 146, 173, 199, 211, 280, 296
und Geschlecht bei Schildkröten 91
und Klima 26
Tenniel, John 183
Tethys 17
*Tetrapturus angustirostris* (Kurzschnäuziger Speerfisch) 269
Thailand 47, 155, 283
*Thalasseus bernsteini* (Bernstein-Seeschwalbe) 167
*Thaumoctopus mimicus* (Mimik-Oktopus) 256
Théel, Johan Hjalmar 297
Thermik 145
Threskiornithinae (Ibisse) 127
Thule 173, 182
Thunfische **274–275**
*Thunnus* spp. **274–275**
*T. albacares* (Gelbflossen-Thun) 274
*T. maccoyii* (Südlicher Blauflossen-Thunfisch) 274
*T. obesus* (Großaugen-Thun) 274
*T. thynnus* (Blauflossen-Thun) 275
Tiefenströmungen **24–25**
Tiefenzonen 13, **32–33**
Abyssopelagial 268, **298–299**
Bathypelagial **284–285**
Epipelagial **196–197**
Hadopelagial **298–299**
Mesopelagial **250–251**, 284, 285
*siehe auch* Meeresboden; Tiefseegräben
Tiefseegräben 12, 248, 298, **300–301**
Atlantik 230
Pazifik 54, 300
Tiefseeorganismen 37, 284–285
*siehe auch* Tiefenzonen
Tiere 29, **34–35**
*siehe auch* Vögel; Fische; Wirbellose; Säugetiere; Reptilien
Timor 130
Tinte 256
*Titanic* 171
Tölpel 41
Tolstoi, Fjodor 75
Tombolos 81, **82–83**
*Tonna galea* (Große Tonnenschnecke) 55
Tonnenschnecken 55
Tornados 162
Tourismus 85–86, 87, 114, 162, 188, 274
Transport (Geologie) 25, 31
*Trichechus* spp. (Manatis)
*T. inunguis* (Amazonas-Manati) 113
*T. manatus* (Karibik-Manati) 112, 113
*T. senegalensis* (Afrikanischer Manati) 113
*Tridacna gigas* (Riesenmuschel) 270
Trilobiten 35, 248

*Tringa* spp.
*T. guttifer* (Tüpfelgrünschenkel) 124
*T. totanus* (Rotschenkel) 127
*Tripolium pannonicum* (Strand-Aster) 123
Tristan da Cunha 233
Trivett, John 175
Tsunamis **154–155**, 162, 253, 260, 293, 300
Türkei 230
Turner, William
*The Wreck of a Transport Ship* 302–303
*Vesuv beim Ausbruch* 293
*Turritopsis dohrnii* (Unsterbliche Qualle) 217
*Tursiops truncatus* (Großer Tümmler) 221

# U

Überfischung 91, 245, 275, 290
Überflutung 78, 110–111
U-Boote 13, 249, 298, 300
ALVIN 34, 269
*Deepsea Challenger* 299
*Ulva lactuca* (Seetang) 202
Umweltverschmutzung 86, 207, 211, 261
Upwelling (Auftrieb) 23, 104–105, 137
*Uria aalge* (Trottellumme) 46
*Urile pelagicus* (Meerscharbe) 46
*Ursus maritimus* (Eisbär) 173, **174–177**
USA *siehe* Vereinigte Staaten

# V

*Vampyroteuthis infernalis* (Vampirtintenfisch) 287
van Leeuwenhoek, Antonie 35, 199
*Velella velella* (Segelqualle) **160–161**
Vereinigte Staaten (USA) 164, 181
Alaska 43, 111, 180
Aquarius Reef Base 239
Fossilien 62
Indigene 91, 173, 183, 221, 223
Inseln 51, 133
Küsten 46, 50, 123, 237
Mississippi 31, 110, 111
Navy 117, 226
Strände 84, 86, 87
Wirbel 162
*siehe auch* Hawaii
Vereinte Nationen (UN) 134, 207
Verne, Jules, *Zwanzigtausend Meilen unter'm Meer* 19, 37, 239, 279
Versteinerung 63
Vertikalwanderung 33
Verwitterung *siehe* Erosion
Vibrissen 61
Viperfisch 33, 284, 285, 287
Vögel
Albatrosse 140, **144–145**, 185, 188
Feuchtgebiete 124–125
Flamingos **78–79**, 105
Galapagos-Inseln 137
Kormorane 46, **48–49**, 94
Lunde 41, **42–43**
Möwen 42, 127, **156–157**, 167
Pelikane **94–95**, 123
Pinguine 115, 137, 185, **188–191**, 192
Seeschwalben 85, 101, 108, 127, 157, **166–167**
Watvögel 110, **126–127**
Völker, indigene
Aborigines Australiens 55, 86, 95, 101, 207, 210
Inseln des Indischen Ozeans 155, 283
Inuit 61, 173, 176, 181, 227
kanadische First Nations 53, 55
Maori 134, 214, 263
Mythologie 55, 191, 214, 227, 245
Nordamerikaner 91, 173, 183, 221, 223
Pazifik-Inseln 272
Russland 175
Thule 173, 182
Vortex 162
Vulkanaktivität
Höhlen, Entstehung von 50
Hydrothermalquellen 248, **294–295**, 298
Rücken, mittelozeanische 12, 18, 232, 294, 295
Seamounts 133, 248, **292–293**
Vulkane 17, 132, 134, 239, 248, **292–293**, 300

# W

Wale 34–35, **224–227**, 228–229, 296, 297
Blau- 12, 226, 258
Buckel- 159, 228–229, 258
Grind- 226
Grönland- 173
Nahrung 69, 105, 137, 185
Pott- 33, 228, 279
Weiß- **116–117**, 173, 178, 225
*siehe auch* Delfine; Schwertwale
Wales 157
Walker, Boyd 253
Walross 106, 173, 175, 180, **182–183**
Wanderungen (Migrationen)
Fische 115, 214, 268, 275
Krabben 282
Menschen 96, 143
Schildkröten 89
vertikale 33, 250
Vögel 77, 124–125, 127, 134, 167, 173
Wale 159, 226
Walross 182
Wasser **20–21**
*siehe auch* Süßwasser; Salzwasser
Wasserdruck 33, 284, 297
Wasserfälle 233
unterseeische 248, 285
Wasserhose 143
*Watasenia scintillans* (Leuchtkalmar) 32, 251, 279
Waterhouse, John William, *Miranda* 58–59
Watt 108, **122–123**
Wattwürmer 85, **98**
Watvögel 110, **126–127**
Weichkorallen 204, 205, 206
Weichtiere 17, 56, 62, 63
Muscheln 53, 127, **270–273**
Schnecken **52–55**, 197
*siehe auch* Kopffüßer
Weihnachtsinsel 282
Weißwal **116–117**, 173, 178, 225
Wellen **148–151**, 152–153
Sandstrände, Bildung von 84
Seetang, Auswirkung von 118
und Felsformationen 41, 45–46, 56, 73
*siehe auch* Tsunamis
Wellhornschnecke 55
Wetter
Dunst und Nebel **164–165**
Klima **26–27**
Monsun 27, 280
Tsunamis **154–155**, 162, 253, 260, 293, 300
Zyklone, tropische 143, **146–147**, 260, 280
*siehe auch* Wellen; Wind
Widder, Edith, *Below the Edge of Darkness* 251
Wiesen, Seegras- 102, 103, 113
Wind 22, **140–143**, 146, 176
und Wellen 148–149
*siehe auch* Erosion
Windfarm 142, 143
Wirbel 22, 91, 108, 158, **162–163**, 261
Wirbellose
Insekten 101, 123, 133, 208
Schwämme 206, 221, 284, **290–291**
*siehe auch* Nesseltiere; Krebstiere; Stachelhäuter; Weichtiere; Würmer
Wolken 164–165
Wood, John George, *The Illustrated Natural History Vol. 2* 176
Würfelqualle 216
Würmer 103, 110, 123, 294
Bartwürmer 294, **296**
Wattwürmer 85, **98**
Wurzelsysteme 128
Wüsten **104–105**, 165, 170

# X

*Xenocys jessiae* (Schwarzstreifen-Grunzer) 137
Xenophyophoren 300
*Xestospongia muta* (Karibischer Vasenschwamm) 291
Xiphiidae (Schwertfische) **268–269**

# Y

Yidinji 207
Yoshitoshi Taiso 147
Yukon-Delta 111

# Z

Zackenbarsche 210
Zahnwale 178, 223, 225, 226
*Zalophus wollebaeki* (Galapagos-Seelöwe) 47
Zellen (Luftbewegung) 140–142
Zellen, polare 142
Zheng He 283
Zirkulation, thermohaline 24–25
Zirkumpolarstrom, Antarktischer 14, 25, 150, 184
Zooplankton 23, 68, 181, 197, 199, 250
Zooxanthellen 161, 206, 207, 211, 270
Zosteraceae (Seegräser) **102–103**
*Z. marina* (Gewöhnliches Seegras) 103
Zyklone, tropische 143, **146–147**, 260, 280
Zypern 47

# Dank und Bildnachweis

**Dynamo dankt den folgenden Personen für ihre Unterstützung bei der Produktion dieses Buches:**
**Lektorat: Nick Funnell, Belinda Gallagher**
**Assistenz des Lektorats: Sara Stanford, Danni Turner**
**Gestaltung: Annie Arnold, Kate Ford, Simon Oliver, Matthew Taylor**
**Register: Elizabeth Wise**
**Assistenz bei der Bildredaktion: Sarah Hopper**

**Dorling Kindersley dankt den folgenden Personen für ihre Unterstützung bei der Produktion dieses Buches:**
**Faktencheck: Michelle Harris, Katherine Kling, Priyanka Lamichhane**
**Assistenz des Lektorats: Peter Francis**
**In Delhi:**
**Leitender Umschlaggestalter: Suhita Dharamjit**
**Kunstredaktion: Arshti Narang**

**Der Verlag dankt folgenden Personen und Organisationen für die freundliche Genehmigung zum Abdruck von Fotos:** (Abkürzungen: o = oben, u = unten, m = Mitte, l = links, r = rechts, g = ganz, Hg = Hintergrund)

**1 Getty Images:** Sepia Times. **2-3 Dreamstime.com:** Aleksandr Veselkov (Muscheln). **2 Alamy Stock Photo:** vivacity.tv (mr). **Dorling Kindersley:** Colin Keates / Natural History Museum, London (gor). **3 Alamy Stock Photo:** vivacity.tv (mr). **Dorling Kindersley:** Ruth Jenkinson / Holts Gems (mro); Stephen Oliver (ul). **4-5 Alamy Stock Photo:** ADDICTIVE STOCK CREATIVES. **8-9 Wikipedia:** Niday Picture Library. **10-11 Warren Keelan Photography**. **13 Getty Images:** BERTRAND LANGLOIS / AFP (mlu). **naturepl.com:** Alex Mustard (gor). **Science Photo Library:** PACIFIC RING OF FIRE 2004 EXPEDITION. NOAA OFFICE OF OCEAN EXPLORATION; DR. BOB EMBLEY, NOAA PMEL, CHIEF SCIENTIST (ur). **14 Alamy Stock Photo:** Oliver Hoffmann (um). **Shutterstock.com:** Massimiliano Finzi (ul); Tarpan (m); Pugalenthi Iniabarathi (mr); TLF Images (ur). **15 Alamy Stock Photo:** Oleksandr Rupeta (ul); Science History Images (gom). **Dreamstime.com:** Anastas Dimitrov (mr). **Getty Images / iStock:** Nicola Micheletti (ml); Mumemories (ur). **Shutterstock.com:** PhotoRoman (um); Roman Sigaev (m). **16 Getty Images / iStock:** kotangens (ur). **17 Shutterstock.com:** MarcelClemens (gor). **19 BluePlanetArchive.com:** Doug Perrine (u). **21 Alamy Stock Photo:** imageBROKER.com GmbH & Co. KG (gor); Adrien Ledeul (ul). **22 Shutterstock.com:** Rich Carey (mro). **23 naturepl.com:** Ralph Pace / Minden (mro). **24 Dreamstime.com:** Martinmark (ul). **25 MBARI** (mro). **Science Photo Library:** JAXA / NASA / SCIENTIFIC VISUALIZATION STUDIO (mlo); PLANETARY VISIONS LTD (ur). **27 Alamy Stock Photo:** Photo 12 (ur). **Getty Images / iStock:** petesphotography (gor). **29 Alamy Stock Photo:** Xinhua (mr). **naturepl.com:** David Tipling / 2020VISION (ml). **30 BluePlanetArchive.com:** Masa Ushioda. **31 Getty Images:** Abstract Aerial Art (mr). **Science Photo Library:** NASA (ul). **32 naturepl.com:** Brian Skerry / Minden (m); Norbert Wu / Minden (mru); Solvin Zankl (um). **Science Photo Library:** Frank Fox (mro). **33 Alamy Stock Photo:** blickwinkel (gor); mauritius images GmbH (mu). **Dreamstime.com:** Aquanaut4 (mlo); Richard Brooks (mro); Diego Grandi (mr). **naturepl.com:** David Shale (ml). **34-35 Science Photo Library:** Roman Uchytel (gom). **34 Alamy Stock Photo:** Kate After (mu); Heritage Image Partnership Ltd (ml). **Bridgeman Images:** The Stapleton Collection (mr). **Getty Images:** by wildestanimal (um). **Science Photo Library:** A. James Gustafson (mlo). **35 Alamy Stock Photo:** Science History Images (ml); The Natural History Museum (mr); Universal Images Group North America LLC (mlu); The Natural History Museum (mu). **Dreamstime.com:** Pablo Caridad (mro); Musat Christian (ul). **Schmidt Ocean Institute** (ur). **Science Photo Library:** Marek Mis (gom). **36 Alamy Stock Photo:** Associated Press (mlu); Science History Images (mro); The Natural History Museum (mru); Seaphotoart (ul). **naturepl.com:** David Fleetham (ur); Alex Mustard (mlo). **Science Photo Library:** Steve Gschmeissner (ml). **37 Alamy Stock Photo:** Scenics & Science (mlu); Maria Tolkacheva (mo); The History Collection (ml); SuperStock (mr). **naturepl.com:** John Cancalosi (gor). **NOAA:** Daniel Wagner (ul). **Plastic Soup Foundation** (ur). **Science Photo Library:** Richard Bizley (gom). **Wikipedia:** Isabella Gifford (mu). **38-39 Alamy Stock Photo:** JPTenor. **40 Getty Images:** Peter Unger. **40-41 Shutterstock.com:** ArtMari (Hg). **41 Getty Images:** Art Media / Print Collector (gol). **naturepl.com:** Vladimir Medvedev (ul). **42 Getty Images / iStock:** Alphotographic (mo). **42-43 Dreamstime.com:** Dzmitry Auramchik (Hg). **43 Alamy Stock Photo:** Vintage Travel and Advertising Archive (gom). **Kevin Morgans:** (um). **naturepl.com:** Jacob S. Spendelow / BIA / Minden (mr); Gerrit Vyn (mru). **44-45 Getty Images:** James Kelly-Smith / 500px. **45 Alamy Stock Photo:** Quagga Media (gom). **Getty Images / iStock:** Yakovliev (Hg). **46-47 Getty Images / iStock:** Yakovliev (Hg). **46 Alamy Stock Photo:** robertharding (mo). **47 Jakub Fryš** (gor). **48-49 Getty Images / iStock:** Thomas Faull (Hg). **48 Alamy Stock Photo:** Old Images. **49 Alamy Stock Photo:** Rick & Nora Bowers (mr). **Bridgeman Images:** Freer Gallery of Art, Smithsonian Institution / Geschenk von Arthur M. Sackler (um). **naturepl.com:** Henley Spiers (gom); Doug Wechsler (mro). **50-51 Shutterstock.com:** Sabelskaya (Hg). **50 Bridgeman Images:** San Diego Museum of Art / Nachlass von Mrs. Cora Timken Burnett (gor). **51 naturepl.com:** Wild Wonders of Europe / Sa (ur). **SuperStock:** Dray van Beeck / NiS / Minden Pictures (mo). **52 Alamy Stock Photo:** BIOSPHOTO. **53 Bridgeman Images:** Granger (mru); Wolverhampton Art Gallery (gor). **54 Dreamstime.com:** Seadam. **55 naturepl.com:** Franco Banfi (mru); Joel Sartore / Photo Ark (gor); Alex Mustard (mro). **56-57 Getty Images / iStock:** pleshko74 (Hg). **naturepl.com:** Colin Monteath / Hedgehog House / Minden. **56 Science Photo Library:** ANN RONAN PICTURE LIBRARY / HERITAGE IMAGES (gor). **57 naturepl.com:** Alex Hyde (mlo). **58-59 Bridgeman Images:** The Maas Gallery, London. **60-61 Alamy Stock Photo:** Aleksei Egorov (Hg). **naturepl.com:** Alex Mustard (go). **61 Bridgeman Images:** National Museums Scotland (gor). **Flickr.com:** jomilo75 (mru). **naturepl.com:** Joel Sartore / Photo Ark (ur). **62-63 Getty Images / iStock:** Hein Nouwens (Hg). **62 Getty Images:** redhumv (m). **63 Getty Images / iStock:** Hein Nouwens (ur). **Wikipedia:** National Museum Cardiff (gor). **64 Mark Gee / theartofnight.com**. **65 Alamy Stock Photo:** Alina Melenteva (Hg). **Bridgeman Images:** Barnes Foundation (gor). **naturepl.com:** Ingo Arndt / Minden (ur). **66-67 Getty Images:** ilbusca (Hg). **67 Bridgeman Images** (gom). **naturepl.com:** Ingo Arndt (mro); MYN / Carsten Krieger (mr); Joel Sartore / Photo Ark (ur). **68-69 Getty Images / iStock:** Natalia Churzina (Hg). **69 Alamy Stock Photo:** CPA Media Pte Ltd (mro). **70-71 Getty Images / iStock:** Natalia Churzina (Hg). **70 Bridgeman Images:** NPL - DeA Picture Library (gol). **Wikipedia:** Sidney Hall (mru). **71 Alamy Stock Photo:** BIOSPHOTO (gor). **Dreamstime.com:** Boule13 (ur); Bjorn Wylezich (um). **naturepl.com:** MYN / Jerry Monkman (ul). **72 Science Photo Library:** Nuno Miguel Abreu Rodrigues / Amazing Aerial Agency. **73 naturepl.com:** Chris Gomersall / 2020VISION (um). **Shutterstock.com:** aksol (Hg). **74-75 Getty Images / iStock:** ilbusca (Hg). **74 Alamy Stock Photo:** Penta Springs Limited. **75 Alamy Stock Photo:** World History Archive (mro). **Dreamstime.com:** Tetiana Kovalenko (um). **76 naturepl.com:** Franco Banfi (gol). **76-77 Alamy Stock Photo:** Julian Parton (go). **Getty Images / iStock:** antiqueimgnet (Hg). **78-79 Shutterstock.com:** Evgeny Turaev (Hg). **78 Alamy Stock Photo:** Chronicle (gor). **naturepl.com:** Tui De Roy (um). **79 Alamy Stock Photo:** Anan Kaewkhammul (gor); NAPA (mr); Michael S. Nolan (ur). **Bridgeman Images** (l). **80 Getty Images:** Finnbarr Webster. **81 Alamy Stock Photo:** www.pqpictures.co.uk (mru). **Bridgeman Images:** Look and Learn (gor). **Getty Images / iStock:** MorePics (Hg). **82-83 Getty Images / iStock:** pleshko74 (Hg). **82 naturepl.com:** Sven Zacek. **83 Bridgeman Images:** Look and Learn. **84-85 Alamy Stock Photo:** Ingo Oeland. **Getty Images / iStock:** Monkographic (Hg). **85 naturepl.com:** Ole Jørgen Liodden (u). **86 naturepl.com:** Roland Seitre. **86-87 Getty Images / iStock:** Monkographic (Hg). **87 Bridgeman Images:** Christie's Images (gom). **naturepl.com:** David Fleetham (ur). **88-89 Shutterstock.com:** alyaBigJoy (Hg). **88 Greg Lecoeur Underwater and Wildlife Photography**. **89 Alamy Stock Photo:** Photo 12 (um). **Bridgeman Images:** Boltin Picture Library (mro). **90-91 Shutterstock.com:** alyaBigJoy (Hg). **90 Dreamstime.com:** Peter Leahy (ur). **naturepl.com:** Franco Banfi (ul); Wild Wonders of Europe / Zankl (gol); Doug Perrine (um). **91 Alamy Stock Photo:** CPA Media Pte Ltd. **92-93 naturepl.com:** Henley Spiers. **94-95 Shutterstock.com:** Alexander Sviridov (Hg). **94 Bridgeman Images:** G. Dagli Orti / NPL - DeA Picture Library (ur). **Getty Images:** Imagevixen (gom). **95 Bridgeman Images. 96-97 Shutterstock.com:** Channarong Pherngjanda (Hg). **96 Alamy Stock Photo:** Gueffier Franck (um); Oriental Antiques UK - Asian Art Dealer and Appraiser (mro). **97 Bridgeman Images:** Purix Verlag Volker Christen. **98 Alamy Stock Photo:** The Picture Art Collection (ml). **Dreamstime.com:** Patrick Guenette (Hg); Thomas Lukassek (gor). **99 Bridgeman Images:** Dundee Art Galleries and Museums (ul). **naturepl.com:** Nick Upton (gor). **100-101 Alamy Stock Photo:** Marcus Harrison - botanicals (Hg). **100 Getty Images:** Ignacio Palacios. **101 Alamy Stock Photo:** Martin Fowler (ul). **Bridgeman Images:** Christie's Images / Mondrian / Holtzman Trust (gom). **102-103 Getty Images / iStock:** ilbusca (Hg). **102 naturepl.com:** Franco Banfi. **103 Dreamstime.com:** Fascinadora (gom). **naturepl.com:** Shane Gross (ur); Lewis Jefferies (mro); MYN / Sheri Mandel (mr). **104-105 Getty Images / iStock:** ilbusca (Hg). **104 Alamy Stock Photo:** Kertu Saarits. **105 Shutterstock.com:** Circumnavigation (gom); LouieLea (mr). **106 Getty Images:** Connect Images RM / Steve Woods Photography (go). **106-107 Getty Images / iStock:** GlobalP. **Getty Images:** ilbusca (Hg). **107 Bridgeman Images:** Florilegius (mru). **Shutterstock.com:** Eric Isselee (gol); Hugh Lansdown (ml). **108 naturepl.com:** Anup Shah (mlo). **Shutterstock.com:** Morphart Creation (Hg). **108-109 Alamy Stock Photo:** JUAN CARLOS MUOZ. **110-111 Shutterstock.com:** Morphart Creation (Hg). **110 Bridgeman Images:** British Library archive (um). **Science Photo Library:** JEAN-BERNARD NADEAU / LOOK AT SCIENCES (gol). **111 Alamy Stock Photo:** LWM / NASA / LANDSAT (u). **112-113 Getty Images / iStock:** Mateusz Atroszko (Hg). **112 Alamy Stock Photo:** imageBROKER.com GmbH & Co. KG. **113 Alamy Stock Photo:** ArteSub (mru); Charles Walker Collection (ul). **BluePlanet-Archive.com:** Masa Ushioda (mr). **Getty Images:** Brown Bear / Windmill Books / Universal Images Group (gom). **Shutterstock.com:** Ivanenko Vladimir (ur). **114 Bridgeman Images:** David Lees Photography Archive. **115 naturepl.com:** Marie Read (mro); Richard Robinson (ul). **116-117 Dreamstime.com:** Roman Egorov (Hg). **116 Alamy Stock Photo:** Andrey Nekrasov (u). **117 Alamy Stock Photo:** Science History Images (gor). **Getty Images:** Art Wolfe (um). **118-119 naturepl.com:**

Alex Mustard (go). **Shutterstock.com:** Bodor Tivadar (Hg). **118 Getty Images:** Brent Durand (ur). **119 naturepl.com:** Brandon Cole (ur). **120 Getty Images:** Mark Newman. **121 Alamy Stock Photo:** imageBROKER.com GmbH & Co. KG (gol); Alina Melenteva (Hg). **Bridgeman Images:** Sainsbury Centre for Visual Arts / Robert and Lisa Sainsbury Collection (mru). **122 Alamy Stock Photo:** Edd Westmacott (um). **122-123 BluePlanetArchive.com:** Richard Herrmann. **123 Alamy Stock Photo:** The Reading Room (mru). **124-125 Getty Images:** VCG. **126-127 Dreamstime.com:** Patrick Guenette (Hg). **126 Bridgeman Images:** Natural History Museum, London (go). **127 naturepl.com:** Melvin Grey (ur); Markus Varesvuo (gom); Markus Varesvuo (mru). **128 Getty Images:** Nastasic (Hg). **naturepl.com:** Shane Gross (gol). **129 Brooke Pyke. 130-131 Dreamstime.com:** Maria Komleva (Hg). **Getty Images:** Sean Weekly Photography (u). **131 Alamy Stock Photo:** The Protected Art Archive (mlo). **132-133 Getty Images:** mikroman6 (Hg). **132 Getty Images:** Bernard Radvaner (u). **133 Alamy Stock Photo:** Lebrecht Music & Arts (gor). **Shutterstock.com:** Mr.wutthiphat vimuktanont (ur). **134 Getty Images:** Ernst Haas (gol). **Shutterstock.com:** Marzolino (um). **134-135 Getty Images:** mikroman6 (Hg). **135 Alamy Stock Photo:** TTstudio. **136-137 naturepl.com:** Tui De Roy (u). **Shutterstock.com:** Gwoeii (Hg). **136 Bridgeman Images:** Universal History Archive / UIG (mro). **137 Alamy Stock Photo:** The Natural History Museum (mro). **138-139 Alamy Stock Photo:** Richard Bedford. **140 Alamy Stock Photo:** Associated Press (gol). **Depositphotos Inc:** vectortatu (Hg). **Shutterstock.com:** Anton Rodionov (mr). **141 Alamy Stock Photo:** Universal Images Group North America LLC. **142-143 Depositphotos Inc:** vectortatu (Hg). **142 Getty Images:** Peter Adams (go). **143 Getty Images:** THEPALMER (gor). **144-145 Getty Images / iStock:** Vladis-Chern (Hg). **144 Sarah Crofts** (go). **145 Alamy Stock Photo:** blickwinkel (ur). **naturepl.com:** Sylvain Cordier (gor, mro). **146-147 Getty Images:** powerofforever (Hg). **146 Bridgeman Images:** Lowe Art Museum / Gift of Drs. Ann and Robert Walzer (mru). **Wikipedia:** ESA / A.Gerst (gol). **147 Alamy Stock Photo:** GRANGER - Historical Picture Archive (mru). **148-149 Alamy Stock Photo:** CPA Media Pte Ltd (go). **Shutterstock.com:** alyaBigJoy (Hg). **149 naturepl.com:** Guy Edwardes (mru). **150 Bridgeman Images:** Bonhams, London, UK (mlu); Fine Art Images (gol). **150-151 Shutterstock.com:** alyaBigJoy (Hg). **151 Getty Images:** Keystone / Stringer (u). **152-153 Getty Images:** MIGUEL RIOPA / AFP. **154-155 Art Gallery of Greater Victoria:** Stephen Topfer, in Gedenken an Theo Wiggan von ihren Ikebana-Studenten und Freunden gestiftet (go). **Shutterstock.com:** Marzufello (Hg). **155 Reuters:** Mainichi Shimbun (ur). **156-157 Shutterstock.com:** Kuznetsova Darja (Hg). **156 Getty Images / iStock:** USO (m). **naturepl.com:** Simon Bennett / BIA / Minden (ml); Jan Wegener / BIA / Minden (gol); Espen Bergersen (ul). **157 Getty Images / iStock:** AntonioMasiello (ur). **158-159 Alamy Stock Photo:** Markus Mayer (Hg). **158 naturepl.com:** Shane Gross (u). **159 Alamy Stock Photo:** WaterFrame (gol).

**Bridgeman Images:** Florilegius (um). **160-161 Dreamstime.com:** Ladadikart (Hg). **160 Bridgeman Images:** Florilegius. **161 Alamy Stock Photo:** Pix (mro). **162-163 Getty Images:** powerofforever (Hg). **162 Alamy Stock Photo:** Newscom (mlu). **Dreamstime.com:** Andreyi Armiagov (mro). **163 Alamy Stock Photo:** Shawshots. **164-165 Depositphotos Inc:** vectortatu (Hg). **164 Alamy Stock Photo:** Historic Collection (u). **165 Alamy Stock Photo:** Heritage Image Partnership Ltd (mru). **Shutterstock.com:** DTM Media (gol). **166-167 Getty Images:** Andrea_Hill (Hg). **166 Getty Images:** Westend61. **167 Bridgeman Images:** Granger (gor). **The Trustees of the British Museum:** (um). **Getty Images:** Whitworth Images (mr). **naturepl.com:** Sebastian Kennerknecht / Minden (ur). **168-169 Valter Bernardeschi. 170-171 Getty Images / iStock:** MorePics (Hg); Nicolas Tolstoï (go). **170 Science Photo Library:** Science Source (gol). **172-173 Shutterstock.com:** aksol (Hg). **172 Alamy Stock Photo:** Zoom Historical. **173 Alamy Stock Photo:** Danita Delimont Creative (gor). **naturepl.com:** Bryan and Cherry Alexander (um). **174 Getty Images:** sergei gladyshev. **175 Bridgeman Images:** Look and Learn (gor). **Getty Images:** Culture Club (ur). **Shutterstock.com:** Bodor Tivadar (Hg). **176 Alamy Stock Photo:** Sam Kovak (ur). **176-177 Shutterstock.com:** Bodor Tivadar (Hg). **177 Vince Burton. 178-179 naturepl.com:** Flip Nicklin / Minden (go). **Shutterstock.com:** Kseniakrop (Hg). **178 Bridgeman Images:** Granger (mru). **180-181 Bridgeman Images:** Photo Josse. **Shutterstock.com:** aksol (Hg). **181 Alamy Stock Photo:** Marko Steffensen (um). **naturepl.com:** Orsolya Haarberg (gor). **182 naturepl.com:** Bryan and Cherry Alexander (gor). **182-183 naturepl.com:** Tony Wu (u). **Shutterstock.com:** Arthur Balitskii (Hg). **183 Bridgeman Images:** Museum of New Zealand te Papa Tongarewa (gom). **184-185 Alamy Stock Photo:** Patrick Guenette (Hg). **184 Alamy Stock Photo:** Niday Picture Library (gol). **Shutterstock.com:** David Osborn (um). **185 naturepl.com:** Jordi Chias (u). **186-187 Greg Lecoeur Underwater and Wildlife Photography. 188 Alamy Stock Photo:** Vintage Travel and Advertising Archive (gor). **188-189 naturepl.com:** Stefan Christmann (u). **Shutterstock.com:** alyaBigJoy (Hg). **190-191 Shutterstock.com:** alyaBigJoy (Hg). **190 Joshua Vela-Fonseca** (ul). **191 Getty Images:** Florilegius (mro). **Getty Images / iStock:** Rixipix (ur). **naturepl.com:** Klein & Hubert (um); Yva Momatiuk & John Eastcott / Minden (ul). **192-193 Alamy Stock Photo:** Artur Balytskyi (Hg). **Greg Lecoeur Underwater and Wildlife Photography. 192 Alamy Stock Photo:** The History Collection (mro). **193 Alamy Stock Photo:** Penta Springs Limited (gom). **196-197 Getty Images / iStock:** Hein Nouwens (Hg). **196 BluePlanetArchive.com:** Ethan Daniels (u). **197 Bridgeman Images:** Archives Charmet (mru). **Science Photo Library:** DAVID SALVATORI, VW PICS (gol). **198-199 Shutterstock.com:** Sergey Kohl (Hg). **198 Alamy Stock Photo:** S.E.A. Photo. **199 Bridgeman Images:** AF Fotografie (gom). **naturepl.com:** Solvin Zankl (mr). **Science Photo Library:** Steve Gschmeissner (ur); Alex Mustard / NPL (mro). **200-201 Alamy Stock Photo:** Heritage Image

Partnership Ltd. **202-203 Dreamstime.com:** Patrick Guenette (Hg). **202 Dreamstime.com:** Picture Partners (mr). **naturepl.com:** David Fleetham (um); MYN / Sheri Mandel (gor). **203 Bridgeman Images:** Prismatic Pictures. **204-205 Getty Images / iStock:** Andrii-Oliinyk (Hg). **naturepl.com:** Alex Mustard. **205 Alamy Stock Photo:** Nature Picture Library (gor). **206 naturepl.com:** Jordi Chias (gol). **206-207 Getty Images / iStock:** Andrii-Oliinyk. **207 Kahi Ching:** ausgestellt im Mokupāpapa Discovery Center in Hilo (u). **Science Photo Library:** Richard J. Green (gor). **208-209 Shutterstock.com:** Hein Nouwens (Hg). **208 Getty Images:** ilbusca (gol). **209 Alamy Stock Photo:** eFesenko (mu). **Getty Images / iStock:** Denja1 (ur). **naturepl.com:** Alex Mustard (mr). **Shutterstock.com:** DiveIvanov (mro). **210-211 Dreamstime.com:** Andrii Oliinyk (Hg). **naturepl.com:** Inaki Relanzon. **210 Getty Images:** Bettmann (gol). **211 naturepl.com:** Jürgen Freund (ur). **212-213 Dreamstime.com:** Maart (Hg). **naturepl.com:** Alex Mustard. **213 Dreamstime.com:** Boon Leng Teo (mro). **OceanwideImages.com:** Rudie Kuiter (ur). **214-215 Dreamstime.com:** Nataliia Golovanova (Hg). **214 Bridgeman Images:** CCI (ul); Museum of New Zealand te Papa Tongarewa / Donne Collection, erworben 1905 (gor). **Dreamstime.com:** Isselee (mr). **John E Randall:** Bishop Museum, Honolulu (ur). **Shutterstock.com:** AdrianNunez (mro). **215 naturepl.com:** Alex Mustard. **216-217 Getty Images / iStock:** ilbusca (Hg). **David Liittschwager. 216 Bridgeman Images:** Photo Josse (mlu). **217 naturepl.com:** Pete Oxford / Minden (ur). **Science Photo Library:** Angel Fitor (mro). **Shutterstock.com:** Benny Marty (mr). **218 Bridgeman Images:** Archives Charmet. **218-219 Getty Images / iStock:** ilbusca (Hg). **219 Bridgeman Images:** Natural History Museum, London (mru). **naturepl.com:** Richard Herrmann / Minden (gor). **220-221 Shutterstock.com:** vector_ann (Hg). **220 naturepl.com:** David Fleetham (u). **221 123RF.com:** imagesource (mro). **Bridgeman Images:** Patrice Cartier (mlo); NPL - DeA Picture Library (um). **Dreamstime.com:** Caan2gobelow (mru); Nialldunne24 (mr). **222-223 Dreamstime.com:** Jeneses Imre (Hg). **222 Bridgeman Images:** Museum of Fine Arts, Houston / Kauf ermöglicht durch die Shell Oil Company Foundation bei »One Great Night in November« (mru). **naturepl.com:** Tony Wu (go). **223 Bridgeman Images:** Infatti (gor). **224-225 naturepl.com:** Tony Wu. **225 Alamy Stock Photo:** History of America (um). **Shutterstock.com:** alyaBigJoy (Hg). **226-227 Shutterstock.com:** alyaBigJoy (Hg). **226 Dreamstime.com:** Jemma Craig (ul). **Getty Images / iStock:** elmvilla (gol). **naturepl.com:** Alex Mustard (mlu). **Shutterstock.com:** Andrew Sutton (ml). **227 Alamy Stock Photo:** CPA Media Pte Ltd (u). **228-229 Clayton Harris. 230 Getty Images / iStock:** AskinTulayOver (gol). **230-231 Bridgeman Images:** Sotheby's. **Shutterstock.com:** Very_Very (Hg). **232-233 Shutterstock.com:** Very_Very (Hg). **232 Bridgeman Images:** Christie's Images (mo). **233 Bridgeman Images:** Christie's Images (gor). **Getty Images:** Nick Brundle Photography (u). **234-235 Getty Images / iStock:** Nastasic (Hg). **234 naturepl.com:** Jürgen Freund. **235 Dreamstime.com:** Zeng Hu (um). **naturepl.com:**

Georgette Douwma (gor, mr, mru). **236 Alamy Stock Photo:** Aleh Varanishcha. **237 Bridgeman Images:** Luisa Ricciarini (um). **naturepl.com:** SCOTLAND: The Big Picture (gom). **238 Getty Images:** ANDREAS SOLARO / AFP. **238-239 Shutterstock.com:** Christos Georghiou (Hg). **239 Alamy Stock Photo:** UPI (mru). **Wikipedia:** Alphonse de Neuville / Henri Théophile Hildibrand (gor). **240-241 Alamy Stock Photo:** Benny Marty. **Dreamstime.com:** Channarong Pherngjanda (Hg). **240 Wikipedia:** Musée du quai Branly (mru). **241 Bridgeman Images. 242-243 Dreamstime.com:** Channarong Pherngjanda (Hg). **242 Alamy Stock Photo:** Marko Steffensen (ur). **Dreamstime.com:** Diverstef (go). **Shutterstock.com:** Rich Carey (um); Martin Prochazkacz (ul). **244-245 Shutterstock.com:** Nata_Alhontess (Hg). **244 naturepl.com:** Alex Mustard. **245 Alamy Stock Photo:** Blue Planet Archive (um). **Etsy, Inc.:** BeautyandBeasty (gor). **naturepl.com:** Andy Murch (ur). **Shutterstock.com:** Rich Carey (ul). **246-247 BluePlanetArchive.com:** Mark Strickland. **248-249 Shutterstock.com:** Kseniakrop (Hg). **248 Bridgeman Images / © DACS 2024** (gol). **249 Fabi Fregonesi** (go). **naturepl.com:** Ingo Arndt (um). **250-251 Getty Images / iStock:** Evgeniy Zotov (Hg). **250 Bridgeman Images** (ul). **naturepl.com:** David Shale (gor). **251 Science Photo Library:** Dante Fenolio. **252 Alamy Stock Photo:** Penta Springs Limited. **253 Alamy Stock Photo:** The Natural History Museum (gor). **BluePlanetArchive.com:** e-Photo / Hideyuki Utsunomiya (u). **254-255 Shutterstock.com:** roughedges_stock. **254 Alamy Stock Photo:** PF-(usna1). **255 naturepl.com:** Constantinos Petrinos (mro); Paul D. Stewart (mru). **256-257 Shutterstock.com:** roughedges_stock (Hg). **256 David Liittschwager** (mo). **257 Bridgeman Images:** John Bethell (gor). **Dorling Kindersley:** Frank Greenaway / Weymouth Sea Life Centre (um). **naturepl.com:** Alex Mustard (ul); David Shale (ur). **258 Dorling Kindersley:** Gary Ombler / University of Aberdeen (gom). **258-259 Alamy Stock Photo:** GRANGER - Historical Picture Archive (go). **Shutterstock.com:** Very_Very (Hg). **260-261 Shutterstock.com:** Very_Very (Hg). **260 Alamy Stock Photo:** Leopold von Ungern (go). **The Trustees of the British Museum** (mlu). **261 Alamy Stock Photo:** Old Books Images (gor). **262-263 Shutterstock.com:** Morphart Creation (Hg). **262 Sumer Verna. 263 Alamy Stock Photo:** Iconographic Archive (mru). **Getty Images:** Thomas Bannenberg / 500px (mr); Thomas Kurmeier (mro). **naturepl.com:** Andy Murch (gom). **264-265 Dreamstime.com:** Patrick Guenette (Hg). **264 Alamy Stock Photo:** BIOSPHOTO (mo). **naturepl.com:** Pete Oxford / Minden (ul). **Science Photo Library:** Dr George Gornacz (ml). **265 Alamy Stock Photo:** Florilegius (go). **266-267 Dreamstime.com:** Patrick Guenette (Hg). **266 Alamy Stock Photo:** World History Archive (gol). **Bridgeman Images:** A. Dagli Orti / NPL - DeA Picture Library (mu). **267 naturepl.com:** Alex Mustard. **268-269 BluePlanetArchive.com:** Doug Perrine. **Getty Images:** powerofforever (Hg). **269 Alamy Stock Photo:** Connect Images (mro); WaterFrame (gor); SOTK2011 (ur). **270-271 Alamy Stock Photo:** Zoonar GmbH (go). **Getty Images /**

**iStock:** ilbusca (Hg). **270 BluePlanetArchive.com:** Ethan Daniels (mu). **272-273 Getty Images / iStock:** ilbusca (Hg). **272 Bridgeman Images:** Superstock (um). **naturepl.com:** Philippe Clement (gor); Joel Sartore / Photo Ark (mlo). **Shutterstock.com:** Asinka Photography (gol); Kasia (mlu). **273 Bridgeman Images:** Iberfoto. **274-275 Getty Images:** ilbusca (Hg). **274 Alamy Stock Photo:** WaterFrame (mlo). **Bridgeman Images:** DaTo Images (m). **naturepl.com:** Brandon Cole (mlu); David Fleetham (ul). **275 Bridgeman Images:** A. De Gregorio / NPL - DeA Picture Library (gor). **naturepl.com:** Henley Spiers (ur). **276-277 Tanya Houppermans**. **278-279 Alamy Stock Photo:** Taisiya Geraskina (Hg). **278 Getty Images:** Wild Horizon. **279 Alamy Stock Photo:** FOODSTUFF (mr); Science History Images (gom); Penta Springs Limited (um). **Getty Images:** Christian Zappel (mru). **naturepl.com:** Tony Wu (ur). **280 BluePlanetArchive.com:** Reinhard Dirscherl (gol). **Bridgeman Images:** Royal Asiatic Society (mr). **281 Getty Images:** Arne Hodalic / CORBIS. **282 Alamy Stock Photo:** Jakob Ziegler (ur). **David L. Mearns / Blue Water Recoveries Ltd:** (ul). **naturepl.com:** Jürgen Freund (gol). **283 Getty Images:** Universal History Archive. **284-285 Shutterstock.com:** Marzufello (Hg). **284 naturepl.com:** Norbert Wu / Minden (gol). **285 David Liittschwager** (u). **naturepl.com:** Suzi Eszterhas / Minden (gor).**286-287 Dreamstime.com:** Alisa Aleksandrova (Hg). **286 Getty Images:** Petar Belobrajdic / 500px. **287 Science Photo Library:** Dante Fenolio (gor). **288-289 Getty Images / iStock:** ilbusca (Hg). **288 naturepl.com:** David Hall. **289 California Academy of Sciences:** Douglas J. Long (mru). **NOAA:** (ur). **Science Photo Library:** MMA / PURCHASE / SCIENCE SOURCE (gor). **290-291 Adobe Stock:** Alisles (Hg). **290 Bridgeman Images:** Sainsbury Centre for Visual Arts / Robert and Lisa Sainsbury Collection (mru); The Stapleton Collection (go). **291 naturepl.com:** Roberto Rinaldi (mr); Kim Taylor (mro). **Science Photo Library:** Alexander Semenov (ul). **Shutterstock.com:** Warren Metcalf (ur). **292-293 Shutterstock.com:** Kseniakrop (Hg). **292 naturepl.com:** Doc White. **293 Bridgeman Images** (gor)**. Getty Images:** Werner Forman (um). **294-295 Shutterstock.com:** Kseniakrop (Hg). **294 Science Photo Library:** B. Murton / Southampton Oceanography Centre (gor). **295 University of Washington:** D.S. Kelley und M. Elend, University of Washington; URI ROV Hercules; NOAA Ocean Exploration. **296 Alamy Stock Photo:** Blue Planet Archive (u); The Natural History Museum (mro). **297 Alamy Stock Photo:** PF-(usna1) (mu). **Dreamstime.com:** Maart (Hg). **MBARI** (mo, mro, gol). **298-299 Getty Images / iStock:** ilbusca (Hg). **298 NOAA** (gor)**. UWA Deep Sea Research Centre:** Minderoo-University of Western Australia (UWA) Deep Sea Research Centre and the Tokyo University of Marine Science and Technology (um). **299 Alamy Stock Photo:** Album. **300-301 Alamy Stock Photo:** IanDagnall Computing. **300 Alamy Stock Photo:** Xinhua (gor). **301 Bridgeman Images:** Look and Learn

# Zitatquellen

Der DK Verlag hat sich bemüht, alle Rechteinhaber ausfindig zu machen. Eventuelle Auslassungen werden wir bei entsprechendem Hinweis gern zu einer späteren Auflage korrigieren.

S. 19: Jules Verne, **Vingt Mille Lieues sous les mers. Ecole des Loisirs.** Frei übersetzt.
S. 33: William Beebe, **Half Mile Down.** 1934. Alpha Editions. 2020. Frei übersetzt.
S. 35: William Outerson, **Monster Mix.** 1968. https://www.theatlantic.com/magazine/archive/1937/05/fire-in-the-galley-stove/652368. Frei übersetzt.
S. 37: Jules Verne, **Vingt Mille Lieues sous les mers. Ecole des Loisirs.** Frei übersetzt.
S. 47: John Malcolm of Firth, **Orkney.** 19. Jahrhundert. https://hoyheritage.co.uk/places/old-man-of-hoy/poetry-of-the-old-man-of-hoy. Frei übersetzt.
S. 54: Hausa-Sprichwort, Nigeria. https://www.bu.edu/africa/outreach/teachingresources/literature-language-arts/np. Frei übersetzt.
S: 61: Poesiealbum-Spruch (Autor unbekannt). https://www.aphorismen.de/zitat/77843.
S. 63: Georges Cuvier, **Discours sur les Révolutions du Globe.** Dufour et d'Ocagne. Paris 1825. Frei übersetzt.
S. 68: Aristoteles, **Historia animalium.** Um 350 v.Chr. Frei übersetzt.
S. 71: Aristoteles, **Historia animalium.** Um 350 v.Chr. Frei übersetzt.
S. 73: Charles Dickens, **Zwei Städte.** Verlagsbuchhandlung J.J. Weber, Leipzig. 1859. Übersetzung von Julius Seybt. https://www.gutenberg.org/files/58145/58145-h/58145-h.htm (Original: A Tale of Two Cities. 1859).
S. 75: Robert Bridges, **The Sea-Poppy.** Um 1904. The World's Best Poetry, herausgegeben von Bliss Carman et al., John D. Morris & Co. 1904. https://www.bartleby.com/lit-hub/the-worlds-best-poetry/the-sea-poppy/. Frei übersetzt.
S. 78: **Natural History, or, Second Division of »The English Encyclopedia«, Volume 2, 1866.** Oxford University Press. 1879. Frei übersetzt.
S. 85: Anne Brontë, **Agnes Grey.** 1847. In G. F. Maine. Hrsg. The Tenant of Wildfell Hall, Agnes Grey. Collins. 1954. Frei übersetzt.
S. 86: John A. Glover-Kind, **Music Hall Song.** 1907. https://en.wikipedia.org/wiki/I_Do_Like_to_Be_Beside_the_Seaside. Frei übersetzt.
S. 90: Plinius der Ältere, **Naturalis historia.** 77 n.Chr. Frei übersetzt.
S. 95: Theodore Roosevelt, **Book-Lover's Holidays in the Open.** 1916. https://www.theodorerooseveltcenter.org/Learn-About-TR/TR-Quotes?page=134. Frei übersetzt.
S. 96: Traditionelles samoanisches Sprichwort. https://blog.polynesia.com/samoan-language. Frei übersetzt.
S. 101: Marcus Aurelius, **Des Kaisers Marcus Aurelius Antonius Selbstbetrachtungen.** Etwa 121–180 n. Chr. Verlag Philipp Reclam jun. 1949. Übersetzung von Albert Wittstock. https://www.projekt-gutenberg.org/antonius/selbstbe/chap007.html
S. 103: Sandy Luk, **Marine Conservation Society.** https://www.wcl.org.uk/10-species-report-additional-quotes.asp#:~:text=Seagrass%20captures%2035%20times%20more,can%20help%20save%20the%20world.%E2%80%9D. Frei übersetzt.
S. 115: Snorri Sturluson, **Snorra-Edda.** 1220. Frei übersetzt.
S. 117: William Jardine, **The Naturalist's Library: On the Ordinary Cetacea or Whales.** 1837. W. H. Lizars, S. Highley & W. Curry. 1843. https://ia802805.us.archive.org/29/items/whalesc00hami/whalesc00hami.pdf. Frei übersetzt.
S. 119: Charles Darwin, **The Voyage of the Beagle.** 1839. The Amalgamated Press Limited. 1905. Frei übersetzt.
S. 128: Maryse Condé, **Traversée de la mangrove.** Mercure, Paris 1989. Frei übersetzt.
S. 133: James Fenimore Cooper, **Jack Tier, or The Florida Reef.** 1848. Cooper's Works, Houghton, Mifflin & Company. 1892. Frei übersetzt.
S. 137: Charles Darwin, **Notes from HMS Beagle.** 1835. https://darwin-online.org.uk/EditorialIntroductions/Chancellor_Keynes_Galapagos.html. Frei übersetzt.
S. 143: William Shakespeare, **Ein Sommernachtstraum.** Original um 1594. Übersetzung von August Wilhelm Schlegel. https://www.projekt-gutenberg.org/shakespr/sommer/chap003.html.
S. 150: Shunryū Suzuki, **Zen Mind, Beginner's Mind.** (50th edition). 1970. John Weatherhill, Inc. Frei übersetzt.
S. 155: Ryuichi Sakamoto. https://www.nytimes.com/2017/04/21/arts/music/ryuichi-sakamoto-async-interview.html. Frei übersetzt.
S. 156: Christian Morgenstern, **Möwenlied** (aus: Alle Galgenlieder). Um 1900. https://www.projekt-gutenberg.org/morgenst/galgenli/chap002.html.
S. 162: Paulus Diaconus, **Historia Langobardorum.** Um 790. Frei übersetzt.
S. 165: **Annual Report of the Board of Regents of the Smithsonian Institution.** 1896. Smithsonian Institution. https://www.google.co.uk/books/edition/Report_of_the_Board_of_Regents/NoxFAQAAMAAJ?hl=en&gbpv=1&dq=The+sea+fog+originates+in+the+cooling+of+air+by+contact+with+the+colder+surface+of+water&pg=PA236&printsec=frontcover. Frei übersetzt.
S. 173: Derrick Pottle, **Inuit Hunter.** 2018. https://www.theguardian.com/world/2018/may/30/canada-inuits-climate-change-impact-global-warming-melting-ice. Frei übersetzt.
S. 176: John George Wood, **The Illustrated Natural History, Volume 2.** 1865. George Routledge and Sons, 1865. Frei übersetzt.
S. 179: Olaus Magnus, **Carta Marina.** 1539. https://orkneymuseums.co.uk/the-carta-marina-of-olaus-magnus-1539. https://www.google.co.uk/books/edition/The_Illustrated_Natural_History/Qj8AAAAAQAAJ?hl=en&gbpv=1&dq=polar+bears&pg=PA412&printsec=frontcover. Frei übersetzt.
S. 185: Ernest Shackleton, **South: The Story of Shackleton's Last Expedition 1914–1917.** 1919. Outlook, 2023. Frei übersetzt.
S. 189: John Ruskin, **Brief an Charles Eliot Norton.** 1860. https://news.lettersofnote.com/p/one-cant-be-angry-when-one-looks. Frei übersetzt.
S. 206: Charles Darwin. 1836. https://www.amnh.org/research/darwin-manuscripts#:~:text=Darwin%20studies%20coral%20atolls%20to,wonderful%20objects%20of%20this%20world.%22. Frei übersetzt.
S. 209: Claudius Aelianus, **De natura animalium.** Etwa 175–235. Frei übersetzt.
S. 213: Albert Günther, **An Introduction to the Study of Fishes.** 1880. Today and Tomorrow. https://www.google.co.uk/books/edition/An_Introduction_to_the_Study_of_Fishes/471rRUFd15AC?hl=en&gbpv=1&dq=The+appendages+of+their+spines+seem++to+be+merely+part+of+the+fucus+%5Bseaweed%5D++to+which+they+are+attached.&pg=PA683&printsec=frontcover. Frei übersetzt.
S. 217: Plinius der Ältere, **Naturalis historia.** Um 77 n.Chr. Frei übersetzt.
S. 221: Plinius der Ältere, **Naturalis historia.** Um 77 n.Chr. Frei übersetzt.
S. 226: Herman Melville, **Moby Dick.** 1851. https://www.projekt-gutenberg.org/melville/mobydick/chap037.html.
S. 233: Sambisches Sprichwort. Drumbeats of Black Africa, Spectrum Books. 2004. Frei übersetzt.
S. 237: Homer, **Odyssee.** Etwa 725–675 v.Chr. Übersetzung von Johann Heinrich Voß. https://www.projekt-gutenberg.org/homer/odyssee/odyss122.html.
S. 241: Plinius der Ältere, **Naturalis historia.** Um 77 n.Chr. Frei übersetzt.
S. 251: Edith Widder, **Below the Edge of Darkness.** 2021. https://www.aft.org/ae/winter2007-2008/widder#:~:text=In%20the%20ocean%2C%20bioluminescence%20is,of%20the%20oceanic%20visual%20environment. Frei übersetzt.
S. 253: Boyd Walker, 2014. In C. L. Dybas, **Ripple marks – The story behind the story.** Oceanography 27 (2), 2014: 10–13. Frei übersetzt.
S. 257: Charles Darwin, **Brief an John Stevens Henslow.** 1832. https://charles-darwin.classic-literature.co.uk/the-life-and-letters-of-charles-darwin-volume-i/ebook-page-100.asp. Frei übersetzt.
S. 261: Duke Kahanamoku, 1890–1968. https://www.bookey.app/quote-author/duke-kahanamoku. Frei übersetzt.
S. 263: Maori-Sprichwort. https://www.rnz.co.nz/national/programmes/teahikaa/audio/2018786138/whakatauaki-kaua-e-mate-wheke-me-mate-ururoa. Frei übersetzt.
S. 265: Olaus Magnus, **Carta Marina.** 1539. https://publicdomainreview.org/essay/olaus-magnus-sea-serpent. Frei übersetzt.
S. 271: Rumi (Dschalāl Ad-Dīn Muhammad Rūmī), **Diwan-e Schams-e Tabrizi.** Um 1247 (englische Übersetzung 1898). https://www.rumi.org.uk/divani_shams/. Frei übersetzt.
S. 282: Meena Alexander, zitiert nach einem Interview. 2010. https://go.gale.com/ps/i.do?id=GALE%7CA271412188&sid=googleScholar&v=2.1&it=r&linkaccess=abs&issn=10893148&p=LitRC&sw=w. Frei übersetzt.
S. 287: Hai Nei Shih Chou Chi, 4. oder 5. Jahrhundert v.Chr. https://hakaimagazine.com/features/secret-history-bioluminescence/. Frei übersetzt.
S. 291: Homer, **Ilias.** Um 750 v.Chr. https://www.projekt-gutenberg.org/homer/ilias/ilias183.html.
S. 294: Robert Ballard, 1977. In Evan Lubofsky, **The Discovery of Hydrothermal Vents.** 2018. https://www.whoi.edu/oceanus/feature/the-discovery-of-hydrothermal-vents. Frei übersetzt.
S. 299: Helen Scales, **The Brilliant Abyss.** 2021. Bloomsbury Publishing. 2021. Frei übersetzt.

# Noch mehr Spaß und Lesefreude

ISBN 978-3-8310-4541-9

ISBN 978-3-8310-5087-1

ISBN 978-3-8310-5197-7

ISBN 978-3-8310-5228-8

DK

www.dk-verlag.de

Neugierig auf mehr?